Statistische Methoden der Netzplantechnik

von

D. I. Golenko

BSB B. G. TEUBNER VERLAGSGESELLSCHAFT

Д. И. Голенко, Статистические методы сетевого планирования и управления
Erschienen im Verlag NAUKA, Moskau, 1968
Deutsche Übersetzung und wissenschaftliche Redaktion:
Dr. V. Ziegler, Leipzig

ISBN 978-3-519-02013-4 ISBN 978-3-322-94884-7 (eBook)
DOI 10.1007/978-3-322-94884-7

VLN 294-375/70/72 ES 19 B 5

Softcover reprint of the hardcover 1st edition 1972
Satz: Leipziger Druckhaus, Grafischer Großbetrieb

Vorwort

Der wissenschaftlich-technische Fortschritt unserer Zeit bringt es mit sich, daß die Konstruktionen immer komplizierter werden und daß die Anzahl der neu zu schaffenden Objekte der neuen Technik ständig wächst. Die meisten derartigen Objekte sind komplizierte Gebilde, die aus zahlreichen Aggregaten, Mechanismen, Geräten, Automatisierungs- und Kommunikationselementen usw. bestehen. Zu derartigen komplizierten Systemen gehören z. B. kosmische Flugapparate, Turbinen, Wasserkraftwerke, umfangreiche Industriewerke, industrielle Versuchsanlagen und viele andere moderne technische Einrichtungen. In der jüngsten Zeit wurde die Systemtheorie zum Forschungsgebiet zahlreicher Wissenschaftler in der ganzen Welt. In der Sowjetunion haben sich insbesondere GLUSCHKOW [24], PETROW [90], BUSLENKO [8, 62] und viele andere um die Entwicklung der Systemtheorie verdient gemacht.

Zu den Hauptproblemen der Systemtheorie gehört die Konstruktion mathematischer Modelle für die betrachteten Systeme. Diese sollen einerseits den Ablauf der Prozesse mit ausreichender Vollständigkeit widerspiegeln und daher auch ausreichend kompliziert sein. Andererseits sollen sie aber auch hinreichend einfach sein, damit sie eine überschaubare Beschreibung gestatten und sich auch im Laufe einer absehbaren Zeit untersuchen und auswerten lassen.

Mit anderen Worten, das Problem besteht in der Schaffung eines *inhaltsgerechten* und *adäquaten* Modells, mit dessen Hilfe verschiedene Aufgaben formuliert und gelöst werden können, die sich bei der Entwicklung und Steuerung des Systems ergeben. Das ist um so wichtiger, als diese Steuerung die Kenntnis solcher seiner Eigenschaften voraussetzt wie Zuverlässigkeit, Stabilität, Genauigkeit, Störungsempfindlichkeit, die von der Struktur und den Parametern des Systems abhängig sind. Diese Kenntnisse lassen sich aber nur durch Konstruktion und Untersuchung adäquater mathematischer Modelle gewinnen, zu denen insbesondere auch die Modelle einzelner Volkswirtschaftszweige gehören.

Die weitaus meisten Großvorhaben enthalten zahlreiche zufallsabhängige Parameter verschiedener Art, und ihre Effektivität hängt vielfach von Zufallsfaktoren ab. Es liegt auf der Hand, daß die Untersuchung solcher Objekte sowohl rein wissenschaftlich als auch praktisch von großer Bedeutung ist.

Gegenwärtig beobachtet man häufig Situationen, in denen bei der Untersuchung von zufallsbeeinflußten Systemen die in ihnen auftretenden Zufallsparameter durch feste Werte (z.B. den Erwartungswert) ersetzt werden, wonach dann ein deterministisches Modell untersucht wird. Solche Substitutionen führen häufig zu erheblichen Fehlern und können darüber hinaus die Effektivität des gesamten Systems beträchtlich herabsetzen.

Nach unserem Dafürhalten müssen in derartigen Fällen die Methoden der statistischen Modellierung zum Einsatz gelangen, und zwar nicht nur zur algorithmischen Erfassung der Schätzwerte für die Parameter, sondern auch als integrierende Bestandteile des Systems und insbesondere seines Steuerbereichs. Man benötigt daher statistische Prinzipien der Steuerung moderner komplizierter Systeme. Die Lösung dieses Problems wird deren Funktionsweise verändern und diese zuverlässiger gestalten.

Der Verfasser dieses Buches hat sich die Aufgabe gestellt, ein derartiges Problem für einen besonders komplizierten Fall auf dem Gebiet der technischen Kybernetik, und zwar die Planung und Leitung von Großvorhaben mit Hilfe von Netzplangraphen, zu lösen. Wir wollen derartige Systeme im weiteren als *netzplantechnische Systeme* oder kurz *NPT-Systeme* bezeichnen.

Im Laufe der letzten Jahre hat sich die Netzplantechnik stürmisch entwickelt, und ihr Anwendungsbereich wurde ständig umfangreicher. Eine besonders starke Entwicklung erfuhren die NPT-Systeme in den USA. Dort findet neben anderen vornehmlich das sog. PERT-Verfahren Anwendung. Alle diese Verfahren gewährleisten eine Automatisierung bei der Planung und Realisierung neuer Großvorhaben. Das PERT-Verfahren und seine Spielarten werden gegenwärtig auf den verschiedensten Gebieten angewandt, z.B. im Bauwesen, im Maschinenbau, bei der Entwicklung und Produktion von Rechenanlagen, im Raketen-, Flugzeug- und Triebwerksbau, bei der Projektierung und Realisierung von Energieerzeugungs- und Chemieanlagen usw.

Gegenwärtig umfaßt die Projektierung und Realisierung eines Großvorhabens hunderte, ja häufig tausende Etappen, von denen viele ihrerseits eine Untersuchungs- und Entwicklungsarbeit erfordern und darüber hinaus noch zufallsabhängig sind. Eine Verzögerung oder gar ein Ausfall der Arbeiten zur Realisierung eines Teils des Projekts, die sich häufig im Rahmen des Gesamtprojekts nur schwer übersehen lassen, können Verzögerungen hervorrufen bzw. die termingerechte Realisierung des Projekts in Frage stellen.

Die NPT-Systeme zeichnen sich durch folgende Besonderheiten aus:

1. Systematische Behandlung des Planungs- und Realisierungsprozesses für ein neues komplexes System. Ein derartiger Prozeß wird als ein einheitlicher kontinuierlicher Prozeß von Operationen aufgefaßt, die wechselseitig voneinander abhängig und auf das Erreichen des Endziels ausgerichtet sind. Die Kollektive, die diesen Prozeß realisieren, werden ebenfalls als einheitliche Glieder des Systems angesehen.

2. Verwendung spezieller mathematischer Modelle, der sog. *Netzplanmodelle*, die den Projektierungs- und Realisierungsprozeß für ein Vorhaben in Gestalt gerichteter Graphen mit vorgegebenen Bewertungen der Graphenelemente darstellen. Man erhält mit Hilfe solcher Modelle eine logisch-mathematische Beschreibung des Prozesses und hat die Möglichkeit, die Berechnung der wichtigsten Parameter des Prozesses, wie etwa Gesamtdauer, Arbeitsaufwand, Kosten usw., zu algorithmisieren.

Die NPT-Systeme versetzen uns in die Lage, periodisch operative Informationen für alle Entwicklungsstufen und für alle Komponenten des Projekts zu erfassen und deren Einfluß auf den gesamten Realisierungsablauf des Projekts aufzuzeigen. Die Anwendung eines NPT-Systems gestattet darüber hinaus, Unterbrechungen oder Störungen im Ablauf des Programms im voraus zu erkennen sowie Daten über den Einfluß von Projektänderungen auf den Programmablauf einzuschätzen. Besonders effektiv ist die Anwendung solcher Systeme, wenn die Anzahl der zur Realisierung erforderlichen Arbeitsgänge und der an der Realisierung beteiligten Auftragsbearbeiter sehr groß ist, deren Arbeit koordiniert werden muß, um die Realisierung des Programms zu den vorgegebenen Terminen zu gewährleisten.

Die vorliegende Monographie ist der Behandlung mathematischer Modelle in NPT-Systemen gewidmet, deren Charakteristika Zufallsfaktoren enthalten. In diesem Falle wird die Analyse und Berechnung der Parameter wesentlich komplizierter. Aber gerade solche Modelle benötigt man bei der Planung und Leitung wissenschaftlicher Forschungsprojekte oder bei Experimentalkonstruktionen, die bekanntlich der Einwirkung zahlreicher Zufallsfaktoren unterliegen.

Das erste Kapitel des Buches ist einführender Natur und dient der Beschreibung der Struktur und der Klassifizierung der NPT-Systeme. Ferner behandelt es die Wirkungsweise eines solchen Systems auf verschiedenen Stufen sowohl bei der Aufstellung des Ausgangsplanes als auch während der operativen Leitung des Realisierungsprozesses. Den Hauptinhalt des Kapitels bildet das Projekt eines industriezweiggebundenen NPT-Systems, das unter der Leitung von NAIDOW-SHELESOW [95] mit Beteiligung des Verfassers erarbeitet wurde. Darüber hinaus werden hier einige bekannte Parameter beschrieben, die bei deterministischen Netzplanmodellen verwendet werden.

Im zweiten Kapitel wird das Problem der Wahrscheinlichkeitsverteilung für die Zeitschätzwerte der Vorgänge im Netzplanmodell erörtert. Dabei werden die Methoden beschrieben und kritisch eingeschätzt, nach denen die Ermittlung dieser Schätzwerte vorgenommen wird. Mit anderen Worten, das Kapitel behandelt die Methodik der Informationsgewinnung für ein Netzplanmodell mit zufallsabhängigen Zeitschätzwerten für die Vorgänge und untersucht die Frage, ob diese Methodik zu adäquaten Modellen führt.

Im dritten Kapitel werden die analytischen Verfahren zur Berechnung der Parameter für das gesamte Netzplanmodell unter der Voraussetzung behandelt, daß die Zeitschätzwerte Größen sind, die jeweils einer Zufallsvariablen beigemessen werden.

Im darauffolgenden Kapitel wird das gleiche Problem mit Methoden der statistischen Modellierung gelöst.

Das fünfte Kapitel ist der Betrachtung stochastischer Netzplanmodelle gewidmet, einer wichtigen Spielart unter den Netzplanmodellen. Ihre Konstruktion wird bestimmt durch den Zufallscharakter der Struktur eines Netzplanes, d.h., die Tatsache, daß gewisse Elemente bei der Projektierung und Schaffung eines neuen Projekts zwar auftreten können, aber nicht notwendig auftreten müssen. Daraus resultiert auch die zufallsabhängige Topologie des Netzplanmodells.

Im sechsten Kapitel werden die Anwendungsmöglichkeiten stochastischer Methoden bei der operativen Leitung eines NPT-Systems sowie bei einigen anderen wichtigen Aufgaben untersucht. Dazu gehören z.B. die Ermittlung der Frequenz, mit der gewisse Netzplankontrollen durchgeführt werden müssen, wobei diese Frequenz je nach Leitungsebene in demselben NPT-System verschieden sein kann. Ferner gehören dazu die Methoden zur Konstruktion der Kalenderterminpläne usw.

Im siebenten und abschließenden Kapitel werden die statistischen Methoden zur Optimierung von Netzplanmodellen in NPT-Systemen behandelt. Diese Optimierungen beziehen sich sowohl auf die Aufstellung eines Ausgangsplanes als auch auf den Zeitraum der operativen Leitung. Als Optimalitätskriterien dienen in der Regel Zeitparameter unter der Bedingung beschränkt verfügbarer materieller oder finanzieller Ressourcen.

Den Optimierungsalgorithmen liegt eine Kombination aus dem Monte-Carlo-Verfahren und dem Verfahren der lokalen zufälligen Suche zugrunde. Die beschriebene Methodik gestattet es, ein optimales Gebiet im Lösungsraum zu ermitteln, das nur wenig vom globalen Optimum abweicht. Desgleichen werden einige „Hybridalgorithmen“ beschrieben, in denen heuristische oder halbheuristische und exakte Optimierungsverfahren vereinigt sind.

Im abschließenden Kapitel werden ferner einige aussichtsreiche Probleme der Anwendung statistischer Methoden in NPT-Systemen und einigen Modifikationen dieser Systeme angeschnitten.

Es sei erwähnt, daß gegenwärtig in verschiedenen NPT-Systemen zahlreiche mathematische Verfahren entstanden sind und praktisch angewandt werden, die häufig kaum einen Zusammenhang untereinander aufweisen. Das gilt insbesondere für Verfahren, die auf den verschiedenen Einsatzstufen der NPT-Systeme zum Einsatz gelangen. Aus diesem Grunde ist der Stoff des vorliegenden Buches so angeordnet, daß verschiedene Kapitel (3, 5, 6 und 7) unabhängig voneinander und in beliebiger Reihenfolge gelesen werden können. Allerdings setzt die Lektüre dieser Kapitel die Kenntnis des ersten und zweiten und zum Teil auch des vierten Kapitels voraus.

Im Gegensatz zur allgemeinen Tradition der mathematischen Monographien über Probleme der Netzplantechnik hatte sich der Verfasser zum Ziel gesetzt, die Anwendung der statistischen Verfahren nicht nur am Netzplanmodell selbst zu demonstrieren, sondern auch unter anderen Einsatzaspekten eines NPT-Systems (Organisationsteil, Normativschätzungen, Leitungsprobleme usw.). Aus diesem Grunde wurden in die Monographie verschiedene Mitteilungen über die organisatorische Struktur und die Einsatzstufen eines NPT-Systems aufgenommen, obwohl gerade der letzte Aspekt in manchen Fällen die Geschlossenheit der Darstellung sprengt.

Nach Meinung des Verfassers kann das vorliegende Buch sowohl den Wissenschaftlern nützlich sein, die an einer Weiterentwicklung der mathematischen Methoden der Netzplantechnik arbeiten, als auch den Spezialisten, die sich mit der Verwirklichung der Netzplanprojekte sowie mit ihrer experimentellen Erprobung befassen.

Der Verfasser möchte die Gelegenheit wahrnehmen, hiermit seinen Dank an N. E. Archangelski, M. K. Babunaschwili, S. J. Wilenkin, N. A. Lewin, I. E. Maislin, A. A. Meschkow und W. I. Rybalsky für die wertvolle Hilfe auszusprechen, die ihm bei der Abfassung des Buches erwiesen wurde.

Ein besonderer Dank des Verfassers gilt N. M. Orlowa für die Sammlung und Bearbeitung des Informationsmaterials bei der Vorbereitung des Manuskripts.

D. Golenko

Inhalt

1. Die Netzplantechnik als Mittel der Planung und Leitung

In diesem Kapitel wird aus der Sicht der bisherigen Erfahrung eine Klassifizierung der Netzplanmodelle nach verschiedenen Gesichtspunkten gegeben. Darüber hinaus werden die Unterschiede zwischen den deterministischen Netzplangraphen und dem Aufbau eines stochastischen Netzplanes klar herausgearbeitet. Für den Aufbau eines netzplantechnischen Systems der Planung und Leitung werden die organisationswissenschaftlichen Frage- und Aufgabenstellungen entwickelt und zu Arbeitsstufen in Gestalt einer Blockstruktur zusammengefaßt. Im weiteren werden die notwendigen Begriffe eingeführt und Koeffizienten definiert, die für die Aussagen der Netzplanmodelle wichtig sind. Für diese Koeffizienten werden die entsprechenden Berechnungsalgorithmen angegeben.

1.1. Klassifizierung der Systeme der Netzplantechnik

Die Systeme der Netzplantechnik als Systeme der Planung und Leitung sind automatisierte kybernetische Mensch-Maschine-Systeme, in denen das Objekt der Leitung ein Kollektiv ist, das ein Projekt realisiert, über gewisse Ressourcen verfügt und ein System von Operationen ausführt, durch deren Anwendung die Erreichung eines vorgegebenen Endzieles gewährleistet werden soll. Die Leitungsfunktion in den Systemen der Netzplantechnik wird gewöhnlich von einem speziellen Funktionalorgan, der Leitungsgruppe, mit Hilfe von maschinellen Informationssystemen und durch Analyse der Ausgangsdaten und der Daten über den jeweiligen Zustand des zu leitenden Objekts wahrgenommen.

Im Grunde genommen enthalten die Systeme der Netzplantechnik alle wesentlichen Merkmale eines dynamischen, sich selbst regulierenden Systems mit direkten Kopplungen und Rückkopplungen. Sie beruhen auf der Anwendung informationstheoretischer Erkenntnisse und der Rechentechnik, wie das heute ganz allgemein bei allen automatisierten Leitungsprozessen der Produktion der Fall ist.

Den Systemen der Netzplantechnik liegt ein dynamisches Informationsmodell mit Graphenstruktur zugrunde. Dieses Modell spiegelt den Ablauf eines Operationskomplexes sowie dessen Ziele anschaulich wider und gestattet es, die Leitung dieses Komplexes zu algorithmisieren.

Zu den Gebieten, in denen sich die Netzplantechnik zur Planung, Kontrolle und operativen Leitung besonders rationell einsetzen läßt, gehören:

a) zielgerichtete Vorhaben (einschließlich der wissenschaftlichen Forschung und der experimentellen Konstruktionsarbeiten sowie Versuchsanlagen usw.) bei der Entwicklung komplizierter technischer Großvorhaben, an deren Schaffung verschiedene Organisationen und Betriebe teilnehmen;

b) die gesamte Tätigkeit von Entwicklungsinstitutionen (WTZ, Forschungsinstituten, Projektierungsbüros usw.);

c) die komplexen Arbeitsgänge bei der Vorbereitung und Einführung neuer Formen der Industrieproduktion;

d) Bau und Montage von neuen Industrieobjekten sowie von Wohn- und Gesellschaftsbauten, ferner auch Generalreparaturen und Rekonstruktionsvorhaben an bereits bestehenden Objekten dieser Art.

Verhältnismäßig grobe Klassifizierungen der Systeme der Netzplantechnik lassen sich nach folgenden Merkmalen vornehmen:

1. Nach dem Umfang des Vorhabens (oder des Komplexes von Arbeitsgängen), das der Planung und Leitung unterliegt. Nach diesem Merkmal lassen sich die Systeme der Netzplantechnik in drei Gruppen einteilen:

a) Netzplantechnische Systeme für Großvorhaben, die durch Netzplangraphen mit mehr als zehntausend Knoten beschrieben werden.

b) Netzplantechnische Systeme für mittlere Vorhaben, bei denen die zugehörigen Netzplangraphen zwischen 1500 und zehntausend Knoten enthalten.

c) Netzplantechnische Systeme für kleinere Vorhaben, bei denen die Anzahl der Knoten zwischen 1000 und 1500 liegt.

2. Nach der Leitungsebene, die sich des netzplantechnischen Systems bedient (z. B. der Rat einer Stadt, ein Ministerium, eine VVB, ein Betrieb usw.).

3. Nach der Anzahl der Netzplangraphen, die zur Beschreibung des betreffenden Vorhabens eingesetzt werden. Dieses Klassifikationsmerkmal gestattet eine Einteilung der netzplantechnischen Systeme in

a) netzplantechnische Systeme mit nur einem Netzplangraphen, der die gesamten Arbeitsgänge erfaßt, die alle auf das Endziel des betreffenden Vorhabens gerichtet sind, das seinerseits wiederum aus einem oder mehreren Zielereignissen bestehen kann;

b) komplexe netzplantechnische Systeme, die durch mehrere einzelne Netzplangraphen beschrieben werden, wobei die Termine und andere Parameter der Vorgänge in den einzelnen Netzplangraphen aufeinander abgestimmt werden.

4. Nach der Anzahl der Zielereignisse eines netzplantechnischen Systems ist folgende Einteilung möglich:

a) Netzplantechnische Systeme mit nur einem Zielereignis.

b) Netzplantechnische Systeme mit mehreren Zielereignissen.

5. Nach den Parametern des netzplantechnischen Systems, die der Planung und Kontrolle unterliegen, erhält man folgende Einteilung:

a) Netzplantechnische Systeme, in denen die Terminkontrolle im Vordergrund steht. Es werden die Termine für den Beginn und den Abschluß der einzelnen Vorgänge sowie deren Dauer überprüft.

b) Netzplantechnische Systeme, in denen sich die Kontrolle sowohl auf die Termine als auch auf den Aufwand erstreckt.

c) Netzplantechnische Systeme, in denen der Planung und Kontrolle die folgenden Parameter unterliegen: Termine, Aufwand und technische Charakteristika.

6. Nach der Ressourcenbeschränkung unterscheidet man

a) Systeme, bei denen die zur Verfügung stehenden Ressourcen keine Berücksichtigung finden;

b) netzplantechnische Systeme, bei denen die terminliche Planung und die zur Verfügung stehenden Ressourcen aufeinander abgestimmt werden.

7. Nach der Sicherheit der Angaben über die einzelnen Netzplanparameter unterscheidet man

a) deterministische Modelle;

b) stochastische Modelle.

Bei der Aufstellung eines *deterministischen* Netzplangraphen wird vorausgesetzt, daß zu einem vorgegebenen Zeitpunkt die gesamte Struktur des Vorhabens sowie das Endziel und die Zwischenziele eindeutig bestimmt sind und daß die wichtigsten konstruktiven und technologischen Methoden zur Erreichung dieser Ziele bekannt sind. Man wählt dabei die wahrscheinlichste Variante für die Ausführung aller Vorgänge aus. Aus diesem Grunde treten in einem deterministischen Netzplan keinerlei Alternativoperationen auf, d.h., es wird auf die Angabe mehrerer Lösungswege zur Erreichung ein und desselben Ziels verzichtet. Der deterministische Netzplan beschreibt eindeutig das Endziel, den Umfang und den gegenseitigen Zusammenhang der Vorgänge und damit die topologische Struktur des Netzplanes. Für den Fall, daß beim Ablauf der Realisierung gegenüber dem ursprünglichen Aufbau Veränderungen eintreten, werden diese in den Netzplan eingearbeitet (es werden z.B. Vorgänge getilgt oder neu aufgenommen), und die auf diese Weise neu gewonnenen Variante wird wieder als eindeutig bestimmt aufgefaßt.

Beim Aufbau eines *stochastischen* Netzplanes werden mögliche Alternativvarianten im Ablauf der Vorgänge berücksichtigt, es wird einkalkuliert, daß das Endergebnis inhaltlich nicht vollständig mit dem ursprünglich geplanten übereinstimmt (daß z.B. ein Objekt realisiert wird, dessen technische Charakteristika gegenüber dem ursprünglichen Vorhaben gewisse Abweichungen aufweisen). In einem stochastischen Netzplan wird die Wahrscheinlichkeit aller möglichen Varianten zur Erreichung des Endziels z.B. dadurch abgeschätzt, daß man zunächst die Wahrscheinlichkeiten der verschiedenen Lösungswege einschätzt, die zu dem geplanten Endziel führen.

Ein charakteristisches Merkmal beim Aufbau stochastischer Netzplansysteme besteht daher in der Notwendigkeit, die Möglichkeit und Wahrscheinlichkeit zu berücksichtigen, daß auf verschiedenen Stufen der Realisierung eines Vorhabens zu Alternativlösungen gegriffen werden muß, die jeweils eine eigene Variante zur Erreichung des Endziels nach sich ziehen. Selbstverständlich weist eine jede derartige Variante eine eigene Ablaufstruktur und besondere Einschätzungen für die Dauer der Vorgänge auf.

Solche Netzplangraphen enthalten neben Ereignissen, die dem Begriff der logischen Konjunktion (und) entsprechen auch Ereignisse, die der logischen Disjunktion (oder) äquivalent sind. Ein stochastischer Netzplan stellt gleichsam einen „Baum" mit einzelnen zufälligen „Zweigen" dar.

Sowohl bei den stochastischen als auch bei den deterministischen Netzplanmodellen unterscheidet man wiederum Netzplanmodelle mit deterministischen und stochastischen Einschätzungen der Parameter der in diesen Modellen enthaltenen Vorgänge.

Die verschiedensten Kombinationen aus den oben angegebenen Klassifikationsmerkmalen bestimmen die jeweilige Form eines netzplantechnischen Systems. Es sei an dieser Stelle darauf hingewiesen, daß wir in dem vorliegenden Buch hauptsächlich Systeme betrachten werden, die aus nur einem Netzplangraphen mit einem Endziel bestehen, wobei Netzplangraphen mittlerer Größe in Betracht gezogen werden, bei denen sowohl die Termine als auch die Ressourcen in die Planung und

Kontrolle einbezogen werden. Außerdem sollen sowohl stochastische Netzpläne als auch deterministische Netzpläne, letztere jedoch mit stochastischen Abschätzungen ihrer Parameter zur Debatte stehen.

1.2. Der Ablauf der Planung und Leitung mit Hilfe eines netzplantechnischen Systems

Ein netzplantechnisches System der Planung und Leitung hat wie jedes andere beliebige System zum Hauptziel das optimale Verhalten des zu steuernden Objekts. Dieses wiederum ist auf die Realisierung der dem Objekt übertragenen Aufgaben unter den Bedingungen äußerer Einwirkungen und Störungen ausgerichtet.

In den netzplantechnischen Systemen der Planung und Leitung, die wir im weiteren als *NPT-Systeme* bezeichnen wollen, treten alle für ein modernes automatisiertes System charakteristischen Prozesse auf, und zwar:

a) Gewinnung der Information über den Zustand des Steuerungsobjekts;
b) Bearbeitung der Information;
c) Speicherung der Information;
d) Herausbildung der Steuerbefehle;
e) Ausführung der Steuerbefehle (durch Eingabe von Steuerimpulsen auf den Eingang des Steuerungsobjekts).

Ein NPT-System (siehe Bild 1) besteht aus den folgenden Hauptblöcken:

Block 1. Dieser Block dient der periodischen Gewinnung und Einschätzung der Informationen über den Zustand des Steuerungsobjekts. Das geschieht mit Hilfe der verantwortlichen Auftragsbearbeiter, d.h. Mitglieder des Kollektivs, das an der Realisierung des betreffenden Komplexes von Operationen beteiligt ist. Die verantwortlichen Auftragsbearbeiter bilden einen der wesentlichsten Bestandteile des NPT-Systems. Ihre Funktion kann nur von Fachkräften wahrgenommen werden, die unmittelbar die Arbeiten leiten und ein geschlossenes Element im Strukturschema des Netzplanes bilden. Dabei sind diese Fachkräfte persönlich für die Qualität und den Zustand der Ausführung dieser Arbeitsgänge verantwortlich. Verantwortliche Auftragsbearbeiter sind entweder Leiter von Struktureinheiten (Abteilungen, Labors, Gruppen, Brigaden usw.), aber auch leitende Kräfte aus übergeordneten Organisationen bzw. aus Kooperationsbetrieben. Von diesem Gesichtspunkt aus sind die verantwortlichen Auftragsbearbeiter als Teile des gesteuerten Objekts aufzufassen. Andererseits führen sie aber auch Funktionen der Leitung aus, indem sie den Realisierungszustand des ihnen übertragenen Netzplanelements (eines Teiles des Operationenkomplexes) einschätzen und die erforderlichen Primärinformationen dem Leitungssystem zur Verfügung stellen. Die verantwortlichen Auftragsbearbeiter nehmen als Informationsgeber unmittelbar am Prozeß der Informationsgewinnung und damit an einem Teil des Leitungsprozesses teil.

Block 2. Dieser Block dient der Übertragung der Primärinformation unter Einsatz verschiedener technischer Hilfsmittel (Rechentechnik, Organisationstechnik, Nachrichtentechnik usw.) auf den Eingang des Blockes 3, eines der wichtigsten Bestandteile des NPT-Systems.

Block 3. Dieser Block dient der Bearbeitung und Speicherung der Informationen. Er realisiert diese Aufgabe nach einem speziellen Programm und vergleicht diese mit der im Speicherbereich des Blockes 3 befindlichen Information über den Zustand des Objekts in den vorausgegangenen Zeitabschnitten. Darüber hinaus vergleicht er die gewonnenen Ergebnisse mit den Steuerbefehlen, die das vorgegebene (geplante) Verhalten des Objekts widerspiegeln.

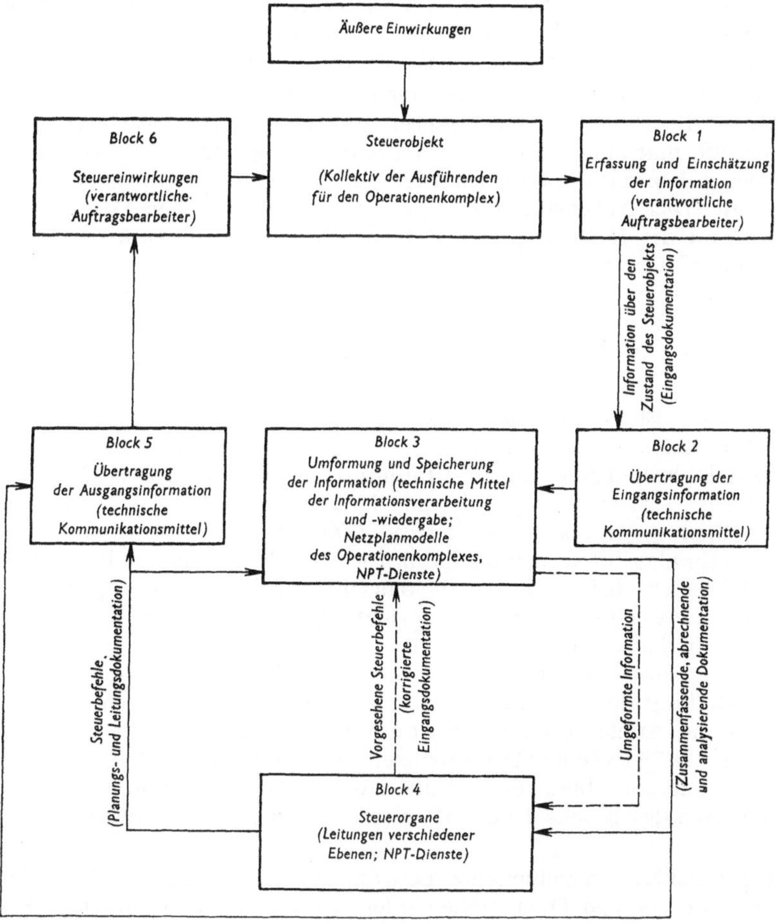

Bild 1

Dieser Vergleich dient zur Einschätzung der Dynamik im Verhalten des Objekts sowie der Abweichungen des realen Zustandes von dem geplanten. Die Vergleichsergebnisse werden als Informationen, die nach einem vorgegebenen Programm bearbeitet wurden, auf den Eingang des Blocks 4 gegeben.

Die Funktionen des Blocks 3 werden durch folgende Struktureinheiten des Systems wahrgenommen:

1. Ein spezielles Funktionalorgan des NPT-Systems am Rechenzentrum. Dieses gewährleistet im wesentlichen den Prozeß der Informationsbearbeitung und Infor-

mationsspeicherung. Die maschinelle Informationsbearbeitung wird durch entsprechende mathematische Algorithmen realisiert.

2. Technische Mittel zur Bearbeitung und Wiedergabe der Information (z.B. elektronische digitale Universalrechner oder Spezialmaschinen).

3. Einen speziellen NPT-Dienst. Dieser realisiert den Hauptteil der Arbeiten zur Schaffung des Netzplanmodells sowie zur ständigen Korrektur dieses Modells im Einklang mit den Veränderungen des realen Zustandes während der Realisierung.

4. Das Netzplanmodell für den Komplex der Operationen. Dieses spielt in den NPT-Systemen die Rolle eines besonderen Instruments zur Bearbeitung und Speicherung der Informationen, mit dessen Hilfe die Steuerung des Prozesses zur Schaffung eines neuen Komplexes algorithmisiert und nach einem vorgegebenen Kriterium optimiert wird. Das Netzplanmodell spiegelt in anschaulicher Form die Wechselbeziehungen und die technologische Reihenfolge der Ausführung der Operationen wider. Mit seiner Hilfe erfolgt die Einschätzung der verschiedenen Parameter (hauptsächlich der Zeitablaufpläne bei der Realisierung der Arbeitsgänge), die Analyse der verschiedenen Varianten zur Steuerung des Ablaufes sowie die Suche nach der optimalen Variante (wobei man von dem vorgegebenen Optimalitätskriterium ausgeht).

Block 4. Dieser Block ist das Steuerungsorgan. Er nimmt die Analyse der bearbeiteten Information vor und erarbeitet die Steuerbefehle, mit deren Hilfe die aufgetretenen Diskrepanzen auf ein Minimum reduziert werden (vgl. Block 3). Des weiteren gewährleistet er die Optimierung der Parameter für das Verhalten des Objekts nach einem vorgegebenen Kriterium (Zeit, Zuverlässigkeit usw.). Die Erarbeitung der optimalen Steuerbefehle kann iterativer Natur sein, d.h., sie kann durch Steuerbefehlsfolgen realisiert werden, die das Objekt sukzessiv dem optimalen Zustand annähern. Einem solchen Prozeß entspricht ein geschlossener Regelkreis, der in Bild 1 gestrichelt dargestellt ist.

Die Steuerung geschieht durch Korrektur des Terminplanes der Arbeitsgänge, durch Neuverteilung der Ressourcen, durch Veränderung der technischen Vorgabe usw. und hat die Aufgabe, einen bestimmten Parameter im Plansystem zu optimieren oder die aufgetretenen Diskrepanzen zwischen dem geplanten und dem tatsächlichen Zustand im Ablauf des Realisierungsprozesses zu minimieren.

Die Funktionen des Blocks 4 im NPT-System werden durch folgende Organe vorgenommen:

1. Leitungskollektive verschiedener Leitungsebenen, die für die Realisierung des gesamten Komplexes von Operationen oder eines Teiles eines solchen Komplexes verantwortlich sind; sie nehmen die Leitung des Kollektivs der Auftragsbearbeiter nach einem gewissen Algorithmus wahr. Die Leitung einer bestimmten Leitungsebene trifft auf Grund der Analyse der bearbeiteten Information über den Zustand des Objekts operative Entscheidungen (d.h. bildet die Leitungsanweisungen) und setzt diese in die Tat um, indem sie über die verantwortlichen Auftragsbearbeiter auf das Objekt Einfluß nimmt.

2. Der NPT-Dienst, der früher als Bestandteil des Blocks 3 beschrieben wurde[1]), spielt eine wesentliche Rolle als Strukturteil des Leitungsorgans. Als Funktional-

[1]) Für den hier benutzten Begriff des NPT-Dienstes sind in verschiedenen NPT-Systemen verschiedene Bezeichnungen gebräuchlich.

organ der Leiter verschiedener Leitungsebenen analysiert der NPT-Dienst die Information über den Zustand des Realisierungsablaufes und bereitet die operativen Entscheidungen vor; desgleichen unterstützt er die Realisierung dieser Entscheidungen. Der NPT-Dienst nimmt unmittelbar am Prozeß der Bildung der Leitungsbefehle teil.

3. Die verantwortlichen Auftragsbearbeiter nehmen ebenfalls zusammen mit der Abteilung für Koordinierung und Analyse des Projekts an der Bildung der Leitungsbefehle teil. Wie bereits oben erwähnt, sind sie gleichzeitig Bestandteil des zu steuernden Objekts und des NPT-Systems (Blöcke 1, 4 und 6).

Block 5. Dieser Block dient zur Ausgabe der Ausgangsinformation und versieht diese Funktion mit Hilfe von Kommunikationsmitteln. Er bewirkt, daß die Leitungsbefehle vom Ausgang des Blockes 4 auf den Eingang des Blockes 6 gegeben werden.

Block 6. Dieser Block ist der Block der steuernden Einwirkung. Er transformiert die vom Block 4 ankommenden Steuerbefehle in Steuerwirkungen auf das Objekt, um damit das Verhalten des Objekts in der gewünschten Weise zu regeln. Die Grundlage dieses Blocks bilden die verantwortlichen Auftragsbearbeiter, die die im Block 4 gebildeten Steuerbefehle ausführen, indem sie unmittelbar auf das ihnen unterstellte Kollektiv, d.h. auf das Objekt einwirken.

Es ist besonders darauf hinzuweisen, daß in den meisten modernen NPT-Systemen die Übertragung der Information zwischen den einzelnen Blöcken (darunter auch der Leitungsbefehle) durch entsprechende Dokumentationsformen geschieht (als Träger für die Leitungsbefehle dient z.B. die Dokumentation über Planung und Realisierung). Im Gegensatz zu den traditionellen Steuersystemen, in denen als Informationsträger mechanische, elektrische u.a. Impulse dienen, wird die entsprechende Funktion in den NPT-Systemen in der Regel durch einen entsprechend organisierten Dokumentationsfluß wahrgenommen.

In der Regel dienen die NPT-Systeme zur Planung sowie zur operativen Kontrolle und Leitung eines Prozesses zur Schaffung neuer komplizierter Komplexe im Rahmen von Planvorhaben von dreierlei Typen:

a) Bei großen Planvorhaben, an denen mehrere Industriezweige beteiligt sind und zu deren Realisierung viele Unternehmen und Organisationen hinzugezogen werden, die verschiedenen Ministerien oder Bereichen unterstellt sind.

b) In großen Planvorhaben, die innerhalb eines Industriezweiges im wesentlichen mit den Kräften der zweigeigenen Betriebe und der zweigeigenen Organisationen realisiert werden.

c) Bei wissenschaftlichen Forschungsarbeiten und Experimentalkonstruktionen eines einzelnen Kombinates oder Betriebes (z.B. eines Forschungsinstituts oder eines WTZ).

Zum Abschluß dieses Paragraphen wollen wir die Struktur eines NPT-Systems der Planung und Leitung betrachten, wie es in Bild 2 dargestellt ist. Zu einem derartigen NPT-System gehören:

a) Glieder (Teile) seiner Organisationsstruktur (Leiter aller Ebenen, verantwortliche Auftragsbearbeiter, NPT-Dienste);

b) Teile seiner materiell-technischen Basis, d.h. des Informations- und Datenverarbeitungssystems (das Netzplanmodell des Vorhabens, die technische Ausrüstung des Systems, die dokumentaristischen Informationsträger).

Das Strukturschema der Leitungsorgane eines Vorhabens weist folgende Leitungsebenen auf:

die operative Leitungsgruppe;

den Leiter der Hauptorganisation für das zu bearbeitende technische Objekt (Generalauftragnehmer);

die Leiter der Kooperationsorganisationen und ihrer Struktureinheiten;

die verantwortlichen Auftragbearbeiter.

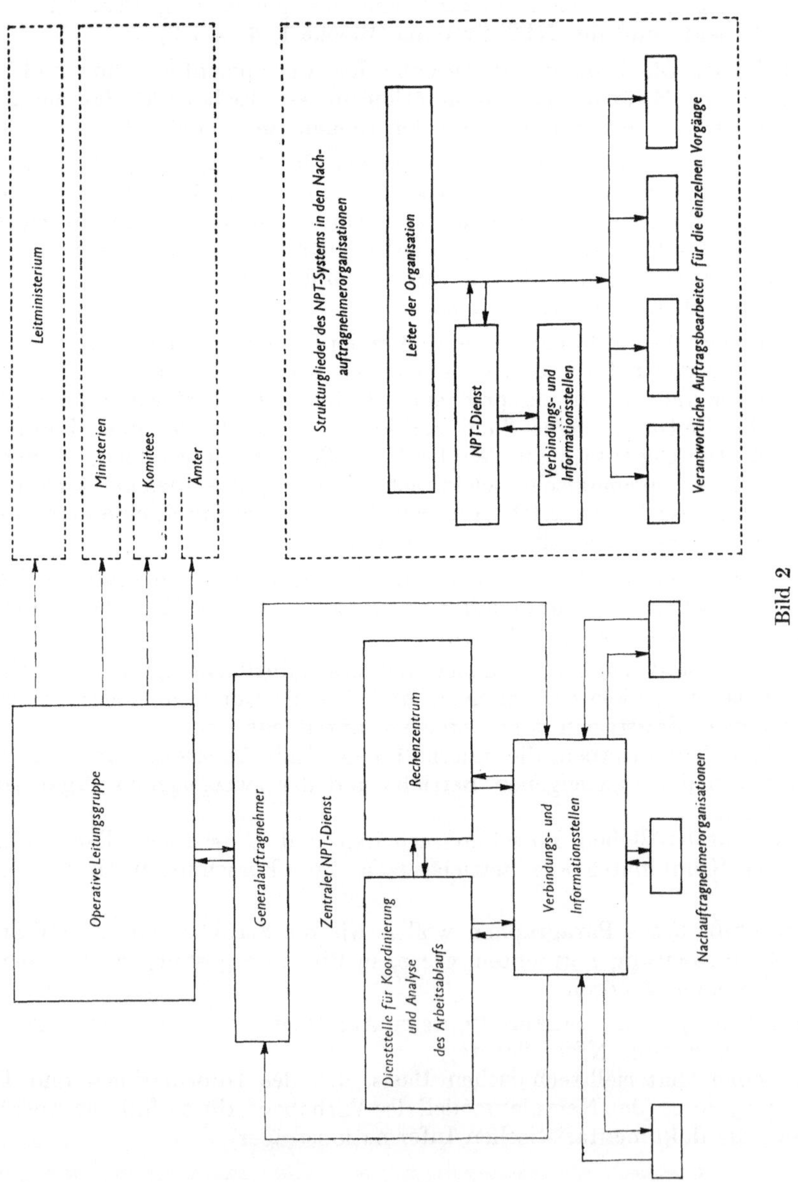

Bild 2

Die operative Leitungsgruppe besteht aus verantwortlichen Repräsentanten der wichtigsten Institutionen, die an der Schaffung des betreffenden technischen Objekts teilnehmen, und ist das administrative und produktionstechnische Zentrum der Leitung bei der Realisierung des betreffenden Objekts.

Die NPT-Dienste werden bei den Leitern der zweiten und dritten Ebene organisiert, d. h. beim Generalauftragnehmer und bei den Leitern der Kooperationsorganisationen. Die NPT-Dienste sind die wichtigsten Glieder in der Organisationsstruktur des Systems; sie gewährleisten die Herstellung der direkten Verbindungen und Rückkopplungen zwischen allen Teilnehmern des Vorhabens, die störungsfreie Funktion und Analyse der Flüsse der Informationen, die zur Planung und operativen Leitung der Arbeiten bei der Schaffung des betreffenden technischen Objekts erforderlich sind.

Zum Bestand des Informations- und Datenverarbeitungssystems, das die materiell-technische Basis des NPT-Systems bildet, gehören:

1. Das Netzplanmodell des betreffenden Vorhabens, das in folgenden Formen realisiert wird:

a) als zusammenfassende, partikuläre und primäre Netzplangraphen, d. h. als graphische Darstellung des betreffenden Vorhabens und seiner einzelnen Teile;

b) als System in spezieller Form codierter Daten über Vorgänge und Ereignisse, das die mathematische Beschreibung des betreffenden Vorhabens darstellt.

2. Die technische Ausrüstung des Systems umfaßt folgende Bestandteile:

a) Geräte der Rechentechnik;
b) Anlagen zur Informationsübermittlung und andere Kommunikationsmittel;
c) Hilfsmittel zur Darstellung des Netzplanmodells;
d) Mittel zur Informationsspeicherung.

3. Die dokumentarischen Informationsträger; dazu gehören:

a) Primärdokumente, die die Struktur der Ausgangsdaten und der operativen Informationen über die Vorgänge und Ereignisse des Netzplanmodells bestimmen;

b) Primärdokumente, die die Struktur der Information für Planung, Abrechnung und Analyse festlegen und die bei der Bearbeitung der Ausgangs- und Operativdaten gewonnen werden.

Das Netzplanmodell (der Netzplangraph) des Vorhabens spielt die Rolle eines spezifischen Instruments zur Umformung und Speicherung der Information. Auf der Grundlage des Netzplanes wird im NPT-System die Zusammenfassung des Komplexes aller Operationen zur Schaffung des neuen Objekts zu einem einheitlichen Ganzen vorgenommen, werden die Wechselbeziehungen dieser Operationen untersucht. Ferner wird die Berechnung der Parameter algorithmisiert, die zur Optimierung der Planung sowie zur Kontrolle und zur operativen Leitung des Prozesses verwendet werden.

1.3. Die wichtigsten Parameter des Netzplanmodells im NPT-System [1]

Das *Netzplanmodell* dient als dynamisches Informationsmodell, das den Prozeß der Realisierung des Komplexes der Operationen und seine Endziele darstellt. Dabei

[1]) In diesem Abschnitt werden hauptsächlich Probleme behandelt, die auf NAIDOW-SHELESOW [88] zurückgehen.

wird der gesamte Komplex der Operationen in einzelne scharf abgegrenzte Operationen aufgegliedert, die in einer streng technologischen Reihenfolge angeordnet werden. Der *Netzplangraph* ist die Darstellung des Realisierungsablaufes des Projekts in der Zeichenebene.

Der Realisierungsablauf läßt sich in einer Ebene durch zwei Grundelemente des Netzplanes darstellen, und zwar Pfeile für die *Vorgänge* und Kreise (oder Quadrate) für die *Ereignisse*. Dabei stellen die Ereignisse das Ergebnis der Realisierung eines oder mehrerer Vorgänge dar (vgl. Bild 3).[1]

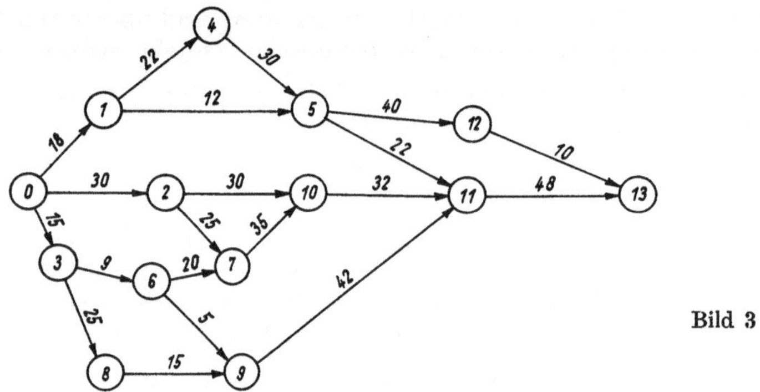

Bild 3

Man beachte, daß die Ereignisse Begriffe sind, denen keinerlei zeitliche Dauer zugeordnet ist, während die Vorgänge im allgemeinen eine gewisse Zeitdauer aufweisen.

Ein Vorgang kann z.B. die Projektierung der Bauzeichnungen irgendeines Teilaggregats, den Prozeß der Herstellung der Zeichnung, die Berechnung des kinematischen Schemas dieses Aggregats, den Prozeß der Erprobung oder die Zusammenstellung der Stückliste der Einzelteile darstellen, die zur Herstellung dieses Aggregats benötigt werden.

Der Terminus *Vorgang* kann folgende Bedeutung haben:

a) Der Vorgang kann einen Arbeitsprozeß darstellen, bei dem sowohl ein Aufwand an Zeit als auch an Ressourcen erforderlich ist. Man spricht in diesem Falle von einer *Aktivität*.

b) Vorgänge, die eine gewisse Wartezeit darstellen (sog. *Wartevorgänge*), jedoch keinerlei Ressourcenaufwand erfordern (z.B. der Prozeß der Erhärtung des Betons).

c) Sogenannte *Scheinvorgänge*, die einen logischen Zusammenhang zwischen zwei oder mehreren Operationen ausweisen, aber keinerlei Aufwand an Zeit oder Ressourcen in Anspruch nehmen. Sie weisen lediglich darauf hin, daß der Beginn irgendeines Vorganges unmittelbar von den Ergebnissen eines anderen Vorganges abhängig ist.

Es ist üblich, die Aktivitäten und Wartevorgänge im Netzplan durch ausgezogene, die Scheinvorgänge durch gestrichelte Pfeile darzustellen

---

[1]) Es ist vielfach gebräuchlich und mitunter auch zweckmäßiger, die Knoten des Graphen als Vorgänge zu deuten, während die orientierten Kanten des Graphen dann den technologischen Zusammenhang der Vorgänge widerspiegeln. Im vorliegenden Buch wird jedoch ausschließlich die sog. ereignisorientierte Form der „Vorgangspfeilgraphen" verwendet. Alle Ergebnisse lassen sich jedoch analog auch auf die „Vorgangsknotengraphen" übertragen (Red. d. dt. Ausg.)

Es sei darauf hingewiesen, daß man zwischen den partikulären Ergebnissen einzelner Vorgänge und dem Gesamtergebnis mehrerer Vorgänge unterscheiden muß, deren Pfeile in einem Punkt zusammenlaufen. Das liegt daran, daß das Endergebnis eines beliebigen Vorganges nicht nur an sich als Tatsache wichtig ist, die den Abschluß irgendeines Arbeitsganges ausweist, sondern auch als notwendige Bedingung für die Möglichkeit, einen darauffolgenden Vorgang in Angriff zu nehmen.

Häufig liegt der Fall vor, daß irgendein Vorgang erst nach dem Abschluß mehrerer bestimmter Vorgänge in Angriff genommen werden kann. Die notwendige und hinreichende Bedingung für den Beginn dieses Vorganges kann daher nur die Gesamtheit der partikulären Ergebnisse dieser Vorgänge, d.h. ihr Gesamtergebnis sein. Eben dieses Gesamtergebnis pflegt man mit dem Terminus ***Ereignis*** zu bezeichnen. In einzelnen Fällen kann das Ereignis mit dem partikulären Ereignis irgendeines Vorganges identisch sein (vgl. Bild 3).

Ein beliebiger Pfeil (i, j) hat je einen Ereigniskreis als Anfangs- bzw. Endpunkt. Ein solcher Pfeil geht von einem Ereignis i aus, das dem betreffenden Vorgang unmittelbar vorausgeht, und mündet mit seiner Spitze im Ereignis j, das unmittelbar auf diesen Vorgang folgt. Sämtliche Ereignisse werden durch ganze Zahlen bezeichnet. Somit läßt sich jeder Vorgang eines Netzplanes mit Hilfe der Bezeichnungen des einem Vorgang unmittelbar vorangehenden und unmittelbar nachfolgenden Ereignisses codieren.

Ein beliebiges Ereignis kann nicht eintreten, bevor nicht sämtliche ihm unmittelbar vorausgehenden Ereignisse eingetreten und sämtliche Vorgänge abgeschlossen sind, deren Pfeile das betreffende Ereignis mit den ihm vorausgehenden Ereignissen verbinden.

In einem Netzplangraphen existiert stets wenigstens ein *Startereignis* und wenigstens ein *Zielereignis*. Die Festlegung von Startereignissen stellt die Formulierung der Bedingung für den Beginn der Arbeiten zur Realisierung des betreffenden Komplexes von Operationen dar.

Die Besonderheit eines Startereignisses besteht darin, daß es weder Folge noch Ergebnis irgendeines Vorganges ist, der zu dem betreffenden Netzplan gehört. Das heißt, in dem betreffenden Netzplan besitzt das Startereignis weder ihm vorausgehende Vorgänge noch ihm vorausgehende Ereignisse. Daher mündet im Netzplangraphen in ein solches Ereignis kein Vorgangspfeil. Wir wollen Startereignisse mit dem Buchstaben S bezeichnen.

Die Festlegung der Zielereignisse stellt die Formulierung des Endziels des betreffenden Operationenkomplexes dar. Die Besonderheit eines Zielereignisses besteht darin, daß es für keinen Vorgang des betreffenden Netzplanes eine Bedingung für dessen Beginn darstellt, d.h., in dem betreffenden Netzplan gibt es weder Ereignisse noch Vorgänge, die auf ein Zielereignis folgen. Im Netzplangraphen gibt es daher auch keinen Vorgangspfeil, der aus einem Zielereignis entspringt. Ein Zielereignis wollen wir mit dem Buchstaben Z bezeichnen.

Zu jedem Ereignis des Netzplanes mit Ausnahme von Start- bzw. Zielereignisses gibt es wenigstens einen diesem Ereignis unmittelbar vorausgehenden und einen diesem Ereignis unmittelbar nachfolgenden Vorgang.

In einem fertig aufgestellten Netzplangraphen muß jeder Vorgang neben den Angaben über seinen Inhalt quantitative Bewertungen oder *Parameter* aufweisen, die die Dauer, den Umfang, die Kosten und andere Charakteristika des Vorganges kennzeichnen. Die erforderlichen Parameter für die Vorgänge werden jeweils nach dem Parameter festgelegt, der bei dem betreffenden Vorhaben das Hauptobjekt der Planung und Kontrolle darstellt. In einem NPT-System z.B., das lediglich der Planung und Kontrolle der Kalendertermine für die Vorgänge bei der Schaffung eines neuen Objekts dient, wird nur die Dauer der Vorgänge als Parameter verwendet.

Wir hatten bereits erwähnt, daß sämtliche Netzplanmodelle (oder einfach *Netzpläne*, wie man sie üblicherweise nennt) in deterministische und stochastische unterteilt werden.

In einem deterministischen Modell weisen sämtliche primären Parameter der Vorgänge feste Schätzwerte auf, die bei der Bestimmung der Parameter des Netzplanes unverändert bleiben. Sind einige zum Netzplan gehörende Vorgänge zufälliger Natur, so bezeichnet man sie auch in einem deterministischen Netzplan als zufällig.

Die Berechnung der Parameter eines stochastischen Netzplanmodells ist im Vergleich zu einem deterministischen wesentlich aufwendiger. Später werden wir zeigen, daß man die Berechnung der Parameter eines stochastischen Netzplanes auf die Berechnung der Parameter eines deterministischen Netzplanes zurückführen kann, das man aus dem stochastischen Netzplan nach der Monte-Carlo-Methode gewinnt. Wir wollen uns daher zunächst der Untersuchung der deterministischen Netzpläne mit deterministischen Schätzwerten zuwenden und werden erst allmählich zur Analyse von Netzplänen mit zufälligen Schätzwerten sowie zu stochastischen Netzplanmodellen übergehen.

Enthält ein Netzplan einen Vorgang (i, j), so sagen wir, daß der Knoten i dem Knoten j *unmittelbar vorausgeht* und daß der Knoten j *unmittelbar* auf den Knoten i *folgt*.

Eine Folge von Vorgängen eines Netzplanes (i_1, i_2), (i_2, i_3), ..., (i_{k-1}, i_k), in der das Endereignis eines jeden Vorganges mit dem Anfangsereignis des darauffolgenden Vorganges identisch ist, nennen wir einen *Weg*.

Da ein Weg vollständig durch die Ereignisse definiert ist, durch die er hindurchgeht, werden wir der Kürze halber einen Weg durch die Aufzählung der Ereignisse kennzeichnen, die auf diesem Wege liegen: $(i_1, i_2, i_3, \ldots, i_{k-1}, i_k)$.

Die Pfeile in der Netzplanzeichnung werden so angeordnet, daß sie die logische Reihenfolge bei der Realisierung der einzelnen Vorgänge widerspiegeln und damit den Übergang von einem Ereignis zum anderen bzw. die Reihenfolge des Eintretens der Ereignisse auf dem betreffenden Wege darstellen.

Wir müssen vier verschiedene Arten von Wegen unterscheiden:

a) Wege, deren Anfangspunkt mit dem Startereignis und deren Endpunkt mit dem Zielereignis des Netzplanes übereinstimmen, nennt man vollständige Wege und bezeichnet sie mit dem Buchstaben L (der Kürze halber nennt man sie einfach Wege).

b) Wege, die vom Startereignis zu irgendeinem beliebigen Ereignis i des Netzplanes führen; man nennt sie Wege, die dem Ereignis i vorausgehen und bezeichnet sie durch $L\ (S, i)$.

c) Wege, die von irgendeinem beliebigen Ereignis i des Netzplanes zu seinem Zielereignis führen, man nennt sie Wege, die auf das Ereignis i folgen, und bezeichnet sie mit $L\ (i, Z)$.

d) Wege, die zwei beliebige Ereignisse i_n und i_m, die weder Start- noch Zielereignisse sind, miteinander verbinden; man nennt sie Wege zwischen den Ereignissen i_n und i_m und bezeichnet sie mit $L\ (i_n, i_m)$.

Bei der Aufstellung der Netzplangraphen sind folgende Regeln zu beachten:

1. In einem Netzplan dürfen außer den Zielereignissen keine Senken vorhanden sein, d.h. keine Ereignisse, von denen keine Vorgänge ausgehen.

Das Auftreten von Senken in einem Netzplan weist in der Regel darauf hin, daß entweder eine falsche Verbindung vorliegt oder daß das Ergebnis des betreffenden Vorganges oder der betreffenden Vorgänge, die diesem Ereignis vorausgehen, von den Bearbeitern des betreffenden Operationenkomplexes nicht benötigt werden. Solche Vorgänge sind daher überflüssig und können getilgt werden.

2. In einem Netzplan dürfen außer den Startereignissen keine Quellen vorhanden sein, d.h. keine Ereignisse, in die kein Vorgang mündet.

3. Ein Netzplan darf keine Zyklen oder Schleifen enthalten, d.h. keine Wege, die von einem Ereignis ausgehen und wieder zu diesem zurückkehren.[1])

Das Auftreten von Zyklen weist auf zufällige oder logische Fehler hin, die bei der Aufstellung des Netzplanmodells aufgetreten sind. Beim Feststellen eines Zyklus muß das Netzplanmodell nach einer entsprechenden Überprüfung korrigiert werden.

4. Ein Netzplan darf keine Vorgänge mit gleicher Codierung enthalten, d.h. keine Vorgänge, die sowohl das gleiche Anfangs- als auch das gleiche Endereignis haben.

Wir wollen mit t_{ij} oder $t(i, j)$ die Dauer des Vorganges (i, j) bezeichnen.

Die Dauer eines beliebigen Weges ist gleich der Summe aus der Dauer der Vorgänge, die zu diesem Weg gehören; wir bezeichnen sie mit $t(L)$.

Im Netzplangraphen von Bild 3 ergibt sich die Dauer des Weges $L_1 = (0, 1, 4, 5, 11, 13)$ zu

$$t_{L_1} = t_{0,1} + t_{1,4} + t_{4,5} + t_{5,11} + t_{11,13} = 18 + 22 + 30 + 22 + 48 = 140$$

Tagen.

Insgesamt enthält dieser Netzplangraph neun Wege; in der Tabelle 1 sind für jeden dieser Wege die zugehörigen Vorgänge und die Dauer (d.h. deren Gesamtlänge) angegeben.

Tabelle 1

Weg	Vorgänge, die den Weg bilden	Länge (Dauer) des Weges t_L	Pufferzeit des Weges $P(L)$
L_1	(0,1), (1,4), (4,5), (5,11), (11,13)	140	30
L_2	(0,1), (1,5), (5,11), (11,13)	100	70
L_3	(0,1), (1,4), (4,5), (5,12), (12,13)	120	50
L_4	(0,1), (1,5), (5,12), (12,13)	80	90
L_5	(0,2), (2,7), (7,10), (10,11), (11,13)	170	0
L_6	(0,2), (2,10), (10,11), (11,13)	140	30
L_7	(0,3), (3,6), (6,7), (7,10), (10,11), (11,13)	159	11
L_8	(0,3), (3,6), (6,9), (9,11), (11,13)	119	51
L_9	(0,3), (3,8), (8,9), (9,11), (11,13)	145	25

Wie man aus der Tabelle 1 erkennt, ist die Dauer der Wege in einem Netzplan im allgemeinen verschieden.

[1]) Bei manchen Netzplanverfahren, wie z.B. bei der sog. „Metra-Potential-Methode" ist das Auftreten von Zyklen durchaus zulässig und hat dort sogar eine besondere Bedeutung (Red. d. dt. Ausg.).

Den Weg mit der längsten Dauer nennt man den *kritischen Weg*; wir bezeichnen diese Dauer mit t_{kr}.

In dem betrachteten Beispiel ist der kritische Weg L_5, dessen Dauer 170 Tage beträgt. Alle übrigen Wege weisen eine geringere Dauer auf. Daher ist

$$t_{\text{kr}} = t_{L_5} = t_{0,2} + t_{2,7} + t_{7,11} + t_{10,10} + t_{11,13} = 170.$$

Ein Netzplan kann mehrere kritische Wege enthalten.

Es sei darauf hingewiesen, daß der kritische Weg die Gesamtdauer für die Realisierung des neuen Objekts darstellt. Soll also die Realisierungsdauer für das betreffende Projekt verkürzt werden, so sind vor allem Maßnahmen zu ergreifen, die es gestatten, die Dauer der Vorgänge auf dem kritischen Wege zu verkürzen.

Das Netzplanmodell gestattet es, für ein beliebiges Ereignis i sowohl den frühestmöglichen Termin $T_i^{(0)}$ als auch den spätestmöglichen Termin $T_i^{(1)}$ für den Eintritt dieses Ereignisses zu berechnen. (Der Kürze halber werden wir vom frühesten bzw. spätesten Termin eines Ereignisses sprechen.)

Der *früheste Termin eines* beliebigen *Ereignisses i* ist gleich der Summe aus der Dauer der Vorgänge, die auf dem längsten aller Wege vom Startereignis zu dem betreffenden Ereignis führen, d.h. gleich der Dauer des längsten aller diesem Ereignis vorausgehenden Wege.

Bezeichnen wir den längsten dem Ereignis i vorausgehenden Weg mit $L\,(S,\,i)_{\max}$, so erhalten wir

$$T_i^{(0)} = t\,(L\,(S,\,i)_{\max}). \tag{1.3.1}$$

Der *späteste Termin eines* beliebigen *Ereignisses* $i = T_i^{(1)}$ ist gleich der Differenz aus der Gesamtdauer (Länge) des kritischen Weges und der Summe der Dauern der Vorgänge, die auf dem längsten Wege von dem betreffenden Ereignis zum Zielereignis des Netzplanes liegen, d.h. auf dem längsten aller auf das Ereignis folgenden Wege.

Bezeichnen wir den längsten auf das Ereignis i folgenden Weg mit $L\,(i,\,Z)_{\max}$, so erhalten wir

$$T_i^{(1)} = t_{\text{kr}} - t(L\,(i,\,Z)_{\max}). \tag{1.3.2}$$

In der Tabelle 2 sind zu jedem Ereignis des Netzplanes von Bild 3 der früheste und der späteste Termin sowie sämtliche Vorgänge angegeben, die auf dem diese Termine bestimmenden Wegen liegen.

Kennt man $T_i^{(0)}$ und $T_i^{(1)}$ für alle Ereignisse des Netzplanes, so kann man für jeden Vorgang $(i,\,j)$ die folgenden Parameter ermitteln:

a) Den frühestmöglichen (frühesten) Termin für den Beginn des Vorganges $(i,\,j)$, den wir mit $T_i^{(0)}(i,\,j)$ bezeichnen;

b) den spätestmöglichen (spätesten) Termin für den Beginn $T_i^{(1)}(i,\,j)$ des Vorganges $(i,\,j)$;

c) den frühesten Termin für den Abschluß $T_j^{(0)}(i,\,j)$ des Vorganges $(i,\,j)$;

d) den spätesten Termin für den Abschluß $T_j^{(1)}(i,\,j)$ des Vorganges $(i,\,j)$.

Die frühesten Termine für den Beginn eines Vorganges sind mit dem frühesten Termin für den Eintritt des Anfangsereignisses des betreffenden Vorganges identisch. Desgleichen stimmt auch der späteste Abschlußtermin eines Vorganges mit dem spätesten Termin für den Eintritt seines Endereignisses überein. Daher lassen sich,

Tabelle 2

Ereignis i	Aufzählung der Vorgange, die auf dem maximalen vorausgehenden Wege $L(S, i)$ liegen	Aufzählung der Vorgange, die auf dem maximalen auf das Ereignis folgenden Wege $L(i, Z)$ liegen	Ereignistermine		Pufferzeit (Schlupf) des Ereignisses i $P(i)$
			$T_i^{(0)}$	$T_i^{(1)}$	
1	(0,1)	(1,4), (4,5), (5,11), (11,13)	18	48	30
2	(0,2)	(2,7), (7,10), (10,11), (11,13)	30	30	0
3	(0,3)	(3,6), (6,7), (7,10), (10,11), (11,13)	15	26	11
4	(0,1), (1,4)	(4,5), (5,11), (11,13)	40	70	30
5	(0,1), (1,4), (4,5)	(5,11), (11,13)	70	100	30
6	(0,3), (3,6)	(6,7), (7,10), (10,11), (11,13)	24	35	11
7	(0,2), (2,7)	(7,10), (10,11), (11,13)	55	55	0
8	(0,3), (3,8)	(8,9), (9,11), (11,13)	40	65	25
9	(0,3), (3,8), (8,9)	(9,11), (11,13)	55	80	25
10	(0,2), (2,7), (7,10)	(10,11), (11,13)	90	90	0
11	(0,2), (2,7), (7,10), (10,11)	(11,13)	122	122	0
12	(0,1) (1,4) (4,5) (5,12)	(12,13)	110	160	50
13	(0,2), (2,7), (7,10), (10,11), (11,13)		170	170	0

Tabelle 3

Vorgang (i,j)	Termin für den Beginn der Vorgänge		Termin für den Abschluß der Vorgänge		Pufferzeiten der Vorgänge				Dringlichkeitskoeffizient $k_d(i,j)$	Freiheitsgrad $k_u(i,j)$
	$T_i^{(0)}(i,j)$	$T_i^{(1)}(i,j)$	$T_j^{(0)}(i,j)$	$T_j^{(1)}(i,j)$	$P_t(i,j)$	$P_u(i,j)$	$P_L(i,j)$	$P_l(i,j)$		
(0,1)	0	30	18	48	30	0	30	0	0,75	—
(0,2)	0	0	30	30	0	0	0	0	1,0	—
(0,3)	0	11	15	26	11	0	11	0	0,80	—
(1,4)	18	48	40	70	30	0	0	0	0,75	—
(1,5)	18	88	30	100	70	0	40	40	0,43	—
(2,7)	30	30	55	55	0	0	0	0	1,0	—
(2,10)	30	60	60	90	30	30	30	30	0,50	2,0
(3,6)	15	26	24	35	11	0	0	0	0,80	—
(3,8)	15	40	40	65	25	0	14	0	0,80	—
(4,5)	40	70	70	100	30	0	0	0	0,75	—
(5,11)	70	100	92	122	30	0	0	30	0,75	—
(5,12)	70	120	110	160	50	0	20	0	0,71	—
(6,7)	24	35	44	55	11	0	0	11	0,80	—
(6,9)	24	75	29	80	51	15	40	26	0,58	4,0
(7,10)	55	55	90	90	0	0	0	0	1,0	—
(8,9)	40	65	55	80	25	0	0	0	0,80	—
(9,11)	55	80	97	122	25	0	0	25	0,80	—
(10,11)	90	90	122	122	0	0	0	0	1,0	—
(11,13)	122	122	170	170	0	0	0	0	1,0	—
(12,13)	110	160	120	170	50	0	0	50	0,71	—

sobald man die Dauer t_{ij} der Vorgänge kennt, die oben angegebenen Parameter nach folgenden Formeln berechnen:

$$T_i^{(0)}(i, j) = T_i^{(0)}, \tag{1.3.3}$$

$$T_i^{(1)}(i, j) = T_j^{(1)} - t_{ij}, \tag{1.3.4}$$

$$T_j^{(0)}(i, j) = T_i^{(0)} + t_{ij}, \tag{1.3.5}$$

$$T_j^{(1)}(i, j) = T_j^{(1)}. \tag{1.3.6}$$

Für sämtliche Vorgänge des kritischen Weges gelten die Beziehungen

$$T_i^{(0)}(i, j) = T_i^{(1)}(i, j) \quad \text{und} \quad T_j^{(0)}(i, j) = T_j^{(1)}(i, j),$$

denn die Anfangs- und Endereignisse dieser Vorgänge liegen auf dem kritischen Wege, und es ist daher

$$T_i^{(0)} = T_i^{(1)} = T_j^{(1)} - t_{ij}$$

und

$$T_j^{(1)} = T_j^{(0)} = T_i^{(0)} + t_{ij}.$$

Als Beispiel sind in der Tabelle 3 die frühesten und spätesten Termine für den Beginn bzw. für den Abschluß sämtlicher Vorgänge des Netzplanes von Bild 3 angegeben.

Die Differenz zwischen der Gesamtdauer t_{kr} und der Gesamtdauer eines beliebigen anderen Weges des Netzplanes nennt man die *Gesamtpufferzeit*, die *totale Pufferzeit*, den *Gesamtschlupf* oder den *totalen Schlupf des Weges L* und bezeichnet ihn mit $P(L)$:

$$P(L) = t_{\text{kr}} - t_L. \tag{1.3.7}$$

Die Größe $P(L)$ gibt an, um wieviel insgesamt die Gesamtdauer sämtlicher Vorgänge auf dem Wege L verlängert werden kann, ohne daß hierbei die Gesamtdauer des kritischen Weges t_{kr} verlängert wird.

In der vierten Spalte von Tabelle 1 sind sämtliche Gesamtpufferzeiten für alle Wege des Netzplanes von Bild 3 angegeben.

Die *Schlupfzeit* oder *Pufferzeit eines Ereignisses i* ergibt sich als Differenz aus dem spätesten und frühesten Termin dieses Ereignisses und wird mit $P(i)$ bezeichnet, d.h., es gilt

$$P(i) = T_i^{(1)} - T_i^{(0)}. \tag{1.3.8}$$

Es läßt sich leicht zeigen, daß die Beziehung

$$P(i) = P(L(i)_{\max}) \tag{1.3.9}$$

gilt, d.h., die Schlupfzeit eines Ereignisses ist gleich der Schlupfzeit des längsten aller durch dieses Ereignis hindurchgehenden Wege.

Die Schlupfzeit eines Ereignisses gibt an, um welche Zeit der Eintritt dieses Ereignisses höchstens verzögert werden kann, ohne die Dauer des kritischen Weges t_{kr} zu verlängern.

Die Ereignisse auf dem kritischen Wege weisen keinen Schlupf auf (bzw. haben den Schlupf null), denn für diese Ereignisse gilt $T_i^{(0)} = T_i^{(1)}$.

Die Werte der Schlupfzeiten für die Ereignisse des Netzplanes von Bild 3 sind in der Spalte 6 der Tabelle 2 angegeben.

Zu den zentralen Begriffen eines NPT-Systems gehört der Begriff der Pufferzeit bzw. Schlupfzeit eines Vorganges aus dem zugehörigen Netzplanmodell.

In den Netzplänen verwendet man vier verschiedene Arten von Pufferzeiten: die Gesamtpufferzeit, die unabhängige Pufferzeit, die frei verfügbare Pufferzeit und die bedingt verfügbare Pufferzeit.[1])

Als *Gesamtpufferzeit, totale Pufferzeit, Gesamtschlupf* oder *totalen Schlupf eines Vorganges* (i, j) bezeichnet man die Gesamtpufferzeit des maximalen Weges, der diesen Vorgang enthält. Für diese wählen wir die Bezeichnung $P_t(i, j)$.

Wie man leicht sieht, gilt für sämtliche Vorgänge des kritischen Weges die Beziehung $P_t(i, j) = 0$.

Die Gesamtpufferzeit eines Vorganges berechnet man nach der Formel

$$P_t(i, j) = T_j^{(1)} - T_i^{(0)} - t_{ij}. \qquad (1.3.10)$$

Hierbei wollen wir auf folgende Besonderheiten hinweisen:

1. Vorgänge, die auf ein und demselben Wege liegen, können verschiedene Gesamtpufferzeiten aufweisen, die dann kleiner sind als die Gesamtpufferzeit des betreffenden Weges.

2. Die Gesamtpufferzeit $P(L)$ eines Weges L läßt sich auf die einzelnen Vorgänge eines Weges aufteilen, ohne die Länge des kritischen Weges zu vergrößern, wenn diese Aufteilung innerhalb der Grenzen der Gesamtpufferzeiten der einzelnen Vorgänge vorgenommen wird.

An den Schnittpunkten von Wegen verschiedener Dauer entstehen bei Vorgängen, die jeweils dem kürzeren Wege angehören, zusätzlich partikuläre Pufferzeiten. Man unterscheidet hier zwei Arten:

1. Die *bedingt verfügbare Pufferzeit* $P_b(i, j)$ entsteht bei Vorgängen, die unmittelbar auf Ereignisse folgen, in denen sich zwei Wege verschiedener Dauer schneiden.

2. Die *frei verfügbare Pufferzeit* $P_f(i, j)$ entsteht bei Vorgängen, die einem Ereignis der oben genannten Art unmittelbar vorausgehen.

Die Größe $P_b(i, j)$ gibt an, welcher Anteil der Gesamtpufferzeit eines Vorganges (i, j) zur Verlängerung seiner Dauer unter der Bedingung verbraucht werden kann, daß der späteste Termin des zugehörigen Anfangsereignisses unverändert bleibt und damit die Pufferzeiten bei keinem der vorausgehenden Vorgänge verändert werden. Die frei verfügbare Pufferzeit $P_f(i, j)$ gibt an, welcher Anteil der Gesamtpufferzeit eines Vorganges (i, j) zur Verlängerung der Vorgangsdauer verbraucht werden darf, ohne den frühesten Abschlußtermin dieses Vorganges zu verändern und somit ohne die Pufferzeiten der nachfolgenden Vorgänge zu verkürzen.

Zur Berechnung der bedingt verfügbaren bzw. frei verfügbaren Pufferzeit verwendet man die folgenden Formeln, die u.a. von NAIDOW-SHELESOW [88] angegeben wurden:

$$P_b(i, j) = P_t(i, j) - P(i), \qquad (1.3.11)$$

$$P_f(i, j) = P_t(i, j) - P(j). \qquad (1.3.12)$$

[1]) Die theoretischen Prinzipien der Pufferzeiten in NPT-Systemen wurden von NAIDOW-SHELESOW in verschiedenen Arbeiten, darunter auch in [88] erörtert.

Diesen Formeln sind, wie man leicht sieht, die nachstehenden Formeln äquivalent:

$$P_b(i, j) = T_j^{(1)} - T_i^{(1)} - t_{ij}, \tag{1.3.13}$$

$$P_f(i, j) = T_j^{(0)} - T_i^{(0)} - t_{ij}. \tag{1.3.14}$$

Einzelne Vorgänge, bei denen sowohl die bedingt verfügbare als auch die frei verfügbare Pufferzeit von null verschieden sind, können darüber hinaus auch noch die sog. unabhängige Pufferzeit aufweisen, die wir mit $P_u(i, j)$ bezeichnen wollen.

Unter der *unabhängigen Pufferzeit eines Vorganges* (i, j) verstehen wir den Anteil seiner totalen Pufferzeit, der diesem Vorgang noch verbleibt, wenn das Anfangsereignis dieses Vorganges zum spätesten Termin $T_i^{(1)}$ und das Endereignis zum frühesten Termin $T_j^{(0)}$ eintritt:

$$P_u(i, j) = T_j^{(0)} - T_i^{(1)} - t_{ij} \tag{1.3.15}$$

oder

$$P_u(i, j) = P_t(i, j) - P(i) - P(j). \tag{1.3.16}$$

Wie schon aus der Definition der unabhängigen Pufferzeit $P_u\,(i, j)$ hervorgeht, läßt sie sich vollständig zur Verlängerung der Dauer des Vorganges (i, j) verbrauchen, ohne daß dadurch irgendwelche Anfangs- bzw. Endtermine vorausgehender oder nachfolgender Vorgänge beeinflußt werden.

Die Werte der verschiedenen Pufferzeiten für die Vorgänge des Netzplanes von Bild 3 sind in den Spalten 6 bis 9 der Tabelle 3 angegeben.

Obwohl die Pufferzeiten zu den wichtigsten Parametern des Netzplanmodells gehören, wird durch ihre Angabe keineswegs der gesamte Informationsgehalt des Netzplanmodells ausgeschöpft. Insbesondere kennzeichnen sie ungenügend die Dringlichkeit der Realisierungstermine der einzelnen Vorgänge. Diese Tatsache wurde erstmalig von Naidow-Shelesow [88] festgestellt, der den Begriff des Dringlichkeitskoeffizienten der Vorgänge und Wege eingeführt und die entsprechenden Definitionsformeln aufgestellt hat.

Betrachten wir den Netzplan von Bild 3 und ermitteln wir die Gesamtpufferzeiten der Vorgänge (0,1), (1,4), (4,5), (5,11), so stellen wir fest, daß die Gesamtpufferzeiten für diese Vorgänge 30 Tage beträgt, während die Gesamtdauer für alle Vorgänge sich auf 92 Tage beläuft. Indessen weist z.B. der Vorgang (2, 10) mit einer Dauer von 30 Tagen ebenfalls eine Gesamtpufferzeit P_t (2, 10) von 30 Tagen auf, die vollständig dem Vorgang (2, 10) zur Verfügung gestellt werden kann. Obwohl somit die Werte der Gesamtpufferzeiten bei den Vorgängen (0,1), (1,4), (4,5), (5,11) und (2,10) gleich sind, sind die Realisierungstermine der ersten vier Vorgänge wesentlich dringlicher als die des Vorganges (2,10).

Es seien $t'_{kr}\,(i, j)_{max}$ bzw. $t''_{kr}\,(i, j)_{max}$ die Abschnitte des kritischen Weges, die mit dem längsten der durch den Vorgang (i, j) hindurchgehenden Wege $L\,(i, j)_{max}$ inzidieren bzw. nicht inzidieren. Ferner sei $t(L\,(i, j)_{max})$ die Dauer des Weges $L\,(i, j)_{max}$. Der Quotient

$$k_d\,(i, j) = \frac{t\,(L\,(i, j)_{max}) - t'_{kr}(i, j)_{max}}{t''_{kr}\,(i, j)_{max}} \quad ^{1)} \tag{1.3.17}$$

[1]) Wird das Maximum auf verschiedenen Wegen erreicht, so wahlen wir den Weg, fur den der genannte Quotient am größten ist.

wird in vielen in der UdSSR entwickelten NPT-Systemen als Maß für die Dringlichkeit der Realisierungstermine eines Vorganges verwendet und heißt der *Dringlichkeitskoeffizient des Vorganges* (i, j).

Nach einfachen Umformungen geht die Formel (1.3.17) über in

$$k_d(i, j) = 1 - \frac{P_t(i, j)}{t''_{kr}(i, j)_{max}}. \tag{1.3.18}$$

Mit anderen Worten, der Dringlichkeitskoeffizient charakterisiert die Dringlichkeit der Realisierungstermine nicht durch die absolute Gesamtpufferzeit, sondern relativ dadurch, daß diese Gesamtpufferzeit auf die Dauer des parallel verlaufenden Abschnittes des kritischen Weges bezogen wird.

Bei allen Vorgängen eines Netzplanes liegt der Dringlichkeitskoeffizient im Intervall $0 \leqq k_d(i, j) \leqq 1$, wobei für die Vorgänge des kritischen Weges stets $k_d(i, j) = 1$ zu setzen ist, denn für diesen Fall ist der Quotient in (1.3.18) nicht definiert.

Im Netzplanbeispiel von Bild 3 ist der Dringlichkeitskoeffizient für die Vorgänge (0,1), (1,4), (4,5) und (5,11) gleich 0,75, während er beim Vorgang (2,10) nur 0,5 beträgt, was durchaus unseren Überlegungen entspricht. Hierdurch wird ferner unsere Schlußfolgerung bestätigt, daß die Realisierungstermine für die Vorgänge (0,1), (1,4), (4,5) und (5,11) wesentlich „härter" sind als beim Vorgang (2,10), obwohl die Gesamtpufferzeiten bei allen Vorgängen gleich sind.

In der Tabelle 3 sind die Werte der Dringlichkeitskoeffizienten für alle Vorgänge des Netzplanes von Bild 3 aufgeführt.

In den NPT-Systemen wird der Dringlichkeitskoeffizient $k_d(i, j)$ als einer der wichtigsten Parameter des Netzplanmodells aufgefaßt. Bei der Analyse und Kontrolle des tatsächlichen Zustandes der Vorgänge gestattet der Dringlichkeitskoeffizient $k_d(i, j)$, diejenigen Vorgänge auszuweisen, denen von der Leitung des Vorhabens besondere Aufmerksamkeit geschenkt werden muß. Hierzu gehören nicht nur die Vorgänge des kritischen Weges, sondern auch der sog. fast kritischen Wege[1]), deren Dringlichkeitskoeffizienten sich nur wenig von denen des kritischen Weges unterscheiden.

Durch die Festlegung einiger zulässiger Werte des Dringlichkeitskoeffizienten sind wir in der Lage, alle zu einem Netzplan gehörenden Vorgänge in drei Klassen, die sog. *Zonen* einzuteilen:

1. Die *kritische Zone*[2]), zu der sämtliche Vorgänge gehören, für die $k_d(i, j)$ sich nur wenig von 1 unterscheidet ($k_d(i, j) \geqq k_1$ mit etwa $0{,}8 \leqq k_1 \leqq 0{,}9$).

2. Die *Zone der Reserven*, die die Vorgänge mit den kleinsten Dringlichkeitskoeffizienten umfaßt ($k_d(i, j) \leqq k_2$ mit etwa $0{,}5 \leqq k_2 \leqq 0{,}6$).

3. Die *Zwischenzone* mit mittleren Werten des Dringlichkeitskoeffizienten ($k_2 < k_d(i, j) < k_1$).

Es wäre durchaus gerechtfertigt, einen Netzplan als optimal zu bezeichnen, für den es gelungen ist, durch Umverteilung von materiellen Ressourcen und Arbeitskräften zu erreichen, daß sämtliche Vorgänge des Netzplanes den gleichen Dringlichkeitskoeffizienten aufweisen (hierbei wäre, wie man leicht sieht, $k_d(i, j) = 1$ für

[1]) Die fast kritischen Wege sind nicht mit den sog. subkritischen Wegen identisch; denn zu den subkritischen Wegen gehören alle Wege, deren totale Pufferzeiten einen gewissen Wert (der für jeden Netzplan verschieden festgelegt werden kann) nicht übersteigen (Red. d. dt. Ausg.).

[2]) Im Gegensatz dazu umfaßt der sog. subkritische Bereich alle subkritischen Wege (Red. d. dt. Ausg.).

alle i und j). Es liegt auf der Hand, daß die praktische Optimierung eines Netzplanes nach einem solchen Optimalitätskriterium (insbesondere bei Großvorhaben mit einer großen Anzahl von Vorgängen) äußerst schwierig ist. Trotzdem kann man an einem solchen Optimalitätsprinzip festhalten. Die Neuverteilung der Ressourcen muß in der Regel von den Zonen geringerer Dringlichkeitsstufe zu den Zonen größerer Dringlichkeitsstufe verlaufen. Zusätzliche Ressourcen müssen ebenfalls in erster Linie den Zonen zur Verfügung gestellt werden, die die dringlichsten Vorgänge umfassen, um insbesondere diese Vorgänge abkürzen zu können. Je geringer danach die kritische Zone und die Zone der Reserven ausfallen, umso besser ist dann der zugehörige Netzplan.

In verschiedenen NPT-Systemen verwendet man neben dem Dringlichkeitskoeffizienten auch noch den sog. *Pufferzeitkoeffizienten*, einen Begriff, der ebenfalls von NAIDOW-SHELESOW [88] eingeführt wurde.

Der *Pufferzeitkoeffizient* ist gleich dem Quotienten aus dem Betrag der Pufferzeit und der Länge des Weges, auf den diese Pufferzeit zu verteilen ist.

Man verwendet drei Arten von Pufferzeitkoeffizienten:

1. den Koeffizienten der Gesamtpufferzeit $k_t(i, j)$,

2. den Koeffizienten der bedingt verfügbaren Pufferzeit $k_b(i, j)$

und

3. den Koeffizienten der frei verfügbaren Pufferzeit $k_f(i, j)$.

Der *Koeffizient der Gesamtpufferzeit* $k_t(i, j)$ ist gleich dem Quotienten aus der Gesamtpufferzeit des Vorganges (i, j) und der Länge des Teiles des maximalen, durch diesen Vorgang hindurchgehenden Weges, der mit dem kritischen Weg nicht inzidiert[1]):

$$k_t(i, j) = \frac{P_t(i, j)}{t(L(i, j)_{\max}) - t'_{kr}(i, j)_{\max}}. \tag{1.3.19}$$

Der Koeffizient $k_t(i, j)$ gibt an, um welchen Teil seiner Dauer jeder Vorgang im Mittel verlängert werden kann, der auf dem durch den Vorgang (i, j) hindurchgehenden und nicht mit dem kritischen Weg inzidierenden Abschnitt des maximalen Weges liegt, ohne daß hierbei die Erhöhung der Dauer den durch die Gesamtpufferzeit dieses Weges begrenzten Zuwachs überschreitet.

Bevor wir die beiden anderen Pufferzeitkoeffizienten definieren, wollen wir einige weitere Bezeichnungen einführen.

Wir betrachten wieder den Abschnitt des durch den Vorgang (i, j) hindurchgehenden maximalen Weges, der nicht mit dem kritischen Weg inzidiert. In einem vor dem Ereignis i liegenden Ereignis i_l und in einem hinter dem Ereignis j liegenden Ereignis i_k möge dieser Abschnitt Wege größerer Länge schneiden. Den zwischen den Ereignissen i und i_k liegenden Teil von $L(i, j)_{\max}$ bezeichnen wir mit $L(i, j, i_k)_{\max}$; analog sei $L(i_l, i, j)_{\max}$ der zwischen i_l und j liegende Teil von $L(i, j)_{\max}$. Den *Koeffizienten der bedingt verfügbaren Pufferzeit* $k_b(i, j)$ des Vorganges (i, j) definieren wir dann durch die Gleichung

$$k_b(i, j) = \frac{P_b(i, j)}{t(L(i, j, i_k)_{\max})}. \tag{1.3.20}$$

---

[1]) Vgl. Fußnote auf S. 27.

Dieser Koeffizient gibt an, um welchen Teil seiner Dauer jeder Vorgang des Teilweges $L(i, j, i_k)_{max}$ im Mittel verlängert werden kann, ohne den Vorrat der bedingt verfügbaren Pufferzeit $P_b(i, j)$ zu überziehen.

Entsprechend definieren wir den *Koeffizienten der frei verfügbaren Pufferzeit* $k_f(i, j)$ durch die Gleichung

$$k_f(i, j) = \frac{P_f(i, j)}{t(L(i_l, i, j)_{max})}. \tag{1.3.21}$$

Dieser Koeffizient gibt an, um welchen Teil seiner Dauer jeder Vorgang des Teilweges $L(i_l, i, j)_{max}$ im Mittel verlängert werden kann, ohne den Vorrat der frei verfügbaren Pufferzeit $P_f(i, j)$ zu überziehen.

Die drei hier definierten Koeffizienten werden hauptsächlich verwendet, um die Plantermine für die Realisierung der einzelnen Vorgänge festzulegen. Ferner verwendet man sie bei Analysen der Netzplanmodelle, deren Ziel eine möglichst rationelle Verteilung der Ressourcen ist.

Zum Abschluß dieses Abschnittes wollen wir darauf hinweisen, daß gemäß der hierarchischen Struktur der Leitung, die für die Realisierung der Vorgänge eines Netzplanmodells verantwortlich ist, Netzpläne der folgenden Niveaustufen unterschieden werden:

a) *Gesamtnetzpläne*, die den gesamten Operationenkomplex zur Schaffung des neuen Objekts umfassen und die auf der Grundlage der partikulären und primären Netzpläne zusammengestellt werden;

b) *partikuläre Netzpläne*, die jeweils einen Komplex von Vorgängen umfassen, die durch eine besondere Organisation oder durch Abteilungen realisiert werden;

c) *primäre Netzpläne*, die jeweils Vorgangskomplexe umfassen, deren Realisierung den einzelnen verantwortlichen Auftragsbearbeitern obliegt (ein Primärnetzplan ist ein Teil eines partikulären Netzplanes).

Um die wechselseitigen Beziehungen der einzelnen Netzpläne festlegen zu können, führt man die Begriffe der Randereignisse und Randvorgänge ein.

Die *Randereignisse* (Grenzereignisse) trennen Vorgänge, die von verschiedenen Organisationen (das gilt für Randereignisse der partikulären Netzpläne) oder von verschiedenen verantwortlichen Auftragsbearbeitern (das gilt für Randereignisse der primären Netzpläne) ausgeführt werden. Die Vereinigung der primären Netzpläne zu partikulären und der partikulären zu Gesamtnetzplänen erfolgt dadurch, daß man ihre Randereignisse durch *Randvorgänge* verbindet.

1.4. Die Einsatzstufen eines NPT-Systems

Der Prozeß der Schaffung eines beliebigen komplexen Vorhabens, etwa eines neuen technischen Objekts, durchläuft in der Regel mehrere aufeinanderfolgende Etappen, die jeweils in zwei Stufen realisiert werden, wobei die erste Stufe die Aufstellung des Ausgangsplanes und die zweite Stufe die operative Kontrolle und Leitung der Realisierung umfaßt.

Ziel der ersten Stufe ist es, den Gesamtnetzplan aufzustellen und die Ausgangsparameter für die Planung, d.h. die Planvorgabewerte für die Schaffung des neuen technischen Objekts zu ermitteln. Die Qualität der auf dieser Stufe ermittelten Vorgabewerte ist für den gesamten weiteren Ablauf der Schaffung des neuen Objekts maßgebend.

Die Aufstellung des Ausgangsplanes zerfällt in acht aufeinanderfolgende Etappen:

1. Durchführung der Strukturanalyse des zu schaffenden Objekts und die Aufgabenstellung an die Hauptauftragnehmer bzw. Teilauftragnehmer;
2. Lieferung der Ausgangsdaten für die Aufstellung und Durchrechnung des Netzplanmodells (des Gesamtnetzplanes) durch die verantwortlichen Auftragsbearbeiter;
3. Aufstellung des Gesamtnetzplanes;
4. Kontrollrechnung für das Netzplanmodell;
5. Optimierung der Parameter des Netzplanmodells;
6. Berechnung der Planvorgabewerte des Ausgangsplanes;
7. Bestätigung der Planvorgabewerte;
8. Übergabe der Planvorgabewerte an die Auftragsbearbeiter.

Die Stufe der Erarbeitung des Ausgangsplanes für das neue Vorhaben beginnt gewöhnlich mit der Aufstellung des Strukturschemas des zugehörigen Operationenkomplexes und mit der Übergabe der Aufgabenstellung an die verantwortlichen Auftragsbearbeiter.

Die Hauptaufgabe, die auf dieser Stufe zu lösen ist, besteht daher in der Aufgliederung des gesamten Operationenkomplexes in einzelne Elemente, denen jeweils ein bestimmter verantwortlicher Auftragsbearbeiter zugeordnet wird.

Ein beliebiges komplexes Vorhaben, das aus vielen Elementen besteht, läßt sich in Form eines hierarchischen Baumes darstellen. Die zugehörige graphische Darstellung bezeichnet man als das Strukturschema des Prozesses zur Schaffung des neuen Objekts. Je komplizierter das zu schaffende Objekt ist, umso komplizierter ist auch das zugehörige Strukturschema, und umso mehr Niveaustufen umfaßt es dann auch.

Die Aufstellung des Strukturschemas wird unmittelbar durch den Leiter des Planvorhabens unter Hinzuziehung entsprechender Fachleute vorgenommen und hat die folgenden beiden Ziele: 1. Gewinnung einer möglichst vollständigen Vorstellung über das zu schaffende neue Objekt, über die in diesem enthaltenen Aggregate, Einrichtungen usw.; 2. Aufgliederung aller Vorgänge zur Schaffung des neuen Objekts in Einzelelemente, denen jeweils ein bestimmter verantwortlicher Auftragsbearbeiter zugeordnet werden kann.

In allen Fällen muß die Gliederung so weit getrieben werden, daß jedem endgültigen Gliederungselement jeweils nur ein verantwortlicher Auftragsbearbeiter zugeordnet werden kann. Nach Aufstellung des Strukturschemas und der Bestätigung der verantwortlichen Auftragsbearbeiter werden jedem Element des Schemas und jedem verantwortlichen Auftragsbearbeiter nach einem einheitlichen System chiffrierte Codebezeichnungen zugeordnet.

Das Strukturschema muß einerseits im Einklang mit dem Schema der konstruktiv-technologischen Gliederung des zu schaffenden Objekts aufgebaut werden, andererseits aber auch die Organisationsstruktur des Unternehmens sowie die voraussichtlichen inneren und äußeren Kooperationsbeziehungen berücksichtigen. Das Prinzip für den Aufbau des Schemas der konstruktiven Gliederung ist in Bild 4 dargestellt.

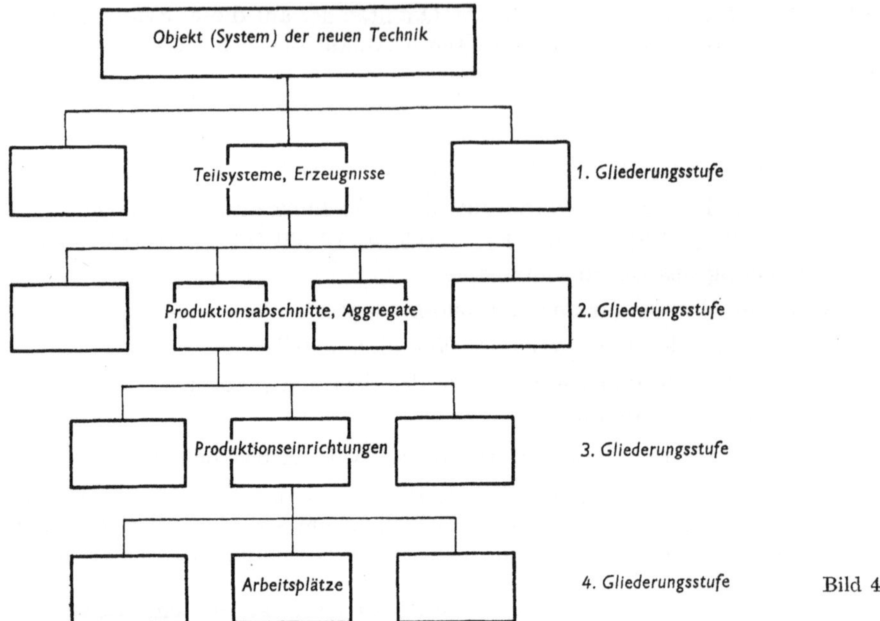

Bild 4

Der Prozeß der Schaffung eines Objekts der neuen Technik zerfällt gewöhnlich in die folgenden Etappen:

1. Wissenschaftliche Forschung und konstruktive Erprobung,
2. Herstellung von Funktionsmustern,
3. Erprobung, konstruktive Nachbearbeitung und Übergabe an die Serienproduktion,
4. Vorbereitung und Realisierung der Serienproduktion, weitere Vervollkommnung der Konstruktion des Erzeugnisses.

Jede dieser Etappen läßt sich ihrerseits in die folgenden Arbeitsgänge aufgliedern:

1. Etappe;

a) Wissenschaftliche Forschungsarbeiten,
b) Entwicklung des Vorausprojekts,
c) Entwicklung der Planungsunterlagen und Bekanntgabe der Entscheidung über die Aufnahme eines neuen Produktionsvorhabens,
d) Projektentwurf,
e) technische Projektierung, Herstellung von Modellen, einzelnen Bauelementen, Aggregaten und Einrichtungen,
f) Arbeitsprojektierung.

2. Etappe;

a) Technologische Vorbereitung der Produktion,
b) Sicherung der materiell-technischen Voraussetzungen,
c) Herstellung der Einzelteile und Bauelemente,
d) Montage.

3. Etappe:

a) Werkserprobung und konstruktive Nachbearbeitung,

b) staatliche Erprobung,

c) Vorbereitung der technischen Dokumentation,

d) Übergabe der Dokumentation an die Betriebe, die die Serienproduktion übernehmen.

(In der gleichen Weise wird auch die vierte Etappe in einzelne Arbeitsgänge aufgegliedert.)

Die hier aufgeführten Etappen der Schaffung eines Objekts der neuen Technik liegen nicht streng hintereinander, sondern können sich auf einzelnen Abschnitten überlappen, jedoch kann man diese Etappen trotzdem in einem gewissen Maße isoliert betrachten.

Da jede dieser Etappen ihre spezifischen Eigenarten aufweist, erfolgt auch die Zuordnung der Elemente des Systems an die Auftragsbearbeiter auf verschiedene Art und Weise. Darüber hinaus läßt sich diese Zuordnung erst vornehmen, sobald ein gewisses Entwicklungsstadium erreicht ist (für die Etappe der Produktion z.B. erst, nachdem die Teile und Bauelemente des späteren Systems festliegen, d.h. sobald ein gewisser Teil der Konstruktionsarbeiten abgeschlossen ist). Es erscheint daher angebracht, zwei verschiedene Strukturschemata aufzubauen, und zwar das eine für die wissenschaftlichen Forschungsarbeiten und die konstruktive Erprobung und das zweite für die Herstellung und Erprobung.

Trotz der getrennten Bearbeitung der Strukturschemata bestehen zwischen diesen Wechselbeziehungen und eine gegenseitige Abhängigkeit, denn die Ergebnisse der vorausgehenden Etappe bestimmen die Struktur, die Reihenfolge und die Dauer der Arbeitsgänge der darauffolgenden Etappe.

Die Etappe der Schaffung des Strukturschemas findet ihren Abschluß durch die Übergabe der technischen Aufgabenstellung an den verantwortlichen Auftragsbearbeiter für das ihm zugewiesene Element. Diese Aufgabenstellungen müssen enthalten:

a) Die Bezeichnung und allgemeine Charakteristik des betreffenden Elements,

b) die Ausgangsdaten und eine Aufzählung der Ergebnisse der Arbeit der anderen verantwortlichen Auftragsbearbeiter, von denen die Realisierung des betreffenden Elements abhängig ist.

c) Die chiffrierte Kurzbezeichnung des Planvorhabens, zu dem das betreffende Element gehört, die chiffrierten Kurzbezeichnungen des Elements selbst sowie des verantwortlichen Auftragsbearbeiters.

Bei der Realisierung der Etappe der Ausgangsplanung müssen die folgenden äußerst wichtigen Grundsätze eingehalten werden:

1. Die Planung muß „durchgängig“ sein, d.h. auf das vorgegebene Endziel des zu planenden Operationenkomplexes ausgerichtet sein.

2. Die Festlegung des Endziels muß äußerst exakt, konkret und vollständig sein, d.h., es muß erschöpfend beschrieben werden, welches Ergebnis und in welcher Form erreicht werden muß (dazu gehören u.a. die Angabe des Zwecks, der Zusammensetzung, der vorgegebenen Eigenschaften und der technisch-ökonomischen Parameter des zu schaffenden Objekts).

Ebenso exakt und vollständig müssen auch die endgültigen Ergebnisse für jedes Element formuliert werden, das einem bestimmten verantwortlichen Auftragsbearbeiter zugewiesen wird.

3. Die Planung muß komplex erfolgen, d.h., das Strukturschema (und dementsprechend auch das nachfolgende Netzplanmodell) muß sämtliche Arbeitsgänge enthalten, deren Realisierung zur Erreichung des endgültigen Ziels erforderlich ist, unabhängig von der Art dieser Arbeitsgänge und der Unterstellungsverhältnisse der zugehörigen Auftragsbearbeiter.

4. Für jedes beliebige Element des zu planenden Operationenkomplexes muß exakt die persönliche Verantwortung festgelegt werden. Jedem Element des Strukturschemas kann nur ein verantwortlicher Auftragsbearbeiter zugewiesen werden.

Die zweite äußerst wichtige und Verantwortungsbewußtsein erfordernde Etappe bei der Erarbeitung des Ausgangsplanes ist die Ermittlung der Primärinformation für die erste Variante des Gesamtnetzplanes durch die verantwortlichen Auftragsbearbeiter, denn diese bilden den Ausgangspunkt für die erstmalige Berechnung der Netzplanparameter.

Nach Übernahme der technischen Aufgabenstellung für die Realisierung des ihm zugewiesenen Elements (oder der ihm zugewiesenen Elemente) des Strukturschemas liefert der verantwortliche Auftragsbearbeiter die folgenden Primärdaten:

a) Den Primärnetzplan für das betreffende Element,

b) eine kurze Beschreibung eines jeden Ereignisses, eines jeden Vorganges sowie der durch diese zu erzielenden Teilergebnisse,

c) die Primärparameter der Vorgänge.

Die Primärnetzpläne für die einzelnen Elemente sind detaillierte Bestandteile des späteren Netzplanmodells. Sie müssen daher von den verantwortlichen Auftragsbearbeitern in strengem Einklang mit den formulierten Regeln aufgestellt werden. Nachdem die Urfassung des Netzplanes konstruiert ist und die Beschreibung aller Vorgänge ihre Ergebnisse und Ereignisse vorliegt, bestimmt der verantwortliche Auftragsbearbeiter die Primärparameter der Vorgänge.

Für jeden Vorgang des Primärnetzplanes muß der verantwortliche Auftragsbearbeiter eine zeitliche Einschätzung, d.h. eine Schätzung für die Dauer des Vorganges, vorlegen.

Für Vorgänge, die sich häufig wiederholen oder für die ein nahezu gleicher Prototyp existiert (für sog. typisierbare Vorgänge) läßt sich im allgemeinen die Dauer eindeutig und sehr genau festlegen. Für viele Vorgänge, die bei der Realisierung eines neuen Objekts auftreten, ist eine derartige Einschätzung jedoch äußerst schwierig (z.B. für wissenschaftliche Forschungsarbeiten, für experimentelle und konstruktive Erprobungen, für Arbeiten bei der Herstellung und Erprobung neuer Funktionsmuster und dergl.). Die Ausführung derartiger Arbeiten ist naturgemäß stets mit Unsicherheits- und Zufälligkeitsfaktoren behaftet. In diesem Falle werden die zeitlichen Parameter des betreffenden Vorganges nach Methoden festgelegt, die auf wahrscheinlichkeitstheoretischen Überlegungen beruhen.

Für jeden Vorgang dieser Art schätzt der verantwortliche Auftragsbearbeiter die folgenden Werte ein:

a) Die minimale Dauer $t_{\min}$ des Vorganges; darunter versteht man seine Dauer unter besonders günstigen Umständen.

b) Die maximale Dauer t_{max} des Vorganges; darunter versteht man seine Dauer unter äußerst ungünstigen Umständen, d.h. unter der Bedingung, daß bei seiner Realisierung wesentlich mehr unvorhergesehene Schwierigkeiten eintreten als es gewöhnlich der Fall ist.

Bei vielen in der Sowjetunion gebräuchlichen und bei nahezu allen im Ausland gebräuchlichen NPT-Systemen geben die verantwortlichen Auftragsbearbeiter neben t_{min} und t_{max} noch einen dritten Schätzwert m vor, die *wahrscheinlichste Dauer* (den Modalwert der Dauer) für die Realisierung des Vorgangs. Die Größe m wird von dem verantwortlichen Auftragsbearbeiter auf Grund seiner Kenntnisse, seiner wissenschaftlichen und praktischen Erfahrung festgelegt und stellt seinen Schätzwert *a priori* dar. In unseren weiteren Betrachtungen über die NPT-Systeme werden wir fast stets die *Zwei-Schätzwert-Methode* zugrunde legen, auf deren Vorzüge gegenüber dem *Drei-Schätzwerte-Verfahren* wir noch eingehen.

Bei den weiteren Berechnungen zur Bestimmung der wahrscheinlichsten Termine für die Realisierung der Vorgänge sowie für die Wahrscheinlichkeiten des Realisierungstermins für das Gesamtprojekt werden beide Schätzwerte für die Dauer in Anwendung gebracht. Bei der Berechnung aller übrigen Parameter wird der Erwartungswert des Vorganges (i, j) angesetzt, der nach dem zugrunde gelegten Verteilungsgesetz nach der folgenden Formel berechnet wird (vgl. 2.4.):

$$t_e = \frac{3t_{min} + 2t_{max}}{5}.$$

Es sei darauf hingewiesen, daß der verantwortliche Auftragsbearbeiter bei der Vorgabe der Dauer eines Vorganges von einer bestimmten Anzahl ihm zur Verfügung stehender Arbeitskräfte n ausgehen muß. Bei verschiedenen Systemen der Netzplantechnik wird dieser Wert nach dem folgenden Prinzip eingeschätzt:

Für jeden Vorgang gibt es eine maximale Anzahl (n_{max}) von Arbeitskräften, die gleichzeitig produktiv (d.h. ohne Zeitverluste) am Realisierungsprozeß teilnehmen können. Desgleichen gibt es eine minimal erforderliche Anzahl (n_{min}) von Arbeitskräften. Hierbei wird n_{max} die *Maximalfront der produktiven Arbeit* genannt. Nach einer festgelegten Regel geben die verantwortlichen Auftragsbearbeiter die Werte von t_{min} und t_{max} vor, die dem Wert n_{max} entsprechen. Um eine möglichst reale Einschätzung für die Dauer eines Vorganges zu erhalten, wird jedoch gefordert, daß der betreffende verantwortliche Auftragsbearbeiter für die Einschätzung von t_{min} und t_{max} einen Wert n_{max} zugrundelegt, der die ihm zur Verfügung stehende Anzahl von Arbeitskräften einer entsprechenden Qualifikation nicht übersteigt.

Bei NPT-Systemen, bei denen neben einer Kontrolle der Termine auch eine Umverteilung der Ressourcen vorgenommen wird, liefert der verantwortliche Auftragsbearbeiter neben den zeitlichen Schätzwerten für die Vorgänge auch Angaben über den erforderlichen Arbeitsaufwand in Mann-Stunden mit einer Aufgliederung nach Fachgebieten.

Die Primärnetzpläne und Primärdaten für die einzelnen Elemente des Strukturschemas werden von den verantwortlichen Auftragsbearbeitern dem speziellen NPT-Dienst übergeben, der die in den Unterlagen enthaltenen Formulierungen über Ereignisse, Vorgänge und deren chiffrierte Kurzbezeichnungen auf Richtigkeit überprüft. Nach einer Präzisierung aller Primärnetzplangraphen erfolgt (auf der Grundlage des Strukturschemas) die Konstruktion des Gesamtnetzplanes, d.h., es wird die dritte Etappe für die Aufstellung des Ausgangsplanes realisiert.

Die Konstruktion des Gesamtnetzplanes umfaßt folgende Operationen:

a) Überprüfung der aufgestellten Primärnetzpläne auf Richtigkeit; diese besteht in einer Analyse der Einhaltung der formalen Regeln für die Aufstellung von Netzplänen, einer Überprüfung der Begriffsbestimmungen für die einzelnen Vorgänge und Ereignisse und in einer Kontrolle der Einhaltung der festgelegten Codierungsregeln.

b) Vereinigung sämtlicher Primärnetzpläne, die von den verantwortlichen Auftragsbearbeitern geliefert wurden, zu einem Gesamtnetzplan, dessen Zielereignis dem Endziel des betreffenden Vorhabens entsprechen muß.

c) Zusammenstellung sämtlicher Primärdaten und deren Übergabe an das Rechenzentrum für die erste Kontrollrechnung des Gesamtnetzplanes.

Nach Abschluß der Arbeiten an der Aufstellung des Gesamtnetzplanes beginnt die vierte Etappe in der Aufstellung des Ausgangsplanes, und zwar die erste Durchrechnung des Netzplangraphen auf einer EDV-Anlage (bei Netzplänen geringeren Umfanges bis zu etwa 200 Ereignissen kann eine derartige Durchrechnung auch manuell erfolgen).

Auf dieser Stufe sind im wesentlichen die folgenden Aufgaben zu lösen:

a) Überprüfung, ob die Zusammenfügung des Gesamtnetzplanes aus den Primärnetzplänen fehlerfrei erfolgt ist;

b) Berechnung der Parameter des Gesamtnetzplanes, die für die Analyse und Optimierung erforderlich sind.

Die unter a) genannte Überprüfung erfolgt nach einem besonderen Programm, mit dessen Hilfe alle Fälle, bei denen die formalen Regeln für die Aufstellung eines Netzplanes verletzt wurden, ausgewiesen werden.

Die Berechnung der Parameter des Gesamtnetzplanes läßt die Ermittlung der folgenden Daten zu:

a) Die zu erwartenden Termine für die Schaffung des neuen Objekts und die Wahrscheinlichkeit für die Einhaltung der entsprechenden Ecktermine (entweder nach Methoden der statistischen Modellierung, die im weiteren noch ausführlich beschrieben werden, oder aber nach analytisch-wahrscheinlichkeitstheoretischen Verfahren);

b) eine Aufstellung der Vorgänge der kritischen Zone und der zugehörigen Anfangs- und Endtermine;

c) die frühesten und spätesten Kalendertermine für den Beginn und den Abschluß sämtlicher anderen im Netzplan enthaltenen Vorgänge unter Angabe aller zugehörigen Pufferzeiten und Dringlichkeitskoeffizienten.

In einzelnen Systemen, bei denen die beschränkte Verfügbarkeit der Ressourcen berücksichtigt wird, werden auch die Parameter für den Einsatz dieser Ressourcen ausgewiesen (der zu erwartende Aufwand an Arbeit in den einzelnen Kalenderabschnitten, die Auslastung der Arbeitskräftefonds und der Ausrüstung usw.).

Für Netzpläne mit deterministischen (durch Normative festgelegten) Schätzwerten für die Dauer der Vorgänge errechnet man den Kalendertermin für den Eintritt eines Ereignisses, indem man zum Datum des Startereignisses die jeweiligen frühesten Termine des relativen Zeitplanes nach der Kalenderzeitskala addiert.

Bei Netzplänen mit Schätzungen auf Grund wahrscheinlichkeitstheoretischen Überlegungen kommt ein besonderer wahrscheinlichkeitstheoretischer Apparat der statistischen Modellierung zur Anwendung.

Die darauffolgende fünfte Etappe für die Erarbeitung des Ausgangsplanes beginnt mit der Analyse der ersten Variante des Netzplanes und der Ergebnisse der ersten Durchrechnung, um festzustellen, inwieweit die errechneten Parameter des Netzplanes mit den Vorgabewerten übereinstimmen.

Gewährleistet die erste Variante des Netzplanes die Einhaltung des Vorgabetermins $T^{(v)}$ nicht, so wird eine Optimierung des Netzplanes vorgenommen.

Für die Optimierung des Netzplanes kann man verschiedene Wege einschlagen:

1. Überprüfung der Topologie des Netzplanes, d.h. Veränderung des inhaltlichen Bestandes oder der Reihenfolge der Ausführung bei einzelnen Vorgängen sowie der Wechselbeziehung zwischen diesen, um die Gesamtdauer des kritischen Weges abzukürzen (in deterministischen Netzplanmodellen);

2. Abkürzung der Dauer einzelner Vorgänge der kritischen Zone durch Präzisierung der zeitlichen Schätzungen oder durch Umverteilung bzw. Hinzufügen neuer Ressourcen;

3. Variation der Realisierungstermine für die Vorgänge der Reservezonen im Bereich der dort zur Verfügung stehenden Pufferzeiten.

Die Optimierung erfolgt durch sukzessive mehrfache Verbesserung der ursprünglichen Variante des Planes und durch Auswahl der besten beim „Nachspielen" dieser Varianten auf einer EDV-Anlage. Falls die errechneten Parameter der optimalen Variante immer noch die Vorgabewerte überschreiten, wird das gesamte Verfahren noch einmal wiederholt, bis man ein befriedigendes Ergebnis erhält. Gelingt es ungeachtet aller Maßnahmen nicht, den errechneten Termin auf den Vorgabewert zu bringen, so müssen entweder die technischen Kennziffern des Objektes überprüft oder aber die Vorgabetermine verändert werden.

Nach der endgültigen Beschlußfassung wird die endgültige optimierte Variante des Netzplanes bestätigt und der Kalenderterminplan für sämtliche Vorgänge des Netzplanprojekts aufgestellt. Die Berechnung dieser Kalendertermine bildet die sechste Etappe für das Stadium der Erarbeitung des Ausgangsplanes.

Im Rechenzentrum werden für jedes Ereignis i und für alle Vorgänge (i, j) des Netzplanes zunächst die $T_i^{(0)}$ und die $T_i^{(1)}$ sowie die Größen $P_t(i, j)$, $k_d(i, j)$, $P_b(i, j)$ und $P_f(i, j)$ berechnet.

Die Berechnung der Plantermine erfolgt unter Zuhilfenahme des Vorgabetermins $T^{(v)}$ und des für den kritischen Weg errechneten Gesamtabschlußtermins $T^{(\mathrm{kr})}$. Daraus erhält man die Zeitabweichung

$$t_a = T^{(\mathrm{kr})} - T^{(v)}.$$

Ein negativer Wert von t_a besagt, daß der längs des kritischen Weges berechnete Gesamtabschlußtermin früher liegt als der Vorgabetermin. In diesem Falle berechnet man die Plantermine $T_{pl}\,(i, j)$ der Vorgänge (i, j) nach den Formeln

$$T_{pl,i}\,(i, j) = T_i^{(1)}\,(i, j) \quad \text{und} \quad T_{pl,j}\,(i, j) = T_j^{(1)}\,(i, j).$$

Für den Fall, daß der berechnete Termin später liegt als der Vorgabetermin (d.h. bei positivem t_a) werden die Plantermine so berechnet, daß die folgenden Bedingungen erfüllt sind:

a) Die „Liegezeiten" für abgeschlossene Vorgangsergebnisse, d.h. die Zeit zwischen dem Abschluß eines Vorgangs und dem Beginn des darauffolgenden Vorganges sollen minimal sein.

b) Die Möglichkeit, das Gesamtvorhaben zum Vorgabetermin fertigzustellen, soll aufrecht erhalten werden, falls es später gelingen sollte, durch besondere Maßnahmen die kritische Dauer abzukürzen.

c) Die Plantermine sollen in allen Fällen real sein, d.h., sie dürfen nicht vor den errechneten frühesten Terminen liegen.

Für $t_a > 0$, d.h. für $T^{(kr)} > T^{(v)}$, werden die Plantermine für die Vorgänge nach folgenden Regeln ermittelt:

1. Für Vorgänge, bei denen die Gesamtpufferzeit größer ist als die Zeitabweichung zum Vorgabetermin (d.h. $P_t(i, j) > t_a$), gelten die Beziehungen

$$T_{pl,j}(i, j) = T_j^{(1)}(i, j) - t_a,$$
$$T_{pl,i}(i, j) = T_{pl,j}(i, j) - t_{ij}.$$

2. Für Vorgänge, deren Gesamtpufferzeit nicht größer ist als die Zeitabweichung gegenüber dem Vorgabetermin (d.h. $P_t(i, j) \leqq t_a$), gelten die Formeln

$$T_{pl,j}(i, j) = T_j^{(0)}(i, j),$$
$$T_{pl,i}(i, j) = T_i^{(0)}(i, j).$$

An dieser Stelle sei darauf hingewiesen, daß bei vielen NPT-Systemen gleichzeitig mit der Bestimmung der Kalendertermine auch der Arbeitsaufwand für das Objekt nach einem bestimmten Algorithmus berechnet wird, wobei der Aufwand auf die einzelnen Gewerke, auf die wichtigsten Operationsarten und auf Kalenderzeiträume aufgegliedert wird. Der zu erwartende Arbeitsaufwand für die Planung und Realisierung des neuen Objekts wird den vorhandenen Produktionskapazitäten der entsprechenden Abteilungen der Organisationen gegenübergestellt. Übersteigt der zu erwartende Arbeitsaufwand die vorhandenen Ressourcen, so erfolgt ein Belastungsausgleich für die entsprechenden Gewerke.

Nach Durchführung der genannten Berechnungen werden die endgültigen Realisierungstermine bestätigt (siebente Etappe) und an die verantwortlichen Auftragsbearbeiter als Planvorgabewerte übergeben. Dabei werden für Vorgänge, die unmittelbar im darauffolgenden Quartal liegen, bereits detaillierter Termine angegeben, während für später liegende Vorgänge lediglich grobe Angaben über den Monat oder das Quartal erfolgen, in denen der betreffende Vorgang begonnen oder abgeschlossen werden muß.

Die Übergabe der Plantermine an die verantwortlichen Auftragsbearbeiter bilden die letzte Etappe der Aufstellung des Ausgangsplanes.

Gleichzeitig mit den Terminen werden den verantwortlichen Auftragsbearbeitern und Abteilungsleitern auch Daten über die Dringlichkeitskoeffizienten der ihnen zugewiesenen Arbeiten sowie auch die Daten über den geplanten Arbeitsaufwand mit den zugehörigen Belastungskoeffizienten übergeben. Dabei erfolgt auch eine Aufschlüsselung auf die verschiedenen Arten der Arbeitsgänge. Je höher die Leitungsebene ist, der die Planparameter zur Verfügung gestellt werden, umso stärker muß der Verdichtungsgrad der Daten sein. Die detailliertesten Planvorgabewerte unter Angabe der Anfangs- und Endtermine aller Vorgänge des Netzplanprojekts werden den Leitern der unteren Struktureinheiten und den verantwortlichen Auftragsbearbeitern zur Verfügung gestellt.

Ein wichtiges Stadium im Rahmen der Einsatzstufen eines NPT-Systems ist das Stadium der operativen Leitung, das den Zeitraum von der Bestätigung des optimierten Ausgangsplanes bis zum Zeitpunkt des Abschlusses aller Vorgänge zur Schaffung des neuen Objekts umfaßt.

Der Prozeß der operativen Leitung für ein neues Vorhaben erfordert die periodische Analyse des tatsächlichen Realisierungszustandes für die Vorgänge, das Erkennen der Ursachen für Abweichungen zwischen dem geplanten und tatsächlichen Ablauf der Realisierung sowie die Festlegung von Maßnahmen und Empfehlungen zur Minimierung der genannten Abweichungen.

Ähnlich wie die Phase der Aufstellung des Ausgangsplanes läßt sich das Stadium der operativen Leitung in einzelne, nacheinander ablaufende Etappen untergliedern, allerdings mit dem Unterschied, daß die einzelnen Etappen der Planaufstellung einmalige Erscheinungen darstellen, während die Etappen der operativen Leitung periodisch, mindestens ein- bis zweimal im Monat auftreten.

Die erste Etappe der operativen Leitung besteht in der Erfassung der operativen Primärinformationen über den Ablauf der Arbeit und die Übergabe dieser Daten durch die verantwortlichen Auftragsbearbeiter. Diese stellen in einem NPT-System die einzige Quelle des operativen Informationseinganges dar.

Der Prozeß der Schaffung eines neuen Objekts weist in der Regel viele Veränderungen und Abweichungen gegenüber der festgelegten optimalen Variante des Ausgangsplanes auf.

Mit dem weiteren Fortgang der Arbeiten, z.B. beim Übergang vom skizzenhaften Entwurf einer Maschine zum technischen und dann zum Arbeitsprojekt können sich die Konstruktionen und Prinzipschemata ihrer einzelnen Teile, Bauelemente und Aggregate erheblich verändern. Diese Veränderungen treten ständig auch bei der Herstellung eines Funktionsmusters sowie bei seiner Erprobung und Einführung auf.

Diese Änderungen bedingen eine erhebliche Korrektur der ursprünglich vorgesehenen und den einzelnen verantwortlichen Auftragsbearbeitern zugewiesenen Arbeitsgänge, wobei sich diese Korrekturen auf die verschiedensten Parameter der Arbeitsgänge erstrecken können. Die Einbeziehung neuer Vorgänge oder die Veränderung der Ergebnisse und Parameter der Vorgänge bei einem verantwortlichen Auftragsbearbeiter können eine ganze Kette von Veränderungen in der Art, in den Terminen und in den anderen Parametern in den Arbeitsgängen der anderen verantwortlichen Auftragsbearbeiter oder Kooperationspartner bedingen. Damit sich solche Veränderungen nicht entscheidend und nachteilig auf den Gesamtablauf des Prozesses auswirken, müssen die genannten Veränderungen operativ registriert werden und, was die Hauptsache ist, es müssen ihre eventuellen Auswirkungen auf den Gesamtablauf des Projekts rechtzeitig eingeschätzt werden.

Die von den verantwortlichen Auftragsbearbeitern zur Verfügung gestellte Information über den Ablauf der Arbeiten am Objekt muß folgenden Forderungen genügen:

1. Sie muß sämtliche Vorgänge und Ereignisse des Netzplanmodells erfassen, darunter auch die in den Netzplan neu aufgenommenen bzw. aus diesem getilgten Vorgänge und Ereignisse.

2. Sie muß alle auftretenden Änderungen des Zustandes und der ursprünglichen Parameter der Vorgänge und Ereignisse operativ ausweisen und eine quantitative Einschätzung dieser Parameter geben.

3. Die operative Information über den Arbeitsablauf muß eine prognostische Einschätzung des weiteren Ablaufes enthalten, insbesondere auch auf vorhandene

„Engpässe" hinweisen. Wenn z.B. im Zusammenhang mit den veränderten Bedingungen nach Meinung des verantwortlichen Auftragsbearbeiters in der Zukunft irgendein neuer Vorgang erforderlich wird, so ist er verpflichtet, sämtliche Primärdaten für diesen Vorgang sowie die voraussichtliche technologische Reihenfolge und die Wechselbeziehungen der erforderlichen Arbeiten anzugeben.

Die gesamte operative Information über den Ablauf des Projekts wird somit in NPT-Systemen nach dem Prinzip einer Rechenschaftslegung sowohl über die tatsächlich eingetretenen als auch die zu erwartenden Planabweichungen vorgenommen.

Die zweite Etappe der operativen Leitung besteht in der Bearbeitung der gewonnenen operativen Primärinformationen, in der Gewinnung einer Übersichtsinformation sowie deren Übergabe an die Leitungen der verschiedenen Ebenen und an die verantwortlichen Auftragsbearbeiter in dem jeweils erforderlichen Feinheitsgrad.

Die zur Verfügung gestellte Übersichtsinformation muß den Leiter der jeweiligen Ebene in die Lage versetzen, seine Aufmerksamkeit auf die Bereiche der höchsten Dringlichkeitsstufe innerhalb der ihm zugewiesenen Abschnitte zu konzentrieren und die entsprechenden operativen Entscheidungen zu treffen.

Die dritte wichtige Etappe im Stadium der operativen Leitung ist die Aktualisierung des Netzplanes, die Analyse des tatsächlichen Ablaufes beim Projekt sowie das Treffen der operativen Entscheidungen zur Optimierung des aktualisierten Netzplanes und des weiteren Projektablaufes. Die Aktualisierung des Netzplanmodells erfordert die gleichzeitige Korrektur der Netzpläne aller Stufen von den Primärnetzplänen bis zu den Gesamtnetzplänen. Dabei sind die annullierten Vorgänge zu tilgen und die neu hinzugenommenen Vorgänge einzufügen, des weiteren die Formulierungen für einzelne Vorgänge und Ereignisse neu zu fassen usw. Dadurch wird eine ständige Übereinstimmung zwischen dem Netzplanmodell und dem tatsächlichen Realisierungsprozeß erreicht. Desgleichen werden hierdurch die Netzpläne aller Stufen ständig koordiniert.

Anschließend nimmt das Rechenzentrum eine Neuberechnung des aktualisierten Netzplanes vor. Danach werden unter Berücksichtigung des tatsächlichen Zustandes und der Veränderungen die zu erwartenden Termine für die Ereignisse und Vorgänge des Netzplanes berechnet, die kritische Zone und die Zone der Reserven ermittelt usw. Hierbei kann es vorkommen, daß neue Vorgänge in die kritische Zone geraten oder daß der zu erwartende Termin später liegt als der betreffende Planvorgabetermin. In diesem Falle wird der Vorgang der Korrektur des Netzplanes etwa in der Weise wiederholt, wie er früher bei der Optimierung des Ausgangsplanes vorgenommen wurde. Die erforderlichen Lösungsvarianten werden wiederum auf einer EDV-Anlage nachgespielt, wobei auch die erforderlichen Kontrollrechnungen zu berücksichtigen sind. Insbesondere sei darauf hingewiesen, daß hierbei größte Beachtung dem Nachspielen des zukünftigen Projektverlaufes zu schenken ist, um etwaige Engpässe rechtzeitig zu erkennen.

Das Netzplanmodell eines Vorhabens macht somit einen Prozeß der Präzisierung und Weiterentwicklung durch und spiegelt damit die Dynamik des Realisierungsprozesses für ein neues Objekt wider.

Die letzte Etappe der operativen Leitung besteht in der Aufstellung des operativen Terminkalenders und dessen Übergabe an die Leitungen der jeweiligen Ebenen und an die verantwortlichen Auftragsbearbeiter. Auch hier richtet sich der jeweilige Verdichtungsgrad nach der Höhe der jeweiligen Leitungsebene.

Der Leiter einer Organisation erhält z.B. folgende Daten:

a) Die zu erwartenden Realisierungstermine sowie den Stand der technischen Realisierung in Prozenten, aufgeschlüsselt auf die einzelnen Etappen und Elemente;

b) eine Übersicht über die Nichteinhaltung der Abschlußtermine von Vorgängen, die in Randereignissen münden;

c) eine Analyse über den Inhalt und die Parameter der kritischen Zone.

Wir hatten bereits erwähnt, daß diese Etappen der operativen Leitung sich während des gesamten Realisierungszeitraumes periodisch wiederholen. Den reibungslosen Ablauf dieser Etappen gewährleisten der spezielle NPT-Dienst, das Rechenzentrum und die verantwortlichen Auftragsbearbeiter.

1.5. Einige Algorithmen zur Berechnung der Parameter für deterministische Netzpläne

In diesem Abschnitt wollen wir eine kurze Beschreibung der bekannten Verfahren zur Berechnung der in Abschnitt 1.3. eingeführten Parameter eines Netzplanes geben.

Wir wollen dabei voraussetzen, daß sämtliche Zeitschätzungen für die Vorgänge des Netzplanes als feste Werte vorgegeben werden, d.h., daß ein eindeutig bestimmter deterministischer Netzplan vorliegt. Die Berechnung der gleichen Parameter eines Netzplanmodells bei stochastischen Schätzwerten bereitet erheblich mehr Schwierigkeiten. Die Methodik für die Lösung dieses Problems behandeln wir im zweiten bis fünften Kapitel des vorliegenden Buches.

Wir sagen, ein Netzplan sei *monoton numeriert*, wenn für alle im Netzplan enthaltenen Vorgänge (i, j) stets $i < j$ gilt. Wir wollen nun einige Algorithmen zur Umnumerierung (d.h. zum Übergang von einem beliebig zu einem monoton numerierten Netzplan) sowie Algorithmen zur Berechnung der Termine $T^{(0)}$ und $T^{(1)}$ monoton numerierter Netzpläne betrachten.

Der in verschiedenen Arbeiten (z.B. in [20] bis [22]) beschriebene Umnumerierungsalgorithmus läuft nach dem folgenden Schema ab:

Wir bezeichnen mit A_i die Menge der Knoten, die unmittelbar dem Knoten i vorangehen. Für den in Bild 5 dargestellten Netzplan erhalten wir z.B. die folgenden Mengen:

$A_1 = (5, 8)$; $A_2 = (5, 12)$; $A_3 = (4, 11, 13)$; $A_4 = (2)$; $A_5 = (\varnothing)$;
$A_6 = (10)$; $A_7 = (1, 11)$; $A_8 = (5)$; $A_9 = (3, 6, 7)$;
$A_{10} = (5)$; $A_{11} = (1, 2, 8)$; $A_{12} = (5, 10)$; $A_{13} = (2, 10, 12)$.

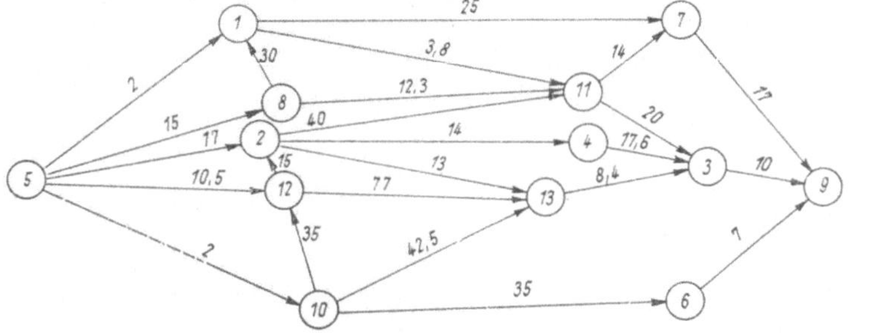

Bild 5

Die Menge A_5 ist leer, da der Netzplan keine Knoten enthält, die dem Knoten 5 vorangehen. Die Mengen A_i wollen wir benutzen, um zur richtigen Numerierung der Ecken überzugehen.

Unter Anwendung des Umnumerierungsalgorithmus werden wir nacheinander die Knoten bestimmen, die die Nummern 1, 2, ... tragen müssen. Bei der Ermittlung dieser Knoten werden wir ihre alten Nummern in die *Reihenfolgetabelle* eintragen, in der die laufende Nummer der Knoten jeweils die Nummer bedeutet, die diesem Knoten zugewiesen werden muß.

Die alten Nummern der Knoten werden in die Reihenfolgetabelle stufenweise eingetragen. Wir bezeichnen mit a_i die Anzahl der Elemente der Mengen A_i. Wenn wir auf irgendeiner Stufe mehrere Elemente der Menge A_i in die Reihenfolgetabelle eingetragen haben, so vermindern wir die Zahl a_i um die Anzahl dieser Elemente. Somit gibt die Zahl a_i auf jeder Stufe die Anzahl der Elemente von A_i an, die noch nicht in die Reihenfolgetabelle eingetragen wurden.

Der Umnumerierungsalgorithmus besteht aus sechs Schritten:

1. Schritt. Wir bilden die Menge ϑ, die aus allen Zahlen

$$a_1, a_2, \dots, a_n \tag{1.5.1}$$

besteht.

2. Schritt. Wir betrachten die Zahlen $a_{i_1}, \dots, a_{i_k}$, die zum betreffenden Zeitpunkt in der Menge ϑ verblieben sind, und eliminieren aus dieser alle Zahlen, die gleich null sind. Es seien dies die Zahlen $a_{j_1}, \dots, a_{j_l}$. Sodann schreiben wir deren Indizes heraus:

$$j_1, \dots, j_l. \tag{1.5.2}$$

3. Schritt. Unter den Mengen $A_1, A_2, \dots, A_n$ betrachten wir diejenigen, die wenigstens einen der beim vorhergehenden Schritt herausgezogenen Indizes j_ξ, $1 \leqq \xi \leqq l$ enthalten. Die gesuchten Mengen seien

$$A_{r_1}, A_{r_2}, \dots, A_{r_m}. \tag{1.5.3}$$

Für jede Menge A_{r_ξ} bestimmen wir die Anzahl c_{r_ξ} ihrer Elemente, die mit den herausgesuchten übereinstimmen, und vermindern die Zahlen a_{r_ξ} um die c_{r_ξ}.

4. Schritt. Wir tragen die Indizes $j_1, \dots, j_l$, die wir bei der Ausführung des zweiten Schrittes herausgeschrieben hatten, in die Reihenfolgetabelle ein, während wir die Zahlen $a_{j_1}, \dots, a_{j_l}$ aus der Menge ϑ eliminieren.

5. Schritt. Wir überprüfen, ob in der Reihenfolgetabelle sämtliche (alten) Nummern aller n Knoten eingetragen sind. Ist das noch nicht der Fall, so beginnen wir wieder beim 2. Schritt. Im entgegengesetzten Falle gehen wir zum 6. Schritt über.

6. Schritt. Wir nehmen die Umnumerierung der Knoten des Netzplanes nach der Reihenfolgetabelle vor.

Wenden wir den eben beschriebenen Algorithmus auf den Netzplan von Bild 5 an, so erhalten wir eine Reihenfolgetabelle gemäß unserer Tabelle 4.

Tabelle 4

Geordnete Ereignisnummer (neue Nummer)	1	2	3	4	5	6	7	8	9	10	11	12	13
Alte Nummer	5	8	10	1	6	12	2	4	11	13	3	7	9

Ersetzen wir nunmehr auf Grund dieser Tabelle sämtliche alten Knotennummern durch die neuen, so erhalten wir den in Bild 6 wiedergegebenen Netzplan. Man sieht, daß wir in der Tat einen richtig numerierten Netzplan erhalten haben, d.h., jeder Pfeil beginnt in einem Knoten mit niedrigerer Nummer und mündet in einen Knoten mit höherer Nummer.

Der angegebene Algorithmus liefert uns stets einen monoton numerierten Netzplan, wenn sich bei jedem Iterationszyklus bei der Durchführung des zweiten Schrittes neue a_i ergeben, die den Wert Null haben. In der Tat, um eine monotone Numerierung zu erhalten, müssen wir die Zahl i in die Reihenfolgetabelle erst dann eintragen, wenn in die Tabelle die in der Menge A_i enthaltenen Zahlen $j_1, \ldots, j_k$ eingetragen sind.

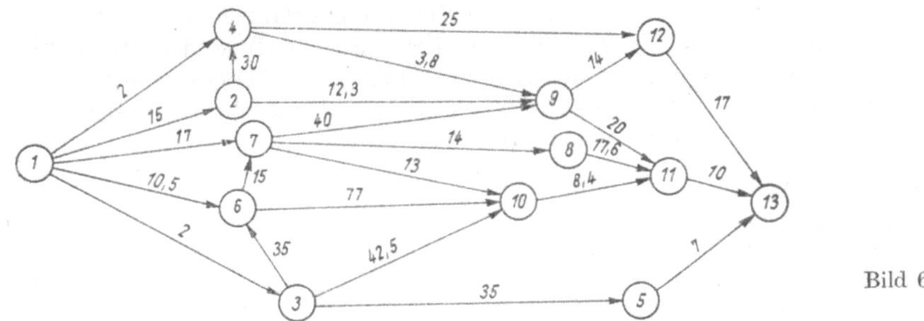

Bild 6

Dann aber wird die Zahl i durch eine Zahl ersetzt, die größer ist als eine beliebige der Zahlen j_ξ. Das bedeutet aber, daß sämtliche Knoten monoton numeriert sind. Man überzeugt sich leicht davon, daß bei der Durchführung des Algorithmus diese Regel erfüllt ist; denn die Zahl a_i gibt an, wieviel Zahlen der Menge A_i noch nicht in die Reihenfolgetabelle aufgenommen wurden, und sobald a_i den Wert Null angenommen hat (das besagt, daß alle Elemente von A_i bereits in der Reihenfolgetabelle stehen), nehmen wir i beim nächsten Iterationszyklus in die Reihenfolgetabelle auf.

Der Algorithmus der Umnumerierung eines Netzplanes läßt sich dahingehend erweitern, daß wir im Verlaufe der Aufstellung der Reihenfolgetabelle überprüfen können, ob die folgenden formalen Bedingungen für die Aufstellung eines Netzplangraphen erfüllt sind (vgl. die Abschnitte 1.3. und 1.4.):

1. Der Netzplangraph besitzt nur einen Startknoten.
2. Der Netzplangraph besitzt nur einen Zielknoten.
3. Der Netzplangraph weist keine Kreise (Zyklen) auf.
4. Je zwei benachbarte Knoten sind jeweils nur durch einen Pfeil miteinander verbunden.

Enthält ein Netzplan einen Zyklus oder mehrere Start- bzw. Zielknoten, so weist das Programm der EDV-Anlage auf Grund des Umnumerierungsalgorithmus auf diese Tatsache hin. Die Maschine stopt und signalisiert damit, daß der Netzplan Fehler enthält, die beseitigt werden müssen.

Wir wenden uns nun dem von Ford und Fulkerson [20, 21] entwickelten Algorithmus zur Berechnung der $T_i^{(0)}$ und $T_i^{(1)}$ in einem Netzplan zu, dessen Knoten monoton numeriert sind.

Es sei nun i ein Ereignis, das auf dem kritischen Weg liegt. Das Ereignis i kann erst eintreten, wenn sämtliche Vorgangsfolgen, die beim Startereignis beginnen und im Ereignis i münden, abgearbeitet wurden. Daher gilt

$$T_i^{(0)} = K_i\,, \tag{1.5.4}$$

wobei K_i die Länge des kritischen Weges vom Startereignis bis zum Ereignis i bedeutet.

Wie man leicht sieht, gilt

$$T_i^{(1)} = T_Z^{(0)} - \overline{K}_i\,, \tag{1.5.5}$$

wobei $T_Z^{(0)}$ der früheste Termin für das Abschlußereignis Z und $\overline{K}_i$ die Länge des kritischen Weges vom Ereignis i bis zum Zielereignis darstellen. Die Berechnung der frühesten bzw. spätesten Termine für die Ereignisse läuft somit darauf hinaus, daß man für jedes Ereignis jeweils die Länge des kritischen Weges vom Startereignis bis zu diesem Ereignis bzw. von diesem Ereignis bis zum Zielereignis berechnet.

Zur Bestimmung von K_i betrachten wir die Menge $A_i = \{i_1, \ldots, i_l\}$. Ferner sei bereits K_{i_ξ} für $1 \leqq \xi \leqq l$ bestimmt. Dann gilt

$$K_i = \max_{1 \leqq \xi \leqq l} [K_{i_\xi} + t_{i_\xi, i}]\,, \tag{1.5.6}$$

und es ist daher

$$T_i^{(0)} = \max_{1 \leqq \xi \leqq l} [T_{i_\xi}^{(0)} + t_{i_\xi, i}]\,. \tag{1.5.7}$$

Aus dieser Beziehung erkennt man, daß man den frühesten Termin für den Eintritt des Ereignisses i ermitteln kann, wenn man sämtliche frühesten Termine der dem Ereignis i unmittelbar vorausgehenden Ereignisse ermittelt hat. Ist der Netzplan monoton numeriert, so ist die Nummer eines Ereignisses stets größer als die Nummer eines ihm vorausgehenden Ereignisses. Man berechnet daher die $T_i^{(0)}$, indem man beim Startereignis beginnend die Menge aller Ereignisse in der Reihenfolge ihrer aufsteigenden Nummern durchläuft. Hierbei wird $T_1^{(0)} = 0$ gesetzt (wird das Startereignis mit der Nummer 0 belegt, so gilt selbstverständlich $T_0^{(0)} = 0$ als Anfangswert).

Während wir bei der Ermittlung der frühesten Ereignistermine die Reihenfolgetabelle aufsteigend durchlaufen haben, beginnen wir bei der Berechnung der $T_i^{(1)}$ beim Zielereignis und laufen die Reihenfolge rückwärts durch.

Wir bezeichnen mit

$$B_i = \{i_1, \ldots, i_\xi, \ldots, i_k\}$$

die Menge aller dem Ereignis i unmittelbar nachfolgenden Ereignisse. Hat man für sämtliche $i_\xi \in B_i$ die $T_{i_\xi}^{(1)}$ bereits ermittelt, so erhalten wir auf Grund völlig analoger Überlegungen die Beziehung

$$T_i^{(1)} = \min_{i_\xi \in B_i} [T_{i_\xi}^{(1)} - t_{i, i_\xi}]\,. \tag{1.5.8}$$

Anstelle der Formel (1.5.8) kann man auch die Beziehung

$$\overline{K}_i = \max_{i_\xi \in B_i} [\overline{K}_{i_\xi} + t_{i, i_\xi}] \tag{1.5.9}$$

verwenden. Sie liefert uns jeweils die Dauer des kritischen Weges vom Ereignis i bis zum Zielereignis. Mit Hilfe der Relation (1.5.5) lassen sich dann die $T_i^{(1)}$ ermitteln.

Aus den für die $T_i^{(0)}$ und $T_i^{(1)}$ für alle Ereignisse i des Netzplanes gewonnenen Werten bestimmen wir mit Hilfe der im Abschnitt 1.3. angegebenen Formeln die Gesamtpufferzeit und die unabhängige Pufferzeit für jeden Vorgang (i, j) sowie die Schlupfzeiten für alle Ereignisse des Netzplanes.

Nun beschreiben wir den von Michelson [75] angegebenen Algorithmus zur Bestimmung der Dringlichkeitskoeffizienten $k_\mathrm{d}(i, j)$.

Den Dringlichkeitskoeffizienten für den Vorgang (i, j) berechnen wir nach (1.3.18), wobei $P_\mathrm{t}(i, j)$ die Gesamtpufferzeit des Vorganges (i, j) und $t''_\mathrm{kr}(i, j)_\mathrm{max}$ die Gesamtdauer aller Vorgänge auf dem kritischen Weg bedeuten, die nicht gleichzeitig auch auf dem längsten Wege $L\,(i, j)_\mathrm{max}$ liegen, der durch den Vorgang (i, j) hindurchgeht. Die Zahl $t'_\mathrm{kr}\,(i, j)_\mathrm{max}$ ist gleich der Dauer der Vorgänge des kritischen Weges, die auf dem genannten Wege $L\,(i, j)_\mathrm{max}$ durch den Vorgang (i, j) liegen. Es seien a und b die Ereignisse, in denen der maximale Weg durch (i, j) den kritischen Weg schneidet. Es läßt sich leicht zeigen, daß bei richtiger Numerierung der Knoten, d.h. für $1 \leqq a \leqq i$ und $j \leqq b \leqq n$, der Teil des kritischen Weges vom Startereignis bis zum Ereignis a und der Teil des kritischen Weges vom Ereignis b zum Zielereignis genau den Teil des kritischen Weges mit der Dauer $t'_\mathrm{kr}\,(i, j)_\mathrm{max}$ ausmacht. Aus dem Gesagten geht hervor, daß die Größe $t_\mathrm{kr} - t'_\mathrm{kr}\,(i, j)_\mathrm{max}$ gleich ist der Differenz zwischen der Länge des kritischen Weges vom Startereignis bis zum Ereignis b und der Länge des kritischen Weges zwischen dem Startereignis und dem Ereignis a, d.h., es gilt

$$t_\mathrm{kr} - t'_\mathrm{kr}\,(i, j)_\mathrm{max} = T_b^{(0)} - T_a^{(0)}. \tag{1.5.10}$$

Der maximale Weg $L\,(i, j)_\mathrm{max}$ besteht aus dem maximalen Weg zwischen dem Startereignis und dem Ereignis i, dem maximalen Weg zwischen dem Ereignis j und dem Zielereignis und aus dem Vorgang (i, j). Verläuft vom Startereignis zum Ereignis i nur ein maximaler Weg, so ist das Ereignis a durch das Ereignis i eindeutig bestimmt und vom Ereignis j unabhängig. Analog gilt: Gibt es zwischen dem Ereignis j und dem Zielereignis nur einen maximalen Weg, so wird das Ereignis b durch das Ereignis j eindeutig bestimmt und ist vom Ereignis i unabhängig. Die Ereignisse a bzw. b, die für gegebene i und j bestimmt wurden, heißen die *Stützereignisse* von i bzw. j. Nun möge das Ereignis i mit dem Startereignis durch mehrere maximale Wege $L_1, L_2, \ldots, L_k$ gleicher Länge verbunden sein, die den kritischen Weg in den zugehörigen Ereignissen $a_1, a_2, \ldots, a_k$ schneiden. In diesem Falle wählt man als Stützereignis zum Ereignis i das Ereignis a_l, $1 \leqq l \leqq k$, das dem Startereignis am nächsten liegt, d.h., für das die Gleichung gilt

$$T_{a_l}^{(0)} = \min_{1 \leqq \xi \leqq k} T_{a_\xi}^{(0)}. \tag{1.5.11}$$

Analog wählt man bei Vorhandensein mehrerer maximaler Verbindungswege $T_1, \ldots, T_k$ vom Ereignis j zum Zielereignis, die den kritischen Weg des Netzplanes jeweils in den Ereignisse $b_1, b_2, \ldots, b_k$ schneiden, als Stützereignis zu j das Ereignis b_l, für das die folgende Gleichung erfüllt ist:

$$T_{b_l}^{(0)} = \max_{1 \leqq \xi \leqq k} T_{b_\xi}^{(0)}. \tag{1.5.12}$$

Zum Abschluß wollen wir noch einige Bemerkungen über die Berechnung der Parameter eines Netzplangraphen machen, in dem die Knoten keine geordnete Menge bilden.

Zur Berechnung der frühesten Termine $T_i^{(0)}$ (oder, was dasselbe bedeutet, zur Berechnung der Länge des kritischen Weges $K(i)$ vom Startereignis bis zum Ereignis i), wendet man üblicherweise den bekannten Algorithmus von FORD und FULKERSON an [20, 21].

Wir bezeichnen mit n_0 den Startknoten und n den Zielknoten des Netzplanes. Jedem Knoten des Netzes ordnen wir eine gewisse Zahl zu. Die dem Knoten k zugeordnete Zahl bezeichnen wir mit l_k (anfänglich wird für alle k immer $l_k = 0$ gesetzt).

Der Algorithmus zur Berechnung von $K(i)$ besteht aus mehreren Schritten, wobei bei jedem Schritt für alle Vorgänge (i, j) die Differenz $l_j - l_i$ auf folgende Weise berechnet wird:

a) Ist $l_j - l_i < t_{ij}$, so wird l_j durch $l_i + t_{ij}$ ersetzt;

b) ist $l_j - l_i \geqq t_{ij}$, so bleibt l_j unverändert.

Wir gehen sämtliche Vorgänge (i, j) durch und nehmen die beschriebenen Substitutionen so oft vor, bis wir zu Zahlen $\bar{l}_{n_0}, \ldots, \bar{l}_n$ gelangt sind, für die bei sämtlichen Vorgängen (i, j) die Ungleichung $\bar{l}_j - \bar{l}_i \geqq t_{ij}$ erfüllt ist.

Es läßt sich zeigen, daß die gewonnenen Werte $\bar{l}_i$ die Länge des kritischen Weges $K(i)$ vom Startereignis zum Ereignis i, d.h. den Wert $T_i^{(0)}$ liefern.

Ein analoges Prinzip läßt sich auch der Berechnung der Länge des kritischen (maximalen) Weges vom Ereignis i zum Zielereignis zugrundelegen, allerdings bestehen hierbei die folgenden Unterschiede: Anstelle der Differenzen $l_j - l_i$ werden die Differenzen $l_i - l_j$ gebildet. Statt die l_j durch die Werte $l_i + t_{ij}$ zu ersetzen, erhöhen wir die l_i jeweils auf den Wert $l_j + t_{ij}$.

Wir hatten bereits darauf hingewiesen, daß alle in diesem Abschnitt angestellten Überlegungen ausschließlich für den Fall der Netzpläne mit deterministischen Schätzwerten gelten. Stochastische Netzplanmodelle (bei denen entweder die Vorgänge selbst oder deren Parameter in Form von Zufallsgrößen gegeben werden) werden mit Methoden der Wahrscheinlichkeitsrechnung untersucht. In den nachfolgenden Kapiteln werden wir zeigen, daß die wahrscheinlichkeitstheoretischen Methoden, wie sie vielfach in verschiedenen Ländern für stochastische NPT-Modelle Anwendung finden, nicht ganz korrekt sind. Die mit ihrer Hilfe gewonnenen Abschätzungen sind nicht zuverlässig und können vielfach die Qualität des angewandten NPT-Systems erheblich beeinträchtigen. Nach unserem Dafürhalten sind solche mathematischen Methoden besonders effektiv, die auf der statistischen Modellierung und verschiedenen anderen statistischen Methoden beruhen, die wir in den nachfolgenden Kapiteln ausführlich betrachten wollen.

2. Die Verteilungsfunktionen für die Wahrscheinlichkeit der zeitlichen Schätzwerte in Netzplanmodellen

Hier werden für Netzpläne mit determinierter Struktur, deren Vorgangs- und Ereignisparameter aber Zufallsgrößen sind, die Verteilungsfunktionen für die Wahrscheinlichkeit der zeitlichen Schätzwerte untersucht. Am Anfang steht eine Einschätzung der in der Netzplantechnik weit verbreiteten β-Verteilung, und es wird gezeigt, daß sie wegen ihrer anschaulichen Eigenschaften durchaus brauchbar ist. Anschließend wird nach KRIWENKOW auch eine mathematische Begründung für die Anwendung der β-Verteilung gegeben. Im weiteren werden auch andere Verteilungen, insbesondere die logarithmische Normalverteilung und die Dreiecksverteilung betrachtet. Die Abschätzung der Parameter des Verteilungsgesetzes beim PERT-System nach der bisher üblichen Drei-Schätzwert-Methode wird kritisch eingeschätzt, und es werden einige anwendungsfähige Modifikationen des wahrscheinlichkeitstheoretischen Apparates für das PERT-System analysiert. Dabei stellt sich heraus, daß ein Netzplanmodell auf der Grundlage zweier Zeitschätzungen zumindest ebenso brauchbar ist wie die übliche PERT-Methodik, darüber hinaus aber noch gewisse Vorteile bezüglich des Realisierungsaufwandes aufweist. Die statistischen Verfahren zur Bestimmung von Schätzwerten für die Verteilungsparameter schließen dieses Kapitel ab.

2.1. Begründung für die Anwendung einer bestimmten Verteilungsfunktion für die zeitlichen Schätzwerte in NPT-Systemen

In ausnahmslos allen NPT-Systemen, die bei der Realisierung eines neuen Objekts angewandt werden und deren zeitliche Parameter mit gewissen Unsicherheiten behaftet sind, wird angenommen, daß die Dauer der Vorgänge eines Netzplanmodells eine Zufallsgröße ist. Es wird ferner angenommen, daß die Dauern als Zufallsgrößen einem für dieses NPT-System gewählten Verteilungsgesetz genügen, das für alle Vorgänge als gleich vorausgesetzt wird. Was jedoch die Parameter der Verteilungsfunktion betrifft, so werden diese von den verantwortlichen Auftragsbearbeitern entweder auf Grund von Normativwerten, von a priori angestellten Überlegungen oder von Produktionserfahrungswerten vorgegeben. Im vorhergehenden Kapitel haben wir bereits darauf hingewiesen, daß in NPT-Systemen vom Typ PERT z.B. drei Parameter vorgegeben werden: Die untere Grenze a des Definitionsbereiches *(optimistische Zeit)*, die obere Grenze b des Definitionsbereiches *(pessimistische Zeit)* und der Modalwert m *(wahrscheinlichste Zeit)*. Bei verschiedenen anderen NPT-Systemen (z.B. bei manchen in der Sowjetunion gebräuchlichen) werden nur die beiden Parameter a und b geschätzt. Praktisch wird in allen NPT-Systemen a priori vorausgesetzt, daß die Dichtefunktion der zeitlichen Schätzwerte für die Dauer der Vorgänge folgende Eigenschaften aufweist: a) Sie ist stetig, b) sie ist unimodal und c) sie besitzt zwei Schnittpunkte mit dem positiven Teil der Abszissenachse. Die einfachste Verteilung mit den genannten Eigenschaften ist die sog. Betaverteilung, deren Gültigkeit in der Praxis gewöhnlich postuliert wird.

Die praktische Realisierung der Betaverteilung weist eine ganze Anzahl von Zufallsfaktoren auf, die jeder einzeln nur von geringem Einfluß sind, sowie einige wenige Zufallsfaktoren, deren Auswirkung sehr wesentlich ist. Durch den Einfluß der wesentlichen Faktoren wird die Verteilungsfunktion gewöhnlich asymmetrisch. Die gleichen Verhältnisse findet man bei der Realisierung des überwiegenden Teils der Vorgänge eines Netzplanes vor. Hieraus ergibt sich die Möglichkeit, den Typ der Betaverteilung als a priori gegeben aufzufassen.

Die Analyse großer Mengen statistischer Daten (Multimomentaufnahmen bei der Realisierung einzelner Vorgänge, Normativwerte usw.) bestätigen ebenfalls die Annahme, daß die Anwendung der Betaverteilung adäquat ist.

Die Dichtefunktion der Betaverteilung hat die folgende Form:

$$\mathrm{B}(p, q, x) = \begin{cases} \dfrac{1}{\mathrm{B}(p, q)} x^{p-1} (1-x)^{q-1} & \text{für} \quad 0 \leqq x \leqq 1, \\ 0 & \text{für} \quad x < 0, x > 1; \end{cases} \tag{2.1.1}$$

hierbei ist $\mathrm{B}(p, q)$ die Betafunktion, die wie folgt definiert ist:

$$\mathrm{B}(p, q) = \int_0^1 x^{p-1} (1-x)^{q-1} \, \mathrm{d}x = \frac{\Gamma(p)\,\Gamma(q)}{\Gamma(p+q)}; \tag{2.1.2}$$

die hier auftretende Gammafunktion wird durch das Integral

$$\Gamma(z) = \int_0^\infty \mathrm{e}^{-t} t^{z-1} \, \mathrm{d}t$$

definiert, wobei für ganzzahlige $z > 0$ die Beziehung $\Gamma(z) = 1 \cdot 2 \cdot \dots \cdot (z-1) = (z-1)!$ gilt; das Moment r-ter Ordnung wird hierbei nach der Formel

$$\frac{1}{\mathrm{B}(p, q)} \int_0^1 x^{r+p-1} (1-x)^{q-1} \, \mathrm{d}x = \frac{\mathrm{B}(p+r, q)}{\mathrm{B}(p, q)} \tag{2.1.3}$$

ermittelt wird. Für $r = 1$ erhalten wir den Erwartungswert

$$\mathbf{M}x = \frac{\mathrm{B}(p+1, q)}{\mathrm{B}(p, q)} = \frac{\Gamma(p+1)\,\Gamma(q)\,\Gamma(p+q)}{\Gamma(p+q+1)\,\Gamma(p)\,\Gamma(q)} = \frac{p}{p+q}. \tag{2.1.4}$$

Für die Streuung oder Varianz, d.h. für $r = 2$, gilt

$$\begin{aligned} \mathbf{D}x &= \frac{\mathrm{B}(p+2, q)}{\mathrm{B}(p, q)} - \left(\frac{p}{p+q}\right)^2 \\ &= \frac{p(p+1)}{(p+q)(p+q+1)} - \frac{p^2}{(p+q)^2} = \frac{pq}{(p+q)^2 (p+q+1)}. \end{aligned} \tag{2.1.5}$$

Die Form der Funktion (2.1.1) hängt von den Parameter p und q ab, wobei für $p > 2$ (bzw. für $q > 2$) die Verteilungsfunktion im linken (bzw. im rechten) Randpunkt des Definitionsbereiches zusammen mit ihrer Ableitung null wird. Für $1 < p < 2$ (bzw. für $1 < q < 2$) besitzt die Funktionskurve im linken (bzw. im rechten) Endpunkt des Definitionsintervalls eine senkrechte Tangente. Für $0 < p < 1$ (bzw. $0 < q < 1$) geht die Funktion gegen unendlich, wenn sich x unbegrenzt dem linken (bzw. dem rechten) Randpunkt des Definitionsintervalls nähert, wobei die durch den linken Randpunkt hindurchgehende vertikale Gerade die Asymptote der Funktionskurve ist. Für $p \leqq 0$ bzw. $q \leqq 0$ wird das Integral unendlich, so daß die Verteilungsfunktion nicht mehr definiert ist.

Wir wollen uns nun einer recht originellen Begründung für die Anwendung der Betaverteilung in der Netzplantechnik zuwenden, die auf Kriwenkow [80] zurückgeht und sich auf eine Konstruktion des Zeitpunkts für den Abschluß eines Vorganges im Netzplan als Zufallsgröße stützt.

Es sei T_0 der Zeitpunkt für den Beginn eines Vorganges, während der Zeitpunkt des Abschlusses eine Zufallsvariable im Intervall (T_1, T_2) darstellen möge.

Der Wert T_1 stellt einen Abschlußzeitpunkt dar und wird durch Zusammenhänge bestimmt, die im Wesen des betreffenden Vorgangs begründet liegen; man nennt ihn nach [80] den ersten technologischen Zeitpunkt des betreffenden Vorganges. Analog heißt T_2 der zweite technologische Zeitpunkt des gleichen Vorganges.

Die Dichtefunktion (Verteilungsdichte) des Abschlußzeitpunkts als Zufallsvariable ermitteln wir unter folgenden Voraussetzungen:

1. Das gesamte Zeitintervall für die Realisierung des Vorganges (T_0, τ) besteht sowohl aus Intervallen, die zum Vorgang selbst gehören, als auch aus Intervallen, die durch Verzögerungen bedingt sind.

2. Die Zeitspanne $T_1 - T_0$ gehört zum Vorgang selbst, während die Zeitspanne $\tau - T_1$ durch Verzögerungen bedingt ist.

3. Die Zeitspanne $T_1 - T_0$ sei in n gleiche Teile von jeweils der Länge $\frac{T_1 - T_0}{n}$ zerlegt. Ergibt sich im ersten Teilintervall $\left(T_0, T_0 + \frac{T_1 - T_0}{n}\right)$ eine Verzögerung, so wird nach dem Zeitpunkt $t_1 = T_0 + \frac{T_1 - T_0}{n}$ der Vorgang abgebrochen, wobei im darauffolgenden Zeitintervall von t_1 bis $t_1' = t_1 + \Delta$ mit $\Delta = \frac{T_2 - T_1}{n}$ die Ursache für die aufgetretene Verzögerung beseitigt wird, so daß die Fortsetzung der Realisierung des Vorganges erst im Augenblick t_1' wieder einsetzt. Tritt hingegen im Intervall (T_0, t_1) keine Verzögerung auf, so wird nach dem Zeitpunkt t_1 der Vorgang fortgesetzt. Anschließend wird die Möglichkeit des Eintretens von Schwierigkeiten im darauffolgenden Abschnitt des Vorganges $\left(t_1', t_1' + \frac{T_1 - T_0}{n}\right)$ im ersten Falle bzw. (t_1, t_2) $\left(\text{mit } t_2 = t_1 + \frac{T_1 - T_0}{n}\right)$ im zweiten Falle usw. berücksichtigt. Offenbar gelangt der Vorgang zum Abschluß im Augenblick T_1, falls keine Verzögerungen auftreten, und im Augenblick T_2, falls sich in jedem Teilabschnitt Verzögerungen ergeben.

Falls insgesamt m Verzögerungen eintreten, erfolgt der Abschluß des Vorganges zum Zeitpunkt

$$\tau = T_1 + m\Delta = T_1 + m\frac{T_2 - T_1}{n}.$$

4. Das Ereignis (im Sinne der Wahrscheinlichkeitsrechnung), das darin besteht, daß auf dem i-ten Teilabschnitt eine Verzögerung eintrat, wird durch die i-te Stichprobe aus einer Grundgesamtheit ermittelt.

5. Ein Einzelelement der Grundgesamtheit enthält den Teil p der „Verzögerungsbegünstigung“.

6. Mit jedem Abschnitt erhöht sich die Grundgesamtheit um die Größe ϑ, wobei, falls auf dem vorhergehenden Abschnitt Verzögerungen eintraten, die Größe ϑ diese

Verzögerungen begünstigt hat. Im entgegengesetzten Falle sagt man, daß keine Verzögerungsbegünstigung vorlag.

Bezeichnen wir mit A_i^k das Ereignis, das darin besteht, daß auf dem $(i + 1)$-ten Abschnitt eine Verzögerung unter der Voraussetzung eintrat, daß auf den vorhergehenden i Abschnitten k Verzögerungen eingetreten sind, so ergibt sich die Wahrscheinlichkeit des Ereignisses A_i^k zu

$$P(A_i^k) = \frac{p + k\vartheta}{1 + i\vartheta} \quad (1 \leqq k \leqq i \leqq n) \tag{2.1.6}$$

7. Es wird die Differenz der Wahrscheinlichkeiten der Verzögerungen auf dem i-ten Abschnitt bei $k + 1$ und k Verzögerungen auf den vorhergehenden Abschnitten gebildet, und diese Differenz wird zur Wahrscheinlichkeit der Verzögerungen auf dem i-ten Abschnitt beim Ausbleiben jeglicher Verzögerungen auf den vorhergehenden Abschnitten ins Verhältnis gesetzt. Man erhält so den Quotienten

$$\frac{P(A_i^{k+1}) - P(A_i^k)}{P(A_i^0)} = \frac{\vartheta}{p}.$$

Aus dieser Formel geht hervor, daß Kriwenko eine Gesetzmäßigkeit für Verzögerungen betrachtet, bei der das Verhältnis der Verzögerungen konstant bleibt. Hierbei läßt sich zeigen, daß die Verteilungsfunktion für die Zufallsgröße m die folgende Form hat:

$$p_{m,n} = \binom{n}{m} \frac{\prod\limits_{i=0}^{m-1} (p + i\nu) \prod\limits_{i=0}^{n-m-1} (1 - p + i\nu)}{\prod\limits_{i=0}^{n-1} (1 + i\nu)}. \tag{2.1.7}$$

In der Tat, die Anzahl der Folgen von je n Abschnitten, auf denen m Verzögerungen eingetreten sind, ist gleich $\binom{n}{m}$. Für jede Folge besteht die gleiche Wahrscheinlichkeit

$$\frac{\prod\limits_{i=0}^{m-1} (p + i\nu) \prod\limits_{i=0}^{n-m-1} (1 - p + i\nu)}{\prod\limits_{i=0}^{n-1} (1 + i\nu)},$$

denn nachdem auf h Abschnitten Verzögerungen eingetreten sind, während auf k Abschnitten keine Verzögerungen zu verzeichnen waren, ergeben sich die Wahrscheinlichkeiten für das Auftreten bzw. Nichtauftreten von Verzögerungen zu

$$\frac{p + h\nu}{1 + (k + h)\nu} \quad \text{bzw.} \quad \frac{1 - p + k\nu}{1 + (k + h)\nu}.$$

Daraus folgt die Behauptung Kriwenkows. Es sei darauf hingewiesen, daß die Unabhängigkeit der Wahrscheinlichkeit für das Auftreten von Verzögerungen von dem vorhergehenden Abschnitt einen Spezialfall ($\nu = 0$) des Ausdruckes (2.1.7) für $p_{m,n}$ darstellt, und zwar die wohlbekannte Binomialverteilung. Weiterhin wird in der Arbeit [80] der Grenzwert der Wahrscheinlichkeit $p_{m,n}$ bei über alle Grenzen wachsendem n ermittelt. Aus (2.1.7) folgt

$$\frac{p_{m+1,n}}{p_{m,n}} = \frac{n - m}{m + 1} \, \frac{p + m\nu}{1 - p + (n - m - 1)\nu}. \tag{2.1.8}$$

Setzen wir $\frac{p}{\nu} = \alpha$ und $\frac{p}{\nu}\left(\frac{1}{p} - 1\right) = \beta$, so ergibt sich

$$\frac{p_{m+1,n} - p_{m,n}}{p_{m,n}} = \frac{(\alpha - 1)\,n + (2 - \alpha - \beta)\,m - \beta + 1}{(m + 1)\,(\beta + n - m - 1)}$$

$$= \frac{(\alpha - 1) + (2 - \alpha - \beta)\,\frac{m}{n} + \frac{1 - \beta}{n}}{n\,\frac{m + 1}{n}\left(1 - \frac{m + 1}{n} + \frac{\beta}{n}\right)}.$$

Setzen wir ferner $\frac{m}{n} = x$, $\frac{m + 1}{n} = x + \Delta x$, $p_{m,n} = y$, $p_{m+1,n} = y + \Delta y$, lassen dann $n \to \infty$ oder $\Delta x \to 0$ gehen, so erhalten wir nach Integration

$$y = Cx^{\alpha-1}\,(1 - x)^{\beta-1}. \qquad (2.1.9)$$

Hieraus erkennt man, daß die Dichtefunktion der Zufallsgröße $\xi = \lim_{n\to\infty} \frac{m}{n}$ sich durch die Formel

$$p_\xi(x) = \frac{1}{\mathrm{B}\,(\alpha, \beta)}\,x^{\alpha-1}\,(1 - x)^{\beta-1} \qquad (2.1.10)$$

ausdrücken läßt, in der $\mathrm{B}\,(\alpha, \beta)$ die Betafunktion ist und die mit (2.1.1) übereinstimmt.

Daher ist ξ eine Zufallsgröße, die der Betaverteilung (2.1.1) genügt. Die Variablensubstitution $x = \frac{t - a}{b - a}$ liefert die wohlbekannte Formel der Betaverteilung mit der Dichtefunktion

$$f(t) = \begin{cases} \frac{1}{(b - a)^{\alpha+\beta-1}\,\mathrm{B}\,(\alpha, \beta)}\,(t - a)^{\alpha-1}\,(b - t)^{\beta-1} & \text{für} \quad a \leqq t \leqq b, \\ 0 \quad \text{im entgegengesetzten Falle.} & \end{cases} \qquad (2.1.11)$$

2.2. Abschätzung der Parameter des Verteilungsgesetzes beim PERT-Verfahren

Die Ausgangsinformationen für die Bereitstellung der wahrscheinlichkeitstheoretischen Hilfsmittel in einem NPT-System sind das auf wahrscheinlichkeitstheoretischen Überlegungen aufgebaute Netzplanmodell und die Schätzwerte für gewisse Parameter des Verteilungsgesetzes für die Dauer der Vorgänge t_{ij} im Netzplanmodell.

In diesem Abschnitt wollen wir vor allem das wahrscheinlichkeitstheoretische Modell der Systeme vom Typ PERT beschreiben. Die Grundlage für die Erforschung und den Aufbau des wahrscheinlichkeitstheoretischen Apparates in diesem System bilden folgende Voraussetzungen:

1. Die Dauer t_{ij} eines beliebigen Vorganges ist eine Zufallsgröße, die über dem Intervall $[a, b]$ betaverteilt ist und die Dichtefunktion

$$\varphi(t) = C\,(t - a)^{p-1}\,(b - t)^{q-1} \qquad (2.2.1)$$

hat.

2. Die Parameter der Verteilungsfunktion $\varphi(t)$, d.h. der Erwartungswert $\mathbf{M}(i, j)$ und die Varianz $\sigma^2(i, j)$ ergeben sich nach den Formeln

$$\mathbf{M}(i, j) = \frac{a_{ij} + 4m_{ij} + b_{ij}}{6}, \tag{2.2.2.}$$

$$\sigma^2(i, j) = \frac{(b_{ij} - a_{ij})^2}{36}, \tag{2.2.3}$$

wobei a_{ij}, b_{ij} und m_{ij} der optimistische, pessimistische und der wahrscheinlichste Schätzwert für die Dauer eines Vorganges (i, j) sind.

Weitere Voraussetzungen werden hinsichtlich der Methodik zur Berechnung der Netzplanparameter getroffen; sie sollen im nächsten Kapitel behandelt werden. Wie wir unten zeigen werden, sind die Formeln (2.2.2) und (2.2.3) halbempirischer Natur.

Wir betrachten nun die Dichtefunktion $\varphi(t)$ für die Werte $p - 1 = \alpha$, $q - 1 = \gamma$, $a = 0$ und $b = 1$. Dann gilt

$$\varphi(t) = Ct^{\alpha}(1 - t)^{\gamma} \tag{2.2.4}$$

mit

$$C = \frac{\Gamma(\alpha + \gamma + 2)}{\Gamma(\alpha + 1)\,\Gamma(\gamma + 1)}.$$

Die Parameter $\mathbf{M}$, m' und σ^2 haben in diesem Fall die Werte

$$\mathbf{M} = \frac{\alpha + 1}{\alpha + \gamma + 2}, \tag{2.2.5}$$

$$m' = \frac{\alpha}{\alpha + \gamma}, \tag{2.2.6}$$

$$\sigma^2 = \frac{(\alpha + 1)(\gamma + 1)}{(\alpha + \gamma + 2)^2(\alpha + \gamma + 3)}, \tag{2.2.7}$$

wobei der Modalwert m' mit den Schätzwerten a, b und m für die Dauer des Vorganges durch die Beziehung $m' = \frac{m - a}{b - a}$ verknüpft ist.

Der Wert m (und entsprechend auch m') wird durch die verantwortlichen Auftragsbearbeiter vorgegeben und ist eine feste Größe. Aus der Gleichung (2.2.6) geht hervor, daß die Parameter α und γ der Verteilungsfunktion durch die Relation

$$\gamma = \alpha\frac{1 - m'}{m'} \tag{2.2.8}$$

miteinander verknüpft sind. Da für einen bestimmten Vorgang (i, j) der Quotient $\frac{1 - m'}{m'}$ konstant ist, erscheint es zweckmäßig, die Formel

$$\varphi(t) = Ct^{\alpha}(1 - t)^{\alpha\left(\frac{1}{m'} - 1\right)} \tag{2.2.9}$$

heranzuziehen, in der der freie Parameter α eine Schar von Verteilungsfunktionskurven definiert. Bei Verringerung von α wird die Verteilungsfunktionskurve flacher, und die Verteilungsfunktion nähert sich der Gleichverteilung mit der Varianz $\sigma^2 = \frac{1}{12}$ und dem Erwartungswert $\mathbf{M} = 0{,}5$. Bei großen α-Werten verringert sich allmählich die Asymmetrie der Funktionskurve, und die Verteilungsfunktion strebt gegen die Normalverteilung.

Für $m' \to 1$ konvergiert die Dichtefunktion (2.2.9) gegen die Exponentialfunktion Ct^{α}, während sie sich für $m' \to 0$ der Diracschen δ-Funktion nähert. Starke Schwankungen von m' führen zu wesentlichen Veränderungen des Asymmetriekoeffizienten. Die Dichtefunktion (2.2.9) ist, wie man leicht sieht, unimodal und stetig und besitzt zwei nichtnegative Nullstellen. Sie genügt also den postulierten Eigenschaften für das Verteilungsgesetz der Vorgänge im Netzplan, die wir im vorhergehenden Abschnitt beschrieben hatten.

Nun setzen wir $t = \frac{x-a}{b-a}$ und gehen zu der nichtnormierten Verteilungsfunktion

$$f(x) = N(x-a)^{\alpha} (b-x)^{\alpha\left(\frac{1}{m'}-1\right)} \tag{2.2.10}$$

über, wobei $N = [(b-a)^{\alpha+\gamma+1} \,\mathrm{B}\, (\alpha+1, \gamma+1)]^{-1}$ ist. Hierbei gilt $\gamma = \alpha\left(\frac{1}{m'}-1\right)$. Der Modalwert m läßt sich leicht aus der Gleichung

$$\alpha\,(b-m) = \gamma\,(m-a) \tag{2.2.11}$$

bestimmen. Ferner läßt sich leicht zeigen [68], daß für das erste und zweite Moment, d.h. den Erwartungswert $\mathbf{M}$ und die Streuung $\mathbf{D}$ (die wir mit K_1 und K_2 bezeichnen wollen), die folgenden Beziehungen bestehen:

$$(\alpha+\gamma+2)\,K_1 = (\alpha+\gamma+2)\,m + (a+b) - 2m,$$
$$(\alpha+\gamma+3)\,K_2 = (a+b)\,K_1 - ab - K_1^2.$$

Die zentralen Momente höherer Ordnung ermittelt man nach der Formel

$$(\alpha+\gamma+2+n)\,K_{n+1} = n\,(a+b)\,K_n - n\,[K_1K_n + (n-1)\,K_2K_{n-1} + \cdots + K_nK_1]. \tag{2.2.12}$$

Diese Formel gilt für $n = 2, 3, \ldots$.

Für K_1 läßt sich die Formel in der Form

$$K_1 - m = \frac{2}{\alpha+\gamma+2}\left(\frac{a+b}{2} - m\right)$$

schreiben. Hieraus erhalten wir

$$\mathbf{M} = K_1 = \frac{(\alpha+\gamma)\,m + (a+b)}{\alpha+\gamma+2}. \tag{2.2.13}$$

Auf Grund einer eingehenden empirisch-experimentell durchgeführten Analyse haben die Schöpfer des mathematischen Apparates für das System PERT festgestellt, daß $\alpha + \gamma \approx 4$ gilt. Hieraus ergeben sich unmittelbar die folgenden Modifikationen der Formel (2.2.12):

$$\begin{aligned} 6K_1 &= (a+b) + 4m, \\ 7K_2 &= (a+b)\,K_1 - ab - K_1^2, \\ 4K_3 &= (a+b)\,K_2 - 2K_1K_2, \\ 3K_4 &= (a+b)\,K_3 - 2\,(K_1K_3 + K_2^2) \quad \text{usw.} \end{aligned} \tag{2.2.14}$$

Die Varianz σ^2 ergibt sich für $\alpha + \gamma = 4$ aus der Formel (2.2.14) zu

$$\sigma^2 = \frac{(b-a)^2}{28} - \frac{4}{63}\left[\frac{a+b}{2} - m\right]^2. \tag{2.2.15}$$

Entspricht der Modalwert dem arithmetischen Mittel $\frac{a+b}{2}$, so gilt für die Standardabweichung $\sigma = \frac{b-a}{\sqrt{28}}$; liegt hingegen der Modalwert in der Nähe von a, so ergibt sich für die Varianz $\sigma^2 = \frac{5(b-a)^2}{252}$. Wie wir sehen, schwankt somit je nach der Lage des Modalwertes die mittlere quadratische Abweichung im Intervall $[\frac{1}{7}(b-a), \frac{1}{5}(b-a)]$. Dadurch wurde es möglich, im System PERT die umständlichere, jedoch genauere Formel (2.2.15) näherungsweise durch die Beziehung

$$\sigma \approx \frac{b-a}{6} \tag{2.2.16}$$

zu ersetzen. Was den mathematischen Erwartungswert **M** betrifft, so liefert uns die erste der Formeln (2.2.14) die aus der PERT-Literatur wohlbekannte Beziehung

$$\mathbf{M} = \frac{a+b+4m}{6}. \tag{2.2.17}$$

In verschiedenen ausländischen Werken (z. B. in [27]) werden die Formeln (2.2.16) und (2.2.17) auf einem anderen Wege hergeleitet. Auf Grund der von PEARSON stammenden Beziehungen $\alpha = 2 + \sqrt{2}$ und $\gamma = 2 - \sqrt{2}$ oder $\alpha = 2 - \sqrt{2}$ und $\gamma = 2 + \sqrt{2}$ lassen sich die Formeln (2.2.16) und (2.2.17) gewinnen, wenn man von den vorher gewonnenen Beziehungen (2.2.11) und (2.2.12) ausgeht.

In diesem Falle jedoch ergibt sich eine sehr starre Einengung für den Schätzwert m' (oder m, denn es gilt $m = m'(b-a) + a$), was dem Prinzip widerspricht, demzufolge der verantwortliche Auftragsbearbeiter den Wert m auf Grund seiner subjektiven Erfahrung vorgibt.

Wie wir sehen, enthält der wahrscheinlichkeitstheoretische Apparat des PERT-Verfahrens einige unüberbrückbare Widersprüche, deren Kritik wir an späterer Stelle vornehmen wollen. Ihre Ursache liegt darin begründet, daß es unmöglich ist, die Formeln (2.2.16) und (2.2.17) aus der Gleichung (2.2.10) herzuleiten, denn drei von den vier Parametern dieser Gleichung werden bereits dadurch festgelegt, daß die verantwortlichen Auftragsbearbeiter die Schätzwerte a, b und m vorgeben, während irgendwelche zusätzlichen Annahmen sofort zu Widersprüchen in der Methodik der Vorgabe dieser drei Schätzwerte führen.

Wir betrachten nun einige Fehler der Schätzwerte für den Erwartungswert $\mathbf{M}x$ und die Varianz σ_x^2 die sich auf Grund der im wahrscheinlichkeitstheoretischen Apparat des PERT-Systems gebräuchlichen Näherungswerte ergeben. Diese Fehler lassen sich in drei Gruppen einteilen:

a) Die Gruppe der Fehler, die sich auf Grund der Annahme der Betaverteilung als Standardverteilung ergeben, die wir als Fehler erster Art bezeichnen;

b) die Gruppe der Fehler, die sich durch die Anwendungen der Formeln (2.2.16) und (2.2.17) für $\mathbf{M}x$ und σ_x^2 unter der Voraussetzung ergeben, daß die Dichtefunktion (2.2.1) für die Verteilung der zeitlichen Schätzwerte objektiv richtig ist, die wir als Fehler zweiter Art bezeichnen;

c) die Gruppe der Fehler (Fehler dritter Art), die sich durch die Ungenauigkeit der Angabe der Schätzwerte für die Parameter a, b und m durch die Experten ergeben unter der Voraussetzung, daß die Dichtefunktion (2.2.1) und die Formeln (2.2.16) und (2.2.17) objcktiv richtig sind.

Wir wollen zunächst die in [39] durchgeführte Untersuchung über die Fehlermöglichkeiten für den Erwartungswert $\mathbf{M}x$ und die Standardabweichung σ_x wiedergeben, die sich auf Grund der Annahme der Betaverteilung als Standardverteilung unter der Bedingung dreier vorgegebener Schätzwerte a, b und m ergeben. Es handelt sich also um Fehler der ersten Art. Der Einfachheit halber betrachten wir das normierte Verteilungsintervall mit $a = 0$, $b = 1$, $0 \leqq m' = \frac{m-a}{b-a} < \frac{1}{2}$. Vergleichen wir hierbei verschiedene Verteilungen miteinander, die ähnliche Parameter aufweisen (Quasigleichverteilung, deren Erwartungswert nahe bei 0,5 liegt, und die Quasideltaverteilung, deren Erwartungswert mit dem Modalwert m übereinstimmt), so erhalten wir für die absoluten Fehler die folgenden oberen Grenzen:

a) Für den normierten Erwartungswert $\mathbf{M}x$ hat der Fehler Δ_1 den Wert $\Delta_1 = \frac{1}{3}(1 - 2m')$;

b) Für die normierte Standardabweichung σ_x erreicht der Fehler maximal den Wert $\Delta_2 = \frac{1}{6}$. Der Wert von Δ_1 als Funktion des normierten Modalwertes m' kann bei dessen Annäherung an die Grenzen des Verteilungsintervalls bis zu 33% erreichen, während der Wert von Δ_2 vom Modalwert unabhängig ist.

Die Abschätzung für Δ_1 wurde später von LUKASZEWICZ [34] verbessert, der gezeigt hat, daß der maximale absolute Fehler für die unimodulare stetige Verteilung im Intervall (0,1) sich zu $\Delta_1 = \frac{1}{3}\left(1 - \frac{m'}{2}\right)$ ergibt. Somit liefern die Formeln von MCCRIMMON und RYAVEC einerseits und die von LUKASZEWICZ andererseits nur wenig voneinander abweichende Werte für m, die nahe bei 0 liegen, jedoch weichen sie für $m' \approx \frac{1}{2}$, dem in der Praxis am häufigsten auftretenden Fall, sehr stark voneinander ab.

Nun untersuchen wir (vgl. [39]) die Maximalwerte der absoluten Fehler für den Erwartungswert $\mathbf{M}x$ und die Standardabweichung σ_x für die Klasse der Betaverteilung, die durch die Annahme $\sigma_x = \frac{1}{6}(b - a)$ und die Approximation $\mathbf{M}x = \frac{a + b + 4m}{6}$ bedingt sind, d.h. Fehler zweiter Art. Verwenden wir die Abschätzungsformeln für den Modalwert (2.2.6), für den Erwartungswert $\mathbf{M}x$ (2.2.5) und für die Standardabweichung σ_x (2.2.7) und vergleichen wir diese mit den entsprechenden Abschätzungen im System PERT, so erhalten wir für Δ_1 und Δ_2 (für $a = 0$, $b = 1$) die folgenden Werte:

$$\left.\begin{aligned} \Delta_1 &= \left|\frac{4m' + 1}{6} - \frac{m'(\alpha + 1)}{\alpha + 2m}\right|; \quad \max \Delta_1 = 33\,\%, \\ \Delta_2 &= \left|\frac{1}{6} - \sqrt{\frac{m'^2(\alpha + 1)(\alpha - \alpha m' + m')}{(\alpha + 2m')^2(\alpha + 3m')}}\right|; \quad \max \Delta_2 = 17\,\%. \end{aligned}\right\} \tag{2.2.18}$$

Schließlich wenden wir uns der Untersuchung der Fehler dritter Art Δ_1 und Δ_2 unter der Voraussetzung zu, daß die Formeln (2.2.17) und (2.2.16) für die Berechnung von $\mathbf{M}x$ und σ_x sowie die Annahme der Betaverteilung objektiv richtig sind, daß aber die durch die Experten geschätzten Werte für a, b und m Fehler enthalten können. In Anlehnung an [39] wollen wir annehmen, daß die Werte a, b und m richtig sind, während die durch die Experten geschätzten Näherungswerte t_a, t_m und t_b jeweils in den Grenzen $0{,}8a \leqq t_a \leqq 1{,}1a$; $0{,}9m \leqq t_m \leqq 1{,}1m$; $0{,}9b \leqq t_b \leqq 1{,}2b$ liegen. In diesem Falle ergibt sich unter der zusätzlichen Voraussetzung $a \leqq m \leqq \frac{b+a}{2}$ die schlechteste absolute Abschätzung zu

$$\Delta_1 = \frac{1}{b-a} \max \left[\left| \frac{0{,}8a + 3{,}6m + 0{,}9b) - (a + 4m + b)}{6} \right|, \left| \frac{(1{,}1a + 4{,}4m + 1{,}2b) - (a + 4m + b)}{6} \right| \right] = \frac{1}{60} \left(\frac{a + 4m + 2b}{b - a} \right). \tag{2.2.19}$$

Die entsprechende Abschätzung von Δ_2 für σ_x liefert

$$\frac{1}{b-a} \max \left[\left| \frac{0{,}9b - 1{,}1a - (b-a)}{6} \right|, \left| \frac{(1{,}2b - 0{,}8a) - (b-a)}{6} \right| \right] = \frac{1}{30} \frac{b+a}{b-a}, \tag{2.2.20}$$

weshalb der Modalwert m auf die Abschätzung von Δ_2 ohne Einfluß ist.

Die Widersprüche innerhalb der von den Verfassern des PERT-Verfahrens entwickelten Methode zur Berechnung der Verteilungsparameter der Zeitschätzungen gaben Anlaß zur Kritik an dieser Methode durch verschiedene Forscher, die sich der Entwicklung und Einführung von NPT-Systemen gewidmet hatten [27, 52, 53, 93]. In verschiedenen Arbeiten findet man Empfehlungen zur Modifizierung des Verfahrens, die wir in den nachfolgenden Abschnitten dieses Kapitels betrachten wollen.

2.3. Einige Modifikationen des wahrscheinlichkeitstheoretischen Apparates für das PERT-Verfahren

Offenbar hat kein anderer Bestandteil des mathematischen Rüstzeugs für das PERT-Verfahren so häufig Anlaß zu einer scharfen (und meist berechtigten) Kritik gegeben wie die Methoden zur Analyse und Berechnung der Parameter der Verteilungsfunktion. Die Unmöglichkeit, die durch die Vernachlässigungen des PERT-Verfahrens erzeugten Widersprüche zu beheben, hat die Schaffung verschiedener Modifikationen dieser Methoden stimuliert, darunter auch die Entwicklung einiger origineller Empfehlungen und Methoden, die auf konkrete NPT-Systeme zugeschnitten waren. In diesem Abschnitt betrachten wir den Komplex solcher Empfehlungen, die die Vorgabe dreier Schätzwerte zur Festlegung des Verteilungsgesetzes als Grundlage beibehalten haben, während wir uns im nächsten Abschnitt einigen wahrscheinlichkeitstheoretischen Modellen zuwenden, bei denen die Angabe des Verteilungsgesetzes durch Angabe von nur zwei Schätzwerten erfolgt.

Die im PERT-Verfahren vorgenommenen Vernachlässigungen beruhen im wesentlichen auf den folgenden, a priori zugrunde gelegten Voraussetzungen:

1. Die Dauer eines beliebigen Vorganges unterliegt stets der Betaverteilung, die über dem Intervall von der optimistischen Dauer (a) bis zur pessimistischen Dauer (b) definiert ist.

2. Die Standardabweichung dieser Betaverteilung beträgt ein Sechstel der Spannweite, d.h. es gilt $\frac{b-a}{6}$.

Die Voraussetzung 1 ist insofern wesentlich, als sie die Verteilung der Wahrscheinlichkeiten für die Dauern der Vorgänge auf eine endliche Spannweite begrenzt (der Umstand, daß die Betaverteilung vorausgesetzt wird, spielt eine geringere Rolle, da die Eigenschaften dieser Verteilung nur in geringem Maße zum Tragen kommen). Unter der Voraussetzung einer endlichen Spannweite ziehen manche Autoren (z.B. Murray [41]) den Schluß, daß man die Standardabweichung einer unimodalen Verteilung grob zu einem Sechstel der Spannweite schätzen darf. Somit hat die Voraussetzung 1 bereits die Voraussetzung 2 nach sich gezogen. In der mathematischen Statistik jedoch erweist sich die Voraussetzung 2 häufig als falsch. Die Standardabweichung einer Gleichverteilung über dem Intervall (a, b) ergibt sich zu $\frac{b-a}{2\sqrt{3}}$. Bei einer nur geringfügigen Verzerrung der Dichtefunktion läßt sich diese Verteilung so in eine unimodale Verteilung überführen, daß die Standardabweichung hierbei unverändert bleibt. Nimmt man an, daß zwei unabhängige Zufallsvariable jeweils über dem Intervall (a, b) definiert sind, so ergibt sich auf Grund der Voraussetzung 2 die Standardabweichung für beide Zufallsvariablen zu $\frac{b-a}{6}$. Nach einem bekannten Satz der mathematischen Statistik ist die Standardabweichung der Summe dieser beiden Zufallsvariablen gleich $\frac{\sqrt{2}\,(b-a)}{6}$. Die Summe jedoch ist über dem Intervall $(2a, 2b)$ definiert, und auf Grund der Voraussetzung 2 erhält man für ihre Standardabweichung $\frac{2b-2a}{6}$.

Anstelle der Beziehung $\sigma = \frac{b-a}{6}$ könnte man nach [41] die Schätzwerte für den Erwartungswert oder den Medianwert verwenden, da man hierbei eine größere Klasse von Betaverteilungen erfassen könnte. Die Gewinnung der einzelnen Schätzwerte für den Erwartungswert, den Medianwert oder den Modalwert durch die Experten ist jedoch äußerst schwierig. In vielen Fällen erscheint es zweckmäßiger, ein anderes System von Schätzwerten zu benutzen, das aus den Intervallgrenzen für die Verteilungsfunktion (d.h. a und b) und zwei Zwischenquantilen der Verteilung besteht, für die man die Quartile ansetzen kann (das erste und dritte).

Ein anderes Verfahren zur Beseitigung der Widersprüche zwischen den Voraussetzungen 1 und 2 läuft darauf hinaus, daß man ein anderes Verteilungsgesetz zugrunde legt, insbesondere die Gammaverteilung, deren Dichtefunktion durch die Formel

$$f(t) = \begin{cases} \dfrac{\delta^\lambda t^{\lambda-1} e^{-\delta t}}{\Gamma(\lambda)} & (0 < t < \infty;\ \delta, \lambda > 0), \\ 0 & t \leqq 0 \end{cases}$$

definiert ist. Diese Funktion weist nahezu die gleiche Universalität wie die Betaverteilung auf, hat jedoch den Vorteil, daß man zur Definition ihrer Parameter nur zwei Schätzwerte benötigt, die man z.B. durch zwei Zwischenquantile abschätzen kann.

Ein anderer Weg, der zur Beseitigung der oben beschriebenen Widersprüche im klassischen PERT-Modell führt, läuft (vgl. [41]) darauf hinaus, daß man a und b nicht als absolute Grenzen des Intervalls der Betaverteilung ansieht, sondern diese Werte auf gewisse innere p-Quantile der Verteilung bezieht, z.B. $p = 0{,}001$ und $p = 0{,}999$. Hierbei ergeben sich jedoch zwei ernsthafte Schwierigkeiten:

a) die Schwierigkeit, die volle Spannweite der Betaverteilung nach den Schätzwerten für zwei innere p-Quantile abzuschätzen;

b) die Schwierigkeit für den Experten, zwischen zwei benachbarten inneren p-Quantilen zu unterscheiden, die sich nur wenig durch ihre Sicherheitskoeffizienten p unterscheiden, die aber wesentliche Unterschiede in ihren W_p-Werten zeigen (im Falle $p_1 = 0{,}001$ und $p_2 = 0{,}025$ z. B. gilt für die Normalverteilung $W_{0,999} - W_{0,001} = 1{,}5\,(W_{0,975} - W_{0,025})$). In verschiedenen NPT-Systemen (vgl. [41]) wird angenommen, daß die Bestimmung der p-Quantil-Schätzwerte nur durch Spezialisten der mathematischen Statistik vorgenommen wird, die eine sehr hohe Qualifikation aufweisen und genaue Kenntnisse über die Eigenschaften der Verteilung besitzen, der die Dauern der Vorgänge genügen. Wie man leicht erkennt, ist diese Forderung innerhalb der bestehenden NPT-Systeme kaum als realistisch anzusehen, weil eine Unterscheidung zweier p-Quantil-Schätzungen mit wenig voneinander abweichenden p-Werten äußerst schwierig ist.

Man kann aber auch als Verteilung die Gammaverteilung voraussetzen, jedoch von drei Schätzwerten ausgehen (vgl. Kriwenkow [80]). Setzen wir in der Dichtefunktion

$$f(t) = \frac{1}{(T_2 - T_1)^{\alpha+\beta-1}\,\mathrm{B}(\alpha, \beta)}\,(t - T_1)^{\alpha-1}\,(T_2 - t)^{\beta-1} \tag{2.3.1}$$

der Betaverteilung im Intervall (T_1, T_2) (vgl. 2.1.) $\frac{\beta - 1}{T_2} = B = \text{const}$, so erhalten wir im Grenzfall (für $T_2 \to \infty$ und $\beta \to \infty$) die Gammaverteilung mit der Dichtefunktion

$$p(t) = \frac{B^\alpha\,(t - T_1)^{\alpha-1}}{\Gamma(\alpha)}\,\mathrm{e}^{-B(t-T_1)}, \tag{2.3.2}$$

die, wie man leicht sieht, nur die drei Parameter a, B und T_1 aufweist.

Im Falle der Gammaverteilung hat man eine größere Freiheit in der Wahl der Schätzwerte, durch die die Verteilung charakterisiert wird. Es stehen uns z. B. (vgl. [80]) die folgenden Möglichkeiten zur Verfügung:

1. die technologische Dauer T_1, der Modalwert m und die pessimistische Dauer b;
2. die technologische Dauer T_1, die optimistische Dauer a und der Modalwert m;
3. die technologische Dauer T_1, der Modalwert m und das Quantil für $p = \frac{2}{3}$;
4. die optimistische Dauer a, der Modalwert m und das Quantil für $p = \frac{2}{3}$;
5. der Modalwert m, das Quantil für $p = \frac{2}{3}$ und die pessimistische Dauer b.

Mitunter erscheint es zweckmäßig (Welsh [53]), die Betaverteilung durch die Dreiecksverteilung mit der Dichtefunktion $p(t)$ zu ersetzen, wobei $p(t)$ durch das Intervall (a, b) und den Modalwert m bestimmt wird:

$$p(t) = \begin{cases} \dfrac{2\,(t - a)}{(b - a)\,(m - a)} & \text{für} \quad t \in [a, m], \\ \dfrac{2\,(b - t)}{(b - a)\,(b - m)} & \text{für} \quad t \in [m, b], \\ 0 & \text{für} \quad t \notin [a, b]. \end{cases} \tag{2.3.3}$$

Die Grundlage für eine derartige Annahme bildet die Tatsache, daß die wahrscheinlichkeitstheoretische Fehleranalyse (vgl. 2.2.) für die Betaverteilung und die Dreiecksverteilung auf nahezu die gleichen Ergebnisse führt. Bei der Dreiecksverteilung benötigt man für die Parameter $\mathbf{M}x$ und σ_x keine Näherungsrechnungen und keinerlei Vernachlässigung, während die Dichtefunktion $p(t)$ durch drei Parameter, z.B. a, b und m, eindeutig bestimmt ist. Insbesondere folgt aus der Formel für die Verteilungsfunktion der Dreiecksverteilung

$$F(t) = \begin{cases} 0 & \text{für} \quad x \leqq a, \\ \dfrac{(x-a)^2}{(b-a)(m-a)} & \text{für} \quad a < x \leqq m, \\ 1 - \dfrac{(x-b)^2}{(b-a)(m-a)} & \text{für} \quad m < x \leqq b, \\ 1 & \text{für} \quad x > b, \end{cases} \tag{2.3.4}$$

daß die einer Verteilung mit der Dichtefunktion $p(t)$ genügende Zufallsvariable ξ mit einer Zufallsvariablen η, die über dem Intervall $[0, 1]$ gleichverteilt ist, durch die folgenden Beziehungen verknüpft ist:

$$\xi = \begin{cases} \sqrt{c\eta} + a & \text{für} \quad \eta < d, \\ b - \sqrt{c'(1-\eta)} & \text{für} \quad \eta > d; \end{cases} \tag{2.3.5}$$

hierbei ist $c = (b-a)(m-a)$, $c' = (b-a)(b-m)$ und $d = \dfrac{m-a}{b-a}$.

Der Erwartungswert und die Varianz der Zufallsvariablen ergeben sich zu

$$\mathbf{M}\xi = (a + m + b)/3, \tag{2.3.6}$$

$$\mathbf{D}\xi = \tfrac{1}{18}(a^2 + m^2 + b^2 - am - ab - mb). \tag{2.3.7}$$

Die Dreiecksverteilung kann daher mit dem gleichen Recht für Netzplanmodelle mit zufälligen Zeitschätzungen für die Vorgänge angewandt werden wie die Betaverteilung. Es sei hierbei erwähnt, daß in manchen sowjetischen NPT-Systemen die Dreiecksverteilung auch wirklich angewandt wird (vgl. hierzu Brechow, Kesling, Marjanowski [61]).

Anstelle des Modalwertes m für die Betaverteilung kann man für die Dauer der Vorgänge als Schätzwert auch den Erwartungswert $\mathbf{M}x$ verwenden. Hierbei wird vorausgesetzt, daß die Kurve der Dichtefunktion der Betaverteilung die Abszissenachse in den Punkten a und b berührt. Der auf dieser Grundlage von Donaldson [15] entwickelte mathematische Apparat zur Abschätzung der Verteilungsparameter behebt zum Teil die im vorhergehenden Abschnitt beschriebenen widersprüchlichen Voraussetzungen des PERT-Verfahrens (fester Wert des Asymmetriekoeffizienten und freie Lage des Punktes m bezüglich a und b).

Es werden somit die drei Schätzwerte a, b und $\mathbf{M}x$ vorgegeben, wobei die Wahl des letzten Schätzwertes genauso begründet erscheint wie die des Modalwertes. Unter Berücksichtigung von (2.2.8) erhält man leicht den Quotienten $\dfrac{q}{p} = \dfrac{b - \mathbf{M}x}{\mathbf{M}x - a}$ und danach die Formel zur Berechnung der Varianz

$$\sigma_x^2 = \frac{(b - \mathbf{M}x)(\mathbf{M}x - a)}{p + q + 1}.$$

Berücksichtigt man die Bedingungen für die Berührung der Dichtefunktionskurve mit der Abszissenachse, kommt man leicht zu dem Schluß, daß der kleinste Wert von

$p + q$, der dieser Bedingung und der Formel für den Quotienten $\frac{q}{p}$ genügt, sich zu $2 + 2k + \delta$ ergibt, wobei $\delta > 0$ ist und nahe bei null liegt, während k durch

$$k = \max\left(\frac{b - \mathbf{M}x}{\mathbf{M}x - a}, \frac{\mathbf{M}x - a}{b - \mathbf{M}x}\right)$$

definiert ist. Hieraus erhält man leicht eine Abschätzung für die Varianz σ_x^2 nach der Formel $\sigma_x^2 = (b - \mathbf{M}x)(\mathbf{M}x - a)(3 + 2k)$, die einen etwas zu hohen Streuwert liefert, wenn man annimmt, daß die Kurve der Dichtefunktion der Betaverteilung nur wenig gegen die x-Achse geneigt ist. Vergleichen wir diesen Schätzwert mit dem im klassischen PERT-Modell üblichen, so erhalten wir den Quotienten

$$\frac{\sigma_x^2}{(b - a)^2} = \frac{L^2(1 - L)}{L + 2} \quad \text{für} \quad 0 < \mathbf{M}x - a \leqq b - \mathbf{M}x \tag{2.3.8}$$

mit

$$L = \frac{\mathbf{M}x - a}{b - a} \quad \text{und} \quad 0 < L \leqq \frac{1}{2}.$$

Es sei darauf hingewiesen, daß die beschriebene Methode sich nicht wesentlich von der Methode des PERT-Verfahrens unterscheidet (vgl. Coon [13]), obwohl die Annahme, daß die Kurve der Dichtefunktion der Betaverteilung die Abszissenachse berührt, gerechtfertigt ist. In der Tat, denn bei der Berechnung von σ_x^2 wird $\delta = 0$ gesetzt, wodurch die Werte von p und q starr fixiert werden, auch dann, wenn anstelle des Modalwertes m der Schätzwert $\mathbf{M}x$ gewählt wird.

Denn gilt $b - \mathbf{M}x > \mathbf{M}x - a$, so setzen wir $p = 2$ und $q = \frac{2(b - \mathbf{M}x)}{\mathbf{M}x - a}$. Ist hingegen $\mathbf{M}x - a > b - \mathbf{M}x$, so etzen wir $q = 2$ und $p = \frac{2(\mathbf{M}x - a)}{(b - \mathbf{M}x)}$.

Genau genommen gestattet das Verfahren von Donaldson für alle Kurven $p = 2$ zu setzen, bei denen der Mittelwert links von der Mitte des Verteilungsintervalls liegt. Danach kann q abgeschätzt werden, indem man von der Beziehung

$$\frac{q}{p} = \frac{b - \mathbf{M}x}{\mathbf{M}x - a} \tag{2.3.9}$$

ausgeht. Liegt andererseits der Erwartungswert rechts von der Mitte des Verteilungsintervalls, so ist $q = 2$, und p wird analog aus der Formel für den Quotienten $\frac{q}{p}$ ermittelt. Folglich haben wir es hier mit einer eingeschränkten Klasse von Betaverteilungen zu tun, obwohl die Einschränkungen dadurch erheblich abgeschwächt sind, daß man Betaverteilungskurven für verschiedene Werte des Asymmetriekoeffizienten wählen kann. In dieser Hinsicht erscheinen die Einschränkungen, die uns durch das klassische PERT-Modell auferlegt werden, erheblich starrer.

Das oben Gesagte führt zu dem Schluß, daß die Mehrzahl der betrachteten Vorschläge zur Modifikation der wahrscheinlichkeitstheoretischen Methoden des PERT-Verfahrens die in diesen enthaltenen Widersprüche nicht behebt. Das nachstehend beschriebene wahrscheinlichkeitstheoretische Netzplanmodell für die Realisierungsdauer der Operationen, das von Popow entwickelt wurde, ist weitgehend frei von den Mängeln, die den oben beschriebenen Modifikationen anhaften. Dafür hängt diesem Modell eine äußerst aufwendige und komplizierte Form der Beschreibung an, die die

Modellierung erheblich erschwert. Diesem Modell liegt die Annahme zugrunde, daß eine Dichtefunktion der Form

$$\varphi(t) = Ct^{\alpha} (1-t)^{\alpha\left(\frac{1}{m'}-1\right)},$$

also eine Funktion der Form (2.2.10), als eine ausreichend gute Approximation der tatsächlichen Verteilung für die Dauer der Vorgänge mit verschiedenen Modalwerten dienen kann, wenn man den Parameter α als eine Funktion $\alpha = \alpha(m')$ des Modalwertes definiert. Dann gilt

$$\varphi(t) = Ct^{\alpha(m')} (1-t)^{\alpha(m')\left[\frac{1}{m'}-1\right]}. \tag{2.3.10}$$

Aus einer Analyse der Relation $\gamma = \dfrac{\alpha(1-m')}{m'}$ läßt sich schließen, daß die Stabilität des Parameters σ als Funktion von α und γ umso größer ist, je weniger sich der Wert der Summe $\alpha + \gamma$ ändert. Mit anderen Worten, es ist notwendig, daß die Summe der Exponenten α und γ nur wenig von einer Konstanten abweicht, die wir durch das Symbol β bezeichnen wollen. Aus der Formel (2.2.10) und ihrer Darstellung in der Form (2.3.10) folgt dann

$$\alpha(m') + \alpha(m')\frac{1-m'}{m'} = \beta \tag{2.3.11}$$

oder

$$\alpha(m') = \beta m'. \tag{2.3.12}$$

Danach nimmt die Funktion (2.2.10) die folgende Form an:

$$\varphi(t) = Ct^{\beta m'} (1-t)^{\beta(1-m')}. \tag{2.3.13}$$

Hieraus erhält man leicht die Formeln zur Abschätzung des Erwartungswertes und der Varianz

$$\mathbf{M}x = \frac{\beta m' - 1}{\beta + 2} \tag{2.3.14}$$

und

$$\sigma_x^2 = \frac{1 + \beta + \beta^2 m' - \beta^2 m'^2}{(\beta+2)^2 (\beta+3)}. \tag{2.3.15}$$

Für die Wahl des freien Wertes von β in den Ausdrücken (2.3.11) bis (2.3.15) gehen wir von der im PERT-Verfahren getroffenen Annahme aus, daß $\sigma^2 = \dfrac{(b-a)^2}{36}$ gilt, und wählen den Koeffizienten β so, daß sich der Mittelwert (für verschiedene m') der Streuung zu $\dfrac{1}{36}$ ergibt, d.h., daß

$$\int_0^1 \sigma^2(\beta, m')\, \mathrm{d}m' = \frac{1}{36} \tag{2.3.16}$$

gilt. Setzen wir nun anstelle von $\sigma^2(\beta, m')$ in (2.3.16) den Wert aus der Formel (2.3.15) ein, so erhalten wir nach Ausführung der Integration

$$\frac{(1+\beta) + \frac{1}{6}\beta^2}{(\beta+2)^2(\beta+3)} = \frac{1}{36}. \tag{2.3.17}$$

Nach Auflösung der Gleichung (2.3.17) nach β erhalten wir den Wert $\beta \approx 4{,}55$, der von POPOW auf den ganzzahligen Wert $\beta = 5$ gerundet wird.

Nun setzen wir diesen Wert $\beta = 5$ in die Formel für die Dichtefunktion (2.3.13) ein und erhalten die Dichtefunktion

$$\varphi(t) = C t^{5m'} (1 - t)^{5(1-m')} \tag{2.3.18}$$

mit den Parametern

$$\mathbf{M}x = \frac{5m' + 1}{7} \tag{2.3.19}$$

und

$$\sigma_x^2 = \frac{2}{392}(6 + 25m' - 25m'^2). \tag{2.3.20}$$

Eine Untersuchung der Funktion $\sigma^2(m')$ zeigt, daß für einen hinreichend großen Bereich der Variablen m', d.h. für das Intervall [0,15; 0,85], die Varianz (2.3.20) nur wenig von der geforderten abweicht.

Für die Dichtefunktion (2.3.18) nimmt der normierende Faktor C die Form

$$C = \frac{\Gamma(7)}{\Gamma(5m' + 1)\,\Gamma(6 - 5m')} = -\frac{720 \sin 5m'\pi}{\pi \prod\limits_{k=0}^{5} (k - 5m')} \tag{2.3.21}$$

an, so daß die Dichtefunktion (2.3.18) schließlich die endgültige Form

$$\varphi(t) = -\frac{720 \sin 5m'}{\pi \prod\limits_{k=0}^{5} (k - 5m')} t^{5m'} (1 - t)^{5(1-m')} \tag{2.3.22}$$

erhält.

Für die Dichtefunktion der nichtnormierten Dauer, die durch die drei Schätzwerte a, b und m vorgegeben wird, läßt sich leicht die folgende Form gewinnen:

$$f(x) = C^* (x - a)^{5\frac{m-a}{b-a}} (b - x)^{5\frac{b-m}{b-a}}. \tag{2.3.23}$$

Einige Schwierigkeiten bereitet die Bestimmung des Koeffizienten C^* in der Formel (2.3.23), der sich zu

$$C^* = -\frac{720 \sin\left[5\pi \dfrac{m - a}{b - a}\right]}{\pi \prod\limits_{k=0}^{5} [k(b - a) - 5(m - a)]} \tag{2.3.24}$$

ergibt, wobei in den Punkten $m = a + k\dfrac{b - a}{5}$ $(k = 0, 1, \dots, 5)$ der Normierungsfaktor C^* unbestimmt ist. Durch Grenzübergang erhalten wir schließlich die nachstehende recht komplizierte Formel für die Dichtefunktion

$$f(x) = C^* (x - a)^{5\frac{m-a}{b-a}} (b - x)^{5\frac{b-m}{b-a}}. \tag{2.3.25}$$

Hierbei gilt

$$C^* = -\frac{720 \sin\left[5\pi \dfrac{m-a}{b-a}\right]}{\pi \prod\limits_{k=0}^{5} [k(b-a) - 5(m-a)]} \quad \text{für} \quad m \neq a + \frac{1}{5}(b-a)$$

$$\text{mit} \quad l = 0, 1, \dots, 5, \tag{2.3.26}$$

$$C^* = \frac{720(-1)^{5\frac{m-a}{b-a}}}{(b-a) \prod\limits_{\substack{k=0 \\ k \neq 5\frac{m-a}{b-a}}}^{5} [k(b-a) - 5(m-a)]} \quad \text{für} \quad m = a + \frac{1}{5}(b-a)$$

$$\text{mit} \quad l = 0, 1, \dots, 5. \tag{2.3.27}$$

Für die Parameter der Betaverteilung (2.3.25), d.h. für den Erwartungswert $\mathbf{M}x$ und die Varianz σ_x^2 erhalten wir

$$\mathbf{M}x = \frac{a + 5m + b}{7} \tag{2.3.28}$$

und

$$\sigma_x^2 = \frac{(b-a)^2}{392}\left[6 + 25\frac{m-a}{b-a} - 25\left(\frac{m-a}{b-a}\right)^2\right], \tag{2.3.29}$$

wobei, wie in [91] behauptet wird, die Varianz σ_x^2 hinreichend genau durch den Ausdruck $\sigma_x^2 = \frac{(b-a)^2}{36}$ approximiert wird.

Das oben dargelegte Modell, das allerdings recht kompliziert erscheint, enthält somit keine widersprüchlichen Behauptungen und kann zur Approximation der Dauern der Vorgänge in den Netzplanmodellen realer NPT-Systeme verwendet werden. Zu den Mängeln dieses Modells gehört, wie bereits erwähnt, die Umständlichkeit und der große Umfang der Rechenarbeit bei der Berechnung der Dichtefunktion (2.3.25). In vielen Fällen, z.B. bei der Modellierung von Netzplanprojekten auf elektronischen Digitalrechnern nach der Monte-Carlo-Methode, d.h. beim mehrfachen „Nachspielen" führt die Anwendung der Dichtefunktion (2.3.25) offenbar zu einem sehr hohen Bedarf an Rechenzeit.

Zum Abschluß untersuchen wir die Fehler, die sich bei der Berechnung der wichtigsten Parameter für die Verteilung der Dauer der Vorgänge im Netzplan, also den Erwartungswert $\mathbf{M}x$ und die Varianz σ_x^2 bei der Anwendung der Dichtefunktion (2.3.25) und der Abschätzungsformeln (2.3.28) und (2.3.29) ergeben.

Die Fehler erster Art, die mit der Annahme der Hypothese von der Gültigkeit der Betaverteilung (2.3.25) zusammenhängen, ergeben für den Erwartungswert $\mathbf{M}x$ $\left(\text{für } a = 0,\ b = 1,\ m' = \frac{m-a}{b-a}\right)$ den folgenden maximalen Fehlerwert:

$$\Delta_1 = \max\left\{\left|\frac{1+5m'}{7} - \frac{1}{2}\right|, \left|\frac{1+5m'}{7} - m'\right|\right\} = \frac{1}{7}\,|6 - 5m'|. \tag{2.3.30}$$

Diese Tatsache ergibt sich aus der Annahme, daß beliebige Dichtefunktionen, die über dem Intervall [0, 1] definiert sind, zwischen den folgenden extremalen Dichtefunktionen liegen können:

1. Der Dichtefunktion der Gleichverteilung mit den Parametern $(\frac{1}{2}, \frac{1}{12})$ und
2. der Dichtefunktion der Deltaverteilung mit der Varianz 0 und dem Erwartungswert $\mathbf{M}x = m'$.

Der maximale Fehler bei der Berechnung der Standardabweichung für (2.3.25) erreicht den Wert

$$\Delta_2 = \max\left\{\left|\frac{1}{\sqrt{12}} - \sqrt{\frac{6+25m'-25m'^2}{392}}\right|;\ \left|\sqrt{\frac{6+25m'-25m'^2}{392}}\right|\right\}$$
$$= \sqrt{\frac{6+25m'-25m'^2}{392}}. \tag{2.3.31}$$

Die folgende Fehlergruppe, die mit der fehlerhaften Vorgabe der Schätzwerte für a, b und m zusammenhängt (unter der Voraussetzung, daß die Verteilung (2.3.25) und damit auch die Berechnungsformeln (2.3.28) und (2.3.29) objektiv richtig sind) läßt sich folgendermaßen umreißen: Es seien a^*, b^* und m^* die tatsächlichen Parameterwerte, während a, b und m die von den Auftragsbearbeitern vorgegebenen Schätzwerte sind. Dabei gelte

$$\left.\begin{aligned} a^* - 0{,}1\,(b^*-a^*) &\leqq a \leqq 0{,}2\,(b^*-a^*)+a^*,\\ m^* - 0{,}1\,(b^*-a^*) &\leqq m \leqq 0{,}2\,(b^*-a^*)+m^*,\\ b^* - 0{,}2\,(b^*-a^*) &\leqq b \leqq 0{,}2\,(b^*-a^*)+b^*. \end{aligned}\right\} \tag{2.3.32}$$

Der maximale relative Fehler bei der Berechnung des Erwartungswertes $\mathbf{M}x$ ergibt sich zu

$$\Delta_1 = \frac{\max\left[\mathbf{M}x(\max a, \max b, \max m) - \mathbf{M}x(a^*, b^*, m^*)\right]}{\mathbf{M}x(a^*, b^*, m^*)}, \tag{2.3.33}$$

woraus sich für den Fall (2.3.32) der Wert

$$\Delta_1 = \frac{1{,}4\,(b^*-a^*)}{a^*+5m^*+b^*}$$

ergibt.

Zur Bestimmung des maximalen absoluten Fehlers Δ_2 für die Standardabweichung σ_x, bei dessen Abschätzung wir von den Formeln (2.3.29) ausgehen, verwenden wir die bekannte Abschätzungsformel

$$\Delta\sigma_x = \left|\frac{\partial\sigma_x}{\partial a^*}\right|_{\substack{a^*=a\\ b^*=b\\ m^*=m}} \cdot \Delta_a + \left|\frac{\partial\sigma_x}{\partial m^*}\right|_{\substack{a^*=a\\ b^*=b\\ m^*=m}} \cdot \Delta_m + \frac{\partial\sigma_x}{\partial b^*}\Bigg|_{\substack{a^*=a\\ b^*=b\\ m^*=m}} \cdot \Delta_b. \tag{2.3.34}$$

Setzen wir $\Delta_a = \Delta_m = \Delta_b = 0{,}2\,(b-a)$ und beachten wir, daß

$$\sigma_x \approx 0{,}05\sqrt{b\,(b^*-a^*)^2 + 25\,(m^*-a^*)\,(b^*-a^*) - 25\,(m^*-a^*)^2}$$

gilt, erhalten wir wegen (2.3.24)

$$\Delta_2 = \frac{0{,}025}{\varrho}[25m+12a-37b]\frac{b-a}{5}$$
$$+\frac{0{,}625\,(b-2m+a)}{\varrho}\,\frac{b-a}{5} + \frac{0{,}025}{\varrho}(25m+12b-37a)\frac{b-a}{5} \tag{2.3.35}$$

mit

$$\varrho = 0{,}05\sqrt{6\,(b-a)^2 + 25\,(m-a)\,(b-a) - 25\,(m-a)^2}.$$

Wie sich zeigen läßt, ist $\max\Delta_2 \approx \frac{64}{\sqrt{24}}10^{-2}\,(b-a)$, d.h., der absolute Fehler der Standardabweichung kann bis zu 13% der Spannweite der Verteilung erreichen.

2.4. Das wahrscheinlichkeitstheoretische Netzplanmodell auf der Grundlage zweier Zeitschätzungen

Im vorhergehenden Abschnitt hatten wir festgestellt, daß die beim PERT-Verfahren getroffenen Voraussetzungen über die Verteilung der zeitlichen Schätzwerte in Netzplanmodellen zu Widersprüchen führen, die sich nicht beheben lassen. Was die verschiedenen Modifikationen des PERT-Verfahrens unter Beibehaltung der Drei-Schätzwert-Methodik betrifft (z.B. die Anwendung der Verteilung (2.3.25), so zeichnen sich diese durch Umständlichkeit und einen großen Berechnungsaufwand aus. In manchen sowjetischen Arbeiten [66, 68, 94] wurde daher die Meinung geäußert, daß der wahrscheinlichkeitstheoretische Apparat des PERT-Verfahrens und seiner Spielarten angesichts der Tatsachen, daß er keine allzuhohe Genauigkeit aufweist und widersprüchliche Aussagen enthält, übermäßig kompliziert ist und daher einer Vereinfachung bedarf. Vor allem wird darauf hingewiesen, daß die Forderung gegenüber den Experten, drei zeitliche Schätzwerte anzugeben, sehr hart, ist. Insbesondere bereitet die Schätzung des Modalwertes dann große Schwierigkeiten, wenn es sich um Vorgänge handelt, über die nicht genügend statistische Erfahrungswerte vorliegen.

In den Arbeiten [66, 68] hat der Verfasser des vorliegenden Buches eine wahrscheinlichkeitstheoretische Methode entwickelt, die mit einer geringeren Anzahl vorgegebener Schätzwerte auskommt. Gleichzeitig wurden dort die Berechnungsformeln für die Parameter der Verteilung der Dauer der Vorgänge entwickelt. Ziel der Untersuchung war es, eine verallgemeinerte Verteilung für die Dauern der Vorgänge zu konstruieren, die eine geringere Anzahl von Schätzwerten benötigt als das PERT-Verfahren und die, was die gelieferten Informationen betrifft, in einem gewissen Sinne, bezogen auf das Drei-Schätzwert-Verfahren, optimal wird.

Wir wollen annehmen, daß ein Netzplanmodell aus N Vorgängen R_i $(1 \leqq i \leqq N)$ besteht, für die von den Experten je drei Schätzwerte a_i, b_i und m_i vorgegeben seien.

Die gesuchte optimale Verteilung wollen wir der Klasse der Betaverteilungen entnehmen, die in der allgemeinen Form nach der bekannten Formel für die Dichtefunktion (2.2.4) definiert werden, wobei α und γ unbekannte und einer Abschätzung zu unterziehende Exponenten sind. Diese Parameter unterliegen einer sehr starken Einschränkung, *und zwar sollen sie sich nicht von Vorgang zu Vorgang ändern.*

Da die Verteilung $p_i(x)$ in einem gewissen Sinne die vorgegebene numerische Information a_i, b_i, m_i $(1 \leqq i \leqq N)$ optimal approximieren soll, muß das zugehörige Optimalitätskriterium festgelegt werden, das als Grundlage für die Abschätzung der Exponenten α und γ dienen soll. Selbstverständlich wird ein solches Kriterium a priori festgelegt.

Zunächst wird durch die Verteilung $p_i(x)$ für jeden Vorgang R_i der zugehörige Modalwert L_i festgelegt. Die Parameter der Dichtefunktion $p_i(x)$ müssen daher so abgeschätzt werden, daß die Menge der Werte $\{L_i\}$ die Menge der vorgegebenen Werte $\{m_i\}$, die durch die Experten vorgegeben wurden, optimal approximiert. Eine derartige Approximation läßt sich analytisch gewinnen, insbesondere mit Hilfe der bekannten Methode der kleinsten Quadrate. Die Werte der Exponenten α und γ sind so zu wählen, daß die Summe der Quadrate der Abweichungen

$$V = \sum_{i=1}^{N} (L_i - m_i)^2 = \sum_{i=1}^{N} \left(\frac{\alpha b_i + \gamma a_i}{\alpha + \gamma} - m_i\right)^2 \tag{2.4.1}$$

zu einem Minimum wird. Es ist daher

$$\sum_{i=1}^{N}\left[\left(1-\frac{\alpha}{\alpha+\gamma}\right)a_i+\frac{\alpha}{\alpha+\gamma}b_i-m_i\right]^2=\min. \tag{2.4.2}$$

Wir bezeichnen den Quotienten $\frac{\alpha}{\alpha+\gamma}$ durch k. Dann gilt

$$\sum_{i=1}^{N}[kb_i+(1-k)\,a_i-m_i]^2=\min.$$

Den Wert von k ermittelt man leicht aus der Beziehung $\frac{\partial V}{\partial k}=0$. Wir erhalten

$$2\sum_{i=1}^{N}[kb_i+(1-k)\,a_i-m_i]\,(b_i-a_i)=0$$

und hieraus

$$k=\frac{\sum_{i=1}^{N}(b_i-a_i)\,(m_i-a_i)}{\sum_{i=1}^{N}(b_i-a_i)^2}. \tag{2.4.3}$$

Die Beziehung (2.4.3) liefert, wie man leicht sieht, für die Exponenten α und γ keine eindeutigen Werte. Für die Übereinstimmung der Dichtefunktion $p_i(x)$ mit den empirischen Werten muß daher noch ein weiteres Kriterium eingeführt werden

Bekanntlich sieht das PERT-Verfahren (vgl. 3.1.) ein sogenanntes gemitteltes Modell vor. Für alle im Netzplanprojekt enthaltenen Vorgänge wird der Erwartungswert $\mathbf{M}x$ für die Dauer der Realisierung des betreffenden Vorganges (nach der Formel (2.2.2)) berechnet, wonach sämtliche Parameter des Netzplanmodells auf der Grundlage der Mittelwerte abgeschätzt werden. Wir werden zeigen, daß für eine umfangreiche Klasse von Netzplanprojekten eine derartige Methodik nicht begründet ist. In den Fällen jedoch, in denen die Parameterwerte der Vorgänge einen verhältnismäßig geringen Streubereich aufweisen (d.h. innerhalb eines engen Intervalls variieren) oder, mit anderen Worten, das Niveau der Unbestimmtheit der Zufallsgrößen, die sich in der Dauer der Vorgänge äußern, nur wenig von dem Niveau des deterministischen Falles abweicht, sind derartige Algorithmen durchaus anwendbar. Es wird daher eine universelle Methodik benötigt, die je nach der Art des Netzplanmodells sowohl bei der Berechnung nach dem Mittelwertverfahren als auch bei der Abschätzung der Netzplanparameter nach anderen Methoden (z.B. nach der Monte-Carlo-Methode) anwendbar wäre. Hieraus ergibt sich die zweite an die Parameter der Dichtefunktion $p_i(x)$ zu stellende Forderung: Die auf der Grundlage der Verteilung mit der Dichtefunktion $p_i(x)$ berechnete Menge der theoretischen Werte $\{\mathbf{M}x_i\}$ muß optimal (im Sinne der Methode der kleinsten Quadrate) mit der Menge der Mittelwerte $\{\bar{x}_i\}$ übereinstimmen, die nach der Formel (2.2.2) abgeschätzt werden. Auf Grund dieser Forderung lassen sich die Werte der Exponenten α und γ eindeutig so abschätzen, daß das Drei-Schätzwert-Verfahren durch ein Zwei-Schätzwert-Verfahren ersetzt werden kann und daß die nach dem Drei-Schätzwert-Verfahren gewonnene Information trotzdem vollständig erhalten bleibt.

Unsere zweite Forderung an das Verteilungsgesetz lautet daher

$$W=\sum_{i=1}^{N}\left[\frac{b_i\,(\alpha+1)+a_i\,(\gamma+1)}{\alpha+\gamma+2}-\frac{a_i+b_i+4m_i}{6}\right]^2=\min. \tag{2.4.4}$$

Hieraus erhalten wir

$$W = \sum_{i=1}^{N} \left[\frac{\alpha+1}{\alpha+\beta+2} b_i + \left(1 - \frac{\alpha+1}{\alpha+\gamma+2}\right) a_i - \frac{a_i + b_i + 4m_i}{6}\right]^2 = \min. \qquad (2.4.5)$$

Setzen wir $\frac{\alpha+1}{\alpha+\beta+2} = q$, so folgt

$$W = \sum_{i=1}^{N} \left[q b_i + (1-q)\, a_i - \frac{a_i}{6} - \frac{b_i}{6} - \frac{2}{3} m_i\right]^2 = \min.$$

Aus der Beziehung $\frac{\partial W}{\partial q} = 0$ läßt sich der Wert von q leicht ermitteln, und wir erhalten

$$\frac{\partial W}{\partial q} = 2 \sum_{i=1}^{N} \left[q b_i + (1-q)\, a_i - \frac{a_i}{6} - \frac{b_i}{6} - \frac{2}{3} m_i\right] (b_i - a_i) = 0.$$

Hieraus folgt

$$q = \frac{\frac{1}{6} \sum_{i=1}^{N} (b_i - a_i)\,(b_i + 4m_i - 5a_i)}{\sum_{i=1}^{N} (b_i - a_i)^2}. \qquad (2.4.6)$$

Die gewonnenen Beziehungen (2.4.3) und (2.4.6) bestimmen die Exponenten α und γ eindeutig und legen damit das Verteilungsgesetz mit der Dichtefunktion $p_i(x)$ für jeden Vorgang des betreffenden Netzplanmodells fest.

In die Formel für $p_i(x)$ gehen lediglich die Intervallgrenzen a_i und b_i für die Realisierungsdauer der Vorgänge ein, die durch die Experten vorgegeben werden, und die aus den Beziehungen (2.4.3) und (2.4.6) berechneten Exponenten α und γ als Parameter ein. Im Gegensatz zu den Parametern a_i und b_i bleiben die Werte α und γ für sämtliche Vorgänge eines Netzplanmodells konstant. Es ist gleichsam, als hätten wir die Information über das Netzplanmodell, die uns durch das Drei-Schätzwert-Verfahren gegeben war, in eine äquivalente Information über das gleiche Modell mit Hilfe nur zweier Schätzwerte übersetzt.

Derartige Verteilungsgesetze wurden für eine große Anzahl von Netzplanprojekten konstruiert. Danach hatte man die Aufgabe, eine verallgemeinerte Verteilung auszuwählen, die nur von den beiden Parametern a und b abhängen und praktisch für ein beliebiges Netzplanprojekt gültig sein sollte. Zahlreiche empirische Untersuchungen haben gezeigt, daß die für eine große Anzahl von Netzplanprojekten bestimmten Exponenten α und γ sich sehr stark um die konstanten Werte $\alpha \approx 1$ und $\gamma \approx 2$ häufen. Diese beiden Werte wurden als Standardexponenten festgelegt. Man hatte so ein Verteilungsgesetz gewonnen, dessen Dichtefunktion nur von zwei Parametern abhängig ist:

$$p(x) = C\,(x-a)\,(b-x)^2. \qquad (2.4.6)$$

Hier bedeutet C eine Konstante, die sich leicht aus der Bedingung

$$\int_a^b p(x)\,\mathrm{d}x = 1$$

bestimmen läßt. Schließlich erhalten wir für die Dichtefunktion der Verteilung im Intervall von a bis b

$$p(x) = \frac{12}{(b-a)^4}(x-a)(b-x)^2. \tag{2.4.7}$$

Die Verteilung (2.4.7) gehört zur Klasse der Betaverteilungen und hat folgende Parameter:

1. den Erwartungswert

$$\mathbf{M}x = \int_a^b x p(x)\,\mathrm{d}x = \frac{3a+2b}{5}; \tag{2.4.8}$$

2. den Modalwert

$$m = \frac{2a+b}{3}, \tag{2.4.9}$$

wobei sich zeigen läßt, daß stets $m < \bar{x}$ gilt;

3. die Varianz

$$\mathbf{D}x = \int_a^b x^2 p(x)\,\mathrm{d}x - \left[\frac{3a+2b}{5}\right]^2 = 0{,}04\,(b-a)^2. \tag{2.4.10}$$

Setzen wir in die Formel für die Dichtefunktion der Verteilung (2.2.10) den nach der Formel (2.4.9) ermittelten Wert $m' = \frac{m-a}{b-a} = \frac{1}{3}$ und den Wert $\alpha = 1$ ein, so erhalten wir die Dichtefunktion (2.4.7) als Spezialfall der Dichtefunktion (2.2.10). Die Dichtefunktion (2.4.7) genügt somit allen gestellten Forderungen: Sie ist unimodal und stetig und besitzt zwei nichtnegative Nullstellen.

Die oben dargelegte Methodik zur Abschätzung der Parameter der Verteilung auf der Basis zweier vorgegebener Schätzwerte weist gegenüber der Methodik des PERT-Verfahrens verschiedene Vorzüge auf. Zunächst wird der Umfang der Informationen, die von den Auftragsbearbeitern gefordert werden, geringer, denn sie brauchen nur noch die optimistische und die pessimistische Dauer des Vorgangs einzuschätzen.

Es ist wichtig, darauf hinzuweisen, daß die Anwendung der Zwei-Schätzwert-Methodik universeller Natur ist. Man kann diese Methodik mit gleichem Erfolg sowohl bei der Berechnung deterministischer (oder nur wenig von solchen abweichender) Netzpläne als auch bei der Modellierung stochastischer Netzplanprojekte anwenden (unter Anwendung des durch diese Methodik festgelegten Verteilungsgesetzes).

Als Nachteil des Zwei-Schätzwert-Verfahrens ist die Einengung der Klasse der Betaverteilungen gegenüber der beim PERT-Verfahren zulässigen Klasse zu nennen. Der Verzicht auf die Angabe des wahrscheinlichsten Schätzwertes (des Modalwertes m) kann für einige Arten von Vorgängen das Verteilungsgesetz so deformieren, daß sich große Abweichungen von den realen Werten ergeben. Die statistischen Eigenschaften des *Projekts als Ganzes* weisen jedoch keinerlei wesentliche Veränderungen auf.

Wir wollen nun die Methodik der statistischen Analyse näher betrachten, die angesetzt wird, um festzustellen, inwieweit die empirische Verteilung der Dauern der im Netzplanmodell enthaltenen Vorgänge, wie sie durch die Auftragsbearbeiter angegeben werden, mit der Verteilung (2.4.7) übereinstimmen. Die Gegenüberstellung der beiden Verteilungen erfolgt nach dem folgenden Verfahren: Für jeden Vorgang des Netzplanmodells bestimmen wir aus der optimistischen und pessimistischen Dauer a und b nach der Formel (2.4.9) den Modalwert. Gleichzeitig geben die verantwortlichen Auftragsbearbeiter auf der Grundlage ihrer Produktionserfahrung den Wert m nach der im PERT-Verfahren üblichen Methodik an. Es sei darauf hingewiesen, daß die Bearbeiter die Anwendung des Zwei-Schätzwert-Verfahrens nicht kennen dürfen, damit sie unbeeinflußt bleiben. Für jeden Vorgang erhalten wir auf diese Weise zwei Schätzwerte für m: den nach der Formel (2.4.9) berechneten und den von den Bearbeitern vorgegebenen. Fassen wir die Daten über alle im Netzplan enthaltenen Vorgänge zusammen, so erhalten wir zwei Stichproben. Es muß nun festgestellt werden, ob beide Stichproben derselben Grundgesamtheit angehören oder ob die Diskrepanzen so stark sind, daß die betreffende Hypothese abgelehnt werden muß. Im zweiten Falle wäre der Schluß zu ziehen, daß die Formel (2.4.7) die Verteilung der zeitlichen Schätzwerte für die Vorgänge nicht hinreichend genau approximiert.

Zur Überprüfung der genannten Hypothese wurde in der Praxis [68] das Kriterium von Wilcoxon angesetzt, das auf einer Anzahl von Inversionen beruht. In die Untersuchung wurden mehrere Netzplanmodelle verschiedenen Umfangs einbezogen. Dabei wurde kein einziges Mal auf Grund der Daten des Kriteriums eine wesentliche Diskrepanz zwischen den Stichproben festgestellt.

Ein entsprechender Signifikanztest zweier Stichproben wurde auch für die Erwartungswerte angesetzt (die jeweils nach den Formeln (2.4.8) bzw. (2.2.2) abgeschätzt wurden). Auch hier wiesen die Testergebnisse keinerlei wesentliche Diskrepanzen aus.

Neben dem beschriebenen statistischen Test wurde für eine Reihe von Netzplanprojekten [68] ein Vergleich zwischen der empirischen Verteilung der *realen* Werte für die Realisierungsdauer der Vorgänge des Netzplanmodells und der Verteilung (2.4.7) angestellt. Für jeden bereits abgeschlossenen Vorgang wurde dessen tatsächliche Dauer bezüglich der für diesen Vorgang vorgegebenen optimistischen und pessimistischen Dauer normiert, wonach die empirische Verteilung der normierten Dauer nach einem analogen Test der Verteilung (2.4.7) gegenübergestellt wurde, deren Intervallgrenzen mit 0 und 1 festgelegt waren.

Es sei erwähnt, daß für diese Zwecke mehrere Signifikanzteste angesetzt wurden, und zwar der χ^2-Test, der Kolmogorow-Test und der ω^2-Test. Auch hier waren die Testergebnisse durchaus befriedigend.

Wir wollen noch darauf hinweisen, daß die Betaverteilung nicht die einzige Verteilung ist, die die Verteilung der zeitlichen Schätzwerte für die in einem Netzplanmodell enthaltenen Vorgänge befriedigend approximiert. Auf Grund empirischer Analysen statistischer Daten wurde z.B. gezeigt [66], [68], daß auch die *logarithmische Normalverteilung* durchaus geeignet ist. Die Dichtefunktion der logarithmischen Normalverteilung hat (im allgemeinen Falle) die Form

$$p(x) = \begin{cases} \dfrac{1}{\sigma(x-t_1)\sqrt{2\pi}} \exp\left[-\{\ln(x-t_1)-r\}^2 \dfrac{1}{2\sigma^2}\right] & \text{für} \quad x > t_1, \\ 0 & \text{für} \quad x \leqq t_1. \end{cases} \tag{2.4.11}$$

Mit anderen Worten, es handelt sich hier um die Dichtefunktion einer Zufallsvariablen x unter der Bedingung, daß die Zufallsvariable $z = \ln(x - t_1)$ mit dem Erwartungswert r und der Varianz σ^2 normalverteilt ist. Auf Grund einer statistischen Analyse von Netzplanmodellen wurde festgestellt, daß für die Werte $r = \ln (t_2 - t_1) - 1$ und $\sigma = 0{,}5$ die logarithmische Normalverteilung

$$p(x) = \frac{\sqrt{2}}{\sqrt{\pi}\,(x-a)}\, e^{-2\,[\ln (x - t_1) - \ln (t_2 - t_1) + 1]^2} \quad \text{für} \quad x > a \tag{2.4.12}$$

die tatsächliche Verteilung der Realisierungsdauern gut approximiert. Auch hier werden von den verantwortlichen Auftragsbearbeitern nur zwei Schätzwerte t_1 und t_2 gefordert. Die logarithmische Normalverteilung kann also neben der Betaverteilung ebenfalls als Standardverteilung für Netzplanmodelle dienen. Die Kurve der Dichtefunktion der logarithmischen Normalverteilung ist ebenso wie bei der Betaverteilung unimodal und asymmetrisch; dabei gilt

$$\int_a^b p(x)\, dx \approx 1\,.$$

Wir wollen noch die für diese Verteilung berechneten Hauptparameter angeben, und zwar erhalten wir

für den Modalwert

$$m = t_1 + \exp\,[\ln (t_2 - t_1) - 1 - 0{,}25] = t_1 + e^{-\frac{5}{4}}\,(t_2 - t_1) \approx \frac{2{,}5 t_1 + t_2}{3{,}5}\,, \tag{2.4.13}$$

für den Erwartungswert

$$\mathbf{M} = t_1 + \exp\,[\ln (t_2 - t_1) - 1 + 0{,}125] \approx \frac{1{,}4 t_1 + t_2}{2{,}4} \tag{2.4.14}$$

und für die Varianz

$$\mathbf{D} = (t_2 - t_1)^2\,(e^{-1{,}5} - e^{-1{,}75}) \approx 0{,}04\,(t_2 - t_1)^2\,. \tag{2.4.15}$$

Es sei darauf hingewiesen, daß sich die Formeln (2.4.13) bis (2.4.15) leicht aus den entsprechenden Formeln für den allgemeinen Fall (2.4.11) gewinnen lassen. So ergeben sich für die Dichtefunktion (2.4.11) die Parameter

$$m = t_1 + \exp\,\{r - \sigma^2\}\,, \tag{2.3.16}$$

$$\mathbf{M} = t_1 + \exp\left\{r + \frac{\sigma^2}{2}\right\}, \tag{2.4.17}$$

$$\mathbf{D}x = \exp\,\{2r + 2\sigma^2\} - \exp\,\{2r + \sigma^2\}. \tag{2.4.18}$$

Setzen wir hier $r = \ln (t_2 - t_1) - 1$ und $\sigma = 0{,}5$, so erhalten wir die Beziehungen (2.4.13) bis (2.4.15). Demzufolge unterscheiden sich die Verteilungen (2.4.7) und (2.4.12) praktisch nur wenig voneinander, so daß beide als typische Verteilungen anwendbar sind.

Es sei erwähnt, daß, wie wir noch zeigen werden, die Modellierung des eindimensionalen Verteilungsgesetzes (2.4.7) sich leichter auf elektronischen Digitalrechnern realisieren läßt als etwa im Falle der Anwendung der Formel (2.4.12). Sind daher die zu einem Netzplanmodell gehörenden Vorgänge (i, j) unabhängig, so ist es zweckmäßig, die Verteilung (2.4.7) anzusetzen. Im Falle korrelierter Vorgänge ist die Anwendung der Formel (2.4.12) bei der Erzeugung einer mehrdimensionalen Verteilung vorzuziehen.

Zum Abschluß des Abschnittes betrachten wir die Fehler, die sich für den Erwartungswert $\mathbf{M}x$ und für die Standardabweichung σ_x für den Fall des Zwei-Schätzwert-Verfahrens ergeben. Der Fehler, der sich dadurch ergibt, daß man für die Dauer der Vorgänge die Gültigkeit der Betaverteilung voraussetzt, läßt sich abschätzen, wenn man annimmt, daß die tatsächliche Dichtefunktion der Verteilung zwischen zwei Extremalverteilungen liegt, und zwar der Gleichverteilung mit $\mathbf{M}x = \frac{1}{2}$ und $\mathbf{D}x = \frac{1}{12}$ und der Deltaverteilung mit $\mathbf{M}x = m$ und $\mathbf{D}x = 0$. Hieraus ergibt sich der absolute maximale Fehler Δ für den Erwartungswert $\left(\text{für } a = 0,\ b = 1,\ m' = \frac{m-a}{b-a}\right)$ zu

$$\Delta_1 = \max\left\{\left|\frac{1}{2} - \frac{2}{5}\right|,\ \left|m' - \frac{2}{5}\right|\right\} = \left|m' - \frac{2}{5}\right|. \tag{2.4.19}$$

Für die Standardabweichung σ_x erhält man den maximalen Fehler

$$\Delta_2 = \max\left\{\left|\frac{1}{\sqrt{12}} - \frac{1}{5}\right|,\ \left|0 - \frac{1}{5}\right|\right\} = \frac{1}{5}. \tag{2.4.20}$$

Die Fehler zweiter Art (unter der Bedingung, daß die Betaverteilung als Standardverteilung objektiv gültig ist) liefern folgende Werte: Für den maximalen relativen Fehler von $\mathbf{M}x$ den Wert $\Delta_1 = 40\,\%$ und für σ_x den Wert $\Delta_2 = 20\,\%$.

Die Fehler dritter Art (unter der Bedingung der objektiven Gültigkeit der Verteilung (2.4.7) als Standardverteilung) ergeben sich, wenn man nach Donaldson [15] für die Schätzwerte durch die Experten die Grenzen $0{,}8a \leqq t_a \leqq 1{,}1a$ und $0{,}9b \leqq t_b \leqq 1{,}2b$ annimmt, für den maximalen absoluten Fehler für den Erwartungswert $\mathbf{M}x$ zu

$$\begin{aligned}\Delta_1 &= \frac{1}{b-a}\max\left[\left|\frac{2{,}4a + 1{,}8b}{5} - \frac{3a+2b}{5}\right|,\ \left|\frac{3{,}3a + 2{,}4b}{5} - \frac{3a-2b}{5}\right|\right] \\ &= \frac{1}{50}\,\frac{1}{b-a}\max\left[(6a + 2b),\ (3a + 4b)\right]\end{aligned} \tag{2.4.21}$$

und für die Standardabweichung σ_x zu

$$\Delta_2 = \frac{1}{b-a}\,\frac{1}{5}\left[\frac{0{,}9b - 1{,}1a - (b-a)}{1},\ (1{,}2b - 0{,}8a - b + a)\right] = \frac{b+a}{25\,(b-a)}. \tag{2.4.22}$$

2.5. Statistische Verfahren für die Schätzwerte in NPT-Systemen

Neben der Qualität des mathematischen Apparates eines NPT-Systems spielt für eine zuverlässige und effektive Anwendung des Systems als Ganzes die Qualität der Information, die durch die verantwortlichen Auftragsbearbeiter vorgegeben wird, eine entscheidende Rolle. Selbst das vollkommenste System ist nicht in der Lage, eine objektive Planung und eine Leitung eines Kollektivs von Realisatoren zu gewährleisten, wenn sie auf ungenügendem Material basiert.

Bei der Festlegung der Aufwendigkeit und der Dauer der Vorgänge in den Netzplanprojekten eines NPT-Systems könnten den verantwortlichen Auftragsbearbeitern ausführliche Normativtabellen und ähnliche Materialien eine große Hilfe erweisen, in denen sich die Abhängigkeit der einzelnen Werte vom Einfluß verschiedener Faktoren widerspiegelt. Es besteht kein Zweifel darüber, daß die Zuverlässigkeit eines solchen Materials erheblich höher ist als die der durch Experten vorgegebenen Schätzwerte.

Des weiteren hängt die Effektivität von NPT-Systemen in erheblichem Maße von der Schaffung wissenschaftlich begründeter Normative für die in einen Netzplan eingehenden Vorgänge ab, die auf der statistischen Bearbeitung von Erfahrungswerten beruhen. Die charakteristischen Werte der Vorgänge sind in der Regel Zufallsgrößen, die von einer Reihe von Faktoren abhängen. Es ergibt sich daher die Aufgabe, einen statistischen Apparat zu entwickeln, mit dessen Hilfe der Einfluß der verschiedenen Faktoren auf diese Größe analysiert werden kann, wozu die entsprechenden mathematischen Modelle zu schaffen sind.

Man erkennt leicht, daß die Aufgabe, statistische Modelle zu konstruieren, einen Spezialfall der umfangreicheren Aufgabe der Analyse und Leitung von Prozessen mit Hilfe der mathematischen Modellierung auf der Basis einer statistischen Auswertung von Beobachtungsergebnissen darstellt. Je nach der Art der Datenerfassung und Bearbeitung unterscheidet man bekanntlich bei experimentell-statistischen Verfahren zwischen einer passiven Beobachtung und einem aktiven Experiment.

Die Erfassung des Informationsmaterials durch passive Beobachtung besteht in der Registrierung der kontrollierbaren Bedingungen beim normalen Ablauf der Arbeit in einem Objekt, ohne irgendwelche willkürlichen Veränderungen (Störungen) zu erzeugen. Die Erfassung der Primärdaten bei einem aktiven Experiment beruht auf der Erzeugung von künstlichen Veränderungen in einem Prozeß nach einem vorher entwickelten Programm. Das zweite Verfahren besitzt erhebliche Vorzüge, da es gestattet, den Bereich zu überprüfen, in dem der Arbeitsablauf eines Objekts optimal erfolgt. In einem realen Betrieb ist dieses Verfahren jedoch nicht immer möglich, da es Eingriffe in das Betriebsverhalten und die Leitung des Objekts erfordert. Die nachstehend beschriebenen statistischen Verfahren beruhen daher hauptsächlich auf der Theorie der passiven Beobachtung.

Die statistische Analyse eines Produktionsprozesses umfaßt in der Regel die folgenden Stufen:

1. Auswahl der Faktoren (Parameter) des Prozesses und die Herausschälung der signifikantesten unter ihnen.

2. Aufstellung des mathematischen Modells des Prozesses.

3. Optimierung des aufgestellten Modells.

4. Kontrolle des Prozeßablaufes und die Leitung des Prozesses (insbesondere Fixierung der Abweichungen des Prozeßablaufes vom optimalen Ablauf).

Auf der ersten Stufe der statistischen Analyse muß man nach der Auswahl der Ausgangsfunktion des Prozesses, der logischen Auswahl der Faktoren und der Aufstellung von Beobachtungstabellen die Faktoren auswählen, die sich am stärksten auf die Ausgangsfunktion auswirken.

Das nachstehend beschriebene Verfahren gestattet es, die wesentlichen Faktoren herauszuschälen und gleichzeitig das statistische Modell zu konstruieren.

Wir wollen annehmen, daß neben den variablen Parametern auf den Wert der Funktion sich zahlreiche zufällige Faktoren auswirken, die sich nicht von vornherein erfassen lassen. Ferner wollen wir das mathematische Modell des zu untersuchenden Prozesses in einer linearen Form ansetzen:

$$W = A_0 + \sum_{i=1}^{a} A_i x_i + \Delta . \tag{2.5.1}$$

Hierbei ist W die Ausgangsfunktion des Prozesses, A_i sind die Zahlenwerte der Koeffizienten, x_i sind die variablen Parameter (Faktoren), die den Wert von W bestimmen, und Δ eine normalverteilte Zufallsvariable mit den Parametern (a, σ^2), wobei man diese Parameter ohne Einschränkung der Allgemeinheit auf $(0, \sigma^2)$ festlegen kann.

Nun möge eine Tabelle von N Beobachtungen des zu untersuchenden Prozesses vorliegen:

$$\begin{matrix} W^{(1)} & x_1^{(1)} & \cdots & x_n^{(1)} \\ \cdots & \cdots & \cdots & \cdots \\ W^{(N)} & x_1^{(N)} & \cdots & x_n^{(N)} \end{matrix}$$

Hierbei bezeichnet der untere Index die Nummer des Parameters und der obere Index die Nummer der Beobachtung. Bezeichnen wir den N-dimensionalen Vektor $\{W^i\}$ durch $\boldsymbol{W}$ und die N-dimensionalen Vektoren der Beobachtungsergebnisse für die Parameter x_i mit $\boldsymbol{x}_i$, so erhalten wir

$$\boldsymbol{W} = A_0 \cdot \mathbf{1} + \sum_{i=1}^{n} A_i \boldsymbol{x}_i + \boldsymbol{\Delta}.$$

Nun gehen wir zum System der Vektoren $\boldsymbol{z}_i$

$$\boldsymbol{z}_i = \boldsymbol{x}_i - \left[\frac{1}{N} \sum_{k=1}^{N} x_i^{(k)}\right] \cdot \mathbf{1}$$

über und orthogonalisieren anschließend das System der Vektoren $\boldsymbol{z}_i$, so daß wir schließlich ein neues System orthogonaler Vektoren $\boldsymbol{\xi}_i$ erhalten. Dabei gilt

$$\left.\begin{aligned} \boldsymbol{\xi}_1 &= \boldsymbol{z}_1, \\ \boldsymbol{\xi}_i &= \boldsymbol{z}_i - \sum_{j=1}^{i-1} \frac{(\boldsymbol{\xi}_j, \boldsymbol{z}_i)}{(\boldsymbol{\xi}_j, \boldsymbol{\xi}_j)} \boldsymbol{\xi}_j \qquad i > 1. \end{aligned}\right\}$$

Hieraus erhalten wir

$$\boldsymbol{W} = A_0' \cdot \mathbf{1} + \sum_{i=1}^{n} A_i' \boldsymbol{\xi}_i + \boldsymbol{\Delta}. \tag{2.5.2}$$

Nun konstruieren wir den N-dimensionalen Vektor

$$\boldsymbol{\varrho} = \boldsymbol{W} - \sum_{i=0}^{n} \frac{(\boldsymbol{W}, \boldsymbol{\xi}_i)}{(\boldsymbol{\xi}_i, \boldsymbol{\xi}_i)} \boldsymbol{\xi}_i. \tag{2.5.3}$$

In Anlehnung an den bekannten Satz von LINNIK läßt sich zeigen, daß

$$\mathbf{M}\left\{\frac{(\boldsymbol{\varrho}, \boldsymbol{\varrho})}{N-n}\right\} = \sigma^2 \tag{2.5.4}$$

und folglich für ein hinreichend großes N

$$\frac{(\boldsymbol{\varrho}, \boldsymbol{\varrho})}{N-n} \approx \sigma^2$$

gilt.

Hieraus ergibt sich eine einfache und vom Standpunkt der Berechnung aus günstige Methodik zur Auswahl der signifikanten Parameter, die den Ausgangswert des Produktionsprozesses wesentlich beeinflussen. Wir bilden die n Varianzen

$$\frac{(\varrho_i, \varrho_i)}{N - i} = \sigma_i^2, \qquad 1 \leqq i \leqq n, \tag{2.5.5}$$

mit

$$\varrho_i = W - \sum_{k=1}^{i} \frac{(W, \xi_k)}{(\xi_k, \xi_k)} \xi_k .$$

Wenn beim Übergang von i zu $i + 1$ Faktoren (d.h. es wird der $(i + 1)$-te Faktor hinzugenommen) die Größen σ_{i+1}^2 und σ_i^2 sich nur unwesentlich voneinander unterscheiden (die Wesentlichkeit einer Abweichung läßt sich mit Hilfe verschiedener Testverfahren, z.B. mit Hilfe des F-Tests von FISCHER, abschätzen), so bedeutet dies, daß der $(i + 1)$-te Faktor auf den Ausgangswert keinen unmittelbaren Einfluß ausübt und daher nicht berücksichtigt zu werden braucht.

Schätzt man die Veränderung der Varianz σ_i^2 von $i = 1$ bis $i = n$ ab, so kann man sämtliche signifikanten Parameter x_i auswählen.

Die vorgeschlagene Methode zur Auswahl der Parameter x_i unterscheidet sich von dem Auswahlprinzip für die Parameter nach der bekannten Methode der kleinsten Quadrate dadurch, daß man hier nur einmal das System der Vektoren $\boldsymbol{x}_i$ zu orthogonalisieren hat, während man bei der Methode der kleinsten Quadrate die Matrix jeweils für $1, 2, 3, \ldots, n$ Parameter invertieren muß. Hat man die nicht verschobenen Abschätzungen bei den Koeffizienten A_i' gewonnen, so kann man durch eine einfache lineare Transformation zu den Faktoren A_i übergehen (d.h. gleichzeitig mit der Aussonderung der Faktoren das lineare mathematische Modell konstruieren). Hierzu verwenden wir die folgenden Formeln:

$$A_i^* = \mathbf{M}A_i' = \frac{(W, \xi_i)}{(\xi_i, \xi_i)} \qquad (i = 0, 1, 2, \ldots, n), \tag{2.5.6}$$

$$\left.\begin{aligned} A_n &= A_n^*, \\ A_{n-k} &= A_{n-k}^* - \sum_{j=n-k+1}^{n} A_j \frac{(\xi_{n-k}, z_j)}{(\xi_{n-k}, \xi_{n-k})}, \qquad n > k \geqq 1 \\ A_0 &= \frac{1}{N} \sum_{j=1}^{N} W^{(j)} - \sum_{i=1}^{n} A_i \left[\frac{1}{N} \sum_{j=1}^{N} x_i^{(j)} \right]. \end{aligned}\right\} \tag{2.5.7}$$

Die Auswahl der beeinflussenden Faktoren durch Vergleich der Restvarianzen gestattet somit (auf Grund hinreichend überzeugender Kriterien) die Signifikanz der Faktoren mit Hilfe der vorliegenden Statistik objektiv abzuschätzen. Die Aufwendigkeit der Berechnungen wird hierbei durch die Verringerung der Zeit zur Lösung des gesamten Korrelationsproblems kompensiert.

Der wesentliche Mangel des Vergleichsverfahrens für die Restvarianzen besteht mitunter darin, daß eine hinreichend objektive Abschätzung für die wechselseitige Abhängigkeit der Faktoren fehlt. Bei der Auswahl der signifikanten Faktoren nach diesem Verfahren muß man daher häufig die wechselseitig bedingten Charakteristiken durch eine logische Analyse mit Hilfe der Korrelationskoeffizienten klären.

In der praktischen Arbeit nahezu eines jeden Betriebes treten Vorgänge auf, deren Aufwendigkeit von verschiedenen Faktoren abhängt. Sie lassen sich zu Klassen zusammenfassen, die ähnliche Arbeitsgänge beinhalten und die z.B. für Erzeugnisse der gleichen Zweckbestimmung auszuführen sind, die etwa verschiedene konstruktive oder elektrotechnische Kennwerte aufweisen.

In der Regel läßt sich für jede Klasse von Vorgängen eine Statistik gewinnen, die sich entweder aus Abrechnungsdaten ergibt oder durch Expertenschätzungen gewonnen wurde. Diese Statistik läßt sich in Gestalt der oben beschriebenen Beobachtungsmatrix darstellen. Unter Verwendung dieser Matrix läßt sich das statistische Modell der Abhängigkeit der Ausgangsfunktion, d.h. das Normativ der Aufwendigkeit von den sie beeinflussenden Faktoren berechnen.

Solche Abhängigkeiten müssen für eine möglichst große Anzahl von Klassen von Vorgängen vorliegen, um in erster Linie die Genauigkeit der im NPT-System verwendeten Schätzwerte zu erhöhen.

Zur Berechnung solcher Modelle ist es natürlich, das oben betrachtete Verfahren anzuwenden, mit dessen Hilfe das Zeitnormativ als eine Funktion bestimmt wird, die von den wesentlichen Einflußfaktoren abhängt. Soll im weiteren die Dauer irgendeiner Entwicklungs- oder Konstruktionsarbeit abgeschätzt werden, so stellt man zunächst fest, welcher Klasse diese Arbeit angehört. Danach setzt man in das dieser Klasse entsprechende Modell die Werte der Faktoren ein, die dem zu untersuchenden Projekt entsprechen, und ermittelt danach den Schätzwert für die Dauer des betreffenden Vorgangs.

Die Anwendung unserer Methodik erläutern wir am Beispiel der Aufstellung eines statistischen Modells für den Arbeitsaufwand beim Montageablauf für Schaltschränke von Telefonzentralen in Abhängigkeit von den Einflußfaktoren [74]. Als die wichtigsten Einflußfaktoren für den Arbeitsaufwand wurden die folgenden ausgewählt: die Gesamtzahl der Leiterplatten in einem Schaltschrank (x_1), die Anzahl der Typen von Leiterplatten in einem Schaltschrank (x_2), die mittlere Anzahl der Bauelemente auf einer Leiterplatte (x_3), die Anzahl der Lötfahnen (x_4) und die Anzahl der Steckverbindungen (x_5).

Mit Hilfe der oben beschriebenen Methode zur Auswahl der Faktoren wurde festgestellt, daß der Faktor (x_5) auf die Genauigkeit des Modells praktisch ohne Einfluß ist.

Nach der Bearbeitung der Beobachtungsmatrix wurde das folgende lineare mathematische Modell aufgestellt:

$$W = 18{,}98 + 7 \cdot 10^{-3} x_1 + 2 \cdot 10^{-2} x_2 + 1{,}1 \cdot 10^{-2} x_3 + 1{,}3 \cdot 10^{-3} x_4 .$$

Dabei ergab sich für die Standardabweichung der Wert 4,1. Das gewonnene Ergebnis zeigt, daß das Modell hinsichtlich seiner Genauigkeit durchaus befriedigt.

Was die Methoden zur Gewinnung der optimistischen und pessimistischen Schätzwerte betrifft, so lassen sich diese nach den Näherungsformeln

$$\left.\begin{aligned} a &= W - 2\sigma \\ b &= W + 2\sigma \end{aligned}\right\} \tag{2.5.8}$$

bestimmen, wobei man von der Formel (2.4.8) und der Näherungsgleichung $W \approx \mathbf{M}x$ ausgeht.

3. Analytische Methoden zur Berechnung der zeitlichen Parameter eines Netzplanmodells als Ganzes

Bei der Betrachtung der analytischen Methoden zur Berechnung der Zeitparameter eines Netzplanmodells wird gezeigt, daß gewisse im PERT-Verfahren angenommene Voraussetzungen in der Praxis nicht haltbar sind. Dabei führen die analytischen Verfahren auf die Faltung von Verteilungen und somit auf die Auswertung von Integralen von sehr hoher Dimension bereits für Netzpläne mittlerer Größe. Es werden als Auswege die Verfahren von Fulkerson-Clingen und Wilenkin sowie ein Verfahren von Martin angegeben, welches auf einer Transformation von Netzplänen beruht. Von besonderer Bedeutung ist das anschließend behandelte Verfahren von Meschkow, bei dem die Topologie eines Netzplanes zur Bestimmung signifikanter Wege ausgenutzt wird, um dadurch nur relativ wenig Vorgänge betrachten zu müssen und die Effektivität gegenüber anderen Verfahren zu verbessern.

3.1. Methoden, die beim PERT-Verfahren verwendet werden

Zur Analyse der Netzplangraphen mit zufälligen Zeitschätzwerten werden beim PERT-Verfahren die folgenden Charakteristika verwendet:

1. Der Erwartungswert des Termins für den Eintritt eines Ereignisses (einschließlich des Zielereignisses).

2. Die Varianz des Termins für das Eintreten eines Ereignisses (einschließlich des Zielereignisses).

3. Die Varianz des Termins für den Abschluß eines Vorganges.

4. Die Standardabweichung des Termins für den Abschluß eines Vorganges.

5. Die Wahrscheinlichkeit für den Eintritt der Ereignisse des Netzplanes zu den berechneten Terminen.

6. Die Wahrscheinlichkeit dafür, daß zum Zeitpunkt des Abschlusses eines gegebenen Vorganges keine Pufferzeit mehr zur Verfügung steht.

Die Berechnung dieser Charakteristika beruht auf den folgenden Grundvoraussetzungen:

a) Besteht ein partikulärer Weg L des Netzplanes aus n Vorgängen $(i_{\nu-1}, i_\nu)$, $\nu = 1, 2, \ldots, n$, mit zufälligen Werten für die Dauer ihrer Realisierung, so wird angenommen, daß die Weglänge t_L mit dem Erwartungswert $\mathbf{M}t_L$ und der Varianz $\mathbf{D}t_L$ normalverteilt ist, wobei diese beiden Parameter wie folgt berechnet werden:

$$\mathbf{M}t_L = \sum_{\nu=1}^{n} \mathbf{M}t_{i_{\nu-1}, i_\nu}, \tag{3.1.1}$$

$$\mathbf{D}t_L = \sum_{\nu=1}^{n} \mathbf{D}t_{i_{\nu-1}, i_\nu}. \tag{3.1.2}$$

b) Die Verteilung des frühesten Termins $T_j = T_j^{(0)}$ für den Eintritt des Ereignisses j des Netzplanmodells, in das k Vorgänge (i_ν, j), $\nu = 1, 2, \ldots, k$, einmünden mit den zufälligen Werten T_ν für den Termin ihres Abschlusses, wird der Verteilung der Länge eines solchen Weges L gleichgesetzt, der das Startereignis mit dem Ereignis j verbindet und für den der nach der Formel (3.1.1) ermittelte Erwartungswert maximal ist. Mit anderen Worten, es wird vorausgesetzt

$$\max(T_1, T_2, \ldots, T_k) = T \quad \text{mit} \quad \max_{1 \leq \nu \leq k} [\mathbf{M}T_\nu] = \mathbf{M}T_\varrho. \tag{3.1.3}$$

Der Erwartungswert $\mathbf{M}T_i = \mathbf{M}_i$ für den Eintritt des Ereignisses i ergibt sich als Summe der Erwartungswerte für die Dauer der Vorgänge, die auf dem maximalen Wege L zwischen dem Startereignis S und dem Ereignis i liegen:

$$\mathbf{M}t_L = \sum_{\nu=1}^{n} \mathbf{M}t_{i_{\nu-1}, i_\nu}, \tag{3.1.4}$$

wenn $L = Si_0 \to i_1 \to i_2 \to \cdots \to i_n$ $(i_n = i)$ und $\mathbf{M}t_L \geq \mathbf{M}t_{L'}$ ist, wobei L' ebenfalls ein Weg ist, der das Startereignis mit dem Ereignis i verbindet. Der Wert $\mathbf{M}t_{i_\nu, i_{\nu+1}}$ wird nach der Formel (2.2.17) ermittelt. Die Varianz des Termins für den Eintritt des Ereignisses i ergibt sich als Summe der Varianzen für die Dauer der Vorgänge, die auf dem (nach den Erwartungswerten) längsten Weg L zwischen dem Startereignis und dem Ereignis i liegen:

$$\mathbf{D}_i = \mathbf{D}T_i = \sum_{\nu=1}^{n} \mathbf{D}t_{i_{\nu-1}, i_\nu}, \tag{3.1.5}$$

wobei $\mathbf{D}t_{i_{\nu-1}, i_\nu}$ nach der Formel (2.2.16) bestimmt wird.

Die Varianz des frühesten Termins für den Abschluß des Vorganges (i, j) wird nach der Formel

$$\mathbf{D}T_j^{(0)}(i, j) = \mathbf{D}T_i + \mathbf{D}t_{ij} \tag{3.1.6}$$

berechnet und die Standardabweichung $\sigma T_j^{(0)}(i, j)$ nach der Formel

$$\sigma T_j^{(0)}(i, j) = \sqrt{\mathbf{D}T_i + \mathbf{D}t_{ij}}. \tag{3.1.7}$$

Der Algorithmus zur Berechnung des Erwartungswertes für den spätesten Termin $\mathbf{M}T_i^{(1)}$ für den Eintritt des Ereignisses i und die zugehörige Varianz $\mathbf{D}T_i^{(1)}$ unterscheidet sich von dem eben Beschriebenen dadurch, daß die Formeln (3.1.4) und (3.1.5) den Übergang von früheren Ereignissen zu späteren bewerkstelligen, während der Algorithmus zur Berechnung der Werte $\mathbf{M}T_i^{(1)}$ und $\mathbf{D}T_i^{(1)}$ umgekehrt dem Übergang von späteren Ereignissen zu früheren Ereignissen entspricht. Die Formel zur Berechnung von $\mathbf{M}T_i^{(1)}$ hat die Form

$$\mathbf{M}T_i^{(1)} = \mathbf{M}T_Z^{(1)} - \mathbf{M}t_L, \tag{3.1.8}$$

wobei Z das Zielereignis, $\mathbf{M}T_Z^{(1)} = \mathbf{M}T_Z^{(0)}$ und L der (bezogen auf die Erwartungswerte) längste Weg ist, der die Ereignisse i und Z verbindet. Was die Varianz $\mathbf{D}T_i^{(1)}$ betrifft, so berechnet man diese nach der Formel

$$\mathbf{D}T_i^{(1)} = \mathbf{D}T_j^{(1)} + \mathbf{D}t_{ij}, \tag{3.1.9}$$

wobei der Vorgang (i, j) auf dem Wege L liegt, den wir nach der Formel (3.1.8) berechnet hatten; die Varianz $\mathbf{D}T_Z^{(1)}$ in (3.1.9) setzen wir hierbei gleich null.

Einer der wichtigsten Parameter, der bei der wahrscheinlichkeitstheoretischen Analyse eines Netzplanmodells verwendet wird, ist der Schätzwert der Wahrscheinlichkeit p_i dafür, daß das Ereignis i zum eingeplanten Termin $T_i^{(pl)}$ eintritt. Diese Abschätzung läuft darauf hinaus, die Wahrscheinlichkeit dafür zu bestimmen, daß die Zufallsvariable T_i in das Intervall $[0, T_i^{(pl)}]$ fällt:

$$\mathbf{P}\left[T_i \leqq T_i^{(pl)}\right] = \int_{-\infty}^{T_i^{(pl)}} \varphi_i(x)\,\mathrm{d}x. \tag{3.1.10}$$

Hierbei ist $\varphi_i(x)$ die Dichtefunktion der Zufallsvariablen T_i. Wie bereits erwähnt, verwendet man für $\varphi_i(x)$ die Dichtefunktion der Normalverteilung mit den Parametern $\mathbf{M}T_i$ und $\mathbf{D}T_i$, die nach den Formeln (3.1.4) und (3.1.5) bestimmt werden:

$$\varphi_i(x) = \frac{1}{\sigma T_i \sqrt{2\pi}} \exp\left\{-\frac{[x - \mathbf{M}T_i]^2}{2\mathbf{D}T_i}\right\}. \tag{3.1.11}$$

Die Auswahl der Normalverteilung beruht auf dem zentralen Grenzwertsatz der Wahrscheinlichkeitsrechnung und gehört zu den Grundvoraussetzungen des PERT-Verfahrens.

Setzen wir (3.1.11) in die Formel (3.1.10) ein, so erhalten wir

$$\mathbf{P}\left\{T_i \leqq T_i^{(pl)}\right\} = \frac{1}{\sigma T_i \sqrt{2\pi}} \int_{-\infty}^{T_i^{(pl)}} \exp\left\{-\frac{[x - \mathbf{M}T_i]^2}{2\mathbf{D}T_i}\right\} \mathrm{d}x.$$

Sodann setzen wir $t = \dfrac{x - \mathbf{M}T_i}{\sigma T_i}$ und erhalten nach Anwendung der Laplaceschen Formel

$$\tilde{\Phi}(x) = \frac{2}{\sqrt{2\pi}} \int_0^x \mathrm{e}^{-\frac{t^2}{2}}\,\mathrm{d}t$$

schließlich

$$\mathbf{P}\left\{T_i \leqq T_i^{(pl)}\right\} = \frac{1}{2}\left\{\tilde{\Phi}\left[\frac{T_i^{(pl)} - \mathbf{M}T_i}{\sigma T_i}\right] + 1\right\}. \tag{3.1.12}$$

In manchen Fällen erscheint es zweckmäßig, das Verteilungsintegral $\mathbf{P}\left\{T_i \leqq T_i^{(pl)}\right\}$ durch ein Polynom fünften Grades zu approximieren:

$$\mathbf{P}\left\{T_i \leqq T_i^{(pl)}\right\} = \begin{cases} 0{,}5 + 0{,}357x - 0{,}033x^3 + 0{,}001\,32x^5 & \text{für } -3{,}0 < x < 3{,}0 \\ 0 & \text{für } x \leqq -3, \\ 1 & \text{für } x \geqq +3. \end{cases} \tag{3.1.13}$$

Dabei ist $x = \dfrac{T_i^{(pl)} - \mathbf{M}T_i}{T_i}$.

Eine der Hauptaufgaben im Stadium der Entwicklung des Ausgangsplanes besteht darin, eine zuverlässige Abschätzung für die Realisierungsdauer des gesamten Netzplanprojekts nach der folgenden Methodik des PERT-Verfahrens zu gewinnen. Jedem Vorgang (i, j) des Netzplanes wird ein deterministischer Schätzwert $\mathbf{M}t_{ij}$ beigemessen, der nach der Formel (2.2.17) bestimmt wurde. Sodann werden alle Vorgänge ermittelt, die dem kritischen Weg angehören, wonach die Verteilungsparameter für die Länge K des kritischen Weges, der zugehörige Erwartungswert $\mathbf{M}K$ und die Varianz $\mathbf{D}K$, bestimmt werden.

Bezeichnen wir den kritischen Weg durch

$$[\xi_1, \xi_2, \ldots, \xi_l],$$

so erhalten wir

$$\mathbf{M}K = \sum_{i=1}^{l-1} \mathbf{M}t_{\xi_i, \xi_{i+1}} \tag{3.1.14}$$

und

$$\mathbf{D}K = \sum_{i=1}^{l-1} \mathbf{D}t_{\xi_i, \xi_{i+1}}, \tag{3.1.15}$$

wobei die Werte $\mathbf{M}t_{\xi_i, \xi_{i+1}}$ und $\mathbf{D}t_{\xi_i, \xi_{i+1}}$ nach den Formeln (2.2.16) und (2.2.17) abgeschätzt werden.

Nun sei p die Wahrscheinlichkeit dafür, daß die tatsächliche Realisierungsdauer für das Projekt den eingeplanten Wert $t_Z^{(\mathrm{pl})} = K^{(\mathrm{pl})}$ nicht übersteigt, d.h., es sei

$$\mathbf{P}\,\{K \leqq K^{(\mathrm{pl})}\} = p. \tag{3.1.16}$$

Die Dichtefunktion für die Verteilung der Dauer des kritischen Weges hat die Form

$$\varphi(K) = \frac{1}{\sigma_K \sqrt{2\pi}} \exp\left\{-\frac{(K - \mathbf{M}K)^2}{2\mathbf{D}K}\right\}. \tag{3.1.17}$$

Für K läßt sich nunmehr die folgende Gleichung schreiben:

$$\mathbf{P}\{K \leqq K^{(\mathrm{pl})}\} = \frac{1}{\sigma_K \sqrt{2\pi}} \int_{-\infty}^{K^{(\mathrm{pl})}} \exp\left\{-\frac{(K - \mathbf{M}K)^2}{2\mathbf{D}K}\right\} \mathrm{d}K. \tag{3.1.18}$$

Setzen wir

$$\Phi(x) = \frac{1}{\sqrt{2\pi}} \int_{-\infty}^{x} \mathrm{e}^{-\frac{t^2}{2}}\, \mathrm{d}t,$$

so erhalten wir

$$\frac{K^{(\mathrm{pl})} - \mathbf{M}K}{\sigma_K} = \Phi^{-1}(p)$$

oder

$$K^{(\mathrm{pl})} = \mathbf{M}K + \sigma_K \Phi^{-1}(p) \tag{3.1.19}$$

Für den Fall $p = 0{,}7$ gilt z.B.

$$\Phi^{-1}(p) = 0{,}5, \quad \mathbf{M}K + 0{,}5\sigma_K = \mathbf{M}K + 0{,}5\sqrt{\mathbf{D}K},$$

während wir für $p = 0{,}95$

$$\Phi^{-1}(p) = 1{,}65, \quad K^{(\mathrm{pl})} = \mathbf{M}K + 1{,}65\sigma_K$$

erhalten.

Die Beziehung (3.1.19) wird von den Autoren des PERT-Verfahrens verwendet, um die optimalen Termine bei der Planung des kritischen Weges zu ermitteln.

Die Wahrscheinlichkeit dafür, daß beim Abschluß des Vorganges (i, j) keine Pufferzeit vorliegt, wird gewöhnlich nach der Formel

$$P_1(j) = 1 - \Phi\left[\frac{T_j^{(1)} - T_j^{(0)}}{\sigma T_j}\right] \tag{3.1.20}$$

abgeschätzt, wobei σT_j nach der Formel (3.1.5) bestimmt wird. Dabei ist $P_1(j)$ gleichzeitig die Wahrscheinlichkeit dafür, daß die Ungleichung

$$\Delta T_i = T_i^{(1)} - T_i^{(0)} \leqq 0$$

erfüllt ist. Die Berechnung dieser Wahrscheinlichkeit wird gewöhnlich auf Grund des bekannten Satzes durchgeführt, demzufolge für die Wahrscheinlichkeit einer mit den Parametern (a, σ) normalverteilten Zufallsvariablen ξ die Beziehung

$$\mathbf{P}\{\alpha \leqq \xi < \beta\} = \Phi\left(\frac{\beta - a}{\sigma}\right) - \Phi\left(\frac{\alpha - a}{\sigma}\right)$$

gilt. Setzt man

$$\beta = T_j^{(1)}, \quad a = T_j^{(0)}, \quad \sigma = \sigma T_j$$

und beachtet man, daß $\Phi\left(\frac{\alpha - a}{\sigma}\right)$ gleich null gesetzt werden kann, so erhält man die Formel (3.1.20).

Die beim PERT-Verfahren getroffenen Voraussetzungen bezüglich der Wahrscheinlichkeiten eines Netzplanmodells und die damit zusammenhängende Methodik zur Berechnung der Parameter des Netzplanmodells als Ganzes riefen eine scharfe Kritik seitens sowjetischer und anderer Wissenschaftler hervor [39, 41, 52, 66, 68, 93, 94]. In der Arbeit [66] wird insbesondere der Umstand kritisiert, daß nach Bestimmung der eingeplanten Gesamtdauer $K^{(\mathrm{pl})}$ des Projekts nach der Formel (3.1.19) die Verfasser der Methodik diese Größe als eine p-prozentig zuverlässige Schätzung (d.h. als p-Quantil) *für die Realisierungsdauer des Gesamtprojekts* ansetzen. Diese Annahme ist alles andere als gerechtfertigt. In der Tat, denn sollte eine derartige Behauptung wirklich gültig sein, so würde die Wahrscheinlichkeit dafür, daß die Realisierung der Folge der Vorgänge, die auf einem beliebigen (also auch auf einem nichtkritischen) Wege liegen, in einer Zeit erfolgt, die länger ist $K^{(\mathrm{pl})}$, nicht höher sein als $1 - p$[1].

Mit anderen Worten: Bezeichnen wir den kritischen Weg mit $(\xi_1, \xi_2, \ldots, \xi_l)$, irgendeinen nichtkritischen Weg mit $(\eta_1, \eta_2, \ldots, \eta_r)$, die Realisierungsdauer der Vorgänge auf dem kritischen Wege durch K und die Realisierungsdauer der Vorgänge auf dem nichtkritischen Wege durch L, so gilt

$$\mathbf{P}\{L \geqq K^{(\mathrm{pl})}\} \leqq 1 - p.$$

Diese Ungleichung ist aber keineswegs immer gültig. Denn berechnet man den Erwartungswert und die Varianz der Länge L nach den Formeln (3.1.14) und (3.1.15),

$$\mathbf{M}L = \bar{L} = \sum_{j=1}^{r-1} \bar{t}_{\eta_j, \eta_{j+1}},$$

$$\mathbf{D}L = \sum_{j=1}^{r-1} \mathbf{D}t_{\eta_j, \eta_{j+1}},$$

[1]) Wir werden später zeigen, daß die Verteilung der Realisierungsdauer der Vorgänge auf einem beliebigen Wege zwischen Start- und Zielereignis von der Normalverteilung verschieden ist. Die Verfahrensweise der Schöpfer des PERT-Verfahrens ist daher bereits im Prinzip falsch.

und wendet man, wie das die Verfasser des PERT-Verfahrens tun, den zentralen Grenzwertsatz der Wahrscheinlichkeitsrechnung an, so erhält man

$$\mathbf{P}\{L \geqq K^{(\mathrm{pl})}\} = 1 - \frac{1}{\sqrt{2\pi \mathbf{D}L}} \int_{-\infty}^{K^{(\mathrm{pl})}} e^{-\frac{(x-\bar{L})^2}{2\mathbf{D}L}} dx = 1 - \frac{1}{\sqrt{2\pi}} \int_{-\infty}^{\frac{K^{(\mathrm{pl})}-\bar{L}}{\sigma_L}} e^{-\frac{t^2}{2}} dt.$$

Wegen (3.1.18) jedoch gilt

$$1 - p = 1 - \frac{1}{\sqrt{2\pi}} \int_{-\infty}^{\frac{K^{(\mathrm{pl})}-\bar{K}}{\sigma_L}} e^{-\frac{t^2}{2}} dt.$$

Für

$$\frac{K^{(\mathrm{pl})} - \mathbf{M}L}{\sigma_L} < \frac{K^{(\mathrm{pl})} - \mathbf{M}K}{\sigma_L} \tag{3.1.21}$$

hingegen gilt

$$\mathbf{P}\{L \geqq K^{(\mathrm{pl})}\} > 1 - p.$$

Die Ungleichung (3.1.21) ist stets dann erfüllt, wenn

$$\sigma_L > \sigma_K \frac{K^{(\mathrm{pl})} - \bar{L}}{K^{(\mathrm{pl})} - \bar{K}} \tag{3.1.22}$$

ist. Wegen $\bar{L} < \bar{K}$ (L liegt auf einem nichtkritischen Wege) ergibt sich dann

$$\frac{K^{(\mathrm{pl})} - \bar{L}}{K^{(\mathrm{pl})} - \bar{K}} > 1.$$

Im Falle $\mathbf{D}L \gg \mathbf{D}K$ gilt somit, obwohl $\bar{L} < \bar{K}$ ist, die Ungleichung $\mathbf{P}\{L \geqq K^{(\mathrm{pl})}\} > 1 - p$.

Wir wollen ferner zeigen, daß die Realisierungsdauer der Vorgänge auf einem beliebigen Wege, der das Start- und Zielereignis eines Netzplanes verbindet, dem Normalverteilungsgesetz nicht unterliegt, so daß die von den Autoren des PERT-Verfahrens verwendeten Formeln (3.1.14) und (3.1.15) nicht zuverlässig sind.

Wir dürfen den Grenzwertsatz von Ljapunow deshalb nicht anwenden, weil es unzulässig ist, die Verteilung der Abschlußtermine der Vorgänge (i, j) und die Verteilung für den frühesten Termin des Ereignisses j einander gleichzusetzen, das bekanntlich dann eintritt, wenn sämtliche Vorgänge, die in j einmünden, zum Abschluß gelangt sind und nicht nur der Vorgang (i, j) allein.

Da ein Vorgang, der vom Ereignis j ausgeht (z.B. der Vorgang (j, k)) erst beginnen kann, wenn das Ereignis j eingetreten ist, liegt es auf der Hand, daß die Verteilung des Weges $i \to j \to k$ keine einfache Faltung der Verteilungen der Vorgänge (i, j) und (j, k) darstellt. Hieraus geht unmittelbar hervor, daß die Anwendung der Formeln (3.1.14) und (3.1.15) unzulässig ist. Hier stoßen wir auf eine Stelle in der PERT-Methodik, an der der Schätzwert des p-Quantils einer Zufallsvariablen (des Termins für den Eintritt des Ereignisses j), der als Maximalwert unter mehreren Zufallsvariablen ausgewählt wird (der Termine für den Abschluß der im Ereignis j mündenden Vorgänge), ein p-Quantil einer dieser Größen ist.

Bei der Abschätzung der Parameter einer Zufallsvariablen η, die den Maximalwert mehrerer Zufallsvariablen $\eta_1, \dots, \eta_k$ darstellt, läßt sich leicht zeigen, daß die Parameter der Verteilung von η keinem der entsprechenden Parameter der Variablen $\eta_1, \dots, \eta_k$ gleich sind, gleichgültig, ob diese Parameter der Variablen $\eta_1, \dots, \eta_k$ gleiche oder voneinander stark abweichende Werte annehmen. Sind insbesondere η_1 und η_2 normalverteilte Zufallsvariable mit den Erwartungswerten a_1 und a_2 und den Varianzen σ_1^2 und σ_2^2 und ist $\eta = \max(\eta_1, \eta_2)$, so ist die Variable normalverteilt und besitzt den Erwartungswert

$$a = a_1\Phi\left(\frac{a_1 - a_2}{\sqrt{\sigma_1^2 + \sigma_2^2}}\right) + a_2\Phi\left(\frac{a_2 - a_1}{\sqrt{\sigma_1^2 + \sigma_2^2}}\right) + \sqrt{\sigma_1^2 + \sigma_2^2}\,\varphi\left(\frac{a_1 - a_2}{\sqrt{\sigma_1^2 + \sigma_2^2}}\right). \tag{3.1.23}$$

Die Varianz σ^2 ergibt sich dabei zu

$$(a_1^2 + \sigma_1^2)\,\Phi\left(\frac{a_1 - a_2}{\sqrt{\sigma_1^2 + \sigma_2^2}}\right) + (a_2^2 + \sigma_2^2)\,\Phi\left(\frac{a_2 - a_1}{\sqrt{\sigma_1^2 + \sigma_2^2}}\right)$$
$$+ (a_1 + a_2)\sqrt{\sigma_1^2 + \sigma_2^2}\,\varphi\left(\frac{a_1 - a_2}{\sqrt{\sigma_1^2 + \sigma_2^2}}\right) - a^2. \tag{3.1.24}$$

Dabei ist

$$\Phi(x) = \frac{1}{\sqrt{2\pi}}\int_{-\infty}^{x} e^{-\frac{t^2}{2}}\,dt, \qquad \varphi(x) = \frac{1}{\sqrt{2\pi}}\,e^{-\frac{x^2}{2}}.$$

Es läßt sich zeigen, daß für den Fall von Parallelvorgängen (oder Parallelwegen) der Schätzfehler (entsprechend der PERT-Methodik) für den Erwartungswert oder für die Varianz des Eintritts eines Ereignisses, in das diese Vorgänge einmünden, sehr erheblich sein kann. Zunächst betrachten wir den Fall zweier paralleler Vorgänge (Wege) mit gleichen Parametern und vergleichen die Methodik des PERT-Verfahrens mit den Ergebnissen, die sich durch die Anwendung der Formeln (3.1.23) und (3.1.24) ergeben. Ist $\eta_1 = \eta_2$, so ist $a = a_1 + \frac{\sigma_1}{\sqrt{\pi}} \approx a_1 + 0{,}56\sigma_1$, während die Differenz $\Delta a = a - a_1$ sehr erheblich sein kann.

Die Bedingung, unter der die PERT-Methodik befriedigende Ergebnisse bei der Berechnung der Erwartungswerte für die Dauer des größeren von zwei Wegen liefert, ist die Gleichung

$$\sqrt{\sigma_1^2 + \sigma_2^2}\,\varphi\left(\frac{a_1 - a_2}{\sqrt{\sigma_1^2 + \sigma_2^2}}\right) = 0 \quad \text{oder} \quad \varphi\left(\frac{a_1 - a_2}{\sqrt{\sigma_1^2 + \sigma_2^2}}\right) = 0.$$

Beachtet man, daß $\varphi(3) \approx 0$ oder

$$\frac{a_1 - a_2}{\sqrt{\sigma_1^2 + \sigma_2^2}} \approx 3$$

ist, so ergibt sich $a_2 - a_1 \approx 3\sqrt{\sigma_1^2 + \sigma_2^2}$ oder im Falle $\sigma_1 = \sigma_2 = \sigma$, $a_2 - a_1 \approx 3\sqrt{2}\sigma \approx 4\sigma$.

Daraus schließt man: Unterscheidet sich der Erwartungswert eines Weges um mehr als 4σ vom Erwartungswert eines ihm parallelen Weges, so kann man den Einfluß des zuletzt genannten Weges auf die Verteilung der Termine des Ereignisses, in das dieser Weg einmündet, vernachlässigen.

Der Maximalwert der Standardabweichung ist praktisch durch den Wert $\max\sigma \approx \frac{1}{3}a$ beschränkt, oder, unter Berücksichtigung der Gleichung $\Delta a = \frac{\sigma}{\sqrt{\pi}} \approx 0{,}56\sigma$; der maximale absolute Fehler bei der Berechnung des Erwartungswertes ist $\Delta_1 \approx 0{,}2a$. Mit anderen Worten, der maximale Fehler Δ_1 für die Dauer des maximalen von zwei parallelen Wegen kann 20% des Erwartungswertes jedes der Wege nicht übersteigen. Dabei ist zu berücksichtigen, daß das Berechnungsverfahren der PERT-Methode stets ein wenig verringerte Werte für die mathematische Erwartung liefert, denn für ein System von Zufallsvariablen $\xi_1, \xi_2, \ldots, \xi_n$ gilt stets die Beziehung

$$\mathbf{M}\,\{\max\,(\xi_1, \xi_2, \ldots, \xi_n)\} \geqq \max\,\{\mathbf{M}\xi_1, \mathbf{M}\xi_2, \ldots, \mathbf{M}\xi_n\}. \tag{3.1.25}$$

Nun untersuchen wir die Fehler, die bei der Berechnung der Standardabweichung zweier paralleler Wege nach der Methode des PERT-Verfahrens auftreten können. Für $a_1 = a_2 = a$ gilt

$$\sigma_t^2 = a^2 + \sigma_1^2 + \frac{2a\sqrt{\sigma_1^2 + \sigma_2^2}}{\sqrt{2\pi}} - \left(a + \frac{1}{\sqrt{2\pi}}\sqrt{\sigma_1^2 + \sigma_2^2}\right)^2 = \sigma_1^2 - \frac{\sigma_1^2 + \sigma_2^2}{2\pi}. \tag{3.1.26}$$

Beachten wir, daß die Methodik des PERT-Verfahrens den Wert $\sigma_t^2 = \sigma_1^2$ liefert, so erhalten wir für den absoluten Fehler der Berechnung

$$\Delta\sigma^2 = \left|\frac{\sigma_1^2 + \sigma_2^2}{2\pi}\right|. \tag{3.1.27}$$

Aus dieser Formel geht hervor, daß der tatsächliche Wert der Varianz für zwei Zufallsgrößen kleiner ist als der nach PERT errechnete Wert. Für den Fall $\sigma_1 = \sigma_2$ ergibt sich

$$\sigma_t^2 = \sigma_1^2\left(1 - \frac{1}{\pi}\right) \approx 0{,}682\sigma_1^2. \tag{3.1.28}$$

Für den Fall dreier paralleler Wege erhält man für den absoluten Fehler des Erwartungswertes $\Delta_1 \approx 0{,}3a$, d.h. beim Auftreten eines dritten Weges wächst der maximale Fehler bis zu 30% des Erwartungswertes der einzelnen Wege an. Ganz allgemein wächst bei der Vergrößerung der Anzahl der parallelen Wege bei der Berechnung nach der PERT-Methode der Fehler an, wie dies anschaulich aus der nachstehend angeführten Tabelle 5 hervorgeht.

Tabelle 5

Anzahl der Parallelvorgänge mit gleichen Realisierungsdauern, die der Betaverteilung mit der Dichtefunktion (2.3.25) mit $a = 0$, $m \doteq 12$, $b = 12$ genügen	Erwartungswert für die maximale Dauer der Vorgänge	Varianz
1	12,817	1,6
2	13,735	1,497
3	14,265	1,438
4	14,578	1,350
5	14,800	1,285
6	15,000	1,237
7	15,140	1,180
8	15,285	1,127
9	15,403	1,090
10	15,503	1,067

Die Schätzwerte für die frühesten Termine, die man mit Hilfe der Formeln (3.1.4) und (3.1.14) erhält, sind somit stets „optimistisch", d.h., sie liegen zu niedrig, wobei das Auftreten paralleler Wege den Fehler erhöht, während das Auftreten einander schneidender Wege den Fehler senkt. Was die spätesten Termine nach Formel (3.1.8) betrifft, so können diese sowohl zu niedrig als auch zu hoch ausfallen.

Wir sind auf diese Weise zu dem Schluß gelangt, daß der nach (3.1.19) ermittelte Wert $K^{(\mathrm{p}1)}$ durchaus nicht die p-prozentige obere Sicherheitsgrenze für das Durchlaufen des kritischen Weges darstellt und somit erst recht nicht als p-Quantil für die Realisierung des gesamten Projekts dienen kann. Darüber hinaus werden wir zeigen, daß es überhaupt keinen Weg im gesamten Netzplan gibt, dessen p-Quantil für seine Dauer das gesuchte p-Quantil für den gesamten Netzplan wäre. Wir bezeichnen sämtliche Wege, die Start- und Zielereignis miteinander verbinden, mit η_j ($j = 1, 2, \ldots, m$). Ferner setzen wir voraus, daß die Gesamtzeit für die Realisierung der Vorgänge auf einem beliebigen dieser Wege η_j (wir bezeichnen diese Zeit mit t_{η_j}) mit dem Erwartungswert $\bar{t}_{\eta_j}$ und der Varianz $\mathbf{D}t_{\eta_j}$ normalverteilt ist[1]). Wir führen die Zufallsvariable $t_\eta = \max t_{\eta_j}$ ein und bezeichnen ihr p-Quantil (das wird das p-Quantil des Gesamtprojekts sein) durch W_p und das p-Quantil der Zufallsvariablen t_{η_j} mit W_{η_j}. Wie man leicht sieht, gilt

$$W_p \neq \max W_{\eta_j} = W' \qquad (1 \leqq j \leqq m).$$

In der Tat, denn faßt man die Werte t_{η_j} als unabhängig auf[2]), so gilt

$$\mathbf{P}\{t_\eta < y\} = \mathbf{P}\{\max t_{\eta_j} < y\} = \prod_{j=1}^{m} \Phi\left(\frac{y - \bar{t}_{\eta_j}}{\sqrt{\mathbf{D}t_{\eta_j}}}\right), \tag{3.1.29}$$

und der Wert der Zufallsvariablen t_η ist nicht normalverteilt, sondern genügt eher der Exponentialverteilung. Hieraus geht hervor, daß das Verfahren, sämtliche Wege zu durchlaufen und das maximale p-Quantil zu bestimmen, nicht annehmbar ist, da der Wert W_p keinem Weg des Netzplanmodells entspricht.

Verschiedene vom Verfasser durchgeführte Berechnungen für experimentelle Netzplanprojekte verhältnismäßig geringen Umfanges haben gezeigt, daß der nach der Formel (3.1.19) bestimmte Wert $K^{(\mathrm{p}1)}$ als Schätzwert für den Erwartungswert der Gesamtdauer des Projekts (mit verschiedenen Sicherheitswahrscheinlichkeiten p) etwa um 15 bis 25% niedriger liegt als der echte Wert (der mit Hilfe der statistischen Modellierung gewonnen wurde). Darauf werden wir im nächsten Kapitel noch ausführlich eingehen.

Die Methode der Schätzung der Parameter eines Netzplanmodells mit zufälligen Werten für die Dauer der Vorgänge, wie sie im PERT-Verfahren angewandt wird, ist somit nicht begründet, da die minimale Gesamtdauer W_p für das gesamte Netzplanmodell keinem bestimmten „kritischen" Weg im Netzplan entspricht (sie entspricht eher einem System von „kritischen" Wegen des Netzplanes). Es ist infolgedessen unzulässig, das System aller möglichen Wege eines Netzplanes einem bestimmten Weg gegenüberzustellen, dessen Dauer (ermittelt aus den Schätzwerten für die Erwartungswerte) größer ist als bei allen übrigen Wegen.

[1]) Im allgemeinen Falle gilt diese Behauptung nicht.

[2]) Das ist z.B. der Fall, wenn sämtliche Wege η_j keine gemeinsamen Vorgänge aufweisen.

Sind die Dichtefunktionen für die Verteilung der Dauer der Vorgänge in einem Netzplan vorgegeben, so läuft das analytische Verfahren zur Gewinnung der direkten p-Quantil-Schätzwerte W_p der Zufallsvariablen $t_\eta = \max t_{\eta_j}$, $1 \leqq j \leqq m$, auf die Konstruktion eines mehrdimensionalen Zufallsvektors $[t_{\eta_1}, \ldots, t_{\eta_m}]$ mit dem Erwartungswert $[\bar{t}_{\eta_1}, \ldots, \bar{t}_{\eta_m}]$ hinaus. Dabei erhält man eine symmetrische Streuungsmatrix

$$B = \begin{pmatrix} \mathbf{D}t_{\eta_1} & \varrho_{12}\sqrt{\mathbf{D}t_{\eta_1}\mathbf{D}t_{\eta_2}} & \cdots & \varrho_{1m}\sqrt{\mathbf{D}t_{\eta_1}\mathbf{D}t_{\eta_m}} \\ \varrho_{12}\sqrt{\mathbf{D}t_{\eta_1}\mathbf{D}t_{\eta_2}} & \mathbf{D}t_{\eta_2} & \cdots & \varrho_{2m}\sqrt{\mathbf{D}t_{\eta_2}\mathbf{D}t_{\eta_m}} \\ \cdots & \cdots & \cdots & \cdots \\ \varrho_{1m}\sqrt{\mathbf{D}t_{\eta_1}\mathbf{D}t_{\eta_m}} & \varrho_{2m}\sqrt{\mathbf{D}t_{\eta_2}\mathbf{D}t_{\eta_m}} & \cdots & \mathbf{D}t_{\eta_m} \end{pmatrix}. \tag{3.1.30}$$

wobei die ϱ_{ij} die Korrelationskoeffizienten von t_{η_i} und t_{η_j} sind.

Praktisch läuft die Konstruktion der Verteilungsfunktion eines solchen Vektors auf eine rekursive Anwendung des Faltungsoperators hinaus. In der Tat, die Zufallsvariable $W(i, j) = T_i + t_{ij}$[1]) möge die Dichtefunktion $W_{ij}(t)$ haben, wobei die Dichtefunktionen der Zufallsvariablen T_i und t_{ij} bekannt sind und mit $v_i(t)$ bzw. $v_{ij}(t)$ bezeichnet werden mögen. Für die Funktion $W_{ij}(t)$ erhält man dann die Formel

$$W_{ij}(t) = \int_{-\infty}^{\infty} v_i(z)\, v_{ij}\,(t - z)\, \mathrm{d}z. \tag{3.1.31}$$

Der Abschlußtermin für die Realisierung sämtlicher Vorgänge in einem geordneten Netzplan $T^* = T_Z$ (Z bedeutet wieder das Zielereignis) wird durch die Gleichung $T^* = \max\,\{T_l + t_{lZ}\}$ gegeben, wobei $1 \leqq l \leqq k_Z$ die Ereignisse bezeichnen, die unmittelbar dem Ereignis Z vorangehen.

Um die Dichtefunktion für den Realisierungstermin sämtlicher Vorgänge zu erhalten, betrachten wir eine Folge von k_Z Zufallsvariablen T_Z^p, $1 \leqq p \leqq k_Z$, mit

$$T_Z^p = \max_{l \leqq p} \{T_l + t_{lZ}\}. \tag{3.1.32}$$

Mit anderen Worten

$$\begin{aligned} T_Z^1 &= T_1 + t_{1Z}, \\ T_Z^2 &= \max\,\{T_1 + t_{1Z}, T_2 + t_{2Z}\}, \\ &\cdots\cdots\cdots \\ T_Z^p &= \max\,\{T_1 + t_{1Z}, \ldots, T_p + t_{pZ}\}, \\ &\cdots\cdots\cdots \\ T_Z^{k_Z} &= \max_{1 \leqq l \leqq k_Z} \{T_l + t_{lZ}\}. \end{aligned} \tag{3.1.33}$$

Der Algorithmus zur Berechnung der Zufallsgröße $T_Z^{k_Z}$ läßt sich rekursiv darstellen.

---

[1]) Der Leser beachte, daß hier T_i und t_{ij} zwei verschiedene Werte derselben Variablen t darstellen, die jeweils von i bzw. von i und j abhängig sind (Red. d. dt. Ausg.).

Setzen wir $T_k + t_{kZ} = W_{kZ}$ so erhalten wir

$$\begin{aligned} T_Z^1 &= W_{1Z}, \\ T_Z^2 &= \max\{T_Z^1, W_{2Z}\}, \\ T_Z^3 &= \max\{T_Z^2, W_{3Z}\}, \\ &\dots\dots\dots\dots \\ T_Z^i &= \max\{T_Z^{i-1}, W_{iZ}\}, \\ &\dots\dots\dots\dots \\ T_Z^{k_Z} &= \max\{T_Z^{k_Z-1}, W_{k_Z Z}\}. \end{aligned} \tag{3.1.34}$$

Nun sei $F_{W_{ij}}(t)$ die Verteilungsfunktion der Zufallsgröße $W(i, j)$ mit der Dichtefunktion $W_{ij}(t)$, die nach (3.1.31) zu berechnen ist. Dann gilt

$$F_{W_{ij}}(t) = \int_{-\infty}^{t} W_{ij}(z)\,\mathrm{d}z. \tag{3.1.35}$$

Für die Zufallsgrößen T_Z^i können wir schreiben

$$\left.\begin{aligned} F_{T_Z^1}(t) &= \int_{-\infty}^{t} W_{1Z}(z)\,\mathrm{d}z, \\ &\dots\dots\dots\dots \\ F_{T_Z^i}(t) &= F_{T_Z^i-Z}(t)\,F_{W_{iZ}}(t) = \int_{-\infty}^{t} Q_{i-1,Z}(t)\,\mathrm{d}t \int_{-\infty}^{t} W_{iZ}(t)\,\mathrm{d}t. \end{aligned}\right\} \tag{3.1.36}$$

Hier bedeutet $Q_{iZ}(t)$ die bedingte Dichtefunktion der Zufallsvariablen T_Z^i und $F_{T_Z^i}(t)$ die zugehörige Verteilungsfunktion.

Die Dichtefunktion $Q_{iZ}(t)$ der Zufallsvariablen T_Z^i hat die Form

$$Q_{iZ}(t) = \frac{\partial}{\partial t} F_{T_Z^i}(t) = Q_{i-1,Z}(t) \int_{-\infty}^{t} W_{iZ}(t)\,\mathrm{d}t + W_{iZ}(t) \int_{-\infty}^{t} Q_{i-1,Z}(t)\,\mathrm{d}t. \tag{3.1.37}$$

Die Dichtefunktion für den Termin des Abschlußereignisses Z schreiben wir in der Form

$$Q_{k_Z,Z}(t) = Q_{k_Z-1,Z}(t) \int_{-\infty}^{t} W_{k_Z,Z}(z)\,\mathrm{d}z + W_{k_Z,Z}(t) \int_{-\infty}^{t} Q_{k_Z-1,Z}(z)\,\mathrm{d}z. \tag{3.1.38}$$

Durch Faltung der rekursiven Beziehung (3.1.36) erhalten wir die allgemeine Formel für die Dichtefunktion $v_Z(t)$ der Verteilung des Realisierungstermins für die Gesamtmenge der Vorgänge des Netzplanes

$$v_Z(t) = \sum_{p=1}^{k_Z} W_{pZ}(t) \prod_{i=1}^{p-1} \int_{-\infty}^{t} W_{iZ}(z)\,\mathrm{d}z \prod_{l=p+1}^{k_Z} \int_{-\infty}^{t} W_{lZ}(z)\,\mathrm{d}z. \tag{3.1.39}$$

Die analytischen Verfahren zur Berechnung der Wahrscheinlichkeitsparameter eines Netzplanmodells führen somit für Netzpläne mittleren und großen Umfanges zu einer Berechnung von Integralen einer so hohen Dimension, daß die Rechenzeiten buchstäblich astronomische Größenordnungen annehmen, so daß die zugehörigen Berechnungsformeln praktisch nicht realisierbar sind. In den nachfolgenden Abschnitten dieses Kapitels wollen wir einige Näherungsmodifikationen des direkten analytischen Verfahrens beschreiben, die auf wesentlich einfachere Rechenprozeduren führen.

3.2. Die analytischen Verfahren von FULKERSON-CLINGEN

Im vorhergehenden Abschnitt wurde gezeigt, daß die Methodik zur Schätzung des Erwartungswerts für die Realisierung eines Netzplanprojekts und der anderen p-Quantil-Schätzungen, wie sie beim PERT-Verfahren angewandt werden, zu einem systematischen Fehler führen, wobei die Schätzwerte in der Regel zu niedrig ausfallen. Wählt man für den Sicherheitskoeffizienten p einen Wert, der nahe bei 1 liegt, so liefert die mit Hilfe der Formel (3.1.19) gewonnene Schätzung $K_i^{(\mathrm{pl})} \leqq W_i^{(0)}$, wobei $W_i^{(0)}$ der genaue Wert des p-Quantils für den frühesten Termin des Ereignisses i ist. Mit anderen Worten, die Methodik des PERT-Verfahrens führt dazu, daß praktisch sämtliche repräsentativen Schätzwerte für die frühesten Termine sowohl des Zielereignisses als auch aller Ereignisse im Inneren des Netzplanes zu niedrig ausfallen. Der nachstehend beschriebene mathematische Apparat stellt einen Versuch dar, die Abschätzung des Erwartungswertes für die frühesten Ereignistermine eines Netzplanes mit Hilfe analytischer Verfahren zu präzisieren. FULKERSON [22] hat ein Verfahren zur Abschätzung der unteren Grenze f_i des Erwartungswertes μ_i für den frühesten Termin eines Ereignisses i entwickelt, und man konnte zeigen, daß der systematische Fehler dieses Schätzwertes kleiner ist als der des klassischen Schätzwertes g_i, d.h., es gilt $g_i \leqq f_i \leqq \mu_i$, wobei g_i der nach dem Verfahren von PERT gewonnene Schätzwert für μ_i ist.

Der nachstehend beschriebene Algorithmus von FULKERSON beruht auf der Voraussetzung, daß die Dauer eines jeden einzelnen Vorganges eine Zufallsvariable mit diskreter Verteilung ist. Für die Vorgänge, die einem bestimmten Ereignis vorausgehen, wird eine gemeinsame Verteilung vorgegeben, doch wird angenommen, daß die Vorgänge, deren Endereignisse verschieden sind, voneinander unabhängig sind.

Wir bezeichnen mit B_i die Menge der Vorgänge, die dem Ereignis i unmittelbar vorausgehen. $t_{B_i} = \left(t_i^1, t_i^2, \ldots, t_i^{k_i}\right)$ sei der Zufallsvektor, dessen Komponenten die Dauern dieser Vorgänge sind. Ferner seien $\alpha_i^1, \alpha_i^2, \ldots, \alpha_i^{k_i}$ die Ereignisse, die dem Ereignis i unmittelbar vorausgehen, wobei $\alpha_i^j < i$ $(j = 1, \ldots, k_i)$ ist. Mit anderen Worten, es wird vorausgesetzt, daß der Netzplan topologisch geordnet ist (vgl. 1.5.).

Wir setzen $f_1 = f_S = 0$ (S ist das Startereignis) und berechnen für $i = 2, 3, \ldots, n$ (n sei die Nummer des Zielereignisses Z) die f_i nach der Rekursionsformel

$$f_i = \sum_{t_{B_i}} p(t_{B_i}) \max \left\{ f_{\alpha_i^1} + t_i^1, \ldots, f_{\alpha_i^{k_i}} + t_i^{k_i} \right\}, \tag{3.2.1}$$

wobei f_i die gesuchte untere Grenze für den Schätzwert von μ_i liefert. Sodann werden wir zeigen, daß für ein beliebiges Netzplanmodell die Ungleichung $g_i \leqq f_i \leqq \mu_i$,

$1 \leqq i \leqq n$ gilt. Die Gültigkeit dieser Ungleichung für den Fall $i = 1$ steht außer Zweifel, weshalb wir unseren Beweis durch vollständige Induktion führen. Wir nehmen also an, unsere Ungleichung sei für alle Werte $1, 2, \ldots, i$ gültig, und betrachten die Schätzwerte g_{i+1}, f_{i+1} und μ_{i+1}.

Zunächst zeigen wir, daß $g_{i+1} \leqq f_{i+1}$ gilt. Wegen (3.2.1) und der Tatsache, daß das Netzplanmodell topologisch geordnet, d. h. monoton numeriert ist, können wir schreiben

$$\begin{aligned} f_{i+1} &= \sum_{t_{B_{i+1}}} p(t_{B_{i+1}}) \max \left\{ f_{\alpha^1_{i+1}} + t^1_{i+1}, \ldots, f_{\alpha^{k_{i+1}}_{i+1}} + t^{k_{i+1}}_{i+1} \right\} \\ &= \sum_{t_{B_{i+1}}} \max \left\{ p(t_{B_{i+1}}) \left(f_{\alpha^1_{i+1}} + t^1_{i+1} \right), \ldots, p(t_{B_{i+1}}) \left(f_{\alpha^{k_{i+1}}_{i+1}} + t^{k_{i+1}}_{i+1} \right) \right\} \end{aligned} \tag{3.2.2}$$

Vertauschen wir in (3.2.2) die Reihenfolge der Summation und der Ermittlung des Maximums, so erhalten wir

$$f_{i+1} \geqq \max \left[\sum_{t_{B_{i+1}}} p(t_{B_{i+1}}) \left(f_{\alpha^1_{i+1}} + t^1_{i+1} \right), \ldots, \sum_{t_{B_{i+1}}} p(t_{B_{i+1}}) \left(f_{\alpha^{k_{i+1}}_{i+1}} + t^{k_{i+1}}_{i+1} \right) \right]. \tag{3.2.3}$$

Wir stellen also fest, daß die $f_{\alpha^1_{i+1}}, f_{\alpha^2_{i+2}}, \ldots, f_{\alpha^{k_{i+1}}_{i+1}}$ von $t_{B_{i+1}}$ unabhängig sind, so daß wir die Ungleichung

$$f_{i+1} \geqq \max \left[f_{\alpha^1_{i+1}} + \bar{t}^1_{i+1}, \ldots, f_{\alpha^{k_{i+1}}_{i+1}} + \bar{t}^{k_{i+1}}_{i+1} \right] \tag{3.2.4}$$

schreiben können, wobei $\bar{t}^j_i$ $(j = 1, \ldots, k_i)$ der Erwartungswert für die Dauer des Vorganges (j, i) ist. Berücksichtigen wir, daß die Gewinnung des Schätzwertes von g_i sich in Gestalt der rekursiven Beziehung

$$\left. \begin{aligned} g_1 &= 0 \\ g_i &= \max \left\{ g_{\alpha^1_i} + \bar{t}^1_i, \ldots, g_{\alpha^{k_i}_i} + \bar{t}^{k_i}_i \right\}, \quad i > 1, \end{aligned} \right\} \tag{3.2.5}$$

schreiben läßt und vollziehen wir den Schluß von i auf $i + 1$, so erhalten wir die gesuchte Ungleichung

$$f_{i+1} \geqq \max \left[g_{\alpha^1_{i+1}} + \bar{t}^1_{i+1}, \ldots, g_{\alpha^{k_{i+1}}_{i+1}} + \bar{t}^{k_{i+1}}_{i+1} \right] = g_{i+1}. \tag{3.2.6}$$

Nun wenden wir uns dem Beweis des zweiten Teils der Ungleichung $f_{i+1} \leqq \mu_{i+1}$ zu.

Wir bezeichnen mit $l_i(t_A)$ den längsten Weg vom Startereignis bis zu Ereignis i, der durch die Menge A hindurchgeht. Sodann führen wir die Bezeichnungen $A \bigcup_{k=1}^{i} B_k$ und $C = \bigcup_{k=1}^{i+1} B_k$ ein, wobei, wie man leicht sieht,

$$\mu_i = \sum_{t_A} p(t_A)\, l_i(t_A) \quad \text{und} \quad p(t_A) = \prod_{k=1}^{i} p(t_{B_k})$$

gilt. Wegen der Gültigkeit der Ungleichung

$$l_{i+1}(t_C) = \max \left\{ l_{\alpha^1_{i+1}}(t_A) + t^1_{i+1}, \ldots, l_{\alpha^{k_{i+1}}_{i+1}}(t_A) + t^{k_{i+1}}_{i+1} \right\}$$

erhalten wir

$$\mu_{i+1} = \sum_{t_A} \sum_{t_{B_{i+1}}} p(t_A)\, p(t_{B_{i+1}}) \max\left\{ l_{\alpha^1_{i+1}}(t_A) + t^1_{i+1}, \ldots, l_{\alpha^{k_{i+1}}_{i+1}}(t_A) + t^{k_{i+1}}_{i+1} \right\} \quad (3.2.7)$$

oder, nach einigen Umformungen,

$$\mu_{i+1} = \sum_{t_{B_{i+1}}} p(t_{B_{i+1}}) \sum_{t_A} \max\left\{ p(t_A)\left[l_{\alpha^1_{i+1}}(t_A) + t^1_{i+1}\right], \ldots, p(t_A)\left[l_{\alpha^{k_{i+1}}_{i+1}}(t_A) + t^{k_{i+1}}_{i+1}\right]\right\}.$$

Aus der letzten Gleichung folgt

$$\mu_{i+1} \geqq \sum_{t_{B_{i+1}}} p(t_{B_{i+1}}) \max\left[\sum_{t_A} p(t_A)\, l_{\alpha^1_{i+1}}(t_A) + t^1_{i+1}, \ldots, \sum_{t_A} p(t_A)\, l_{\alpha^{k_{i+1}}_{i+1}}(t_A) + t^{k_{i+1}}_{i+1}\right]. \quad (3.2.8)$$

Unter Verwendung von $\mu_i = \sum_{t_A} p(t_A) l_i(t_A)$ erhalten wir

$$\mu_{i+1} \geqq \sum_{t_{B_{i+1}}} p(t_{B_{i+1}}) \max\left[\mu_{\alpha^1_{i+1}} + t^1_{i+1}, \ldots, \mu_{\alpha^{k_{i+1}}_{i+1}} + t^{k_{i+1}}_{i+1}\right]. \quad (3.2.9)$$

Wegen (3.2.1) ergibt sich schließlich durch den Schluß von i auf $i+1$ die gesuchte Ungleichung

$$\mu_{i+1} \geqq \sum_{t_{B_{i+1}}} t(B_{i+1}) \max\left[f_{\alpha^1_{i+1}} + t^1_{i+1}, \ldots, f_{\alpha^{k_{i+1}}_{i+1}} + t^{k_{i+1}}_{i+1}\right] = f_{i+1}. \quad (3.2.10)$$

Diese zeigt, daß $g_i \leqq f_i \leqq \mu_i$ für alle $1 \leqq i \leqq n$ gilt. Es ist besonders darauf hinzuweisen, daß im Falle korrelierter Vorgänge mit verschiedenen Endereignissen die Beziehung $g_i \leqq \mu_i$ gültig bleibt, während die Ungleichung $f_i \leqq \mu_i$ nicht immer erfüllt sein muß.

Das von FULKERSON für den Fall diskreter Verteilung entwickelte Verfahren wurde später von CLINGEN [12] für den Fall stetiger Verteilungsfunktionen ausgedehnt, wobei gleichzeitig der zugehörige Algorithmus entwickelt wurde. Anstelle von (3.2.1) schlägt CLINGEN die Anwendung der Formeln

$$\left.\begin{aligned} c_1 &= 0 \\ c_i &= \int_{B_i} p(t_{B_i}) \max\left\{ c_{\alpha^1_i} + t^1_i, \ldots, c_{\alpha^{k_i}_i} + t^{k_i}_i \right\} \mathrm{d}B_i \end{aligned}\right\} \quad (3.2.11)$$

vor, in denen die Integration nach STIELTJES für den Fall diskreter oder stetiger Verteilungen vorgenommen wird. Nimmt man an, daß beim Zufallsvektor $t_{B_i} = \left(t^1_i, \ldots, t^{k_i}_i\right)$ die Komponenten t^k_i $(1 \leqq k \leqq k_i)$ statistisch unabhängig sind, so läßt sich die Verteilung $t(B_i)$ als Produkt einfacher Verteilungen darstellen:

$$p(t_{B_i}) = \prod_{k=1}^{k_i} p(t^k_i). \quad (3.2.12)$$

Auf Grund der Einführung dieser Formel (3.2.12) nehmen die Relationen (3.2.11) die folgende Form an:

$$\left.\begin{aligned} c_1 &= 0, \\ c_i &= \int\limits_{t_i^1} \cdots \int\limits_{t_i^{k_j}} \max\left(c_{\alpha_i^1} + t_i^1, \ldots, c_{\alpha_i^{k_i}} + t_i^{k_i}\right) p\left(t_i^1\right) \ldots p\left(t_i^{k_i}\right) \mathrm{d}t_i^1 \ldots \mathrm{d}t_i^{k_i} \\ &= \int\limits_{t_i^1} \cdots \int\limits_{t_i^{k_i}} \max\left(c_{\alpha_i^1} + t_i^1, \ldots, c_{\alpha_i^{k_i}} + t_i^{k_i}\right) \prod_{k=1}^{k_i} \mathrm{d}p_i^k(T), \qquad i > 1. \end{aligned}\right\} \tag{3.2.13}$$

Hierbei bestimmt man $p_i^k(T)$ aus der Gleichung

$$p_i^k(T) = \mathbf{P}\left\{t_i^k \leqq T\right\}. \tag{3.2.14}$$

Die Berechnung der c_i mit Hilfe der Formeln (3.2.13) ist praktisch nicht durchführbar, da hier mehrdimensionale Integrationen erforderlich werden, jedoch lassen sich die Beziehungen (3.2.13) auf die nachstehende im Hinblick auf die Berechnung äußerst günstige Form zurückführen:

Wegen (3.2.14) erhalten wir für $1 \leqq k \leqq k_i$

$$\mathbf{P}\left\{c_{\alpha_i^k} + t_i^k \leqq T\right\} = p_i^k\left(T - c_{\alpha_i^k}\right). \tag{3.2.15}$$

Nun führen wir das Symbol $\max\left(c_{\alpha_i^1} + t_i^1, \ldots, c_{\alpha_i^{k_i}} + t_i^{k_i}\right) = z_i$ ein und erhalten unter Beachtung von (3.2.15)

$$\mathbf{P}\{z_i \leqq T\} = \prod_{k=1}^{k_i} p_i^k\left(T - c_{\alpha_i^k}\right). \tag{3.2.16}$$

Da nun c_i dem Erwartungswert μ_i für den frühesten Termin des Ereignisses i gleich ist, können wir wegen (3.2.13)

$$\mu_i = c_i = E[z_i] = \int_{a_i}^{b_i} z \mathrm{d}\left[\prod_{k=1}^{k_i} p_i^k\left(z - c_{\alpha_i^k}\right)\right] \tag{3.2.17}$$

schreiben, wobei z_i im Intervall $[a_i, b_i]$ liegt, dessen Grenzen unten definiert werden. Berechnen wir hier das Stieltjes-Integral unter Zuhilfenahme der partiellen Integration, so ergibt sich

$$\mu_i = c_i = z \prod_{k=1}^{k_i} p_i^k\left(z - c_{\alpha_i^k}\right)\Bigg|_{a_i}^{b_i} - \int_{a_i}^{b_i} \prod_{k=1}^{k_i} p_i^k\left(z - c_{\alpha_i^k}\right) \mathrm{d}z. \tag{3.2.18}$$

Was die Intervallgrenzen a_i und b_i betrifft, so werden diese durch die Beziehungen

$$\left.\begin{aligned} a_i &= \max\left[c_{\alpha_i^1} + a_{\alpha_i^1}, \ldots, c_{\alpha_i^{k_i}} + a_{\alpha_i^{k_i}}\right], \\ b_i &= \max\left[c_{\alpha_i^1} + b_{\alpha_i^1}, \ldots, c_{\alpha_i^{k_i}} + b_{\alpha_i^{k_i}}\right] \end{aligned}\right\} \tag{3.2.19}$$

bestimmt, wobei die $a_{\alpha_i^k}$ bzw. $b_{\alpha_i^k}$ $(1 \leqq k \leqq k_i)$ so gewählt werden, daß

$$\mathbf{P}\left\{t_i^k \leqq a_{\alpha_i^k}\right\} = p_i^k\left(a_{\alpha_i^k}\right) = 0$$

bzw.

$$\mathbf{P}\left\{t_i^k \leqq b_{\alpha_i^k}\right\} = p_i^k\left(b_{\alpha_i^k}\right) = 1$$

gilt. Im Ergebnis nehmen die Gleichungen (3.2.18) die nachstehende äußerst einfache Form an:

$$\left.\begin{aligned} &c_1 = 0, \\ &c_i = b_i - \int_{a_i}^{b_i} \prod_{k=1}^{k_i} p_i^k\left(z - c_{\alpha_i^k}\right) \mathrm{d}z \qquad (i = 2, 3, \ldots, n). \end{aligned}\right\} \tag{3.2.20}$$

In der Gleichung (3.2.20) lassen sich die Verteilungen $p_i^k\left(z - c_{\alpha_i^k}\right)$ wie folgt bestimmen:

$$p_i^k\left(z - c_{\alpha_i^k}\right) = \int_{a_k}^{z - c_{\alpha_i^k}} \mathrm{d}p_i^k(x) = \int_{a_k}^{z - c_{\alpha_i^k}} \left[p_i^k(x)\right]' \mathrm{d}x. \tag{3.2.21}$$

Der angegebene Algorithmus läßt sich leicht auf Rechenmaschinen realisieren, denn für diskrete t_k-Werte reduziert er sich auf einfache endliche Summen, während für kontinuierliche t_k-Werte lediglich einfache Integrationen erforderlich sind.

Zum Abschluß des Abschnittes betrachten wir einige weitere, wenn auch weniger effektive analytische Verfahren zur Abschätzung des Erwartungswertes für die frühesten Ereignistermine. Den frühesten Termin für den Eintritt des Zielereignisses, den wir mit z bezeichnen wollen, kann man [74] als eine Funktion der Dauern der Vorgänge auffassen, die wir mit x_j, $1 \leqq j \leqq n$, bezeichnen. Wir führen den Begriff der Wegematrix des Netzplanes ein, wobei $a_{ij} = 1$ gesetzt wird, wenn der Vorgang mit der Nummer j auf dem Wege mit der Nummer i zwischen dem Startereignis und dem Zielereignis liegt (diese Wege sind numeriert); im entgegengesetzten Falle wird $a_{ij} = 0$ gesetzt.

Die Realisierungsdauer des Projekts ergibt sich dann zu

$$z = z(x_1, \ldots, x_n) = \max_{1 \leqq i \leqq p} \left(\sum_{j=1}^{n} a_{ij} x_j\right).$$

Sie läßt sich geometrisch als ein Polyeder im $(n + 1)$-dimensionalen Raum interpretieren, dessen Seitenflächen in den Hyperebenen

$$z_i = \sum_{j=1}^{n} a_{ij} x_j \qquad (1 \leqq i \leqq p)$$

liegen.

Für $z = t$ umfaßt dieses Polyeder die Menge R_t aller Punkte des Raumes, denen die Realisierungsdauer des Projekts t entspricht. Für den Erwartungswert dieser Dauer erhalten wir dann den Ausdruck

$$\mathbf{M}z = \bar{z} = \int_{-\infty}^{\infty} t \int_{R_t} f(x_1, \ldots, x_n) \, d\sigma \, dt,$$

wobei f die Dichtefunktion des n-dimensionalen Zufallsvektors X ist.

Clark [11] hat ein analytisches Verfahren entwickelt, das die ersten beiden Momente der Verteilung für die frühesten Ereignistermine bei topologisch geordneten Netzplänen abzuschätzen gestattet, wenn man voraussetzt, daß die Realisierungsdauern der Vorgänge normalverteilt sind. Die Berechnung der Erwartungswerte der frühesten Termine erfolgt hierbei schrittweise, wobei auf jedem Schritt der Mittelwert des Maximums endlich vieler Zufallsgrößen ermittelt werden muß. Es sei x_i $(0 \leq i \leq n)$ die zufällige Dauer der im Netzplan auftretenden Vorgänge; sie sei normalverteilt mit dem Erwartungswert m_i und der Varianz σ_i^2; ϱ_{ij} seien die für je zwei Dauern gebildeten Korrelationskoeffizienten. Dann greifen wir auf die Beziehung $\max [\max (x_0, x_1), x_2] = \max (x_0, x_1, x_2)$ zurück und führen die Abschätzung des Verteilungsparameters für die frühesten Ereignistermine rekursiv durch. Hierbei nehmen wir an, daß $y = \max (x_i, x_j)$ ebenfalls normalverteilt ist. Die Grundlage für das rekursive Verfahren bildet die Anwendung der nachstehenden Berechnungsformeln für die Momente erster und zweiter Ordnung μ_1 und μ_2 für die Zufallsgrößen $y = \max (x_i, x_j)$:

$$\left.\begin{aligned} \mu_1 &= \mathbf{M}y = m_i\Phi(\omega) + m_j\Phi(-\omega) + kp(\omega), \\ \mu_2 &= \mathbf{D}y = (m_i^2 + \sigma_i^2) + \Phi(\omega) + (m_j^2 + \sigma_j^2)\,\Phi(-\omega) + (m_i + m_j)\,kp(\omega); \end{aligned}\right\} \quad (3.2.22)$$

hierbei ist $\omega = \dfrac{m_i - m_j}{k}$, $k = \sigma_i^2 + \sigma_j^2 - 2\sigma_i\sigma_j\sigma_{ij}$.

In den Formeln (3.2.22) ist $\Phi(x)$ die Funktion

$$\Phi(x) = \frac{2}{\sqrt{\pi}} \int_0^x e^{-t^2} \, dt, \quad (3.2.23)$$

$p(x)$ die Funktion

$$p(x) = \frac{1}{\sqrt{2\pi}} e^{-\frac{x^2}{2}} \quad (3.2.24)$$

und φ_{ij} das gemischte Moment zweiter Ordnung.

Zur Ermittlung der Momente der Verteilung der Maxima verwendet man, wenn die Anzahl der Variablen größer als 2 ist, die folgende Formel für den Korrelationskoeffizienten:

$$\varrho = \varrho\,(x_k, y) = \varrho\,(x_k, \max (x_i, x_j)) = \frac{\sigma_i\varrho_{ik}\Phi(\omega) + \sigma_j\sigma_{jk}\Phi(-\omega)}{\sqrt{(\mu_2 - \mu_1^2)}}.$$

Man kann sich auch die Aufgabe stellen, ein optimales System von Terminen für den Beginn der Vorgänge im Netzplanmodell derart zu bestimmen, daß die Wahrscheinlichkeit der Realisierung eines beliebigen Vorganges x_i zu einem vorgegebenen Ecktermin nicht kleiner ist als eine vorgegebene Größe p_j, die man als garantierten Risikowert bezeichnet.

Dieses Problem läuft [9] darauf hinaus, Werte u_i zu bestimmen, die die Zielfunktion $\sum_{i=0}^{m} u_i a_i$ unter den Restriktionen

$$\mathbf{P}\left\{\sum_{i=0}^{m} u_i \varepsilon_{ij} \geqq t_j\right\} \geqq p_j, \qquad 1 \leqq j \leqq n, \quad 0 \leqq p_j \leqq 1,$$

minimieren. Nach einer entsprechenden Umformung der linken Seiten aller dieser Wahrscheinlichkeitsrestriktionen erhalten wir [9] den äquivalenten Ausdruck $F_j\left\{\sum_{i=0}^{m} u_i \varepsilon_{ij}\right\} \geqq p_j$, wobei F_j die Verteilungsfunktion für t_j ist. Danach wird das hierzu duale Problem gelöst, das darin besteht, den Wert $I = \min \sum_{i=0}^{m} u_i a_i$ unter den Restriktionen $\sum_{i=0}^{m} u_i \varepsilon_{ij} \geqq F_j^{-1}(p_j)$, $1 \leqq j \leqq n$, zu ermitteln.

3.3. Das Verfahren von WILENKIN zur Approximation der Verteilung der Realisierungsdauer eines Netzplanprojekts

Die im vorhergehenden Abschnitt beschriebenen analytischen Verfahren zur Berechnung der Parameter eines Netzplanmodells mit zufälligen Schätzwerten für die Vorgänge lassen sich nur zur Abschätzung der Erwartungswerte für die frühesten Termine der Ereignisse anwenden. Sie lassen sich jedoch nicht anwenden, um irgendeine Information über das Verteilungsgesetz der frühesten Termine $T_i^{(0)}$, insbesondere auch nicht des frühesten Termins für das Zielereignis (und damit der Realisierungsdauer des Gesamtprojekts) zu gewinnen. Nachstehend wollen wir ein analytisches Verfahren zur Lösung dieses Problems beschreiben, das von WILENKIN [64] entwickelt wurde.

Wir betrachten ein Netzplanmodell mit $n + 1$ Ereignissen i $(0 \leqq i \leqq n)$, wobei die Realisierungsdauer der Vorgänge (i, j) unabhängig, eindimensional und mit den Erwartungswerten a und den Varianzen σ_{ij}^2 verteilt seien.

Sodann betrachten wir die Folgen

$$\eta_k = \sum t_{ijk},$$

wobei der Index k darauf hinweist, daß die Zeiten t_{ij} auf der k-ten Folge der Ereignisse von 0 bis n liegen. Wir wollen annehmen, daß die Verteilung der Realisierungsdauer λ des Netzplanprojekts bei zufälliger Wahl der Größen t_{ij} mit der Verteilung der Größe $\eta_{\max}$ übereinstimmt. Es sei $X = \{t(0, 1), t(1, 2), \ldots, t(n-1, n)\}$ der Zufallsvektor der Realisierungsdauern der Vorgänge im Netzplanmodell. Die Einführung der Größen $\eta_k = \sum t_{ijk}$ stellt eine lineare Transformation mit einer Transformationsmatrix des Formats $m \times n$ mit $m \leqq n$ dar. Diese Transformation definiert eine neue Zufallsgröße z mit m-dimensionaler Verteilung, die durch die gegebene Verteilung der Größe X eindeutig bestimmt ist. Die Momente der Verteilung von z sind mit den Momenten der Verteilung von X durch die Beziehung

$$\mu_{ik} = \sum_{r,s=1}^{n} c_{ir} \lambda_{rs} c_{ks} \tag{3.3.1}$$

verknüpft.

Wegen der Unabhängigkeit der t_{ij} besitzt die Verteilung von z die Momente erster Ordnung $a_i = \sum a_{ij}$ und eine normierte Matrix der Korrelationskoeffizienten

$$\begin{pmatrix} \varrho_{11} & \varrho_{12} & \cdots & \varrho_{1m} \\ \varrho_{21} & \varrho_{22} & \cdots & \varrho_{2m} \\ \cdots & \cdots & \cdots & \cdots \\ \varrho_{m1} & \varrho_{m2} & \cdots & \varrho_{mm} \end{pmatrix}$$

mit

$$\varrho_{ik} = \frac{\sum_t \sigma_{tkl}^2}{\sigma_l \sigma_k}.$$

Die σ_{tkl}^2 sind die Varianzen für die Realisierungsdauern der Vorgänge, die sowohl der k-ten als auch der l-ten Folge angehören. Der Rang der Matrix der Momente ist $r \leqq m$. Hieraus schließen wir, daß die η_i mit einer gegen 1 strebenden Wahrscheinlichkeit als lineare Funktionen von r nichtkorrelierten Zufallsvariablen dargestellt werden können.

Entspricht die Verteilung einer jeden dieser Größen näherungsweise der Normalverteilung, so hat, wie man leicht sieht, auch der Vektor z eine Verteilung, die näherungsweise der Normalverteilung entspricht. Die gemeinsame Verteilung der η_i läßt sich ebenfalls als Normalverteilung deuten. Als Dichtefunktion der gemeinsamen Verteilung der η_i läßt sich dann die Funktion

$$f(x_1, x_2, \ldots, x_m) = \frac{\exp\left\{-\frac{1}{2p} \sum_{j,k} p_{j,k} \frac{x_j - a_j}{\sigma_j} \frac{x_k - a_k}{\sigma_k}\right\}}{(2\pi)^{m/2} \sigma_1 \sigma_2 \ldots \sigma_m \sqrt{p}} \tag{3.3.2}$$

auffassen, wobei die p_{jk} die algebraischen Komplemente der ϱ_{jk} sind und

$$p = \det \|\varrho_{jk}\|$$

gesetzt ist. Die charakteristische Funktion dieser Verteilung ist

$$\Psi(t_1, t_2, \ldots, t_n) = \exp\left\{-\frac{1}{2} \sum_{j,k} \varrho_{j,k} \sigma_j \sigma_k t_j t_k + i \sum_j a_j t_j\right\}. \tag{3.3.3}$$

Die Wahrscheinlichkeit dafür, daß keiner der Wege eine Maximaldauer aufweist, die größer ist als x, ergibt sich zu

$$P(\eta_1 \leqq x, \ldots, \eta_m \leqq x) = \int_{-\infty}^{x} \ldots \int_{-\infty}^{x} f(x_1, \ldots, x_m)\, dx_1\, dx_2 \ldots dx_m. \tag{3.3.4}$$

Die Funktion $f(x_1, \ldots, x_m)$ entwickeln wir in eine Gram-Charliersche Reihe vom Typ A.

Im eindimensionalen Falle gilt

$$f(x) = c_0 \varphi(x) + \frac{c_1}{1!} \varphi'(x) + \cdots + \frac{c_n}{n!} \varphi^{(n)}(x) + \cdots, \tag{3.3.5}$$

wobei $\varphi(x)$ die Dichtefunktion der Normalverteilung

$$\varphi^{(n)}(x) = (-1)^n H_n(x)\, \varphi(x)$$

und $H_n(x)$ ein HERMITEsches Polynom n-ten Grades ist, während die

$$c_n = (-1)^n \int_{-\infty}^{\infty} H_n(x)\, f(x)\, \mathrm{d}x$$

die Summen der entsprechenden Momente der Dichtefunktion sind. Im mehrdimensionalen Falle erhalten wir die Formel

$$f(x_1, \dots, x_n) = c_0 \varphi\,(x_1, \dots, x_n) + \sum_{m_1, \dots, m_n} \frac{c_{m_1 \cdots m_n}}{m_1! \cdots m_n!} \frac{\partial^{m_1 + \cdots + m_n} \varphi\,(x_1, \dots, x_n)}{\partial x_1^{m_1} \cdots \partial x_n^{m_n}}. \quad (3.3.6)$$

In dieser Entwicklung ist

$$\frac{\partial^{m_1 + \cdots + m_n} \varphi\,(x_1, \dots, x_n)}{\partial x_1^{m_1} \cdots \partial x_n^{m_n}} = (-1)^{m_1 + \cdots + m_n} H_{m_1 m_2 \cdots m_n}\,(x_1, \dots, x_n)\, \varphi(x_1, \dots, x_n)$$

gesetzt, wobei die $H_{m_1 \cdots m_n}(x_1, \dots, x_n)$ die von der Funktion $\varphi(x_1, \dots, x_n)$ erzeugten HERMITEschen Polynome sind, während

$$\varphi\,(x_1, \dots, x_n) = \frac{1}{(2\pi)^{n/2}} \exp\left\{-\frac{1}{2} \sum x_j^2\right\}$$

die Dichtefunktion der Normalverteilung ist. Die $c_{m_1 \cdots m_n}$ sind die Summen der Momente der Dichtefunktion $f(x_1, \dots, x_n)$.

Die Berechnung der Wahrscheinlichkeit $P(\eta_1 \leqq x, \dots, \eta_m \leqq x)$ läuft somit darauf hinaus, die Werte der Wahrscheinlichkeitsintegrale und der Dichtefunktion im eindimensionalen Raum zu bestimmen (diese Funktionen sind tabelliert) und die Werte der HERMITEschen Polynome zu berechnen.

Die Entwicklung von $f(x_1, x_2, x_3)$ in eine mehrdimensionale GRAM-CHARLIERsche Reihe vom Typ A insbesondere ergibt sich zu

$$\begin{aligned} f(x_1, x_2, x_3) = \varphi\,(x_1, x_2, x_3)\Big[1 &+ \varrho_{12} x_1 x_2 + \varrho_{13} x_1 x_3 + \varrho_{23} x_2 x_3 + \varrho_{21}\varrho_{31} x_2 x_3\,(x_1^2 - 1) \\ &+ \varrho_{12}\varrho_{23} x_1 x_3\,(x_2^2 - 1) + \varrho_{13}\varrho_{23} x_1 x_2\,(x_3^2 - 1) \\ &+ \frac{\varrho_{12}^2}{2}(x_1^2 - 1)(x_2^2 - 1) + \frac{\varrho_{13}^2}{2}(x_1^2 - 1)(x_3^2 - 1) \\ &+ \frac{\varrho_{23}^2}{2}(x_2^2 - 1)(x_3^2 - 1) + \cdots\Big]. \end{aligned}$$

Was die Abschätzung der mehrdimensionalen Verteilungsfunktion betrifft, so erhält man als endgültiges Ergebnis

$$\begin{aligned} &P\,(\eta_1 \leqq x, \dots, \eta_n \leqq x) \\ &= \int_{-\infty}^{(x-a_1)/\sigma_1} \cdots \int_{-\infty}^{(x-a_n)/\sigma_n} f(x_1, \dots, x_n)\, \mathrm{d}x_1 \cdots \mathrm{d}x_n \\ &= \prod_{i=1}^{n} \Phi\left(\frac{x - a_i}{\sigma_i}\right) + \sum \frac{c_{m_1 \cdots m_n}}{m_1! \cdots m_n!} \prod_{\substack{i=1 \\ m_i > 0}}^{n} H_{m_i - 1} \frac{\exp\left\{-\dfrac{(x_i - a_i)^2}{2\sigma_i^2}\right\}}{\sqrt{2\pi}} \prod_{\substack{j=1 \\ m_j = 0}} \Phi\left(\frac{x - a_j}{\sigma_j}\right). \end{aligned} \quad (3.3.7)$$

Hierbei ist $\Phi(y)$ das Wahrscheinlichkeitsintegral (vgl. 3.1., S. 82).

In dem in Bild 7 gegebenen Beispiel [64] besteht der Netzplan aus acht Vorgängen, deren Realisierungsdauern der Betaverteilung mit den folgenden Parametern unterliegen:

$$a_{01} = 4,\ a_{12} = 5,\ a_{13} = 5,\ a_{24} = 7,\ a_{34} = 6,\ a_{35} = 5,\ a_{46} = 3,\ a_{56} = 7,$$

$$\sigma_{61} = 2,\ \sigma_{12} = \sqrt{2},\ \sigma_{13} = 2,\ \sigma_{24} = \sqrt{3},\ \sigma_{34} = 1,\ \sigma_{35} = \sqrt{2},\ \sigma_{46} = 1,\ \sigma_{56} = \sqrt{3}.$$

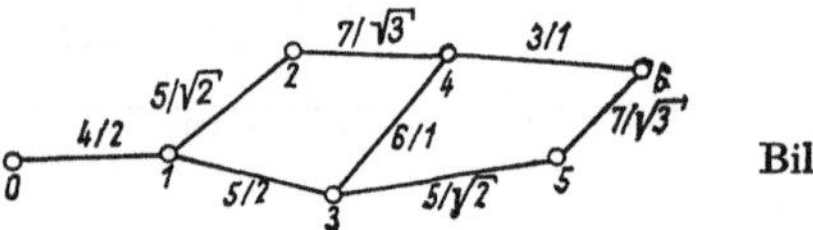

Bild 7

Dieses System weist drei Wege mit folgenden Charakteristiken auf:

$$a_1 = 19,\ \sigma_1^2 = 10,\ \sigma_{12} = \frac{1}{2},$$

$$a_2 = 18,\ \sigma_2^2 = 10,\ \sigma_{13} = \frac{4}{130},$$

$$a_3 = 21,\ \sigma_3^2 = 13,\ \sigma_{23} = \frac{8}{130}.$$

Die Verteilung der maximalen Realisierungsdauer des Netzplanprojekts hat die folgende Form:

$$\begin{aligned}\mathbf{P}(\lambda \leqq x) = {} & \Phi\left(\frac{x-19}{\sqrt{10}}\right)\Phi\left(\frac{x-18}{\sqrt{10}}\right)\Phi\left(\frac{x-21}{\sqrt{13}}\right) + \frac{1}{2}(x-19)(x-18)\\ & \times\Phi\left(\frac{x-21}{\sqrt{13}}\right)\frac{1}{2\pi}\exp\left\{-\frac{1}{2}\left[\frac{(x-18)^2}{10}+\frac{(x-19)^2}{10}\right]\right\} + \frac{4}{130}(x-19)(x-21)\\ & \times\Phi\left(\frac{x-18}{\sqrt{10}}\right)\frac{1}{2\pi}\exp\left\{-\frac{1}{2}\left[\frac{(x-19)^2}{10}+\frac{(x-21)^2}{13}\right]\right\} + \frac{8}{130}(x-18)(x-21)\\ & \times\Phi\left(\frac{x-19}{\sqrt{10}}\right)\frac{1}{2\pi}\exp\left\{-\frac{1}{2}\left[\frac{(x-18)^2}{10}+\frac{(x-21)^2}{13}\right]\right\} + \cdots.\end{aligned}$$

Im Falle von Netzplanmodellen größeren Umfanges dürfte das angegebene Verfahren zu erheblichen Schwierigkeiten im Hinblick auf den Rechenaufwand führen.

3.4. Das analytische Verfahren von Martin mit einer Netzplantransformation als Grundlage

Für viele Netzplanmodelle mit geschätzten Zufallswerten für die Vorgänge erweisen sich die bisher beschriebenen Verfahren zur Berechnung der Verteilungsparameter für die Dauer der Realisierung des Projekts als wenig effektiv, insbesondere für Netzpläne großen Umfangs. In diesen Fällen können gute Ergebnisse erzielt werden, indem man das vorgegebene Netzplanmodell auf ein anderes äquivalentes (in der Regel weniger umfangreiches) Netzplanmodell zurückführt, bei dem die Wahrscheinlichkeitsverteilung des Realisierungstermins mit der Verteilung für den ursprünglichen Netzplan übereinstimmt. Die Berechnungsarbeit läuft hierbei auf die

Abschätzung der Verteilung der Summe und des Maximums endlich vieler Zufallsgrößen hinaus (Faltung und Multiplikation von Verteilungen). Dieses Verfahren wird so lange durchgeführt, bis sich das gesamte Modell auf einen einzigen, dem Netzplan äquivalenten Vorgang reduziert. Die Verteilungsfunktion der Dauer dieses Vorganges entspricht dann der Verteilung für den frühesten Termin des Zielereignisses des ursprünglichen Netzplanes. Wir wollen nun den von MARTIN [36] stammenden Algorithmus zur Reduzierung eines Netzplanes auf einen äquivalenten sowie die zugehörige Berechnungsprozedur beschreiben.

Der Grundgedanke des Algorithmus besteht in folgendem: In der in der Graphentheorie üblichen Schreibweise wird der Netzplan durch das Symbol (N, A) bezeichnet, wobei N die Menge der Knoten und A die Menge der Kanten, also der Vorgänge, ist.

Wir wollen zunächst den Begriff des *Folgeteilgraphen* (N_1, A_1) eines gerichteten kreisfreien Graphen mit folgenden Eigenschaften einführen:

1. Nur ein Knoten $S_s \in N_1$ besitzt genau eine Kante $a_1 \in A_1$, die von diesem Knoten ausgeht, während alle in S_s mündenden Kanten nicht zu A_1 gehören. Der Knoten S_s heißt der Eingang des Folgeteilgraphen.

2. Nur ein Knoten $Z_s \in N_1$ besitzt genau eine Kante $a_m \in A_1$, die in diesen Knoten mündet, während alle von Z_s ausgehenden Kanten nicht zu A_1 gehören. Der Knoten Z_s heißt der Ausgang des Folgeteilgraphen.

3. In jeden anderen Knoten $n \in N_1$ mündet genau eine Kante $a_i \in A_1$; desgleichen geht von diesen Knoten genau eine Kante $a_j \in A_1$ aus.

Ein *paralleler Teilgraph* (N_2, A_2) ist ein gerichteter kreisfreier Graph mit folgenden Eigenschaften:

1. Genau ein Knoten $S_p \in N_2$ besitzt die Menge $\{a_1, \ldots, a_k\} \in A_2$ der von diesem Knoten ausgehenden Kanten, die mehr als eine Kante enthält, während jede Kante, die in S_p mündet, nicht zu A_2 gehört.

2. Genau ein Knoten $Z_p \in N_2$ besitzt die Menge $\{a_i, \ldots, a_m\} \in A_2$ der in diesen mündenden Kanten, die mehr als eine Kante enthält, während jede Kante, die von Z_p ausgeht, nicht zu A_2 gehört.

3. Die Knoten S_p und Z_p sind durch zwei oder mehrere Folgeteilgraphen miteinander verbunden, die den gemeinsamen Eingang S_p und den gemeinsamen Ausgang Z_p besitzen.

Somit existiert im Folgeteilgraphen ein einziger Weg zwischen Eingang und Ausgang, während in einem parallelen Teilgraphen zwei oder mehrere einander nicht schneidende Wege zwischen Ein- und Ausgang vorhanden sind (siehe Bild 8.1 und 8.2).

Unter einem *Parallelfolgeteilgraphen* wollen wir entweder einen Folgeteilgraphen, einen parallelen Teilgraphen, zwei Folgeteilgraphen oder zwei parallele Teilgraphen verstehen, die hintereinander oder parallel verbunden sind.

Ein Parallelfolgeteilgraph ist somit ein gerichteter kreisfreier Graph mit einem Eingang und einem Ausgang. Man kann annehmen, daß ein beliebiger gerichteter kreisfreier Graph aus einem Parallelfolgeteilgraphen als Kern und aus einander sich schneidenden Teilgraphen besteht (siehe Bild 8.3 und 8.4).

Wir wollen nun die Operationen der sequentiellen und parallelen Reduktion einführen.

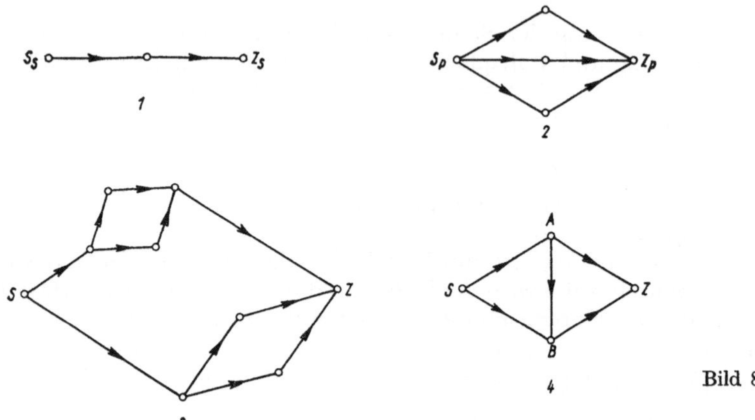

Bild 8

Die Realisierungsdauer eines Folgeteilgraphen mit n Vorgängen wird durch den Ausdruck $T_n = t_1 + \cdots + t_n$ bestimmt, wobei t_i die zufällige Dauer der Realisierung des i-ten Vorganges mit der zugehörigen Dichtefunktion $f_i(t)$ ist.

Die Operation der sequentiellen Reduktion transformiert einen Folgeteilgraphen in eine einzige äquivalente Kante (Vorgang), deren Realisierungsdauer eine Dichtefunktion aufweist, die sich durch mehrfache Anwendung des Faltungsoperators ergibt. Die Dichtefunktion $g_n(t)$ der Verteilung der Zufallsgröße T_n wird durch das folgende rekursive Verfahren berechnet:

$$\left.\begin{aligned} g_1(t) &= f_1(t), \\ g_k(t) &= \int_{-\infty}^{\infty} f_k(\tau) g_{k-1}(t-\tau)\, \mathrm{d}\tau, \qquad k = 2, 3, \ldots, n. \end{aligned}\right\} \tag{3.4.1}$$

Die Operation der parallelen Reduktion transformiert einen parallelen Teilgraphen, der aus n Wegen besteht, in eine einzige Kante (Vorgang), die diesem Teilgraphen äquivalent ist. Zunächst werden die Folgeteilgraphen, die die einzelnen Wege bilden, mit Hilfe der sequentiellen Reduktion in äquivalente Vorgänge transformiert, unter denen der i-te Vorgang durch die Realisierungsdauer t_i mit der Dichtefunktion $F_i(t)$ charakterisiert wird. Danach wird die Realisierungsdauer des parallelen Teilgraphen durch den Ausdruck $T_n = \max t_1, \ldots, t_n$ bestimmt, wobei die Verteilungsfunktion dieser Größe die Form $G_n(t) = P[T_n \leqq t] = \prod_{i=1}^{n} F_i(t)$ hat, während die Dichtefunktion $g_n(t) = G'_n(t)$ ist.

Wir beschreiben nun den Algorithmus [36], der unter Verwendung der sequentiellen und parallelen Reduktion einen beliebigen Parallelfolgegraphen (N, A), bei dem die Realisierungsdauern der Vorgänge unabhängige Zufallsvariable sind, auf einen äquivalenten Vorgang reduziert, dessen Dichtefunktion für die Realisierungsdauer die Realisierungsdauer des ursprünglichen Netzplangraphen charakterisiert. Vom Eingangsknoten des Graphen ausgehend wird der Algorithmus von Knoten zu Knoten fortschreitend fortgeführt, wobei die Reduktion der sequentiellen und parallelen Teilgraphen erfolgt, und er kommt zum Stehen, sobald der Ausgang des Teilgraphen erreicht wurde. Die Dichtefunktion der Verteilung der Dauer des Vorganges $(i, j) \in A$ bezeichnen wir durch f_{ij}. Bei jedem Schritt der Berechnung wird die Anzahl der

Vorgänge, die von dem in diesem Schritt betrachteten Knoten N_i ausgehen, mit ν bezeichnet. Wir wollen nun den Algorithmus schrittweise betrachten:

1. Schritt. Man gehe zum zweiten Schritt über, indem man den Eingang des Graphen als den bei diesem Schritt betrachteten Knoten auffaßt.

2. Schritt. Ist $\nu = 0$, so gehe man zum 5. Schritt über; ist $\nu = 1$, so gehe man zum 3. Schritt über; ist $\nu > 1$, so fahre man mit dem 4. Schritt fort.

3. Schritt. Vom betrachteten Knoten N_i geht nur ein Vorgang (i, j) aus. Man wählt N_j als neuen zu betrachtenden Knoten. Ist N_i der Eingang des Graphen, so ist die Dichtefunktion für die Verteilung des frühesten Termins des Ereignisses N_j gleich f_{ij}. Im entgegengesetzten Falle berechne man die Faltung f_{ij} mit der Dichtefunktion der Verteilung des frühesten Termins von N_i, wodurch man die Dichtefunktion für die Verteilung des frühesten Termins für das Ereignis N_j erhält. Anschließend kehre man zum 2. Schritt zurück.

4. Schritt. Vom betrachteten Knoten N_i gehen mehr als ein Vorgang aus.

1. Man reduziere den ersten Weg, der von N_i ausgeht und in N_j endet, auf eine einzige äquivalente Kante und verfahre hierzu folgendermaßen: Man fasse N_i als Eingang eines neuen Graphen auf, für den $\nu = 1$ ist, setze den sequentiell-parallelen Algorithmus an, der zum Abschluß kommt, sobald der Ausgang N_j dieses neuen Graphen erreicht ist. Unter der Voraussetzung, daß jeder sequentiell-parallele Teilgraph, der diesem Wege angehört, durch rekursive Anwendung des sequentiell-parallelen Algorithmus auf einen einzigen Vorgang reduziert wurde, bestimme man den Knoten N_j als ersten Knoten, in den mehr als ein Vorgang mündet.

2. Man wiederhole den Schritt 4, Teilschritt 1, für jeden Weg, der von N_j ausgeht.

3. Man wende die Operation der parallelen Reduktion an, um den gewonnenen parallelen Teilgraphen mit dem Eingang N_i und dem Ausgang N_j in einen einzigen Vorgang a_{ij}^* mit der Dichtefunktion f_{ij}^* zu transformieren.

4. Man fasse N_j als neuen betrachteten Knoten auf. Ist N_i der Eingang des Graphen, so ist f_{ij}^* die Dichtefunktion für die Verteilung des frühesten Termins des Ereignisses N_j. Im entgegengesetzten Falle berechne man die Faltung f_{ij}^* mit der Dichtefunktion für die Verteilung des frühesten Termins des Ereignisses N_i, wodurch man die Dichtefunktion der Verteilung des frühesten Termins von N_j erhält. Anschließend kehre man zum 2. Schritt zurück.

5. Schritt. Vom Knoten N_i geht kein einziger Vorgang aus. Man breche die Berechnungen ab, da dieser Knoten der Ausgang des Graphen ist.

Es läßt sich zeigen [36], daß der Algorithmus eindeutig abläuft und daß der ursprüngliche Graph stets auf den gleichen ihm äquivalenten Vorgang reduziert wird. Ferner konvergiert der Algorithmus nach endlich vielen Iterationen, deren jede zur Bildung eines äquivalenten Graphen führt, der weniger Vorgänge und Ereignisse enthält als der ursprüngliche Graph.

Der beschriebene Algorithmus läßt sich zweckmäßig für eine beschränkte Anzahl von Verteilungsarten für die Realisierungsdauern der Vorgänge anwenden. Insbesondere ist es wünschenswert, die Dichtefunktion der Verteilung dieser Vorgänge durch eine endliche Anzahl von Parameter zu beschreiben, etwa durch Polynome

$$f_i(x) = \sum_{i=0}^{n} a_i x^i.$$

Der Reduktionsalgorithmus erweist sich im Falle der Verwendung von Polynomen als verhältnismäßig einfach, denn die Operationen der Faltung, Addition und Multiplikation der Dichtefunktionen stoßen nicht auf rechnerische Schwierigkeiten.

Jeder gerichtete kreisfreie Graph läßt sich ebenfalls einer sequentiell-parallelen Transformation unterziehen, die dann allerdings einer gewissen Modifikation bedarf. Dies erreicht man durch Transformation des ursprünglichen Graphen auf eine sequentiell-parallele Form, in der nun nicht mehr alle Realisierungsdauern der Vorgänge paarweise unabhängig sind. Darüber hinaus muß der Algorithmus selbst durch eine entsprechende zusätzliche Prozedur verändert werden. Diese Prozedur erhält man dadurch, daß man den Graphen (N, A) in Form eines hierarchischen Baumes darstellt.

In diesem Baum ist die Anzahl der Zweige gleich der Anzahl der Wege zwischen dem Start- und dem Zielereignis des Netzplangraphen. Da diese Wege einzelne Vorgänge gemeinsam haben können, sind ihre Dauern abhängige Zufallsgrößen. Daher werden zunächst die bedingten Verteilungen bei festen gemeinsamen Vorgängen berechnet, wonach über diese Bedingungen integriert wird. Hierbei erfährt der oben beschriebene Algorithmus verschiedene Veränderungen, insbesondere wird die Prozedur des 4. Schrittes erheblich komplizierter. Besonders kompliziert wird der Algorithmus dann, wenn im Netzplangraphen Doppelkanten auftreten, wobei insbesondere die Operation der parallelen Reduktion modifiziert werden muß. Die Darstellung des Netzplangraphen in Form eines hierarchischen Baumes wird ebenfalls benutzt, um die Wahrscheinlichkeit dafür abzuschätzen, daß ein Vorgang im Prozeß seiner Realisierung auf den kritischen Weg gelangt. Darüber hinaus wird diese Darstellung benutzt, um die Wahrscheinlichkeit dafür abzuschätzen, daß ein bestimmter Weg (oder ein Teil desselben) dem kritischen Weg angehört. Die zugehörigen Rechenprozeduren werden aber äußerst umständlich, und ihre Realisierung stößt auf große Schwierigkeiten.

3.5. Das Verfahren der Analyse der signifikanten Wege von Meschkow

Wir betrachten nun ein analytisches Verfahren, das in der Arbeit [86] beschrieben wurde und das nach unserem Dafürhalten ernsthaft Beachtung verdient. Dieses Verfahren läßt sich verwenden zur Analyse der Verteilung des frühesten Termins für den Eintritt eines beliebig herausgegriffenen Ereignisses k des Netzplanmodells (darunter selbstverständlich auch des Zielereignisses).

Das Wesen des Verfahrens besteht darin, daß man aus der gesamten Menge der Wege, die zu dem betrachteten Ereignis k führen, die *signifikanten* herausgreift, die die Verteilungsfunktion $F_k(t)$ des frühesten Termins für den Eintritt dieses Ereignisses bestimmen. Es sei darauf hingewiesen, daß dieses Verfahren weniger „starre" Anforderungen an die Kenntnis der Verteilungen für die Dauer der Vorgänge stellt als verschiedene andere Verfahren, darunter auch das Verfahren der statistischen Modellierung. Benötigt man für die Modellierung des Netzplanes die Dichtefunktion für die Verteilung der Dauer eines jeden Vorganges, so genügt für das zu beschreibende Verfahren bereits die Kenntnis des Erwartungswertes $\bar{t}$ und der Varianz $\mathbf{D}t$ der Dauer der zugehörigen Vorgänge. Hieraus geht hervor, daß man mit gleichem Erfolg zur Bestimmung des Erwartungswertes und der Varianz sowohl die Formeln des

PERT-Verfahrens $\bar{t} = \frac{a + 4m + b}{6}$, $\sigma_t = \frac{b - a}{6}$ beim Drei-Schätzwert-Verfahren als auch die entsprechenden Formeln bei der Zwei-Schätzwert-Methode $\bar{t} = \frac{3a + 2b}{5}$, $\sigma_t = \frac{b - a}{5}$ anwenden kann.

Jedes Ereignis k eines Netzplanmodells läßt sich als Zielereignis eines Teilgraphen dieses Modells auffassen. Daher wollen wir die weiteren Erörterungen stets auf das Zielereignis beziehen, da hierdurch keinerlei Einschränkung der Allgemeinheit eintritt.

Der früheste Termin für den Eintritt des Ereignisses k des Netzplanmodells wird durch den Ausdruck

$$T_k = \max \{t(L_1), t(L_2), \dots, t(L_n)\} \tag{3.5.1}$$

bestimmt, wobei $t(L_1)$, $t(L_2)$, ..., $t(L_n)$ Zufallsvariable sind, die jeweils den Längen aller Wege des Netzplanmodells entsprechen, die das Start- und das Zielereignis miteinander verbinden.

Es ist klar, daß dann auch T_k eine Zufallsgröße ist. Die Wahrscheinlichkeit für den Eintritt des Zielereignisses in einem gewissen Zeitpunkt t ergibt sich dann zu

$$F(t) = \mathbf{P}\,(T_k \leqq t) = \mathbf{P}\,(t(L_1) \leqq t,\ t(L_2) \leqq t,\ \dots,\ t(L_n) \leqq t). \tag{3.5.2}$$

Die Länge $t(L_\mu)$ des Weges L_μ ergibt sich als Summe der Dauern der Vorgänge, die diesem Wege angehören, d.h., es gilt

$$t(L_\mu) = \sum_{(i,j) \in L_\mu} t_{ij}, \tag{3.5.3}$$

wobei t_{ij} die Dauer des Vorganges (i, j) ist.

Da die Detaillierung der Vorgänge im allgemeinen in einem Netzplan den gleichen Grad aufweist, so sind die Größen t_{ij}, was ihren Einfluß auf zufällige Veränderungen der Summe (3.5.3) betrifft, miteinander vergleichbar [86]. Unter der Voraussetzung, daß die Dauern der Vorgänge des Netzplanmodells unabhängig sind, kann man bei fünf bis sieben Summanden auf Grund des LJAPUNOWschen Grenzwertsatzes annehmen, daß die Größen $t(L_\mu)$ angenähert normalverteilt sind. Der Erwartungswert ist dann[1])

$$\bar{L}_\mu = \sum_{L_\mu} \bar{t}_{ij} \tag{3.5.4}$$

und die Varianz

$$\mathbf{D}L_\mu = \sum_{L_\mu} \mathbf{D}t_{ij}; \tag{3.5.5}$$

hierbei wird über die Vorgänge summiert, die dem Weg L_μ angehören.

Die gemeinsame Verteilung der Zufallsgrößen $L_1, L_2, \dots, L_n$ wird ebenfalls als mehrdimensionale Normalverteilung angenommen. Der Ausdruck (3.5.2) läßt sich dann in der Form

$$F(t) = \int_{-\infty}^{t} \cdots \int_{-\infty}^{t} f_N\,(l_1, l_2, \dots, l_n)\, \mathrm{d}l_1\, \mathrm{d}l_2 \cdots \mathrm{d}l_n \tag{3.5.6}$$

---

[1]) Hier und später wird überall dort, wo keine Mißverständnisse zu befürchten sind, anstelle von $t(L)$ einfach L geschrieben.

schreiben, wobei $f_N(l_1, l_2, \ldots, l_n)$ die mehrdimensionale normale Dichtefunktion mit dem Erwartungswert $\begin{pmatrix} \bar{L}_1 \\ \bar{L}_2 \\ \vdots \\ \bar{L}_n \end{pmatrix}$, der Varianz $\begin{pmatrix} \mathbf{D}L_1 \\ \mathbf{D}L_2 \\ \vdots \\ \mathbf{D}L_n \end{pmatrix}$ und der Korrelationskoeffizientenmatrix $\begin{pmatrix} 1 & & \\ \varrho_{12} & 1 & \\ \cdots & \cdots & \cdots \\ \varrho_{1n} & \varrho_{2n} \cdots & 1 \end{pmatrix}$ ist. Hier ist ϱ_{st} der Korrelationskoeffizient von L_s und L_t, der nach der Formel

$$\varrho_{st} = \frac{\sum\limits_{L_s \wedge L_t} \mathbf{D}t_{ij}}{\sqrt{\mathbf{D}L_s \mathbf{D}L_t}} \tag{3.5.7}$$

berechnet wird.

Die Bedingung unter dem Summenzeichen besagt, daß die Summation über alle Vorgänge zu erstrecken ist, die L_s und L_t gemeinsam sind. Besitzen sämtliche Wege des Netzplangraphen keine gemeinsamen Vorgänge, so sind alle Größen $t(L_1)$, $t(L_2), \ldots, t(L_n)$ voneinander unabhängig (im Sinne der Wahrscheinlichkeitsrechnung). In diesem Falle gilt

$$F(t) = \frac{1}{2^n} \prod_{\mu=1}^{n} \left[\tilde{\Phi}\left(\frac{t - \bar{L}_\mu}{\sqrt{2 \mathbf{D} L_\mu}} \right) + 1 \right] \tag{3.5.8}$$

mit $\tilde{\Phi}(x) = \frac{2}{\sqrt{2\pi}} \int\limits_0^x e^{-\mu^2/2} \, du$.

Jedoch haben im allgemeinen die Wege eines Netzplangraphen gemeinsame Vorgänge, weshalb die Formel (3.5.8) zur Bestimmung von $F(t)$ im allgemeinen nicht anwendbar ist. Darüber hinaus besteht die Schwierigkeit der Bestimmung von $F(t)$ darin, daß die Anzahl der Wege eines Netzplanmodells sogar verhältnismäßig geringen Umfanges recht groß ist. Die Realisierung von Algorithmen auf elektronischen Digitalrechnern, mit deren Hilfe man sämtliche Wege eines Netzplanmodells durchgeht, deren Abhängigkeitsgrad (Korrelation) feststellt und das n-fache Integral (3.5.6) berechnet, ist äußerst umständlich und erfordert sehr viel Maschinenzeit. Die Untersuchung der Verteilungen der Zufallsgrößen vom Typ (3.5.1) zeigt [86], daß diese für $n \to \infty$ gewisse asymptotische Eigenschaften zeigen, die sich bereits bei $n = 15$ bis $n = 20$ äußern. Aus diesem Grunde kann man aus einem Netzplanmodell 15 bis 20 *signifikante* Wege auswählen, die die Parameter der Verteilungsfunktion am stärksten beeinflussen.

Wie die Untersuchungen an Netzplanmodellen realer Objekte gezeigt haben, üben den stärksten Einfluß auf die Verteilungsfunktion die Wege L_i aus, bei denen die Erwartungswerte $\bar{L}_i$ für deren Dauer große Werte annehmen und die mit den übrigen Wegen $L_1, L_2, \ldots, L_n$ des Netzplanes am wenigsten korreliert sind.

Zur Bestimmung der Verteilungsfunktion $F(t)$ und ihrer Parameter muß man daher 15 bis 20 signifikante Wege des Netzplangraphen auswählen und aus diesen die

Zufallsgröße $T_k^* = \max [t(L_1), t(L_2), \ldots, t(L_n)]$, $m = 15, \ldots, 20$, bilden, die $F(t)$ hinreichend genau approximiert.

Wir beschreiben nun den Algorithmus [86], der es gestattet, in einem vorgegebenen Netzplangraphen die erforderliche Anzahl signifikanter Wege zu bestimmen, bei denen der Erwartungswert und die Varianz für die Dauer durch die Formeln (3.5.4) und (3.5.5) gegeben wird. Dabei wollen wir voraussetzen, daß folgende Parameter des Netzplanmodells a priori bekannt sind:

Der Erwartungswert $\bar{t}_{ij}$ und die Varianz $\mathbf{D}t_{ij}$ für die Dauer sämtlicher Vorgänge;

die Gesamtpufferzeiten $P_t\ (i, j)$ sämtlicher Vorgänge des Netzplanmodells, deren Dauern t_{ij} durch ihre Erwartungswerte bestimmt sind.

Es sei darauf hingewiesen, daß sich der Wert der Gesamtpufferzeit des Vorganges (i, j) in diesem Falle als Differenz aus dem Erwartungswert $\bar{L}_{\text{kr}}$ des kritischen Weges und aus dem größten Erwartungswert der Wege L_ν ergibt, die durch diesen Vorgang hindurchgehen, d.h. $P_t\ (i, j) = \bar{L}_{\text{kr}} - \max \{\bar{L}\}$.

Desgleichen sollen der Erwartungswert $\bar{L}_{\text{kr}}$ sowie die Varianz $\mathbf{D}L_{\text{kr}}$ der Dauer des kritischen Weges a priori bekannt sein. Unter dem kritischen Weg verstehen wir hier ebenfalls einen Weg, für den sich für $t_{ij} = \bar{t}_{ij}$ der größte Wert ergibt.

Der Algorithmus zur Ermittlung der signifikanten Wege

Bei der Anwendung dieses Algorithmus betrachtet man nicht die Gesamtmenge G aller Vorgänge des Netzplanmodells, sondern nur eine Teilmenge G'; diese enthält sämtliche Vorgänge, deren Gesamtpufferzeit kleiner ist als ein gewisser vorgegebener Pufferzeitwert. Die Anzahl der Vorgänge, die der Menge G' angehören, erhöht sich in dem Maße, in dem ihre Gesamtpufferzeiten von der minimalen zur zulässigen zunehmen.

Den Wert des für ein bestimmtes Netzplanmodell zulässigen Pufferzeitwertes kann man berechnen, indem man von der folgenden empirischen Formel ausgeht:

$$R_{\text{zul}} = k\sqrt{\mathbf{D}L_{\text{kr}}} \quad \text{mit} \quad 1{,}5 \leqq k \leqq 2{,}0.$$

Der Algorithmus zur Ermittlung der signifikanten Wege besteht aus den folgenden Grundoperationen:

1. Für jeden Vorgang (i, j) wird der Wert x_{ij} bestimmt:

$$x_{ij} = \begin{cases} 1, \text{ wenn der Vorgang } (i, j) \in L_{\text{kr}} \text{ ist,} \\ 0 \text{ im entgegengesetzten Falle.} \end{cases}$$

2. Für sämtliche Ereignisse $j \in L_{\text{kr}}$ wird der Wert ω_j berechnet, und zwar als Summe aus den Varianzen sämtlicher Vorgänge des kritischen Weges vom Startereignis bis zum Ereignis j

$$\omega_j = \sum_{\substack{k=0 \\ (k,l) \in L_{\text{kr}}}}^{l=j} \mathbf{D}t\ (k, l).$$

3. Wenn für einen Vorgang (i, j) sich $x_{ij} = 1$ ergeben hat, gehen wir zur Operation 7c) über; für $x_{ij} = 0$ hingegen gehen wir zur Operation 4 über.

4. Ist ein Ereignis $i \in L_{\text{kr}}$, so gehen wir zur Operation 5 über, andernfalls zur Operation 6.

5. Es wird festgestellt, ob der Vorgang (i, j) zu wenigstens einem der bereits ermittelten signifikanten Wege gehört mit Ausnahme des kritischen Weges. Ist das der Fall, so nehmen wir die Operation 7a) vor, im entgegengesetzten Falle die Operation 7b).

6. Diese Operation ist der Operation 5 analog, allerdings mit dem Unterschied, daß wir im ersten Falle zur Operation 7c) und im zweiten Falle zur Operation 7b) übergehen.

7. Wir berechnen den Wert α_{ij}:

a) $\alpha_{ij} = \omega_i + \mathbf{D}t_{ij}$.

b) $\alpha_{ij} = \omega_i$.

c) $\alpha_{ij} = v_i + \mathbf{D}t_{ij}$.

d) $\alpha_{ij} = v_i$.

Die Berechnung der v_0 ist nachstehend unter Operation 9 beschrieben. Für das Startereignis $S = 0$ ist $v_0 = 0$.

8. Es wird festgestellt, ob für alle Vorgänge (i, j), die dem Ereignis j unmittelbar vorausgehen, die α_{ij} bereits berechnet sind. Ist das der Fall, so wenden wir uns der Operation 9 zu, im entgegengesetzten Falle kehren wir zur Operation 3 zurück.

9. Es wird der Wert der Funktion v_j berechnet:

$$v_j = \min (\alpha_{ij}).$$

Der Vorgang (i, j), für den α_{ij} minimal ist, wird mit einer Marke versehen $(h_{ij} = 1)$.

10. Sind für alle Ereignisse j die Werte v_j bereits berechnet, so gehen wir zum Algorithmus der Verlegung der Wege über, andernfalls kehren wir zur Operation 3 zurück.

Durch den Algorithmus, mit dessen Hilfe wir die signifikanten Wege bestimmen, werden für jedes Ereignis des Netzplanmodells die Werte der Funktion v_j berechnet. Wie aus der Beschreibung des Algorithmus hervorgeht, stellen die v_j die minimale Summe der Varianzen der Vorgänge dar, die ein gewisser Weg L_ν mit der Menge der bereits im Netzplangraphen verlegten signifikanten Wege L_ν $(\nu = 1, 2, \ldots, k)$ hat, die zum Ereignis j führen.

Der Algorithmus zur Verlegung der Wege

Der gesuchte signifikante Weg L_ν wird durch die Ereignisse des Netzplanmodells hindurchgelegt, zu denen die kleinsten v_j-Werte gehören, wobei wir beim Zielereignis beginnen.

Der Algorithmus besteht aus den folgenden Grundoperationen:

1. Es wird die Menge der Ereignisse $\{i\}$ bestimmt, die unmittelbar dem Ereignis j vorausgehen, sowie die zugehörige Menge der Vorgänge $\{i, j\}$.

Ist die Menge der Ereignisse $\{i\}$ nicht leer, so gehen wir zur Operation 2 über, im entgegengesetzten Falle zur Operation 3.

2. Aus der Menge $\{i\}$ wird das Ereignis i ausgewählt, das dem Vorgang (i, j) mit $h_{ij} = 1$ vorausgeht. Anschließend kehren wir zur Operation 1 zurück, wobei wir j den Index i_1 geben.

3. Die Folge der mit Hilfe der Operation 2 bestimmten Ereignisse (und die zugehörige Menge der Vorgänge) bilden den gesuchten signifikanten Weg L_ν.

Es werden nunmehr der Erwartungswert und die Varianz für die Dauer des Weges L_ν ermittelt:

$$\bar{L}_\nu = \sum_{L_\nu} \bar{t}_{ij},$$

$$\mathbf{D}L_\nu = \sum_{L_\nu} \mathbf{D}t_{ij}.$$

Der Algorithmus zur Bestimmung der gegenseitigen Korrelation der Wege

Dieser Algorithmus dient dazu, den Korrelationskoeffizienten zwischen dem gefundenen Weg L_ν und jedem der bereits verlegten signifikanten Wege des Netzplangraphen aus der Menge $\{L_\mu\}$ zu bestimmen.

Die Bestimmung des Korrelationskoeffizienten $\varrho_{\nu\mu}$ zweier Wege L_ν und L_μ läuft auf die folgenden Operationen hinaus:

1. Es wird die Menge der Vorgänge (i, j) bestimmt, die sowohl zu L_ν als auch zu L_μ gehören. Ist diese Menge leer, so ist $\varrho_{\nu\mu} = 0$. Im entgegengesetzten Falle gehen wir zur Operation 2 über.

2. Es wird der Wert des Korrelationskoeffizienten

$$\varrho_{\nu\mu} = \frac{S_{\nu\mu}}{\sqrt{\mathbf{D}L_\nu \cdot \mathbf{D}L_\mu}}$$

ermittelt, wobei $S_{\nu\mu}$ die Summe der Varianzen für die Dauern der Vorgänge (i, j) ist, die sowohl zu L_ν als auch zu L_μ gehören.

Ist der gefundene Wert des Korrelationskoeffizienten $\varrho_{\nu\mu}$ kleiner als der vorgegebene zulässige Wert $\varrho_{\text{zul}} = 0{,}8$ bis $\varrho_{\text{zul}} = 0{,}9$, so kehren wir zur Operation 1 zurück. Gilt dagegen $\varrho_{\nu\mu} \geqq \varrho_{\text{zul}}$, so bedeutet dies, daß der neuverlegte Weg L_ν sich nur wenig von dem signifikanten Weg L_μ unterscheidet und praktisch keinen Einfluß auf die Verteilungsfunktion $F(t)$ des Realisierungstermins des Zielereignisses ausübt.

Die sukzessive Anwendung des Algorithmus gestattet es, aus der Menge der Wege, die zu einem gegebenen Ereignis führen, die Menge der signifikanten Wege $\{L_\mu\}$ $(\mu = 1, 2, \ldots, m;\ m = 15, \ldots, 20)$ mit den Erwartungswerten $(\bar{L}_1, \bar{L}_2, \ldots, \bar{L}_m)$, den Varianzen $(\mathbf{D}L_1, \mathbf{D}L_2, \ldots, \mathbf{D}L_m)$ und der Korrelationskoeffizientenmatrix (ϱ_{ij}) zu bestimmen.

Wie bereits gezeigt, erfordert die Bestimmung von $F(t)$ die mehrfache (n-fache) Integration einer mehrdimensionalen Dichtefunktion, wobei es uns gelungen ist, die Vielfachheit des Integrals (3.5.6) auf den Wert $15 \leqq n \leqq 20$ zu senken. Aber auch in diesem Falle sind die existierenden Näherungsformeln zur Berechnung solcher Integrale äußerst kompliziert und umständlich, so daß sie praktisch nicht anwendbar sind.

Zur Bestimmung der Momente der Verteilungsfunktion $F(t)$ läßt sich aber ein Verfahren anwenden, das in [56] beschrieben wurde. Das Wesen des Verfahrens besteht darin, daß man die Zufallsgröße $T_k^* = \max(L_1, L_2, \ldots, L_m)$ wie folgt darstellen kann:

$$\left.\begin{aligned} y_1 &= \max(L_1, L_2), \\ y_2 &= \max(y_1, L_3), \\ &\cdots\cdots\cdots\cdots \\ T_k^* &= \max(y_{m-2}, L_m). \end{aligned}\right\} \tag{3.5.9}$$

Danach werden der Erwartungswert und die Varianz von y_1 nach folgenden Formeln ermittelt:

$$\left.\begin{aligned} \bar{y}_1 &= \bar{L}_1 F(a) + \bar{L}_2 F(-\alpha) + af(\alpha), \\ \mathbf{D}y_1 &= (\bar{L}_1^2 + \mathbf{D}L_1)\, F(\alpha) + (\bar{L}_2^2 + \mathbf{D}L_2)\, F(-\alpha) + (\bar{L}_1 + \bar{L}_2)\, af(\alpha) - \bar{y}_1)^2, \\ \alpha &= \frac{\bar{L}_1 - \bar{L}_2}{a}, \\ a^2 &= \mathbf{D}L_1 + \mathbf{D}L_2 - 2\varrho_{12} \sqrt{\mathbf{D}L_1 \cdot \mathbf{D}L_2}\,. \end{aligned}\right\} \quad (3.5.10)$$

Hierbei ist ϱ_{12} der Korrelationskoeffizient von L_1 und L_2.

Unter der Voraussetzung, daß die Zufallsvariable y_1 normalverteilt ist, lassen sich nach entsprechenden Formeln $\bar{y}_2$ und $\mathbf{D}y_2$ berechnen. Fahren wir in dieser Weise fort, so erhalten wir den Erwartungswert und die Varianz von T_k^*. Setzt man wiederum voraus, daß T_k^* normalverteilt ist, so lassen sich die p-Quantil-Abschätzungen für die Dauer des Projekts als Ganzes gewinnen.

Zur Realisierung des beschriebenen Verfahrens benötigt man bei jedem Schritt des Algorithmus den Wert des Korrelationskoeffizienten für die Zufallsvariablen L_k und $\max(L_1, L_2, \ldots, L_{k-1})$, der sich mit hinreichender Genauigkeit durch den multiplen Korrelationskoeffizienten $\varrho_{L_k}(L_1, L_2, \ldots, L_k)$ abschätzen läßt. Dieser Korrelationskoeffizient drückt den Korrelationsgrad zwischen L_k und der Menge $(L_1, L_2, \ldots, L_{k-1})$ aus:

$$\varrho_{L_k}(L_1, L_2, \ldots, L_{k-1}) = \sqrt{\frac{\Delta^*}{\Delta}}. \quad (3.5.11)$$

Hierbei ist

$$\Delta^* = (-1)^k \begin{vmatrix} \varrho_{k1} & \varrho_{k2} & \cdots & \varrho_{k(k-1)} & 0 \\ 1 & \varrho_{12} & \cdots & \varrho_{1(k-1)} & \varrho_{1k} \\ \varrho_{21} & 1 & \cdots & \varrho_{2(k-1)} & \varrho_{2k} \\ \cdots & \cdots & \cdots & \cdots & \cdots \\ \varrho_{(k-1)1} & \varrho_{(k-1)2} & \cdots & 1 & \varrho_{(k-1)k} \end{vmatrix},$$

$$\Delta = \begin{vmatrix} 1 & \varrho_{21} & \cdots & \varrho_{(k-1)1} \\ \varrho_{12} & 1 & \cdots & \varrho_{(k-1)2} \\ \cdots & \cdots & \cdots & \cdots \\ \varrho_{1(k-1)} & \varrho_{2(k-1)} & \cdots & 1 \end{vmatrix}.$$

Um die Genauigkeit des Verfahrens von MESCHKOW zur Bestimmung der p-Quantil-Abschätzungen der Realisierungsdauer des Projekts als Ganzes einzuschätzen, kann man sich der statistischen Modellierung der Zufallsgröße $T_k^* = \max(L_1, L_2, \ldots, L_m)$ bedienen.

Das oben Gesagte wollen wir anhand eines Beispiels veranschaulichen, das in Bild 9 dargestellt ist. Gegeben sei ein Netzplan, bei dem die Erwartungswerte und die Varianzen nach den Formeln

$$\bar{t}_{ij} = \frac{a_{ij} + 4m_{ij} + b_{ij}}{6}, \qquad \sigma_{ij}^2 = \frac{1}{36}(b_{ij} - a_{ij})^2$$

berechnet und in der Tabelle 6 zusammengefaßt worden sind.

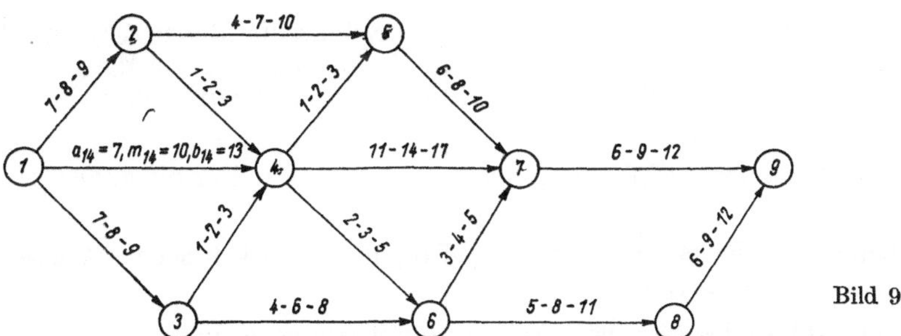

Bild 9

Tabelle 6

Vorgang	$\bar{t}_{ij}$	σ^2_{ij}	Vorgang	$\bar{t}_{ij}$	σ^2_{ij}	Vorgang	$\bar{t}_{ij}$	σ^2_{ij}
(1,2)	8,0	0,11	(3,4)	2,0	0,11	(5,7)	8,0	0,44
(1,3)	8,0	0,11	(3,6)	6,0	0,44	(6,7)	4,0	0,11
(1,4)	10,0	1,00	(4,5)	2,0	0,11	(6,8)	8,0	1,00
(2,4)	2,0	0,11	(4,6)	3,0	0,25	(7,9)	9,0	1,00
(2,5)	7,0	1,00	(4,7)	14,0	1,00	(8,9)	9,0	1,00

In der Tabelle 7 sind die Wege L_k $(k = 1, 2, \ldots, 15)$ des Netzplanes sowie die Erwartungswerte $\mathbf{M}_k$ und die Varianzen $\mathbf{D}_k$ ihrer Dauer zusammengefaßt, wobei die Berechnung nach den Formeln

$$\mathbf{M}_k = \sum_{(i,j) \in L_k} \bar{t}_{ij}, \qquad \mathbf{D}_k = \sum_{(i,j) \in L_k} \sigma^2_{ij}$$

erfolgte.

Tabelle 7

Weg	$\mathbf{M}_k$	$\mathbf{D}_k$	Weg	$\mathbf{M}_k$	$\mathbf{D}_k$
$\boldsymbol{L}_1 = (1, 2, 5, 7, 9)$	32	2,55	$L_9 = (1, 4, 6, 7, 9)$	26	2,36
$L_2 = (1, 4, 5, 7, 9)$	29	2,89	$\boldsymbol{L}_{10} = (1, 3, 4, 7, 9)$	33	2,22
$L_3 = (1, 3, 6, 7, 9)$	27	1,56	$L_{11} = (1, 3, 4, 6, 7, 9)$	26	1,58
$L_4 = (1, 2, 4, 5, 7, 9)$	29	1,67	$\boldsymbol{L}_{12} = (1, 3, 6, 8, 9)$	31	2,55
$L_5 = (1, 3, 4, 5, 7, 9)$	29	1,67	$L_{13} = (1, 2, 4, 6, 8, 9)$	30	1,71
$L_6 = (1, 2, 4, 7, 9)$	33	2,22	$L_{14} = (1, 4, 6, 8, 9)$	30	2,69
$L_7 = (1, 2, 4, 6, 7, 9)$	26	1,60	$L_{15} = (1, 3, 4, 6, 8, 9)$	30	1,91
$\boldsymbol{L}_8 = (1, 4, 7, 9)$	33	3,00			

Wir betrachten nun die Durchführung der Algorithmen zum Aufsuchen und Verlegen der signifikanten Wege.

Als erster wird der Weg (1, 4, 7, 9) ausgewählt, den wir als den kritischen Weg bezeichnen wollen. Sodann geben wir uns die Werte $R_{\text{zul}} = 2\sqrt{\mathbf{D}_{\text{kr}}} \approx 3{,}5$ und $\varrho_{\text{zul}} = 0{,}8$ vor.

1. Wir greifen aus der Gesamtmenge der Vorgänge die Menge Q[1]) der Vorgänge heraus, für die die Gesamtpufferzeiten kleiner sind als R_{zul}. Dieser Menge gehören die beiden Vorgänge (4,5) und (6, 7) nicht an, die wir im weiteren auch nicht betrachten wollen.

2. Nun berechnen wir die Werte x_{ij}: $x_{14} = x_{47} = x_{79} = 1$. Für die anderen Vorgänge ist $x_{ij} = 0$.

3. Wir berechnen die Werte ω_j für die Ereignisse des kritischen Weges: $\omega_1 = 0$, $\omega_4 = 1{,}0$, $\omega_7 = 2{,}0$, $\omega_9 = 3{,}0$.

Der weitere Ablauf des Algorithmus ist unten wiedergegeben, und zwar im Rahmen des Prozesses der sukzessiven Beschreibung der Anwendung des Algorithmus für das Aufsuchen und Verlegen der signifikanten Wege.

Sämtliche endgültigen Ergebnisse der zugehörigen Operationen sind in der Tabelle 8 zusammengestellt.

Tabelle 8

Vorgang	Ereignis	$L_{\text{kr}}^{(1)} = L_8$	x_{ij}	ω_j	α_{ij}	v_j	h_{ij}	$L^{(2)}$	α_{ij}	v_j	h_{ij}	$L^{(3)}$	α_{ij}	v_j	h_{ij}	$L^{(4)}$
—	1	+	—	0	0	0	—	+	—	0	—	+	—	0	—	+
(1,2)	2		0		0	0			0*	0	1	+	0,11*	0,11	1	
(1,3)	3		0		0	0	1	+	0,11*	0,11			0,11*	0,11		+
(1,4)		+	1		1,0				1,0				1,0		0	
(2,4)	4		0	1,0	0*	0			0*	0			0,11*	0,11	1	
(3,4)			0		0				0,11				0,11*		0	+
(2,5)	5		0		0*	0			0*	0	1	+	1,11*	1,11		
(3,6)			0		0*		1	+	0,55*				0,55*			
	6					0				0,55				0,55		
(4,6)			0		1,0		0		1,0				1,0			
(4,7)		+	1		1,0				1,0		0		1,11*		1	+
	7			2,0		0				0				1,11		
(5,7)			0		0*				0*		1	+	1,55		0	
(6,8)	8		0		0*	0	1	+	1,55*	1,55			1,55*	1,55		
(7,9)		+	1		1,0		0		1,0*		1	+	2,11*		1	+
	9			3,0		0				1,0				2,11		
(8,9)			0		0*		1	+	2,55		0		2,55		0	

[1]) Q wird durch die Spalte 1 der Tab. 8 wiedergegeben.

Der Ablauf der stufenweisen Abarbeitung des Algorithmus

	Nummer der Operation	Beschreibung der Operation
		Algorithmus zum Aufsuchen der signifikanten Wege
1	3	Wir wählen aus der Liste Q den Vorgang (1,2) aus. Dabei erhalten wir $x_{12} = 0$.
2	4	Das Ereignis (1) gehört dem kritischen Wege an.
3	5	Wir fragen, ob (1,2) einem der signifikanten Wege angehört und erhalten die Antwort „nein".
4	7b)	Wir berechnen die Werte α_{12}: $\alpha_{12} = \omega_1 = 0$.
5	8	Wir prüfen, ob für alle Vorgänge, die in das Ereignis (2) münden, die Werte α_{ij} bestimmt sind. Die Antwort lautet „ja".
6	9	Wir berechnen v_2: $v_2 = \alpha_{12} = 0$. Den Vorgang (1,2) versehen wir mit der Marke * und betrachten diesen nicht weiter.
7	10	Wir prüfen, ob die Liste der Vorgänge Q bereits leer ist. Das ist nicht der Fall.
8	3	Wir greifen den Vorgang (1,3) heraus; $x_{13} = 0$.
9	4	Das Ereignis (1) gehört dem kritischen Wege an.
10	5	Der Vorgang (1,3) gehört keinem der signifikanten Wege an.
11	7b)	Wir berechnen α_{13}: $\alpha_{13} = \omega_1 = 0$.
12	8	Der Wert α_{ij} ist für alle Vorgänge ermittelt, die in das Ereignis (3) münden.
13	9	Wir berechnen v_3: $v_3 = \alpha_{13} = 0$. Den Vorgang (1,3) versehen wir mit der Marke und betrachten ihn im weiteren nicht.
14	10	Die Liste Q der Vorgänge ist nicht leer.
15	3	Wir wählen den Vorgang (1,4) aus; $x_{14} = 1$.
16	7c)	Wir berechnen α_{14}: $\alpha_{14} = v_1 + \sigma_{14}^2 = 1{,}0$.
17	8	Der Wert α_{ij} ist noch nicht für alle Vorgänge ermittelt, die in das Ereignis (4) münden.
18	3	Wir wählen den Vorgang (2,4); $x_{24} = 0$.
19	4	Das Ereignis (2) gehört dem kritischen Weg nicht an.
20	6	Der Vorgang (2,4) gehört keinem der signifikanten Wege an.
21	7d)	Wir berechnen α_{24}: $\alpha_{24} = v_2 = 0$.
22	8	Der Wert α_{ij} ist noch nicht für alle Vorgänge bestimmt, die in (4) münden.
23	3	Wir greifen den Vorgang (3,4) heraus; $x_{34} = 0$.
24	4	Das Ereignis (3) gehört dem kritischen Weg nicht an.
25	6	Der Vorgang (3,4) gehört keinem der signifikanten Wege an.
26	7d)	Wir berechnen α_{34}: $\alpha_{34} = v_3 = 0$.
27	8	Der Wert α_{ij} ist für alle Vorgänge, die in (4) münden, ermittelt.
28	9	Wir berechnen v_4:
		$v_4 = \min(\alpha_{14}, \alpha_{24}, \alpha_{34}) = 0$.
		Den Vorgang (2,4) versehen wir mit einer Marke.
		Die Vorgänge (1,4), (2,4) und (3,4) betrachten wir im weiteren nicht.
		Indem wir in dieser Weise fortfahren, bestimmen wir die v_j für alle Vorgänge des Netzplanes. Anschließend wenden wir uns dem Verlegen der Wege zu.

	Nummer der Operation	Beschreibung der Operation
		Der Algorithmus zur Verlegung der Wege
1	1	Wir wählen das Ereignis (9) aus und bestimmen die Menge der Vorgänge, die in dieses Ereignis münden: {(7,9), (8,9)}.
2	2	Wir bestimmen h_{ij} für die Vorgänge (7,9) und (8,9): $h_{79} = 0$, $h_{89} = 1$.
3	3	Wir gelangen zum Ereignis (8) und stellen fest, daß es noch nicht das Startereignis ist.
4	1	Wir ermitteln die Menge der Vorgänge, die in das Ereignis (8) münden: {(6,8)}.
5	2	Wir berechnen h_{68} : $h_{68} = 1$.
6	3	Das Ereignis (6) ist noch nicht das Startereignis.
7	1	Wir ermitteln die Menge der Vorgänge, die in das Ereignis (6) münden: {(3,6), (4,6)}.
8	2	Wir berechnen h_{ij} für (3,6) und (4,6): $h_{36} = 1$, $h_{46} = 0$.
9	3	Das Ereignis 3 ist noch nicht das Startereignis.
10	1	Wir bestimmen die Menge der Vorgänge, die in das Ereignis (3) münden: {(1,3)}.
11	2	Wir bestimmen h_{13} : $h_{13} = 1$.
12	3	Das Ereignis (1) ist das Startereignis.
13	4	Die Kantenfolge (1,3), (3,6), (6,8), (8,9) bildet den gesuchten signifikanten Weg.

Mit Hilfe der Analyse des Netzplanes auf einem Elektronenrechner wurde nach dem oben beschriebenen Algorithmus zur Bestimmung der signifikanten Wege für $R_{\text{zul}} = 2\sqrt{\mathbf{D}_8} \approx 3{,}5$ und $\varrho_{\text{zul}} = 0{,}85$ die Menge $\{L_1, L_8, L_{10}, L_{12}\}$ der signifikanten Wege ermittelt (in der Tabelle 7 sind diese Wege durch Fettdruck hervorgehoben). Die Korrelationskoeffizientenmatrix, die zu dieser Menge der signifikanten Wege gehört, ist in der Tabelle 9 wiedergegeben.

Tabelle 9

L_ν \ L_μ	L_1	L_8	L_{10}	L_{12}
L_1	1	0,36	0,24	0
L_8	0,36	1	0,78	0
L_{10}	0,24	0,78	1	0,05
L_{12}	0	0	0,05	1

Der Korrelationskoeffizient $(\varrho_{\nu\mu})$ der Wege L_ν und L_μ wird nach der Formel $\varrho_{\nu\mu} = \frac{1}{\sqrt{\mathbf{D}_\nu \mathbf{D}_\mu}} \sum_{L_\nu \cap L_\mu} \sigma_{ij}^2$ berechnet. Die Ergebnisse der Berechnung der Parameter für die Verteilungsfunktion des Termins für das Zielereignis (9) sind in der Tabelle 10 zusammengefaßt.

Tabelle 10

λ_i	$\mathbf{M}_{\lambda_i}$	σ_{λ_i}
$\lambda_1 = L_8$	33,00	1,73
$\lambda_2 = \max\{L_8, L_{10}\}$	33,61	1,65
$\lambda_3 = \max\{\lambda_2, L_1\}$	33,97	1,57
$\lambda_4 = \max\{\lambda_3, L_{12}\}$	34,16	1,53

Unter der Voraussetzung, daß die Verteilung des Termins für das Zielereignis (9) eine Normalverteilung mit den Parametern $\mathbf{M}_9 = 34{,}16$ und $\sigma_9 = 1{,}53$ besitzt, bestimmen wir die Wahrscheinlichkeit $\mathbf{P}\{t \leqq T_9^{(0)}\}$, wobei $T_9^{(0)}$ der früheste Termin für den Eintritt des Ereignisses (9) ist, nach der Formel

$$\mathbf{P}\{t \leqq T_9^{(0)}\} = \frac{1}{\sigma_9\sqrt{2\pi}} \int_{-\infty}^{T_9^{(0)}} \exp\left\{-\frac{1}{2}\,\frac{(t-\mathbf{M}_9)^2}{\sigma_9^2}\right\} \mathrm{d}t = 0{,}222 .$$

Zum Vergleich sind in der Tabelle 11 die Ergebnisse der Berechnung der Parameter für den Netzplangraphen nach der klassischen Methode PERT durch Mittelwertbildung, unter Verwendung der Methode der statistischen Modellierung (Monte-Carlo-Methode) und des analytischen Verfahrens nach MESCHKOW einander gegenübergestellt.

Tabelle 11

Methoden	$\mathbf{M}_9$	σ_9	$\mathbf{P}\left\{T \leqq T_9^{(0)}\right\}$
PERT	33,00	1,73	0,500
Monte-Carlo	34,2	1,55	0,219
Analytische Verfahren	34,16	1,53	0,222

4. Die Anwendung der statistischen Modellierung (Monte-Carlo-Methode) in NPT-Systemen

In diesem Kapitel werden die Möglichkeiten und Vorzüge gezeigt, die eine Simulierung der Vorgänge in komplizierten Netzplansystemen mit sich bringt. Die Anwendung der bekannten Monte-Carlo-Methode zieht eine eingehende Untersuchung der gewonnenen Daten nach sich. Besondere Aufmerksamkeit wird der Abschätzung des erforderlichen Stichprobenumfangs und der Signifikanz der einzelnen Daten entgegengebracht, weil gerade diese Faktoren sowohl die Anwendungsmöglichkeiten als auch die Aussagekraft eines Netzplanmodells bestimmen. Darüber hinaus werden auch die Algorithmen für so wichtige Aussagen wie Dringlichkeitszonen, p-Quantilwerte für Pufferzeiten usw. angegeben.
Die hier behandelte Modellierung korrelierter Vorgänge im Netzplanmodell ist in der Literatur bisher nur wenig behandelt worden, hat aber für die Anwendung eine große Bedeutung, da durch korrelierte Vorgänge oft wesentliche Parameteränderungen hervorgerufen werden. Die mathematischen Schwierigkeiten einer solchen Behandlung erweisen sich dabei als erheblich. Die Zerlegungsmöglichkeit und die anschließende Zusammenführung der Ergebnisse von umfangreichen Netzplänen ist daher ein praktisch sehr wichtiges Problem und hat eine ähnliche Bedeutung wie die Dekompositionsverfahren der linearen Optimierung.
Durch die Herausarbeitung des Begriffes des Teilnetzwerkes und seiner Eigenschaften wird es möglich, die Methoden der statistischen Modellierung auf sog. Riesennetzwerke bzw. auf ihre komprimierten Bilder anzuwenden. Auch hier werden abschließend EDV-gerechte Algorithmen sowie deren Einführung und Wirkungsweise in realen Prozessen dargeboten.

4.1. Das allgemeine Blockschema des Monte-Carlo-Algorithmus

Der Inhalt der vorhergehenden Kapitel suggeriert uns den Schluß, daß praktisch alle analytischen Verfahren zur Berechnung der Parameter eines Netzplanmodells mit Zufallsschätzwerten für die Vorgänge entweder äußerst umständlich sind oder systematische Fehler enthalten. Frei von solchen Fehlern ist die sog. Methode der statistischen Modellierung oder die sog. Monte-Carlo-Methode. Sie erfordert allerdings eine goße Anzahl von Rechenoperationen. Zu ihren Vorzügen gehört vor allem die Möglichkeit, sie verhältnismäßig einfach auf einem elektronischen Digitalrechner zu realisieren und die Berechnung der Schätzwerte bis zu einer beliebigen vorgegebenen Genauigkeit durchzuziehen. Der Gedanke der Anwendung des Monte-Carlo-Verfahrens zur Abschätzung der zeitlichen Parameter eines Netzplanmodells beruht auf einer Nachbildung der Realisierungsdauer sämtlicher Vorgänge des Netzplanes mit einer darauffolgenden Berechnung der gesuchten Parameter für den nunmehr deterministisch gedeuteten Netzplangraphen, wobei dieses „Nachspielen" mehrfach wiederholt wird. Abschließend erhält man eine Abschätzung der wahrscheinlichkeitstheoretischen Charakteristiken der dabei gewonnenen empirischen Verteilungsfunktion der Netzplanparameter.

Selbstverständlich läuft das „Nachspielen" der Realisierungsdauer eines jeden Vorganges (i, j) auf eine Modellierung der für diesen Vorgang vorausgesetzten Verteilungsfunktion hinaus, d.h. auf die Erzeugung einer Zufallsgröße, die dieser Verteilung genügt.

Es sei darauf hingewiesen, daß das Monte-Carlo-Verfahren die Modellierung beliebiger Verteilungen für die Realisierung der Vorgänge gestattet und in diesem Sinne als ein Universalverfahren anzusprechen ist.

Ist der gesuchte Parameter insbesondere die Gesamtrealisierungsdauer für das Netzplanprojekt, so gehen wir nach dem folgenden Schema vor:

Entsprechend der vorausgesetzten Verteilung modellieren wir jeden Vorgang (i, j) und erzeugen so seine Realisierungsdauer. Nachdem diese Prozedur für alle Vorgänge abgeschlossen ist, entspricht jedem Vorgang eine modellierte Dauer t_{ij}, die den gesuchten Schätzwert liefert. Nach dem im ersten Kapitel beschriebenen Algorithmus bestimmen wir die Länge des kritischen Weges im Netzplanmodell und bezeichnen diese mit K_1. Sodann spielen wir erneut sämtliche Werte t_{ij} nach und erhalten so einen weiteren Wert für die Länge des kritischen Weges K_2 usw. Durch wiederholtes Nachspielen erhalten wir ein System von Werten $K_1, \ldots, K_N$, wobei N angibt, wie häufig das Nachspielen wiederholt wurde.

Die Werte $K_1, \ldots, K_N$ weisen eine empirische Verteilungsfunktion aus, anhand deren man das p-Quantil für die Realisierungsdauer des Netzplanprojektes, d.h. die p-prozentige obere Sicherheitsgrenze W_p berechnen kann. Mit anderen Worten, die Gesamtrealisierungsdauer des Projekts wird mit der Wahrscheinlichkeit p den Wert W_p nicht übersteigen. Die Ermittlung des p-Quantils nehmen wir am zweckmäßigsten mit Hilfe des Verteilungshistogramms für die Folge der Werte $\{K_i\}$ nach den empirischen Werten $K_1, \ldots, K_N$ vor.

Die Anwendung des Monte-Carlo-Verfahrens liefert uns neben der Schätzung der Verteilung für die Realisierungsdauer des Gesamtprojekts auch die Wahrscheinlichkeit dafür, daß ein beliebiger Vorgang (i, j) dem kritischen Weg angehören könnte, d.h., die Wahrscheinlichkeit dafür, daß der Vorgang (i, j) im Prozeß der Realisierung des Netzplanprojekts auf dem kritischen Weg bzw. im kritischen Bereich erscheint (vgl. 1.3.). Darüber hinaus liefert es uns verschiedene andere äußerst wichtige Parameter des Netzplanmodells.

Wir wollen nun den folgenden Fall etwas näher betrachten: Es soll die Verteilungsfunktion für den frühesten Termin eines willkürlich herausgegriffenen Netzplanereignisses k ermittelt werden (ist k das Zielereignis, so handelt es sich um einen Spezialfall der vorliegenden allgemeineren Aufgabe). Ein Netzplanmodell möge n Vorgänge (i, j) mit den jeweiligen Realisierungsdauern t_{ij} enthalten, wobei diese Realisierungsdauern als Zufallsgrößen aufzufassen sind. Die Parameter der Verteilung dieser Zufallsgrößen sind vorher durch die verantwortlichen Auftragsbearbeiter durch Angabe zweier Schätzwerte a_{ij} und b_{ij} oder dreier Schätzwerte a_{ij}, m_{ij} und b_{ij} vorgegeben worden. Die stufenweise Modellierungsprozedur nimmt dann den folgenden Verlauf:

1. Stufe. Auf dieser Stufe erfolgt die topologische Ordnung der Knoten des Netzplanmodells nach dem in 1.5. beschriebenen Algorithmus von Ford und Fulkerson.

2. Stufe. Auf dieser Stufe erfolgt die Konstruktion der Intervalle für das Verteilungshistogramm der Grundgesamtheit der frühesten Termine für den Eintritt des Ereignisses k (d.h. des Histogramms der empirischen durch Modellierung gewonnenen Daten $T_k^{(0)}$). Gegenwärtig kennt man zwei Hauptverfahren zur Konstruktion der Histogrammintervalle.

1. Verfahren. Allen Vorgängen (i, j) des Netzplanes wird als deterministische Dauer der optimistische Schätzwert a_{ij} zugeordnet. Sodann wird der früheste Termin des Ereignisses k bestimmt, den wir mit $T_{k,\min}^{(0)} = T_1$ bezeichnen. Dieser wird dann als untere Grenze des Histogramms festgelegt. Sodann werden die Realisierungsdauern aller Vorgänge t_{ij} den zugehörigen pessimistischen Schätzwerten b_{ij} gleichgesetzt, und es wird wieder der früheste Termin des Ereignisses k bestimmt, den wir nunmehr mit $T_{k,\max}^{(0)} = T_2$ bezeichnen. Dieser wird nun als obere Grenze des Histogramms festgelegt. Danach ermitteln wir die Schrittweite h des Histogramms nach der Formel

$$h = \frac{(T_2 - T_1)(1 - k_1 - k_2)}{m - 2}, \tag{4.1.1}$$

wobei m die Anzahl der Histogrammintervalle bedeutet, während k_1 und k_2 Koeffizienten sind, die die Spannweite des Histogramms begrenzen. Diese Koeffizienten werden eingeführt, weil der Definitionsbereich $[T_1, T_2]$, der vom theoretischen Standpunkt aus völlig korrekt konstruiert wurde, praktisch erheblich eingeengt werden muß. Die Intervalle in der Nähe der Extremalwerte T_1 und T_2 zeichnen sich, (insbesondere bei umfangreichen Netzplänen oder bei großen Spannweiten $b_{ij} - a_{ij}$) dadurch aus, daß die Wahrscheinlichkeit dafür, daß Stichprobenwerte in diesen Intervallen liegen, nahe bei null liegt. Bei realen Netzplansystemen wählt man für diese Koeffizienten gewöhnlich die Werte $k_1 = 0{,}2$ und $k_2 = 0{,}4$. Die Zahl m wird ebenfalls vorgegeben und wird durch verschiedene rein rechen- und programmierungstechnische Überlegungen bestimmt. Ferner hängt sie mit der Genauigkeit der Konstruktion des Verteilungshistogramms zusammen. In den meisten Fällen wählt man für m einen Wert, der zwischen 20 und 30 liegt. Die Intervallgrenzen des Verteilungshistogramms werden daher folgendermaßen konstruiert:

$$\left.\begin{array}{l}
\text{1. Intervall des Histogramms} \\
\qquad [T_1, T_1 + (T_2 - T_1) k_1], \\
m\text{-tes Intervall des Histogramms} \\
\qquad [T_2 - (T_2 - T_1) k_2, T_2], \\
r\text{-tes Intervall des Histogramms} \\
\qquad [T_1 + (T_2 - T_1) k_1 + (r - 2) h, \\
\qquad\; T_1 + (T_2 - T_1) k_1 + (r - 1) h] \\
\qquad (1 < r < m).
\end{array}\right\} \tag{4.1.2}$$

2. Verfahren. Zu Beginn der Modellierung wird eine „Überschlagsrechnung“ vorgenommen, d.h., das Nachspielen wird nur einige wenige Male N_1 durchgeführt. Nach jeder dieser Operationen wird der früheste Termin des Ereignisses bestimmt. Der Minimalwert der gewonnenen Werte $T_k^{(0)}$ wird als untere Grenze des Definitionsbereich des Histogramms festgelegt und mit L_1 bezeichnet. Der Maximalwert L_2 dient als obere Intervallgrenze. Die Schrittweite des Histogramms wird nach der Formel $h = \frac{L_2 - L_1}{m}$ ermittelt, während die Histogrammintervalle in diesem Fall die folgende Form annehmen:

i-tes Intervall des Histogramms

$$[L_1 + h\,(i-1),\, L_1 + hi], \tag{4.1.3}$$

für $1 \leqq i \leqq m$.

Wir hatten bereits erwähnt, daß die Anzahl der „Überschlagsrealisierungen" klein ist: $N_1 \leqq N$. In der Arbeit [84] z.B. ist $N_1 = 100$, während die Konstruktion des Histogramms mit $N = 1000$ vorgenommen wurde. Nach Abschluß der 2. Stufe, die ebenso wie die erste Stufe nur einmal vorgenommen wird, gehen wir zur dritten Stufe über.

3. Stufe. Diese Stufe nimmt für alle Vorgänge (i, j) des Netzplanmodells eine einmalige Realisierung der Dauer dieser Vorgänge vor, d.h. sie ermittelt auf Grund der für diese Größen vorausgesetzten Verteilungen die Werte t_{ij} nach dem Monte-Carlo-Verfahren. Diese Verteilungen ihrerseits werden gebildet auf Grund der von den verantwortlichen Auftragsbearbeitern vorgegebenen Schätzwerte, also auf Grund von a_{ij} und b_{ij} oder a_{ij}, m_{ij} und b_{ij}. Die Methodik des Monte-Carlo-Verfahrens hängt sehr wesentlich von den Prinzipien ab, die der Konstruktion der Verteilungsfunktionen zugrundeliegen. Daher werden wir die wichtigsten und häufig verwendeten Algorithmen, nach denen das Monte-Carlo-Verfahren in Abhängigkeit von der Verteilungsfunktion der Dauern im NPT-System realisiert wird, einzeln betrachten.

I. Die Verteilung für den Vorgang (i, j) wird als Betaverteilung auf Grund zweier Schätzwerte a_{ij} und b_{ij} mit der Dichtefunktion (2.4.7), also

$$p_{ij}(x) = \frac{12}{[b_{ij} - a_{ij}]^4}\,[x - a_{ij}]\,[b_{ij} - x]^2,$$

vorgegeben.

In diesem Falle erscheint es zweckmäßig, durch die Variablensubstitution

$$z = \frac{x - a_{ij}}{b_{ij} - a_{ij}}$$

zur Betaverteilung mit der Dichtefunktion $p(z) = 12z\,(1-z)^2$ überzugehen, um nach der Modellierung der Zufallsvariablen z durch die Transformation $x = z\,[b_{ij} - a_{ij}] + a_{ij}$ zu dem gesuchten Wert x für die Realisierungsdauer des Vorganges (i, j) zurückzukehren. Wir betrachten nun einige Methoden zur Modellierung der Zufallsgrößen η mit der Dichtefunktion $p_\eta(z) = 12z\,(1-z)^2$, wie sie in den Arbeiten [67], [68] und [85] beschrieben sind.

1. Das modifizierte Verfahren von John von Neumann. Dieses Verfahren ist universell und daher nicht nur zur Modellierung von Zufallsvariablen mit der Dichtefunktion $p_\eta(z) = 12z\,(1-z)^2$, sondern auch zur Realisierung beliebiger Verteilungsfunktionen anwendbar. Es sei $p_\eta(x)$ die beschränkte Dichtefunktion der Zufallsvariablen η mit dem (als endlich vorausgesetzten) Definitionsbereich (a, b). Wir setzen $M = \max\limits_{a \leqq x \leqq b} p_\eta(x)$. Es seien ξ_1, ξ_2 gleichverteilte Zufallsvariable. Dabei sei das Verteilungsintervall von ξ_1 das Verteilungsintervall (a, b) der Zufallsvariablen η, und das Verteilungsintervall von ξ_2 das Intervall $[0, M]$. Ist dann $p_\eta(\xi_1) \geqq \xi_2$, so wird ξ_1 als gesuchte Zufallsgröße mit der Dichtefunktion $p_\eta(x)$ angenommen. Im Falle $p_\eta(\xi_1) < \xi_2$ wird das Paar (ξ_1, ξ_2) verworfen, und es wird ein neues Paar gewählt so lange, bis die gesuchte Zahl ξ_1 gefunden ist. Dieses Verfahren ist besonders dann äußerst wirksam, wenn die Schwankung der Funktion $p_\eta(x)$ gering ist. Um die Qualität der Modellierung auf einem Elektronenrechner zu erhöhen, ist es zweckmäßig, die Gleichverteilung von ξ_2 nicht im wahrscheinlichkeitstheoretischen, sondern im zahlentheoretischen Sinne aufzufassen [67]. Die ξ_2 werden nach der Formel $\xi_2^{(i)} = M\left\{\frac{\sqrt{5}-1}{2}i\right\}$ ermittelt, wobei die i Zahlen aus der Folge der natürlichen Zahlen sind, während das Zeichen $\{x\}$ den gebrochenen Anteil von x und $\xi_2^{(i)}$ die i-te Realisierung von ξ_2 bedeutet.

Für den Fall $p_\eta(x) = 12x\,(1-x)^2$ hat M den Wert $\frac{16}{9}$. Die Erzeugung der Zufallszahlen ξ_1 erfolgt also im Intervall $(0, 1)$, die Erzeugung der ξ_2 im Intervall $\left(0, \frac{16}{9}\right)$.

Ein Mangel des NEUMANNschen Verfahrens besteht darin, daß der Erwartungswert für die Anzahl der „Versuche", die man zur Realisierung eines Wertes der Zufallsvariablen η benötigt, gleich $(b-a)\,M$ und stets, außer im Falle $p_\eta(x) = \text{const}$, größer als 1 ist. Für den Fall $p_\eta(z) = 12z\,(1-z)^2$ ist nahezu jeder zweite Versuch ein Fehlversuch, denn es ist $(b-a)\,M = \frac{16}{9} \approx 1{,}8$. Um die Anzahl der Wiederholungsversuche zu senken, wird das Intervall (a, b) in n Teilintervalle (l_i, l_{i+1}), $0 \leqq i \leqq n-1$, mit $l_0 = a$ und $l_n = b$ zerlegt. Wir konstruieren n Rechtecke G_i mit der Grundlinie $\Delta z_i = l_{i+1} - l_i$ und der Höhe $M_i = \max\limits_{l_i \leqq z \leqq l_{i+1}} p_\eta(z)$. Sodann bezeichnen wir mit $S_i = \Delta z_i M_i$ den Flächeninhalt des i-ten Rechtecks G_i. Wie sich leicht zeigen läßt, gilt

$$S = \sum_{i=1}^{n} S_i < (b-a)\,M.$$

Hieraus resultiert der folgende Algorithmus zur Modellierung der Verteilung mit der Dichtefunktion $p_\eta(z)$ und mit dem Erwartungswert S für die Anzahl der Versuche:

1. Bestimmung der Teilabschnitte des Definitionsbereiches (a, b).

2. „Ziehung" des Teilintervalls, d.h. des Rechtecks G_i, wobei die Wahrscheinlichkeit, in das Rechteck G_i zu gelangen, nach der Formel

$$p_i = \frac{S_i}{\sum\limits_{i=1}^{n} S_i} = \frac{S_i}{S}\,; \qquad \sum_{i=1}^{n} p_i = 1$$

bestimmt wird.

3. „Ziehung" der über dem Intervall (l_i, l_{i+1}), d.h. über dem gezogenen Intervall, gleichverteilten Zufallsgröße ξ_1.

4. Berechnung der Funktion

$$y_i = p_\eta(\xi_1),$$
$$l_i \leqq z \leqq l_{i+1}.$$

5. Berechnung der Größe ξ_2, die über dem Intervall $(0, M_i)$ verteilt ist, nach der Formel $\xi_2^{(k)} = M_i\left\{k\,\frac{\sqrt{5}-1}{2}\right\}$; hierbei ist k die laufende Nummer von ξ_2.

6. Vergleich von y_i und $\xi_2^{(k)}$.

Im Falle $y_i \geqq \xi_2^{(k)}$ wird ξ_1 als gesuchter Wert akzeptiert, für $y_i < \xi_2^{(k)}$ wird die „Ziehungsprozedur" mit dem Schritt 2 beginnend wiederholt.

Für $p_\eta(z) = 12z\,(1-z)^2$ ist $n = 2$ optimal. Für diesen Fall ist es zweckmäßig, die Zerlegung des Intervalls (0, 1) wie folgt vorzunehmen:

Erstes Teilintervall (0; 0,7).

Zweites Teilintervall (0,7; 1).

Für eine derartige Zerlegung ist $S \approx 1{,}48$, d.h. die mittlere Anzahl der „Ziehungen" sinkt von 1,8 auf 1,48. Die Flächeninhalte der Rechtecke sind $S_1 = 1{,}26$ bzw. $S_2 = 0{,}22$, d.h., es ist $p_1 = \frac{1{,}26}{1{,}48} \approx 0{,}85$ bzw. $p_2 = \frac{0{,}22}{1{,}48} \approx 0{,}15$.

Somit wenden wir uns mit der Wahrscheinlichkeit 0,85 dem Rechteck S_1 zu, „ziehen" gleichmäßig im Intervall (0; 0,7) die Zufallsgröße ξ_1 und im Intervall $(0, M_1) = \left(0, \frac{16}{9}\right)$ die Größe ξ_2. Sodann wenden wir uns mit der Wahrscheinlichkeit 0,15 dem Rechteck S_2 zu, wobei die Zufallsgröße ξ_1 gleichmäßig im Intervall (0,7; 1) und die Größe ξ_2 im Intervall $(0, M_2) = (0; 0{,}75)$ gezogen werden.

Was die „Ziehung" für die Auswahl der Rechtecke S_1 und S_2 betrifft, so gehen wir hier folgendermaßen vor. Wir erzeugen eine gleichverteilte Zufallszahl ω im Intervall (0, 1). Ist $\omega \leqq 0{,}85$, so wenden wir uns dem Rechteck S_1 zu, im entgegengesetzten Falle dem Rechteck S_2.

Nun noch einige Bemerkungen zur Modellierung von über dem Intervall (0, 1) gleichverteilten Zufallszahlen auf einem elektronischen Digitalrechner. Da man zur Gewinnung eines Wertes einer Zufallsvariablen mit vorgegebener Verteilung einen oder mehrere Werte gleichverteilter Zufallszahlen verwendet, hat die Gewinnung der letzteren auf einem Elektronenrechner besondere Bedeutung.

Gleichverteilte Zufallszahlen erzeugt man in der Rechenanlage entweder mit Hilfe eines Zufallszahlengebers oder aber programmierungstechnisch über eine gewisse rekursive Beziehung. Das besagt, daß jede nachfolgende Zahl α_i aus der vorhergehenden α_{i-1} (oder aus einigen vorausgehenden Zahlen) mit Hilfe eines Algorithmus gewonnen wird, der aus arithmetischen und logischen Operationen besteht. Eine solche Zahlenfolge genügt den bekannten Zufallskriterien, obwohl die in diese Folgen eingehenden Zahlen voneinander abhängig sind. Hierbei entfällt die Notwendigkeit, Daten einzugeben, so daß der gesamte Prozeß sich jederzeit leicht rekonstruieren läßt. Es sei darauf hingewiesen, daß eine beliebige Folge programmierungstechnisch erzeugter Zahlen für praktische Zwecke als zufällig gilt, wenn sie einem System festgelegter statistischer Kriterien zur Überprüfung ihres „Zufallscharakters" und der Gleichverteilung genügt. Gleichverteilte Zufallszahlen lassen sich, wie bereits erwähnt, auch mit Hilfe physikalischer Zufallszahlengeber gewinnen, die die Ergebnisse eines physikalischen Zufallsprozesses in eine Folge von Dualstellen in der Maschine transformieren, d.h. eine Zufallsvariable erzeugen. Wird die Monte-Carlo-Methode auf einem Elektronenrechner laufend angewandt, so ist es zweckmäßig, einen Zufallszahlengeber zu konstruieren. Erfolgt eine derartige Anwendung jedoch nur sporadisch, so ist es günstiger, Pseudozufallszahlen zu verwenden.

Fast alle in der UdSSR angewandten Methoden zur Erzeugung gleichverteilter Pseudozufallszahlen im Intervall (0, 1) beruhen auf ein und demselben Prinzip, und zwar auf einer Imitation einer zufälligen chaotischen Durchmischung des Inhalts der Mantissen der Pseudozufallszahlen. Fast alle diese Verfahren werden mit Hilfe eines Programms realisiert, das aus einigen wenigen Befehlen besteht, im Hauptspeicher der Anlage untergebracht ist und einem rekursiven Algorithmus entspricht.

Programme zur Modellierung über dem Intervall (0, 1) gleichverteilter Zufallszahlen für verschiedene Rechenanlagen sind in verschiedenen Monographien ausführlich abgehandelt worden, z.B. in [63], [67]. Es sei darauf hingewiesen, daß für den Fall, daß Pseudozufallszahlen $\{\eta_i\}$ benötigt werden, die über einem beliebigen Intervall (a, b) mit beliebigen endlichen Intervallgrenzen a und b gleichverteilt sind, die folgende Transformation verwendet werden kann:

$$\eta = a + \xi\,(b - a). \tag{4.1.4}$$

Hierbei ist ξ ein Wert der über dem Intervall (0, 1) gleichverteilten Größen, während η die gesuchte Realisierung im Intervall (a, b) ist.

Das beschriebene Verfahren von John von Neumann läßt sich nicht nur zur Modellierung von Verteilungen der Form (2.4.7) anwenden, sondern auch zur Gewinnung von Zufallsvariablen mit der Dichtefunktion (2.3.25). Obwohl die Verteilung mit der Dichtefunktion (2.3.5) mit Hilfe des Drei-Schätzwert-Verfahrens gebildet wird, ist diese Verteilung eindeutig definiert, ihre Dichtefunktion ist beschränkt, so daß die Anwendung des Neumannschen Verfahrens durchaus zulässig ist.

2. Modellierung mit Hilfe einer Tabelle der Verteilungsfunktion. Es existiert ein Verfahren zur Erzeugung, von Zufallszahlen mit verschiedenen Verteilungen (darunter auch der Betaverteilung) das sich durch eine äußerst hohe Realisierungsgeschwindigkeit auszeichnet, jedoch erfordert, daß eine Tabelle (die u.U. sehr umfangreich sein kann) in den Hauptspeicher eines elektronischen Digitalrechners eingegeben werden muß. Sehr gute Ergebnisse mit Hilfe dieses Verfahrens wurden von Maislin [84] erzielt. Er entwickelte eine Reihe origineller Programme zur Modellierung von Netzplänen, bei denen die Realisierungsdauern der Vorgänge verschiedenen Verteilungen genügen, insbesondere auch der Verteilung mit der Dichtefunktion $p(z) = 12z\,(1 - z)^2$.

Die Anwendung dieses Verfahrens bedeutet praktisch, daß einem Elektronenrechner auf irgendeine Weise eine Tabelle der Funktion

$$\xi = F(\eta) = 12\int_0^{\eta} x\,(1 - x)^2\,\mathrm{d}x$$

eingegeben werden muß, die eine lineare Interpolation gestattet. Ist eine derartige Eingabe realisiert, so benötigt man zur Gewinnung der gesuchten Zufallszahlen η aus den gleichverteilten Zahlen ξ nur einige wenige Maschinentakte. Hat die Betaverteilung den Definitionsbereich (t_1, t_2), so läßt sich die Berechnung des gesuchten Resultats $\eta = F^{-1}(\xi)\,(t_2 - t_1) + t_1$ ebenfalls in einigen wenigen Maschinentakten realisieren. Dieses Verfahren wird zweckmäßigerweise dann angewandt, wenn die Zeit zur Erzeugung einer betaverteilten Pseudozufallszahl auf ein Minimum reduziert werden soll. Ein Mangel des Verfahrens besteht darin, daß im Hauptspeicher zusätzliche Informationen gespeichert werden müssen, was nicht immer in dem benötigten Umfang möglich ist. Eine ausführliche Beschreibung des Tabellenverfahrens wird weiter unten gegeben. Es sei darauf hingewiesen, daß seine Anwendung nur dann gerechtfertigt ist, wenn für alle Vorgänge des Netzplanes die Verteilung für die Realisierungsdauer der gleichen Art ist, so daß beim Übergang von einem Vorgang zu einem anderen nur die Parameter der Verteilung verändert werden, wie etwa im Falle der Verteilung (2.4.7).

3. Modellierung durch Komposition normalverteilter Größen. Der nachstehend geschilderte Algorithmus ist nur für eine auf das Intervall (0, 1) transformierte Betaverteilung mit der Dichtefunktion

$$p(x) = \frac{\Gamma(q+p)}{\Gamma(p)\,\Gamma(q)}\, x^{p-1}\,(1-x)^{q-1} \tag{4.1.5}$$

anwendbar, wobei p und q ganze Zahlen sind.

Wir setzen $\frac{m}{2} = p$ und $\frac{n}{2} = q$ und modellieren $m + n$ unabhängige normalverteilte Zufallszahlen mit dem Erwartungswert 0 und der Varianz σ^2, wobei $\sigma > 0$ beliebig ist. Diese Zahlen bezeichnen wir mit $\xi_1, \xi_2, \ldots, \xi_m, \xi_{m+1}, \ldots, \xi_{m+n}$.

Die Zufallszahl

$$\lambda = \frac{\sum\limits_{i=1}^{m} \xi_i^2}{\sum\limits_{j=1}^{m+n} \xi_j^2}$$

ist eine Realisierung der Betaverteilung (4.1.5).

Nun betrachten wir die Methodik der Erzeugung von normalverteilten Pseudozufallszahlen mit einem beliebigen Erwartungswert a und der Varianz σ^2. Dieses Verfahren wurde in verschiedenen Monographien, z.B. in [63] oder [67] ausführlich geschildert.

Zunächst stellen wir fest, daß wir nach Gewinnung eines Wertes ξ einer normalverteilten Zufallsvariablen mit den Parameter (0,1) zum Wert γ der normalverteilten Variablen mit den Parametern (a, σ^2) mit Hilfe der einfachen Beziehung

$$\gamma = a + \sigma\xi \tag{4.1.6}$$

übergehen können.

Zu den verhältnismäßig häufig angewandten Verfahren zur Erzeugung normalverteilter Zufallszahlen gehört das oben beschriebene Verfahren von John von Neumann. Ein bedeutender Nachteil dieses Verfahrens besteht jedoch darin, daß es äußerst langsam abläuft. Die Bildung von normalverteilten Zufallszahlen durch unmittelbare Summation von n gleichverteilten Zufallszahlen[1]) führt für kleine n ebenfalls zu keinem befriedigenden Ergebnis, da eine Folge derartiger Summen für kleine n den Kriterien der „Normalität" nicht genügt.

Analysiert man diese und verschiedene andere Methoden, so kommt man zu dem Schluß, daß das genaueste und gleichzeitig sparsamste Verfahren die Methode der „Summation mit Korrektur" [67] darstellt, die auf der allgemeinen Theorie der asymptotisch normalen Transformation beruht.

Das Korrektursummationsverfahren läuft auf das folgende hinaus: Es seien $\xi_1, \xi_2, \ldots, \xi_n$ unabhängige Zufallszahlen, die über dem Intervall $(-h, +h)$ mit $h = \sqrt{\frac{3}{n}}$ gleichverteilt sind. Dann genügt die Zufallsvariable

$$\eta = \omega_n + \frac{1}{20n}\,(\omega_n^3 - 3\omega_n) \tag{4.1.7}$$

mit $\omega_n = \sum\limits_{i=1}^{n} \xi_i$ der Normalverteilung mit den Parameter (0, 1). Von $n = 5$ an liefert das Verfahren äußerst gute Ergebnisse, obwohl mitunter bereits ab $n = 3$ seine Anwendung durchaus gerechtfertigt erscheint.

[1]) Hierbei findet der Grenzwertsatz der Wahrscheinlichkeitsrechnung Anwendung, demzufolge die Verteilung der normierten Summe unabhängiger Zufallsvariabler asymptotisch normalverteilt ist.

II. Das Verteilungsgesetz ist in Gestalt der logarithmischen Normalverteilung (2.4.12) gegeben.

Bei der Erzeugung der logarithmischen Normalverteilung mit der Dichtefunktion

$$\left.\begin{aligned} p_\eta(x) &= \frac{\sqrt{2}}{(x-t_1)\sqrt{\pi}} \exp[-2\{\ln(x-t_1) - \ln(t_2-t_1) + 1\}^2] \quad (x > t_1), \\ p_\eta(x) &= 0 \quad (x \leqq t_1) \end{aligned}\right\} \tag{4.1.8}$$

liefern das NEUMANNsche Verfahren und dessen Modifikationen keine befriedigenden Ergebnisse, da in diesem Falle die benötigte Maschinenzeit unzulässig hoch wird. Hier ist es zweckmäßig, nach folgendem Schema zu verfahren:

Anstelle der Zufallsvariablen η führen wir die neue Zufallsvariable ξ ein:

$$\xi = 2\,[\ln(\eta - t_1) - \ln(t_2 - t_1) + 1]. \tag{4.1.9}$$

Aus der Definition der logarithmischen Normalverteilung geht hervor, daß die Zufallsvariable ξ normalverteilt ist, den Erwartungswert 0 hat und die Varianz 1 aufweist. Hieraus ergibt sich unmittelbar das nachstehende Modellierungsverfahren der Verteilung mit der Dichtefunktion (4.1.8). Zunächst modellieren wir die mit den Parametern (0, 1) normalverteilte Zufallszahl ξ nach dem oben beschriebenen Verfahren. Sodann gehen wir durch die Transformation

$$\eta = \exp\left[\frac{\xi}{2} - 1 + \ln(t_2 - t_1)\right] + t_1 \tag{4.1.10}$$

zu der gesuchten Pseudozufallszahl η mit der Verteilung (4.1.7) über.

III. Die Verteilung wird durch die drei Schätzwerte a, m und b nach der klassischen Methode des PERT-Verfahrens vorgegeben.

In diesem Falle erfolgt, wie wir bereits darauf hingewiesen hatten, keine Bildung eines eindeutigen Verteilungsgesetzes (etwa in Gestalt der Dichtefunktion oder der Verteilungsfunktion). Daher ist die unmittelbare Anwendung des Monte-Carlo-Verfahrens unmöglich. Ein Ausweg aus dieser Situation ergibt sich [84], [87] durch die Approximation der bei PERT vorausgesetzten Betaverteilung, deren Parameter nicht alle eindeutig bestimmt sind, durch eine konkrete Verteilung, deren Parameter mit den bekannten Parametern der durch die Auftragsbearbeiter vorgegebenen Verteilung entweder übereinstimmen oder diese gut approximieren. Eine solche Approximationsverteilung läßt sich nach der Monte-Carlo-Methode recht gut modellieren. Somit wird die Modellierung der Betaverteilung bei PERT durch die Modellierung eines anderen Verteilungsgesetzes ersetzt, das die von den verantwortlichen Auftragsbearbeitern vorgegebene Verteilung gut approximiert. In der Arbeit [87] empfehlen die Verfasser als Approximationsverteilungen drei Typen der Betaverteilung, die wir mit A, B bzw. C bezeichnen:

$$\left.\begin{aligned} &A. \quad P_A(x) = \frac{12}{(b-a)^4}(x-a)(b-x)^2. \\ &B. \quad P_B(x) = \frac{12}{(b-a)^4}(x-a)^2(b-x). \\ &C. \quad P_C(x) = \frac{30}{(b-a)^5}(x-a)^2(b-x)^2. \end{aligned}\right\} \tag{4.1.11}$$

Die wichtigsten Parameter dieser Verteilung sind:

$$\left.\begin{array}{lll} \text{Erwartungswert} & \mathbf{E}_A(t) = \dfrac{2b+3a}{5}; & \\ \text{Varianz} & \mathbf{D}_A(t) = \dfrac{(b-a)^2}{25}; & \\ \text{Modalwert} & \mathbf{M}_A(t) = \dfrac{2a+b}{3}.; & \\ & \mathbf{E}_B(t) = \dfrac{2a+3b}{5}; & \mathbf{D}_B(t) = \dfrac{(b-a)^2}{25}; \\ & \mathbf{M}_B(t) = \dfrac{a+2b}{3}; & \\ & \mathbf{E}_C(t) = \dfrac{b+a}{2}; & \mathbf{D}_C(t) = \dfrac{(b-a)^2}{28}; \\ & \mathbf{M}_C(t) = \dfrac{a+b}{2}. & \end{array}\right\} \tag{4.1.12}$$

Es sei erwähnt, daß $\mathbf{E}_A(t) > \mathbf{M}_A$, $\mathbf{E}_B(t) < \mathbf{M}_B$ und $\mathbf{E}_C(t) = \mathbf{M}_C$ ist, d.h., die Verteilungen der Typen A und B sind asymmetrisch, wobei bei der Verteilung vom Typ A der Modalwert gegenüber dem Erwartungswert $\mathbf{E}_A(t)$ und der Mitte des Intervalls $[a, b]$ nach links verschoben ist, während bei der Verteilung vom Typ B diese Verschiebungen in entgegengesetzter Richtung liegen.

Die Verteilung vom Typ C ist symmetrisch, so daß ihr Modalwert und Erwartungswert in die Mitte des Intervalls $[a, b]$ fallen.

Es seien drei Schätzwerte für die Realisierungsdauer eines jeden Vorganges (a_{ij}, m_{ij}, b_{ij}) gegeben. Die Approximationsform für die Dichtefunktion der Vorgangsdauer t_{ij} wird so gewählt, daß ihr Modalwert der Bedingung

$$\min_x |m_{ij} - \mathbf{M}_x| \tag{4.1.13}$$

mit $x = A, B, C$ genügt. Mit anderen Worten, aus den drei Approximationsverteilungen wird diejenige ausgewählt, deren Modalwert am wenigsten von dem durch die verantwortlichen Auftragsbearbeiter vorgegebenen Modalwert des Vorganges (i, j) abweicht. Eine solche Approximation wird für alle Vorgänge des Netzplanmodells vorgenommen. Die Modellierung der Realisierungsdauer des Vorganges läuft dann auf die Modellierung einer Zufallszahl hinaus, deren Verteilung so gewählt ist, daß sie der Bedingung (4.1.13) genügt.

Der Vorschlag von Maislin [84] zur Methode der Auswahl der Approximationsverteilung beruht auf einem analogen Prinzip, allerdings mit einer äußerst wichtigen Modifikation, durch die die Approximation wesentlich geschmeidiger wird. Es werden n Zufallszahlen $\xi_1, \xi_2, \ldots, \xi_n$ konstruiert, die der Betaverteilung genügen und durch vier Zusatzbedingungen eindeutig bestimmt sind:

1. Die Zufallsvariable ξ_i, $1 \leqq i \leqq n$, hat als untere Grenze den linken Randpunkt des Definitionsbereiches a.
2. Die Zufallsvariable ξ_i, $1 \leqq i \leqq n$, hat als obere Grenze den rechten Randpunkt des Definitionsbereiches b.
3. Die Zufallsvariable ξ_i, $1 \leqq i \leqq n$, hat den Modalwert $m_i = a + i\,\dfrac{b-a}{n+1}$.
4. Die Varianz der Zufallsvariablen ξ_i ist $\sigma_i^2 = \dfrac{(b-a)^2}{36}$, d.h., die Voraussetzungen des PERT-Verfahrens bleiben erhalten.

Diese Zusatzbedingungen bestimmen die Zufallsvariable ξ_i eindeutig, denn durch die Variablensubstitution $\eta_i = \frac{\xi_i - a}{b - a}$ läßt sich ξ_i auf Zufallsgrößen mit dem Definitionsbereich (0, 1), dem Modalwert $\frac{i}{n+1}$ und der Varianz $\frac{1}{36}$ zurückführen. Beachtet man, daß die Dichtefunktion der Betaverteilung die Form

$$p(t) = Ct^\alpha (1-t)^{\alpha\left(\frac{1}{m_i}-1\right)} \tag{4.1.14}$$

hat, wobei der Parameter m_i durch die Bedingung 3 bestimmt ist, so läßt sich der letzte Parameter α auf Grund der Bedingung 4 bestimmen. Es sei z. B. $m_i = 0{,}2$. In diesem Falle nimmt die Dichtefunktion (4.1.14) die Form

$$p_\eta(t) = Ct^\alpha (1-t)^{4\alpha}$$

an, und die Formeln (2.2.3) reduziert sich unter Beachtung der Bedingung 4 auf die Gleichung

$$\frac{(\alpha+1)(4\alpha+1)}{(5\alpha+2)^2(5\alpha+3)} = \frac{1}{16}$$

mit der eindeutig bestimmten positiven Lösung $\alpha = 0{,}8913$. Damit ist aber die Verteilung von ξ_i eindeutig festgelegt.

Für jeden Vorgang (i, j) mit einer durch die drei Schätzwerte a, b und m vorgegebenen Dauer wird der Approximierungstyp für die Verteilung der Zufallsvariable ξ_r so gewählt, daß die Bedingung

$$\min_{1 \leqq i \leqq n} |m - m_i| = |m - m_r| \tag{4.1.15}$$

erfüllt ist.

Anschließend wird die Monte-Carlo-Modellierung der Zufallszahlen ξ_i entweder nach dem NEUMANNschen Verfahren oder nach dem Tabellenverfahren vorgenommen. Ein besonderer Vorzug dieses Verfahrens liegt in der Möglichkeit, die Approximation mit beliebiger Genauigkeit vornehmen zu können (denn man kann n stets hinreichend groß wählen).

Der Abschluß der 3. Stufe schließt die Modellierung aller Vorgänge des Netzplanes ab, wonach die modellierten t_{ij}-Werte als feste Dauern den Vorgängen (i, j) beigemessen werden. Wir gehen jetzt zur 4. Stufe über.

4. Stufe. Wir bezeichnen mit $t_{ij}^{(s)}$ die modellierte Dauer des Vorganges (i, j), die auf der dritten Stufe bei der s-ten „Ziehung" unter Anwendung des Monte-Carlo-Verfahrens gewonnen wurde. Sodann setzen wir $t_{ij} = t_{ij}^{(s)}$. In dem Netzplan, in dem nunmehr auf diese Weise die Schätzwerte festgelegt sind, bestimmen wir den frühesten Termin für den Eintritt des Ereignisses k. Den Algorithmus für die Berechnung der frühesten Termine für Netzplanmodelle mit deterministischen Schätzwerten hatten wir bereits in 1.5. betrachtet. Wir bezeichnen nun mit $T_k^{(0),(s)}$ den bei der s-ten Modellierung „gezogenen" Wert des gesuchten Parameters.

5. Stufe. Auf dieser Stufe überprüfen wir, in welches der m Intervalle des Histogramms der „gezogene" Wert $T_k^{(0),(s)}$ fällt. Sind die auf der 2. Stufe konstruierten Histogrammintervalle nach der Formel (4.1.3) bestimmt, so bedeutet die Ungleichung

$$L_1 + h(i-1) \leqq T_k^{(0),(s)} < L_1 + hi, \tag{4.1.16}$$

daß $T_k^{(0),(s)}$ in das i-te Histogrammintervall gelangt ist, wonach dem diesem Intervall entsprechenden Häufigkeitszähler eine 1 hinzugefügt wird.

6. Stufe. Diese Stufe bildet bei jeder nachfolgenden „Ziehung" den Erwartungswert und die Varianz für den frühesten Termin des Ereignisses k. Ist $\overline{T}_k^{(0),(s-1)}$ der Erwartungswert der Zufallsgröße $T_k^{(0)}$, den man auf Grund der $s-1$ vorhergehenden „Ziehungen" ermittelt hatte, so wird auf dieser 6. Stufe der Wert

$$\overline{T}_k^{(0),(s)} = \frac{\overline{T}_k^{(0),(s-1)}(s-1) + T_k^{(0),(s)}}{s} \tag{4.1.17}$$

gebildet. Wir bezeichnen mit $V_k^{(s)}$ die Summe der Quadrate von s Realisierungen der frühesten Termine des Ereignisses k, d.h., wir setzen

$$V_k^{(s)} = \sum_{i=1}^{s} [T_k^{(0),(i)}]^2. \tag{4.1.18}$$

Auf der 6. Stufe erfolgt die Abschätzung der Varianz und der Standardabweichung nach den Formeln

$$\left.\begin{aligned} \sigma^2[T_k^{(0)}] &= \frac{V_k^{(s-1)}(s-1) + [T_k^{(0),(s)}]^2}{s} - [\overline{T}_k^{(0),(s)}]^2, \\ \sigma[T_k^{(0)}] &= \sqrt{\frac{1}{s}\{V_k^{(s-1)}(s-1) + [T_k^{(0),(s)}]^2\} - [\overline{T}_k^{(0),(s)}]^2}. \end{aligned}\right\} \tag{4.1.19}$$

Die hier angegebenen Formeln (4.1.17) und (4.1.19) ermöglichen uns, den Berechnungsprozeß für Varianz und Standardabweichung mit der steigenden Anzahl der Realisationen iterativ zu führen.

7. Stufe. Auf dieser Stufe erfolgt die Bildung des Dringlichkeitskoeffizienten für jeden Vorgang des Netzplanes. Im Netzplanmodell mit determinierten Schätzwerten $t_{ij} = t_{ij}^{(s)}$ wird für jeden Vorgang (i, j) entweder der Dringlichkeitskoeffizient $k_d(i, j)$ ermittelt, oder es wird untersucht, ob der Vorgang (i, j) zum Bestandteil des kritischen Weges wird. Als Ergebnis erfolgt die Bildung der p-Quantil-Abschätzungen für die Dringlichkeitskoeffizienten nach der im nächsten Abschnitt beschriebenen Methode.

8. Stufe. Auf dieser Stufe werden die Stufen 3, 4, 5, 6 und 7 N-mal wiederholt, wobei N die Anzahl der „Ziehungen" ist, die entweder von vornherein festgelegt oder beim Modellierungsprozeß auf Grund der Konvergenz des Prozesses in Wahrscheinlichkeit ermittelt wird. Die Zahl N bestimmt die Genauigkeit der Monte-Carlo-Methode, so daß die Verfahren zur Abschätzung dieser Zahl eine besondere Bedeutung gewinnen. Die Fehler der Modellierungsergebnisse und die Methoden zur Auswahl von N werden im nachfolgenden Abschnitt ausführlich beschrieben.

9. Stufe. Auf dieser Stufe wird das Histogramm der Dichtefunktion für die Verteilung des frühesten Termins für den Eintritt des Ereignisses k konstruiert. Für jedes Histogrammintervall wird die Klassenhäufigkeit nach der Formel

$$\bar{p}_i = \frac{\nu_i^{(N)}}{N} \tag{4.1.20}$$

berechnet, wobei $\bar{p}_i$ das statistische Analogon (die Klassenhäufigkeit) der Dichtefunktion ist, während $\nu_i^{(N)}$ angibt, wie viele von den N Realisierungen in das i-te Intervall gelangt sind. Wird eine Abschätzung des p-Quantilwertes von $T_k^{(0)}$ benötigt, so gehen wir folgendermaßen vor: Wir ordnen die Gesamtheit der gewonnenen Werte $T_k^{(0),1}, \ldots, T_k^{(0),N}$ in aufsteigender Reihenfolge an, d.h., wir konstruieren eine Variationsreihe. Sodann fixieren wir einen Wert $T_k^{(0),\xi}$ mit der Eigenschaft, daß $\frac{N_\xi}{N} = p$ ist, wobei N_ξ die Anzahl der Glieder der Variationsreihe bedeutet, die kleiner sind als $T_k^{(0),(\xi)}$. Dieser Wert ist das gesuchte p-Quantil, das gewöhnlich durch $W_p(k)$ bezeichnet wird.

10. Stufe. Auf dieser Stufe wird gewöhnlich die inverse Aufgabe betrachtet: Aus der Kenntnis des Wertes $W_p(k) = T$ ist der Sicherheitskoeffizient p zu errechnen. Der Algorithmus zur Lösung dieser Aufgabe ist äußerst einfach und besteht aus den folgenden Schritten.

1. Wir fixieren (auf Grund eines beliebigen der beschriebenen Algorithmen) die p-Quantile für $p = \Delta p \cdot r$ $(r = 1, 2, \ldots, n;\ \Delta p \cdot \mathrm{n} = 1)$. Der Wert Δp wird durch den Rechenfehler bestimmt.

2. Es sei

$$W_{\Delta p \cdot r}(k) \leqq T < W_{\Delta p (r+1)}(k). \tag{4.1.21}$$

Dann ist

$$p = \Delta p \cdot r + \frac{T - W_{\Delta p \cdot r}(k)}{W_{\Delta p (r+1)}(k) - W_{\Delta p \cdot r}(k)} \Delta p. \tag{4.1.22}$$

Anstelle der linearen können wir auch die quadratische oder eine beliebige andere Interpolation ansetzen.

Für den Fall, daß die wahrscheinlichkeitstheoretischen Charakteristika für mehrere Ereignisse des Netzplanes ermittelt werden müssen, erleidet der beschriebene Algorithmus keinerlei prinzipielle Änderung.

4.2. Die wahrscheinlichkeitstheoretischen Parameter eines Netzplanmodells mit Zufallsschätzwerten für die Vorgänge

Die Anwendung der Monte-Carlo-Methode für die Parameter eines Netzplanmodells ermöglicht uns, die wahrscheinlichkeitstheoretische Behandlung auch auf einige andere Parameter zu übertragen, die die Dringlichkeit der Netzplanvorgänge charakterisieren. Insbesondere ändert sich der Begriff des Dringlichkeitskoeffizienten für die Vorgänge und Wege des Netzplanes sehr erheblich.

Wir führen [68] den Begriff des *p-Quantil-Dringlichkeitskoeffizienten eines Weges L* ein, der nach der folgenden Formel bestimmt wird:

$$k_{p.\mathrm{d}}(L) = W_p \{k_\mathrm{d}(L)\}. \tag{4.2.1}$$

Hierbei ist $k_\mathrm{d}(L)$ der Dringlichkeitskoeffizient des Weges L im determinierten Netzplan. Für diesen Koeffizienten gilt die Formel

$$k_\mathrm{d}(L) = (t_L - t'_\mathrm{kr}(L)) [t_\mathrm{kr} - t'_\mathrm{kr}(L)]^{-1}.$$

Hierbei ist $t'_\mathrm{kr}(L)$ die Länge des Abschnittes des kritischen Weges, der mit dem Weg L inzidiert, t_L die Dauer des Weges L und t_kr die Dauer des kritischen Weges im Netzplan.

Um den Wert $W_\mathrm{p}\{k_\mathrm{d}(L)\}$ zu gewinnen, muß man die Realisierungsdauer der Vorgänge im Netzplanmodell nach der Monte-Carlo-Methode mehrfach nachspielen, wobei man nach jeder „Ziehung" den Wert des zu untersuchenden Dringlichkeitskoeffizienten des Weges L fixiert. Nach einer hinreichenden Anzahl N von „Ziehungen" fixieren wir den p-Quantil-Dringlichkeitskoeffizienten W_p, d. h. die p-prozentige obere Sicherheitsgrenze der empirischen Verteilung, die aus N Werten $k_\mathrm{d}(L)$ besteht. Der *Wert des p-Quantil-Dringlichkeitskoeffizienten* für den Vorgang (i, j) [68] wird nach der Formel

$$k_{p.\mathrm{d}}(i, j) = W_p \{k_\mathrm{d}(i, j)\} \tag{4.2.2}$$

abgeschätzt, wobei $k_\mathrm{d}(i, j)$ nach den Formeln (1.3.17) oder (1.3.18) berechnet wird. Auf ähnliche Weise ermittelt man den *p-Quantil-Freiheitsgrad* $k_{p.\mathrm{f}}(i, j)$ [68]:

$$k_{p.\mathrm{f}}(i, j) = W_p \{k_\mathrm{f}(i, j)\} \tag{4.2.3}$$

mit

$$k_\mathrm{f}(i, j) = \frac{T_j^{(0)} - T_i^{(1)}}{t_{ij}}.$$

Die Anwendung der p-Quantil-Dringlichkeitskoeffizienten gestattet es, die Zerlegung des Netzplanmodells in die kritische Zone, die Zwischenzone und die Zone der Reserven nach der Monte-Carlo-Methode vorzunehmen. So kann man z. B. der kritischen Zone sämtliche Vorgänge zuordnen, deren p-Quantil-Dringlichkeitskoeffizient größer ist als ein vorgegebener Wert $(1 - \eta)$ $(\eta > 0)$. Es sei darauf hingewiesen, daß bei Erhöhung der Sicherheitsgrenze p der Umfang der kritischen Zone zunimmt. Das steht in vollem Einklang mit der entsprechenden technisch-ökonomischen Bedeutung, die man dem Begriff des Sicherheitskoeffizienten p der kritischen Zone und der Zone der Reserven beimißt. Je höher die Wahrscheinlichkeit für die Realisierung eines Teils oder des ganzen Netzplanprojekts in der durch den Plan vorgegebenen Zeit ist, umso mehr Aufmerksamkeit ist solchen Vorgängen zu widmen, die auf der Grenze zwischen der kritischen Zone und der Zone der Reserven liegen. Infolgedessen führt eine Erhöhung des Sicherheitskoeffizienten p zur sukzessiven Einbeziehung eines Teiles der Zwischenzone in die kritische Zone.

Die Vorgabe eines festen Wertes für den Sicherheitskoeffizienten p führt zur Entstehung neuer technisch-ökonomischer Kennwerte und Begriffe in den NPT-Systemen. Für Netzplanmodelle mit Zufallsschätzwerten für die Vorgänge wird [68] der Begriff der p-Quantilzonen eingeführt. Mit anderen Worten, sämtliche Vorgänge, die an der

Realisierung eines neuen Vorhabens beteiligt sind, werden auf folgende Zonen aufgeteilt:

a) *die kritische p-Quantilzone,* zu der sämtliche Vorgänge mit $W_p\,\{k_d\,(i,j)\} > p_1$ gehören; dabei ist der Wert p_1 in der Nähe von 1 zu wählen ($p_1 \approx 0{,}8$ bis $0{,}9$);

b) *die p-Quantilzone der Reserven*; diese umfaßt Vorgänge mit $W_p\,\{k_d\,(i,j)\} < p_2$ mit $p_2 \approx 0{,}2$ (nur wenig von null verschieden);

c) *die p-Quantil-Zwischenzone*; diese umfaßt die Vorgänge mit den mittleren Werten der p-Quantilkoeffizienten:

$$p_2 \leqq W_p\,\{k_d\,(i,j)\} \leqq p_1.$$

Es sei erwähnt, daß der Algorithmus zur Berechnung der wahrscheinlichkeitstheoretischen Dringlichkeitskoeffizienten (und damit zur Zerlegung der Menge der Vorgänge des Netzplanmodells in die p-Quantilzonen) auch nach einem anderen Prinzip begründet werden kann [68], [75]. Dieses geht von der Abschätzung der Wahrscheinlichkeit dafür aus, daß ein Vorgang im Falle einer konkreten Realisierung eines Netzplanprojekts in die kritische Zone gelangt.

In den vorhergehenden Abschnitten hatten wir deutlich gezeigt, daß in einem Netzplan mit Vorgängen, deren Realisierungsdauern Zufallsvariable sind und einer bestimmten Verteilung genügen, ein sog. „längster Weg" nicht existiert und daß sogar die Frage nach einem derartigen Wege vom wahrscheinlichkeitstheoretischen Standpunkt aus unbegründet ist.

Was hingegen die Frage nach der Wahrscheinlichkeit für einen bestimmten festen Vorgang (i, j) im Falle der Realisierung des gesamten Netzplanprojekts (aller Vorgänge des Netzplanes) dafür betrifft, daß dieser Vorgang auf den kritischen Weg gerät, d.h. den Dringlichkeitskoeffizienten 1 hat, so ist eine derartige Fragestellung völlig korrekt.

In 1.3. haben wir Netzpläne mit determinierten Schätzwerten für die Realisierungsdauern der Vorgänge betrachtet. Ein Vorgang (i, j) wurde der kritischen Zone zugeordnet, wenn sein Dringlichkeitskoeffizient $k_d\,(i,j)$ größer war als $1 - \eta$ $(\eta > 0)$.

Im Falle von Vorgängen mit Zufallsschätzwerten für die Realisierungsdauer können wir lediglich die Wahrscheinlichkeit p_{ij} dafür abschätzen, daß ein Vorgang (i, j) nach seiner Erledigung einen Dringlichkeitskoeffizienten $k_d\,(i,j) > 1 - \eta$ besitzt, d.h., der kritischen Zone angehört. Gehen wir in dieser Weise für alle Vorgänge des Netzplanmodells vor, so erhalten wir eine Gruppe von Vorgängen mit der Tendenz, in der kritischen Zone zu liegen. Umgekehrt ermitteln wir dabei eine Gruppe von Vorgängen, die in der Regel außerhalb der Wege hoher Dringlichkeit zu liegen kommen. Die Einteilung der Vorgänge des Netzplanmodells in „dringliche" und „nicht dringliche" Vorgänge läßt sich ebenfalls nach der Monte-Carlo-Methode vornehmen, und zwar nach einem Verfahren, das in der Arbeit [75] beschrieben wurde. Wir fixieren hierzu zwei Wahrscheinlichkeiten p_1 und p_2 mit $p_2 < p_1$. Sodann treffen wir die folgende Festlegung: Übersteigt für einen Vorgang (i, j) die Wahrscheinlichkeit p_{ij} dafür, daß er kritisch wird (d.h., daß sein Dringlichkeitskoeffizient größer als $1 - \eta$ ausfällt) den Wert p_1, so wird der Vorgang (i, j) der „dringlichen" Zone zugeordnet. Ist hingegen $p_{ij} < p_2$, so ordnen wir diesen Vorgang der zweiten, „nicht dringlichen" Zone zu. Bei Gültigkeit der Ungleichung $p_2 \leqq p_{ij} \leqq p_1$ fällt der Vorgang (i, j) der dritten Zone, der sog. Zwischenzone zu.

Wir modellieren die Realisierungsdauern sämtlicher Vorgänge (i, j) des Netzplanes und ermitteln, welche dieser Vorgänge (im determinierten Netzplan mit festen Realisierungsdauern) den Dringlichkeitskoeffizienten $k_d\,(i, j) > 1 - \eta$ haben. Für nur eine „Ziehung" ordnen wir alle diese Vorgänge der „dringlichen" Zone zu.

Durch häufige Wiederholung dieser „Ziehung" (N mal) erhalten wir für jeden Vorgang (i, j) seine relative Häufigkeit $\overline{p}_{ij} = \frac{N_{ij}}{N}$, mit der er in die dringliche Zone gelangt. Hierbei ist N_{ij} die Anzahl der Fälle (unter den N „Ziehungen"), in denen der Vorgang (i, j) den Dringlichkeitskoeffizienten $k_d\,(i, j) > 1 - \eta$ hatte. Auf der Grundlage der Testtheorie zur Überprüfung statistischer Hypothesen vergleichen wir die Werte $\overline{p}_{ij}$, p_1 und p_2 und treffen die Entscheidung, ob der Vorgang (i, j) der ersten, zweiten oder dritten Gruppe zuzuordnen ist. Diese Aufgabe läßt sich mit Hilfe des Integralsatzes von Moivre-Laplace lösen und wird weiter unten beschrieben.

Die Anwendung der neuen statistischen Begriffe in den NPT-Systemen läßt sich leicht auf die Pufferzeiten der Ereignisse, Vorgänge und Wege in den Netzplanmodellen übertragen. Wir wollen nun [68] den Begriff des *p-Quantilwertes* der totalen Pufferzeit für den Vorgang (i, j) einführen, der nach der Formel

$$P_{p.\mathrm{t}}\,(i, j) = W_{1-p}\,\{P_{\mathrm{t}}\,(i, j)\} \tag{4.2.4}$$

berechnet wird; hierbei ist $W_{1-p}\,\{P_{\mathrm{t}}\,(i, j)\}$ der $(1-p)$-Quantilschätzwert der empirischen Verteilung von $P_{\mathrm{t}}\,(i, j)$, der bei jeder „Ziehung" nach der Formel (1.3.10) für die Gesamtpufferzeit in einem determinierten Netzplan berechnet wird.

Analog wird der *p-Quantilwert der freien Pufferzeit* für den Vorgang (i, j) nach der Formel

$$P_{p\mathrm{f}}\,(i, j) = W_{1-p}\,\{P_{\mathrm{f}}\,(i, j)\} \tag{4.2.5}$$

berechnet, wobei zur Berechnung von $P_{\mathrm{f}}\,(i, j)$ die Formeln (1.3.15) und (1.3.16) angesetzt werden.

Der p-Quantilwert der Pufferzeit für ein Ereignis i des Netzplanes wird nach der Formel $P_p(i) = W_{1-p}\,\{P(i)\}$ berechnet, wobei $P(i)$ die Pufferzeit des Ereignisses i im deterministischen Netzplan nach der Formel (1.3.8) ist.

Der *p-Quantilwert der Pufferzeit des Weges L* schließlich wird ermittelt nach der Formel

$$P_{p\mathrm{t}}(L) = W_{1-p}\,\{P(L)\} \tag{4.2.6}$$

mit $P(L) = t_{\mathrm{kr}} - t_L$.

Es sei darauf hingewiesen, daß bei Erhöhung des Sicherheitskoeffizienten p die p-Quantilwerte $P_{p\mathrm{t}}\,(i, j)$, $P_p(i)$ und $P_{p\mathrm{t}}(L)$ kleiner werden, ohne jedoch negative Werte anzunehmen. Denn diese Werte sind in einem determinierten Netzplan stets nichtnegativ und nehmen die Werte 0 lediglich auf dem kritischen Wege an. Diese Tatsache spiegelt direkt eine technisch-ökonomische Bedeutung wider: Bei der Erhöhung des Sicherheitsgrades (der Garantie) für die Realisierung eines Projekts in der vorgesehenen Zeit dürfen wir nicht zu viele Reserven von den mit abhängigen Pufferzeiten behafteten Vorgängen abziehen, um die Einhaltung der Realisierungstermine nach dem vorgegebenen Plan nicht zu gefährden (ist der Sicherheitskoeffizient p und ziehen wir mehr als $P_{p\mathrm{t}}\,(i, j)$ Zeitreserven vom Vorgang (i, j) ab, so wird die Wahrscheinlichkeit für die Nichteinhaltung des Plantermins größer als $1 - p$).

Die oben beschriebenen p-Quantilwerte für die Pufferzeiten $P_{pt}(i, j)$ und $P_p(L)$ sind die wahrscheinlichkeitstheoretischen Analoga zu den totalen Pufferzeiten in determinierten Netzplänen mit festen Zeitschätzwerten.

Es gibt auch noch eine andere Möglichkeit, die Pufferzeiten wahrscheinlichkeitstheoretisch zu definieren und zu deuten. Wir bezeichnen mit $W_p(i)$ den p-Quantilwert für den frühesten Termin des Ereignisses i. Eine entsprechende Abschätzung läßt sich auch für das nachfolgende Ereignis j, also den Wert $W_p(j)$, gewinnen.

Wir betrachten die Formel

$$P_p(i, j) = W_p(j) - W_p(i) - t_{ij}^{\text{pl}}, \tag{4.2.7}$$

wobei t_{ij}^{pl} die eingeplante Realisierungsdauer des Vorganges (i, j) ist. Werden die Realisierungsdauern der Vorgänge (i, j) durch eine determinierte Normativschätzung t_{ij}^{norm} vorgegeben, so gilt $t_{ij}^{\text{pl}} = t_{ij}^{\text{norm}}$. Ist hingegen die Realisierungsdauer eine Zufallsvariable, so kann für t_{ij}^{pl} der p-Quantilwert dieser Zufallsvariablen eingesetzt werden. Mit anderen Worten, in jedem konkreten Falle wird dem Bearbeiter des Vorganges (i, j) die zugehörige Plandauer vorgegeben. In manchen Fällen, die wir unten beschreiben werden, läßt sich die Formel (4.2.7) zur Optimierung des Netzplanmodells verwenden.

4.3. Abschätzung der Genauigkeit für die nach der Monte-Carlo-Methode ermittelten wahrscheinlichkeitstheoretischen Parameter eines Netzplanmodells

Die statistische Analyse eines Netzplanmodells nach der Monte-Carlo-Methode beruht entweder auf einer festen Anzahl von Versuchen („Ziehungen“) oder aber die Anzahl der Versuche wird durch die Konvergenz im Sinne der Wahrscheinlichkeitsrechnung der statistischen Kennwerte der zu untersuchenden Parameter bestimmt. Daher wollen wir zunächst die Abschätzung der Parameter eines Netzplanmodells betrachten, die man bei einer fest vorgegebenen Anzahl N von Versuchen gewonnen hat. Im weiteren werden wir zu dem Fall übergehen, in dem die Anzahl der Versuche N unmittelbar im Modellierungsprozeß ermittelt wird.

Wir betrachten die Abschätzung des Erwartungswertes für den frühesten Termin $T_k^{(0)}$ eines beliebigen Ereignisses k (dabei kann es sich auch um das Zielereignis handeln, so daß der früheste Termin der Realisierungsdauer des Gesamtprojekts äquivalent ist). Es sei $t_i(k)$ ein Wert der Zufallsvariablen $T_k^{(0)}$, der dem frühesten Termin des Ereignisses k beim i-ten Versuch entspricht. Die untersuchte Stichprobe ist $\{t_i(k)\}$, $1 \leqq i \leqq N$. Die Zufallsvariable

$$\bar{t}(k) = \sum_{i=1}^{N} \frac{1}{N} t_i(k) \tag{4.3.1}$$

ist eine Abschätzung für den Erwartungswert $\mathbf{M}t(k)$ für den frühesten Termin des Ereignisses k. Für die Abschätzung der Varianz $\mathbf{D}t(k)$ der Zufallsvariablen $T_k^{(0)}$ erhalten wir

$$S^2[t(k)] = \frac{1}{N} \sum_{i=1}^{N} [t_i(k) - \bar{t}(k)]^2. \tag{4.3.2}$$

Da die $t_i(k)$ unabhängig sind und $\mathbf{M}t_i(k) \equiv \mathbf{M}t(k)$, $\mathbf{D}t_i(k) \equiv \mathbf{D}t(k)$ ist, gilt

$$\mathbf{M}\left\{\sum_{i=1}^{N} \frac{1}{N}\,[t_i(k)]\right\} = \mathbf{M}[t(k)],$$

$$\mathbf{D}\,\{\bar{t}(k)\} = \frac{1}{N}\,\mathbf{D}\,[t(k)] = \frac{\sigma^2 t(k)}{N}.$$

Nach dem Satz von LJAPUNOW erhalten wir

$$\left.\begin{aligned} \mathbf{P}\left\{\frac{\bar{t}(k) - Mt(k)}{\frac{\sigma t(k)}{\sqrt{N}}} < z\right\}_{N\to\infty} &\to \frac{1}{2} + \frac{1}{\sqrt{2\pi}}\int_0^z \exp\left\{-\frac{t^2}{2}\right\} dt, \\ \mathbf{P}\left\{\frac{\bar{t}(k) - Mt(k)}{\frac{S\,[t(k)]}{\sqrt{N}}} < z\right\}_{N\to\infty} &\to \frac{1}{2} + \frac{1}{\sqrt{2\pi}}\int_0^z \exp\left\{-\frac{t^2}{2}\right\} dt. \end{aligned}\right\} \tag{4.3.3}$$

Für hinreichend große N gilt daher

$$\mathbf{P}\left\{|\,\bar{t}(k) - \mathbf{M}t(k)\,| < \frac{zS\,[t(k)]}{\sqrt{N}}\right\} \approx 2\Phi(z) \tag{4.3.4}$$

mit

$$\Phi(z) = \frac{1}{\sqrt{2\pi}}\int_0^z \exp\left\{-\frac{t^2}{2}\right\} dt, \qquad (z > 0).$$

Bei vorgegebener Wahrscheinlichkeit α läßt sich aus der Gleichung $2\Phi(z_\alpha) = \alpha$ der gesuchte Wert z_α derart bestimmen, daß

$$\mathbf{P}\left\{\bar{t}(k) - z_\alpha \frac{S\,[t(k)]}{\sqrt{N}} < \mathbf{M}t(k) < \bar{t}(k) + z\,\frac{S\,[t(k)]}{\sqrt{N}}\right\} = \alpha \tag{4.3.5}$$

gilt.

Wir schätzen den Fehler der empirischen Standardabweichung S als Approximation für $\sigma[t(k)]$ ab. Hierzu gehen wir von den Gleichungen

$$\mathbf{M}\,[t_i(k) - \mathbf{M}t(k)]^2 = \mathbf{M}[t(k) - \mathbf{M}t(k)]^2 = \mathbf{D}t(k) = \sigma^2 t(k),$$

$$\mathbf{D}\,[t_i(k) - \mathbf{M}t(k)]^2 = \mathbf{D}[t(k) - \mathbf{M}t(k)]^2 = \mu_4 - \mu_2^2 = \sigma_2^2$$

aus und setzen

$$S_N^2 = \frac{1}{N}\sum_{i=1}^{N} [t_i(k) - \mathbf{M}t(k)]^2.$$

Auf Grund des zentralen Grenzwertsatzes erhalten wir dann

$$\mathbf{P}\left\{z_0 < \frac{S_N^2 - \sigma^2 t(k)}{\frac{\sigma_2}{\sqrt{N}}} < z_1\right\}_{N\to\infty} \to \frac{1}{\sqrt{2\pi}}\int_{z_0}^{z_1} \exp\left\{-\frac{t^2}{2}\right\} dt = \Phi(z_1) - \Phi(z_0). \tag{4.3.6}$$

Mit anderen Worten, die Größe

$$\frac{[S_N^2 - \sigma^2 t(k)]\,\sqrt{N}}{\sigma_2}$$

ist bei großem N angenähert normalverteilt. Wegen

$$S_N^2 - S^2 = [\bar{t}(k) - \mathbf{M}t(k)]^2$$

folgt dann

$$\sqrt{N}\,(S_N^2 - S^2) = \sqrt{N}\,[\bar{t}(k) - \mathbf{M}t(k)]^2. \tag{4.3.7}$$

Andererseits gilt für beliebig kleine ε

$$\lim_{N\to\infty} \mathbf{P}\left\{|\bar{t}(k) - t(k)| > \frac{\varepsilon}{\sqrt[4]{N}}\right\} = 0, \tag{4.3.8}$$

denn wegen der TSCHEBYSCHEWschen Ungleichung ist

$$\mathbf{P}\,[|\xi - \mathbf{M}\xi| < \varepsilon] \leqq \frac{1}{\varepsilon^2}\,\mathbf{D}\xi$$

und bei hinreichend großem N

$$\mathbf{P}\left\{|\bar{t}(k) - Mt(k)| > \frac{\varepsilon}{\sqrt[4]{N}}\right\} < \frac{\sqrt{N}}{\varepsilon^2}\,\mathbf{D}\,[\bar{t}(k)] = \frac{\sigma^2\,[t(k)]}{\sqrt{N}\,\varepsilon^2},$$

woraus die Relation (4.3.8) folgt.

Daher ist $\lim\limits_{N\to\infty}^{\text{prob}} \sqrt[4]{N}\,|\bar{t}(k) - \mathbf{M}t(k)| \to 0$ und folglich selbstverständlich auch $\lim\limits_{N\to\infty}^{\text{prob}} \sqrt{N}\,[\bar{t}(k) - \mathbf{M}t(k)]^2 = 0$ in Wahrscheinlichkeit konvergent. Hieraus schließt man unter Berücksichtigung von (4.3.6) und (4.3.7), daß $\sqrt{N}\,S_N^2$ und $\sqrt{N}\,S^2$ (bei hinreichend großem N) asymptotisch normalverteilt sind, d.h., es gilt

$$\lim_{N\to\infty} \mathbf{P}\left\{z_0 < \frac{S^2 - \sigma^2\,[t(k)]}{\dfrac{\sigma_2}{\sqrt{N}}} < z_1\right\} = \frac{1}{\sqrt{2\pi}}\int\limits_{z_0}^{z_1} \exp\left(-\frac{t^2}{2}\right) \mathrm{d}t. \tag{4.3.9}$$

Wegen $\sigma_2^2 = \mu_4 - \mu_2^2$ ergibt sich für S^2 die Normalverteilung mit den Parametern $\left[\sigma[t(k)]^2, \frac{1}{N}\,(\mu_4 - \mu_2^2)\right]$. Die Abschätzung von S^2 ist also nicht verschoben und daher eine konsistente Schätzfunktion für die unbekannte Varianz $\sigma^2[t(k)]^2$. Hieraus folgt unter Berücksichtigung der Konvergenz in Wahrscheinlichkeit $\lim\limits_{N\to\infty}^{\text{prob}} \frac{S}{\sigma\,[t(k)]} = 1$ schließlich

$$\lim_{N\to\infty} \mathbf{P}\left\{z_0 < \frac{S - \sigma\,[t(k)]}{\dfrac{\sigma_2}{2\sigma\,[t(k)]\,\sqrt{N}}} < z_1\right\} = \frac{1}{\sqrt{2\pi}}\int\limits_{z_0}^{z_1} \mathrm{e}^{-t^2/2}\,\mathrm{d}t, \tag{4.3.10}$$

so daß S bei hinreichend großem N mit den Parametern

$$\left[\sigma\,[t(k)],\ \frac{\sigma_2}{2\sigma\,[t(k)]\,\sqrt{N}}\right]$$

normalverteilt ist.

Es bleibt uns nur noch σ_2 angenähert abzuschätzen, wobei wir uns des in der mathematischen Statistik allgemein gebräuchlichen Kunstgriffes, und zwar der

Ersetzung der theoretischen zentralen Momente μ_4 und μ_2 durch deren Stichprobenschätzwerte m_4 und m_2 bedienen. Hieraus folgt die Näherungsgleichung

$$\sigma_2 \approx S_2 = \sqrt{\frac{\sum_{i=1}^{N} [t_i(k) - \bar{t}(k)]^4}{N} - \left[\frac{1}{N} \sum_{i=1}^{N} (t_i(k) - \bar{t}(k))^2\right]^2}$$

oder, wegen (4.3.2),

$$\sigma_2 \approx S_2 = \sqrt{\frac{1}{N} \left\{\left[\sum_{i=1}^{N} t_i(k) - \bar{t}(k)\right]^4\right\} - S^4[t(k)]}\,. \tag{4.3.11}$$

Ist ξ normalverteilt, so läßt sich leicht zeigen [14], daß $\sqrt{\mu_4 - \mu_2^2} \approx \sigma^2 \sqrt{2}$ ist. Demzufolge gilt die Näherungsgleichung

$$\sigma_S = \frac{\sigma_2}{2\sigma[t(k)]\sqrt{N}} = \frac{\sqrt{\mu_4 - \mu_2^2}}{2\sigma[t(k)]\sqrt{N}} \approx \frac{\sigma^2 \sqrt{2}}{2\sigma\sqrt{N}} = \frac{\sigma}{\sqrt{2}\sqrt{N}}\,. \tag{4.3.12}$$

Die Beziehungen (4.3.3) bzw. (4.3.5) und (4.3.10) bzw. (4.3.12) gestatten es uns, abzuschätzen, wie groß die Zahl N sein muß, d.h. wieviel Versuche wir insgesamt benötigen, um die erforderliche Genauigkeit für

$$\mathbf{M}[t(k)] \approx \bar{t}(k) \qquad \text{bzw.} \qquad \sigma^2[t(k)] \approx S^2[t(k)]$$

zu erreichen. Für den Erwartungswert muß man die Sicherheitswahrscheinlichkeit α und die Genauigkeit der Abschätzung von $\mathbf{M}[t(k)] \approx \bar{t}(k)$ angeben, d.h., man muß fordern, daß die Ungleichung

$$\mathbf{P}\,\{|\bar{t}(k) - \mathbf{M}[t(k)]| < \varepsilon\} \geqq \alpha \tag{4.3.13}$$

erfüllt ist. Unter Verwendung von (4.3.4) und der Ungleichung $z_\alpha \frac{S[t(k)]}{\sqrt{N}} \leqq \varepsilon$ erhalten wir schließlich

$$N \geqq \frac{z_\alpha^2 \sigma^2[t(k)]}{\varepsilon^2} = \frac{\Phi^{-1}\left(\frac{\alpha}{2}\right) \sigma^2[t(k)]}{\varepsilon^2}\,. \tag{4.3.14}$$

Stellen wir den maximalen Fehler als Anteil der Standardabweichung in der Form $q = \frac{\varepsilon}{\sigma[t(k)]}$ dar, so läßt sich (4.3.14) auf die einfachere Form

$$N \geqq \frac{\Phi^{-1}\left(\frac{\alpha}{2}\right)}{q^2} \tag{4.3.15}$$

bringen, wobei man die Formel (4.3.14) auf Grund der bereits angestellten Überlegungen durch

$$N \geqq \frac{\Phi^{-1}\left(\frac{\alpha}{2}\right) S^2[t(k)]}{\varepsilon^2} = \frac{\Phi^{-1}\left(\frac{\alpha}{2}\right)}{q_1^2} \tag{4.3.16}$$

mit

$$q_1 = \frac{\varepsilon}{S[t(k)]}$$

ersetzen kann.

In ähnlicher Weise schätzen wir die erforderliche Anzahl der „Ziehungen“ ab, wozu wir von den Formeln (4.3.10) und (4.3.12) ausgehen. Nach Einführung der Gleichung

$$\mathbf{P}\left\{|S-\sigma|< z_\alpha \frac{\sigma}{\sqrt{N}}\right\} = 2\Phi(z_\alpha) \geqq \alpha$$

und der Ungleichung $\frac{z_\alpha \sigma}{\sqrt{2N}} \leqq \varepsilon_\sigma$ erhalten wir eine Abschätzung für die Anzahl der „Ziehungen“ N:

$$N \geqq \frac{z_\alpha^2 \sigma^2}{\varepsilon_\sigma^2 \cdot 2} = \frac{\Phi^{-1}\left(\frac{\alpha}{2}\right) \sigma^2[t(k)]}{2\varepsilon_\sigma^2} \tag{4.3.17}$$

oder

$$N \geqq \frac{\Phi^{-1}\left(\frac{\alpha}{2}\right)}{2q_\sigma^2} \tag{4.3.18}$$

mit

$$q_\sigma = \frac{\varepsilon_\sigma}{\sigma}.$$

Wir wenden uns nun wieder der im vorhergehenden Abschnitt gestellten Aufgabe zu, die Anzahl der „Ziehungen“ N zu ermitteln, die ausreicht, um entscheiden zu können, in welche der p-Quantilzonen ein bestimmter Vorgang (i, j) einzuordnen ist. Wir erinnern daran, daß die Wahrscheinlichkeiten p_1 und p_2, $p_2 \leqq p_1$, derart vorgegeben sind, daß für $p_{ij} \geqq p_1$ ein Vorgang der dringlichen Zone, für $p_{ij} < p_2$ der Zone der Reserven und für $p_2 \leqq p_{ij} < p_1$ der Zwischenzone zugewiesen wird; denn p_{ij} ist die Wahrscheinlichkeit dafür, daß bei der Realisierung des Netzplanprojekts der Dringlichkeitskoeffizient $k_\mathrm{d}\,(i, j)$ des Vorganges (i, j) einen Wert annimmt, der größer ist als $1 - \eta$ $(\eta > 0)$. Die Entscheidung über die Wahrscheinlichkeit p_{ij} wird auf Grund einer Analyse ihres angenäherten Schätzwertes, der relativen Häufigkeit $\bar{p}_{ij} = \frac{N_{ij}}{N}$ getroffen, wobei N_{ij} die Anzahl der Fälle (von N insgesamt) ist, in denen die Ungleichung $k_\mathrm{d}\,(i, j) > 1 - \eta$ zutraf. Die Lösung der gestellten Aufgabe [75] beruht auf der Anwendung des Satzes von Moivre-Laplace.

Es sei also $p_{ij} > p_1$, d.h. der Vorgang (i, j) möge zur dringlichen Zone gehören. Nach dem Satz von Moivre-Laplace erhalten wir in diesem Falle

$$\mathbf{P}\left\{\frac{N_{ij}}{N} < p_1 - k\sqrt{\frac{p_1(1-p_1)}{N}}\right\} < 1 - \frac{1}{\sqrt{2\pi}}\int_{-k}^{\infty} e^{-t^2/2}\,dt = \frac{1}{\sqrt{2\pi}}\int_{-\infty}^{-k} e^{-t^2/2}\,dt. \tag{4.3.19}$$

Wir geben uns die Sicherheitswahrscheinlichkeit α vor, d.h. die Wahrscheinlichkeit dafür, daß im Falle der Richtigkeit unserer Hypothese (d.h. im Falle $p_{ij} > p_1$) wir auf Grund der Analyse der empirischen Häufigkeit $\bar{p}_{ij} = \frac{N_{ij}}{N}$ keine falsche Entscheidung treffen und damit den Vorgang (i, j) weder der zweiten noch der dritten Gruppe zuweisen[1]). Dann gilt

$$\mathbf{P}\left\{\frac{N_{ij}}{N} < p_1 - k\sqrt{\frac{p_1(1-p_1)}{N}}\right\} < 1 - \alpha,$$

[1]) Gewöhnlich wählt man für α den Wert 0,95; mitunter wird jedoch $\alpha = 0{,}99$ gesetzt.

und der Wert von k wird aus der Relation

$$F(k) = \frac{1}{\sqrt{2\pi}} \int_{-\infty}^{k} e^{-t^2/2}\, dt = \alpha; \quad k = F^{-1}(\alpha) \tag{4.3.20}$$

ermittelt.

Für $\alpha = 0{,}95$ ist z.B. $k = 1{,}65$. Hieraus folgt, daß die Differenz zwischen $\overline{p}_{ij}$ und p_1 (mit der Wahrscheinlichkeit α) den Betrag von

$$F^{-1}(\alpha) \sqrt{\frac{p_1(1-p_1)}{N}} = \varepsilon \tag{4.3.21}$$

nicht übersteigen darf. Nach Festlegung der Abweichung ε erhalten wir die erforderliche Anzahl der Beziehungen N:

$$N \geqq \frac{p_1(1-p_1)}{\varepsilon^2} \{F^{-1}(\alpha)\}^2. \tag{4.3.22}$$

Geben wir also die Sicherheitswahrscheinlichkeit α und auch das Konfidenzintervall $(p_1 - \varepsilon, 1)$ vor, außerhalb dessen die relative Häufigkeit $\frac{N_{ij}}{N}$ nicht liegen soll, so untersuchen wir nach Durchführung von N (diese Anzahl hatten wir nach (4.3.22) errechnet) „Ziehungen" den Wert von $\overline{p}_{ij}$. Ergibt sich hierbei die Ungleichung $\overline{p}_{ij} < p_1 - \varepsilon$, so ist unsere Hypothese abzulehnen, und der Vorgang (i, j) gehört der dringlichen Zone nicht an.

Nach einer völlig analogen Methode wird auch die Zugehörigkeit eines Vorganges (i, j) zu der zweiten Zone, der Zone der Reserven, untersucht. Es wird wiederum die Sicherheitswahrscheinlichkeit V und die Abweichung ε vorgegeben. Die Anzahl N errechnen wir nach der Formel

$$N \geqq \frac{p_2(1-p_2)}{\varepsilon^2} \{F^{-1}(\alpha)\}^2. \tag{4.3.23}$$

Überschreitet dann bei N Versuchen der Quotient $\frac{N_{ij}}{N}$ die Grenzen des Konfidenzintervalls $(0, p_2 + \varepsilon)$, so nehmen wir an, daß der Vorgang (i, j) der zweiten Gruppe, d.h. der Gruppe der nicht dringlichen Vorgänge, nicht angehört. Durch Veränderung der Werte V und ε erhalten wir jedesmal die zugehörigen Werte von N. Es sei z.B. $\alpha = 0{,}95$, $\varepsilon = 0{,}05$, $p_1 = 0{,}5$ und $p_2 = 0{,}2$. Um die Frage über die Zugehörigkeit des Vorganges (i, j) zur ersten Gruppe zu entscheiden, muß man etwa 270 „Ziehungen" vornehmen. Bei der Untersuchung, ob dieser Vorgang nicht zu dieser Gruppe gehört, benötigt man (bei denselben Werten für ε und α) etwa 220 Versuche. Es sei erwähnt, daß α, ε und N durch die Beziehung (4.3.22) miteinander verknüpft sind. Man kann daher das inverse Problem stellen: Sind N und ε (oder α) bekannt, so ist α (oder ε) zu bestimmen. Selbstverständlich kann eine derartige „Klassifizierung" der Vorgänge eines Netzplanprojekts nur nach der Monte-Carlo-Methode auf Elektronenrechnern mit hoher Rechengeschwindigkeit durchgeführt werden.

Es sei darauf hingewiesen, daß die Zugehörigkeit eines bestimmten Vorganges (i, j) zu den dringlichen (oder nichtdringlichen) Vorgängen wesentlich durch den Inhalt bestimmt wird, den wir dem Begriff der Dringlichkeit beimessen. Insbesondere kann man festlegen, daß ein Vorgang dringlich sein soll, wenn er bei der Realisierung des Netzplanes entweder zum Bestandteil des kritischen Weges oder eines Weges wird, dessen Länge sich von der des kritischen um nicht mehr als $q\%$ unterscheidet. In diesem Falle ändert sich die gesamte oben beschriebene Methodik nicht mit Ausnahme der Tatsache, daß nach der Erzeugung der Realisierungsdauern aller Vorgänge wir nunmehr untersuchen, welche Vorgänge (i, j) Bestandteile von Wegen geworden sind, die sich in der Länge vom kritischen um höchstens $q\%$ unterscheiden, während wir früher die Vorgänge herausgegriffen hatten, deren Dringlichkeitskoeffizient größer als $1 - \eta$ war. Was die Formeln (4.3.22) und (4.3.23) betrifft, so bleiben diese ebenfalls unverändert gültig.

Eine vorläufige Abschätzung der Anzahl der wiederholten „Ziehungen" läßt sich ebenfalls mit Hilfe des KOLMOGOROW-Tests gewinnen. Die nachstehend beschriebene Methodik erweist sich dann als besonders wirkungsvoll, wenn es darum geht, die Verteilungsfunktion für den frühesten Termin irgendeines Ereignisses k des Netzplanmodells zu konstruieren.

Zu den Vorzügen der Anwendung des KOLMOGOROW-Tests gehört die Möglichkeit, nicht nur den Stichprobenumfang N im voraus abzuschätzen, sondern auch den Fehler in beliebigen vorgegebenen Schranken zu halten.

Das Problem, repräsentative zuverlässige Schätzungen mit Hilfe der Monte-Carlo-Methode für eine vorgegebene Sicherheitswahrscheinlichkeit p auf Grund der Analyse der empirischen Verteilung für eine beschränkte Anzahl $t_1(k), t_2(k), \ldots, t_N(k)$ von Stichprobendaten zu gewinnen, läuft darauf hinaus, die Verteilungsfunktion der Werte der Grundgesamtheit für den frühesten Termin irgendeines Ereignisses im Netzplanmodell nach den Daten einer Stichprobe des beschränkten Umfanges N zu konstruieren.

Wir wollen also einen vorläufigen Schätzwert für den Umfang der Stichprobe, d.h. für den Wert N gewinnen. Hierzu müssen wir die Sicherheitswahrscheinlichkeit p vorgeben, mit der wir die Grenzen festlegen, innerhalb derer wir die Verteilungsfunktion der Grundgesamtheit ermitteln. Mit anderen Worten, es ist die Wahrscheinlichkeit dafür anzugeben, daß die Verteilungsfunktion der Grundgesamtheit innerhalb der nach den Stichprobendaten konstruierten Grenzen liegen wird. Gewöhnlich wählt man die Sicherheitswahrscheinlichkeit p in der Nähe von 1 und legt sie in der Praxis im Intervall $0{,}9 \leqq p \leqq 0{,}95$ fest.

Bekanntlich gilt [14] für hinreichend große N die Beziehung

$$\mathbf{P}\left\{\max |F_N(x) - F(x)| < \frac{\lambda}{\sqrt{N}}\right\} = K(\lambda),$$

wobei $K(\lambda) = \sum\limits_{k=-\infty}^{k=\infty} (-1)^k \, \mathrm{e}^{-2k^2\lambda^2}$ ist. Kennt man daher die Sicherheitswahrscheinlichkeit p, so kann man λ aus der Formel $p = K(\lambda)$ bestimmen. Ferner muß die Abweichung festgestellt werden, d.h. $\max |F_N(x) - F(x)|$, wobei $F(x)$ die Verteilungsfunktion und $F_N(x)$ die Kurve der akkumulierten Häufigkeiten ist, die anhand der Stichprobendaten konstruiert wird. Wir setzen

$$\varepsilon \geqq \max |F_N(x) - F(x)| = D_N; \tag{4.3.24}$$

daraus erhalten wir

$$N \geqq \frac{\lambda^2}{\varepsilon^2} = \frac{[K^{-1}(p)]^2}{\varepsilon^2}. \tag{4.3.25}$$

Es sei darauf hingewiesen, daß N nicht unterhalb eines unteren zulässigen Wertes $N_{\min}$ liegen darf, von dem an die Zufallsgröße $D_N \sqrt{N}$ bereits eine Verteilung aufweist, die sich der KOLMOGOROW-Verteilung angleicht ($N_{\min} \approx 100$). Daher ist

$$N = \max\left(N_{\min}, \frac{\lambda^2}{\varepsilon^2}\right). \tag{4.3.26}$$

Wir können auch die inverse Aufgabe lösen: Aus der Kenntnis von p und N (oder ε und N) bestimmen wir ε (oder p). Mitunter ist es sogar zweckmäßig, in dieser Weise zu verfahren. Ist der Stichprobenumfang aus irgendeinem Grunde beschränkt, so ist in diesem Falle $\varepsilon = \frac{\lambda}{\sqrt{N}}$ und $\lambda = \varepsilon \sqrt{N}$ und folglich $p = K(\varepsilon \sqrt{N})$.

Danach wird die Stichprobe vom Umfang N entnommen und die Kurve der akkumulierten Häufigkeiten $F_N(x)$ konstruiert. Abschließend werden die Grenzen konstruiert, in denen die Funktionskurve der Verteilung $F(x)$ der Grundgesamtheit liegt:

$$F(x) = F_N(x) \pm \varepsilon = F_N(x) \pm \frac{\lambda}{\sqrt{N}}. \tag{4.3.27}$$

Es sei bemerkt, daß auf Grund der Tatsache, daß der KOLMOGOROW-Test eine Integralform aufweist, $F(x)$ mit der Wahrscheinlichkeit p in keinem Punkt des Gebietes der zulässigen x-Werte außerhalb der konstruierten Grenzen liegen wird.

Neben vielen Vorteilen hat das oben beschriebene Verfahren auch einige Mängel. Insbesondere ist der Stichprobenumfang nach unten beschränkt, d.h., es ist $N \geqq N_{\min}$. Darüber hinaus ist es häufig erforderlich, die Grenzen für die *Dichtefunktion* der Verteilung der Grundgesamtheit zu konstruieren, während der KOLMOGOROW-Test nur die Grenzen der *Verteilungsfunktion* liefert.

Zum Abschluß dieses Abschnittes beschäftigen wir uns mit einigen Überlegungen zur Abschätzung der Anzahl der Versuche N auf Grund von Informationen, die man unmittelbar im Prozeß der Modellierung gewinnt. Wir wollen annehmen, daß die Dichtefunktion der Verteilung für den frühesten Termin eines bestimmten Ereignisses k des Netzplanprojekts zu ermitteln ist. Zunächst stellen wir den Definitionsbereich fest, in dem die Zufallswerte $t_i(k)$ liegen können, wobei i eine beliebige Nummer einer Realisierung nach der Monte-Carlo-Methode bedeutet. Insbesondere gilt als untere Grenze des Definitionsbereiches der früheste Termin für den Eintritt des Ereignisses k für den Fall, daß man die Dauern aller Vorgänge des Netzplanes den optimistischen Schätzwerten für diese Vorgänge gleichsetzt. Für die obere Grenze wählt man dann den entsprechenden Parameter auf Grund der pessimistischen Schätzwerte. Dabei ist bemerkenswert, daß man den so konstruierten Definitionsbereich praktisch erheblich einengen kann, denn die Wahrscheinlichkeit dafür, daß Werte in den Randbereichen des Definitionsintervalls erreicht werden, ist bei großen Netzplanmodellen praktisch gleich null. Den Definitionsbereich zerlegen wir in Teilintervalle, deren Anzahl l in gewissen Grenzen beliebig wählbar ist und hauptsächlich durch die Bequemlichkeit des Rechenganges festgelegt wird. Nach der Unterteilung in diese Intervalle erfolgt die erste Stufe der Versuche, d.h., es wird eine Stichprobe aus der Gesamtheit $t_i(k)$ von einem beliebigen Umfang N_1 entnommen (N_1 ist dabei die Anzahl der vorgenommenen „Ziehungen“). Sodann werden die empirischen Häufigkeiten $\frac{\nu_i^{(1)}}{N_1}$ $(i = 1, 2, \ldots, l)$ berechnet, wobei $\nu_i^{(1)}$ die Anzahl der Elemente in einer Stichprobe vom Umfang N_1 ist, die in das i-te Teilintervall gelangt sind. Anschließend gehen wir zur zweiten Stufe der Versuche über, d.h., es wird eine Zusatzstichprobe derart entnommen, daß die Anzahl der Stichprobenelemente den Wert N_2 erreicht (N_2 ist ebenfalls angenähert gewählt). Wiederum werden die empirischen Häufigkeiten $\frac{\nu_i^{(2)}}{N_2}$ ermittelt, jetzt allerdings für eine Stichprobe vom Umfang N_2. Danach wird wieder eine beliebige Stichprobe entnommen, um den Stichprobenumfang auf den Wert N_3 zu bringen, wobei wiederum die Häufigkeiten $\frac{\nu_i^{(3)}}{N_3}$ berechnet werden. In dieser Weise wird weiter fortgefahren. Die Stichprobenuntersuchungen werden abgebrochen, wenn die maximale Abweichung (für alle Zeitintervalle) des Häufigkeitswertes auf der letzten Stufe vom entsprechenden Häufigkeitswert auf der vorhergehenden Stufe weniger voneinander abweichen als um eine a priori festgelegte Fehlerschranke Δ, d.h., wenn die Ungleichung

$$\left|\frac{\nu_i^{(p)}}{N_p} - \frac{\nu_i^{(p-1)}}{N_{p-1}}\right| < \Delta \tag{4.3.28}$$

für alle i von 1 bis l erfüllt ist. In diesem Falle ist die p-te Versuchsstufe die letzte.

Dieses Verfahren beruht darauf, daß die Häufigkeiten $\frac{\nu_i}{N}$ in Wahrscheinlichkeit gegen die Größen p_i konvergieren, wobei

$$p_i = \int_{x_i}^{x_{i+1}} p(x)\,\mathrm{d}x$$

gilt, $[x_i, x_{i+1}]$ die Grenzen des i-ten Teilintervalls sind und $p(x)$ die unbekannte Dichtefunktion für die Verteilung der Grundgesamtheit ist (in unserem Falle die Dichtefunktion der Zufallsgröße $t(k)$, also des frühesten Termins für den Eintritt des Ereignisses k).

Die empirische Dichtefunktion, die auf der letzten Stufe aus den Häufigkeitswerten $\frac{\nu_i}{N}$ konstruiert wurde, wird als Näherungsfunktion für die Dichtefunktion der Verteilung der Zufallsvariablen $t(k)$ eingesetzt, d.h. als Dichtefunktion der Verteilung der Grundgesamtheit.

Für den Fall schließlich, daß der Stichprobenumfang N beschränkt ist und die Stichprobenentnahme nur einmal erfolgt, ist es zweckmäßig, den folgenden elementaren Kunstgriff anzuwenden.

Wir zerlegen wie vorhin den Definitionsbereich in l Zeitintervalle und berechnen die empirischen Häufigkeiten $\frac{\nu_i}{N}$ $(i = 1, 2, \ldots, l)$. Ist $N \geqq 20$, so können wir für jedes Intervall i die Sicherheitsgrenzen für die Dichtefunktion konstruieren:

$$\frac{\nu_i}{N} \pm 3\sqrt{\frac{\nu_i}{N}\left(1 - \frac{\nu_i}{N}\right)\frac{1}{N}} = \frac{\nu_i}{N} \pm \frac{3}{N}\sqrt{\nu_i\left(1 - \frac{\nu_i}{N}\right)}. \tag{4.3.29}$$

Die Größe $\frac{\nu_i}{N^2}\left(1 - \frac{\nu_i}{N}\right)$ stellt gleichsam eine Art empirischer Streuung für die Verteilung der Häufigkeiten $\frac{\nu_i}{N}$ dar, und wir setzen sie anstelle des theoretischen Wertes der Varianz ein.

Fassen wir nunmehr die Sicherheitsgrenzen für alle Intervalle zusammen, so erhalten wir die Sicherheitsgrenzen für die gesamte empirische Dichtefunktion der Verteilung. Man kann annehmen, daß die Dichtefunktion für die Verteilung der Grundgesamtheit in diesen Grenzen liegt. Es sei bemerkt, daß dieses Verfahren, obwohl es für manche Verteilungen nicht ganz genaue Ergebnisse liefert, dessen ungeachtet recht häufig in der Praxis angewandt wird.

Für den Fall, daß die Abschätzung der Dichtefunktion für die Verteilung des frühesten Termins für mehrere Ereignisse $k_1, \ldots, k_r$ gleichzeitig durchgeführt wird, erfährt die Formel (4.3.28) einige Veränderungen. Wir bezeichnen mit $\nu_i^{(p)}(k_j)$ die Anzahl der Stichprobenelemente aus dem Gesamtumfang der Stichprobe N_p, die in das i-te Intervall des Definitionsbereichs für den frühesten Termin des Ereignisses k_j gelangt sind. Dann erhält die Formel (4.3.28) die Form

$$\max_{i,j} \left| \frac{\nu_i^{(p)}(k_j)}{N_p} - \frac{\nu_i^{(p-1)}(k_j)}{N_{p-1}} \right| < \varepsilon, \quad (1 \leqq i \leqq l, \quad 1 \leqq j \leqq r). \tag{4.3.30}$$

Mit anderen Worten, die statistische Modellierung, d.h., die Stichprobenentnahme, wird solange fortgesetzt, bis der schlechteste Schätzwert der Konvergenz in Wahrscheinlichkeit für die betrachteten Knoten $k_1, \ldots, k_r$ kleiner wird als eine vorgegebene Fehlerschranke ε.

Um den Umfang N der Stichproben bei der Berechnung der empirischen Verteilung für den frühesten Termin $T_i^{(0)}$ eines Ereignisses i nach der Monte-Carlo-Methode abzuschätzen, kann man auch das nachstehende Verfahren verwenden [49], [92]. Wir bezeichnen mit $F_f^{(N)}(i)$ bzw. $F_f(i)$ die empirische bzw. die theoretische Verteilungsfunktion von $T_i^{(0)}$. Nach dem Satz von Gnedenko erhalten wir für $N \to \infty$

$$\mathbf{P}\left\{ \sup_{-\infty<t<\infty} \left| F_f^{(N)}(i) - F_f(i) \right| \to 0 \right\} = 1,$$

d.h. die vollständige Konvergenz in Wahrscheinlichkeit der empirischen Verteilungsfunktion gegen die theoretische. Hieraus ergibt sich der folgende Algorithmus, bei dem der Kolmogorow-Test benutzt wird. Zunächst werden N_1 Werte der Größe $T_i^{(0)}$ gezogen, wonach die empirische Verteilungsfunktion $F_f^{(N_1)}(i)$ konstruiert wird. Danach wird eine gewisse Anzahl von zusätzlichen Versuchen vorgenommen, damit die Gesamtzahl der Versuche den Wert N_2 erreicht, wonach wiederum die empirische Verteilungsfunktion $F_f^{(N_2)}(i)$ konstruiert wird. Diese setzen wir anstelle der theoretischen Verteilungsfunktion $F_f(i)$ ein und bestimmen dann die Werte $D_{N_1} = \max \left| F_f^{(N_2)}(i) - F_f^{(N_1)}(i) \right|$ und $\lambda(N_1) = \sqrt{N_1} \cdot D_{N_1}$. Anschließend ermitteln wir die Sicherheitswahrscheinlichkeit $p(N_1) = K(\lambda[N_1])$ und stellen fest, ob die Abweichung zwischen $F_f^{(N_1)}(i)$ und $F_f^{(N_2)}(i)$ erheblich ist. Bei Unerheblichkeit setzen wir $N = N_2$ und schließen den Modellierungsprozeß ab. Im entgegengesetzten Falle nehmen wir wieder eine zusätzliche Anzahl von Versuchen zur Realisierung des Wertes $T_i^{(0)}$ vor, bis die Gesamtzahl N_3 erreicht. Wir vergleichen wiederum $F_f^{(N_3)}(i)$ mit $F_f^{(N_2)}(i)$ usw., bis wir auf irgendeiner Stufe auf eine unerhebliche Abweichung zwischen $F_f^{(N_r)}(i)$ und $F_f^{(N_{r+1})}(i)$ stoßen. In diesem Falle ist die erforderliche Anzahl der Versuche $N = N_{r+1}$.

4.4. Modellierung korrelierter Vorgänge im Netzplanmodell

Bei unseren Betrachtungen in den vorhergehenden Abschnitten dieses Kapitels hatten wir vorausgesetzt, daß sämtliche Vorgänge (i, j) des Netzplanmodells unabhängig und damit die ihnen entsprechenden Zufallsvariablen korrelationsfrei sind.

In der Realität treten aber häufig Fälle auf, in denen zwei oder mehrere Vorgänge miteinander verknüpft sind. Die Dauer eines der Vorgänge kann hierbei auf die Realisierungsdauer der anderen Vorgänge eine erhebliche Auswirkung haben. Unter diesen Umständen ist die Modellierung der Realisierungsdauer eines jeden Vorganges dieser Art einzeln außerhalb des Zusammenhanges mit den übrigen Vorgängen nicht akzeptabel. Eine effektive Lösung des Modellierungsproblems für korrelierte Vorgänge ist die gleichzeitige Modellierung einer mehrdimensionalen Zufallsvariablen mit einer mehrdimensionalen Verteilung $p(x_1, ..., x_n)$, wobei $x_1, ..., x_n$ die Realisierungsdauern der korrelierten Vorgänge und $p(x_1, ..., x_n)$ die von den verantwortlichen Auftragsbearbeitern festgelegte mehrdimensionale Dichtefunktion der Verteilung ist. Es ist hierbei zu beachten, daß die Konstruktion einer Hypothese über die Form der mehrdimensionalen Verteilung recht schwierig ist und in weitem Maße durch die Eigenart der betrachteten Vorgänge bestimmt wird. Auf jeden Fall muß eine derartige a priori postulierte Dichtefunktion $p(x_1, ..., x_n)$ ermittelt werden. Wir dürfen sie ebenso wie im eindimensionalen Falle als asymmetrisch voraussetzen, wobei als Parameter die Schätzwerte $a_1, b_1; ...; a_i, b_i; ...; a_n, b_n$ eingehen, die von den verantwortlichen Auftragsbearbeitern vorgegeben werden. Hierbei bedeuten a_i bzw. b_i die optimistische bzw. pessimistische Realisierungsdauer des i-ten Vorganges.

Die Modellierung einer mehrdimensionalen Zufallsvariablen mit der Dichtefunktion $p(x_1, ..., x_n)$ wird folgendermaßen vorgenommen [78]: Es seien a_i und b_i die Grenzen für die Verteilung der Zufallsvariablen x_i $(i = 1, 2, ..., n)$. Mit anderen Worten, es sei

$$\int_{a_1}^{b_1} \cdots \int_{a_n}^{b_n} p(x_1, ..., x_n)\, dx_1 \cdots dx_n = 1 .$$

Wir bilden nun den Wert

$$m = \max p(x_1, ..., x_n),$$

$$a_i \leqq x_i \leqq b_i, \quad 1 \leqq i \leqq n .$$

Sodann modellieren wir $n + 1$ gleichverteilte Zufallsvariable $\xi_1, ..., \xi_n, \xi_{n+1}$. Die ξ_i $(i = 1, 2, ..., n)$ sind in den Intervallen (a_i, b_i) verteilt, während das Verteilungsintervall von ξ_{n+1} das Intervall $(0, m)$ ist. Ist hierbei $p(\xi_1, ..., \xi_n) \geqq \xi_{n+1}$, so werden die $\xi_1, ..., \xi_n$ als Komponenten der mehrdimensionalen Zufallsvariablen mit der Dichtefunktion $p(x_1, ..., x_n)$ akzeptiert. Im Falle $p(\xi_1, ..., \xi_n) < \xi_{n+1}$ werden die $\xi_1, ..., \xi_n, \xi_{n+1}$ abgelehnt, und es werden neue Komponenten ξ_i so lange erzeugt, bis schließlich die Bedingung $p(\xi_1, ..., \xi_n) \geqq \xi_{n+1}$ erfüllt ist. Es sei darauf hingewiesen, daß der Erwartungswert für die Anzahl k der „Ziehungen" der Vektoren $(\xi_1, \xi_2, ..., \xi_n, \xi_{n+1})$, um einen solchen Vektor zu erhalten, sich zu

$$\mathbf{M}(k) = m \prod_{i=1}^{n} (b_i - a_i) \tag{4.4.1}$$

ergibt. Im Falle großer n kann diese Anzahl sehr groß sein. In solchen Fällen ist es zweckmäßiger, ein anderes Verfahren anzuwenden, das auf das folgende hinausläuft: Wir konstruieren die eindimensionale Dichtefunktion

$$f_n(x_n) = \int_{a_1}^{b_1} \cdots \int_{a_{n-1}}^{b_{n-1}} p(x_1, \ldots, x_{n-1}, x_n)\, dx_1 \cdots dx_{n-1}.$$

Entsprechend der früher dargelegten Methode erzeugen wir einen Wert der eindimensionalen Zufallsvariablen x_n mit der Dichtefunktion $f_n(x_n)$ und halten den gewonnenen Wert ξ_n fest. Sodann konstruieren wir die bedingte Dichtefunktion

$$f_{n-1}\left(\frac{x_{n-1}}{\xi_n}\right) = \frac{\int_{a_1}^{b_1} \cdots \int_{a_{n-2}}^{b_{n-2}} p(x_1, \ldots, x_{n-1}, \xi_n)\, dx_1 \cdots dx_{n-2}}{f_n(\xi_n)}$$

der Zufallsvariablen x_{n-1} bei bereits festem Wert ξ_n. Nunmehr erzeugen wir einen Wert der Zufallsvariablen x_{n-1}, fixieren den Wert ξ_{n-1} und konstruieren die bedingte Dichtefunktion

$$f_{n-2}\left(\frac{x_{n-2}}{\xi_{n-1}}, \xi_n\right) = \frac{\int_{a_1}^{b_1} \cdots \int_{a_{n-3}}^{b_{n-3}} p(x_1, \ldots, x_{n-2}, \xi_{n-1}, \xi_n)\, dx_1 \cdots dx_{n-3}}{f_{n-1}\left(\frac{\xi_{n-1}}{\xi_n}\right) f_n(\xi_n)}$$

der Zufallsvariablen x_{n-2} bei festen Werten für ξ_{n-1} und ξ_n. Anschließend modellieren wir den Wert ξ_{n-2} der Zufallsvariablen x_{n-2} usw. Auf diese Weise erhalten wir in rückwärtiger Richtung fortschreitend und dabei jedesmal die bedingte eindimensionalen Verteilung erzeugend schließlich das Wertesystem $\xi_n, \xi_{n-1}, \ldots, \xi_2$. Die Dichtefunktion der Zufallsvariablen x_1 konstruieren wir nach der Formel

$$f_1\left(\frac{x_1}{\xi_2}, \xi_3, \ldots, \xi_n\right) = \frac{p(x_1, \xi_2, \ldots, \xi_n)}{f_2\left(\frac{\xi_2}{\xi_3}, \xi_4, \ldots, \xi_n\right) \cdots f_{n-1}\left(\frac{\xi_{n-1}}{\xi_n}\right) f_n(\xi_n)}$$

und modellieren im Anschluß daran den letzten Wert ξ_1. Dieses Verfahren ist zwar analytisch erheblich umständlicher als das vorher beschriebene, unterscheidet sich aber von diesem durch eine erhebliche Verringerung der Anzahl der erforderlichen „Ziehungen" und damit durch einen wesentlich geringeren Aufwand an Maschinenzeit. Die Zweckmäßigkeit der Anwendung des einen oder anderen Verfahrens wird auf Grund einer Analyse der mehrdimensionalen Dichtefunktion ermittelt. Erfährt die Funktion $p(x_1, \ldots, x_n)$ im Intervall $a_i \leqq x_i \leqq b_i$ jähe Veränderungen, so ist das zweite Verfahren vorzuziehen.

Liegen n korrelierte Vorgänge vor, die wir mit $R_1, \ldots, R_n$ bezeichnen wollen, so kann man bei hinreichend allgemeinen Voraussetzungen über ihre Art dennoch annehmen, daß die Auftragsbearbeiter in der Lage sind, die Matrix ihrer partiellen Korrelationskoeffizienten

$$\varrho_{ij} = \frac{\mathbf{M}[(\xi_i - M\xi_i)(\xi_j - M\xi_j)]}{\sigma(\xi_i)\,\sigma(\xi_j)} \tag{4.4.2}$$

anzugeben. Hierbei ist ξ_i der Zufallswert für die Realisierungsdauer des Vorgangs R_i:

$$1 \leqq i, \quad j \leqq n, \quad \varrho_{kk} = 1 \quad (1 \leqq k \leqq n).$$

Die Matrix der partiellen Korrelationskoeffizienten ist offenbar die einzige Informationsquelle, die man real von den Auftragsbearbeitern erhalten kann, falls die Vorgänge miteinander korreliert sind. Es sei darauf hingewiesen, daß für den Fall, daß aus irgendwelchen Gründen es unmöglich ist, die gesamte Matrix zu erhalten und daß nur ein Teil der Korrelationskoeffizienten vorliegt, sich das äußerst interessante Problem der Extrapolation der übrigen Matrixelemente ergibt. Hierbei sind selbstverständlich die Bedingungen zu beachten, denen eine Korrelationskoeffizientenmatrix genügen muß (z.B. muß die Matrix positiv definit sein).

Es läßt sich zeigen, daß praktisch sämtliche Verfahren zur Erzeugung der Realisierungsdauern korrelierter Vorgänge als mehrdimensionale Zufallsvariable bei ihrer Realisierung dazu führen, daß in die Formel für die Dichtefunktion der mehrdimensionalen Betaverteilung die von den Auftragsbearbeitern vorgegebenen partiellen Korrelationskoeffizienten nicht eingehen. Hieraus geht hervor, daß die Anwendung der Betaverteilung für den Fall korrelierter Vorgänge nicht zweckmäßig ist.

Für den Fall einer Approximation der mehrdimensionalen Verteilung durch die Formel der logarithmischen Normalverteilung (2.4.12) gibt es, wie in der Arbeit [66] gezeigt wurde, eine Möglichkeit, zur mehrdimensionalen Verteilung unter Verwendung der partiellen Korrelationskoeffizienten ϱ_{ij} überzugehen. Wir wollen annehmen, daß die Dichtefunktion der eindimensionalen Verteilung eines jeden Vorganges R_1 $(1 \leqq i \leqq n)$ der logarithmischen Normalverteilung genügt:

$$p(x_i) = \sqrt{\frac{2}{\pi}} \frac{1}{(x_i - a_i)} \exp \{-2 [\ln (x_i - a_i) - \ln (b_i - a_i) + 1]^2\}. \tag{4.4.3}$$

Hierbei ist x_i der Zufallswert für die Realisierungsdauer des Vorganges R_i, während a_i und b_i die optimistische bzw. pessimistische Realisierungsdauer als Vorgabewerte darstellen. Oben wurde bereits erwähnt, daß die Transformation

$$y_i = 2 \{\ln (x_i - a_i) - \ln (b_i - a_i) + 1\}, \quad 1 \leqq i \leqq n \tag{4.4.4}$$

zu einer neuen Zufallsvariablen y_i führt, die der Normalverteilung mit dem Erwartungswert 0 und der Varianz 1 genügt. Wir konstruieren den n-dimensionalen Zufallsvektor, dessen Komponenten normalverteilt sind und vorgegebene Korrelationskoeffizienten besitzen. Mit anderen Worten, wir modellieren n Zufallsgrößen $y_1, \ldots, y_n$ derart, daß

$$\varrho_{y_k y_l} = \varrho_{kl} \qquad (1 \leqq k, \quad l \leqq n)$$

gilt.

Nach Gewinnung einer jeden Realisierung des Systems der n Werte $y_1, \ldots, y_n$ gehen wir durch die Transformation

$$x_i = \exp \left\{\frac{y_i}{2} + \ln (b_i - a_i) - 1\right\} + a_i$$

zu den ursprünglichen Werten $x_1, \ldots, x_n$ der Realisierungsdauern der Vorgänge $R_1, \ldots, R_n$ über. Obwohl die Korrelationskoeffizienten $\varrho_{x_k x_l}$ von den entsprechenden Werten $\varrho_{y_k y_l}$ ein wenig abweichen, läßt sich doch zeigen [66], daß wir diese Abweichung als unerheblich auffassen können, so das das gesamte innere Korrelationsbild der Vorgänge ungestört bleibt.

Der Grundgedanke des Verfahrens für die Modellierung der normalverteilten Zufallsvariablen $y_1, \ldots, y_n$ mit vorgegebenen Korrelationsbindungen besteht darin [66], daß man zunächst n *unabhängige* normalverteilte Zufallsvariable $z_1, \ldots, z_n$ mit den Varianzen 1 und den Erwartungswerten 0 erzeugt, wonach man diese Größen einer linearen Transformation unterzieht, derzufolge dann die daraus gewonnenen Größen $y_1, \dots, y_n$ eine vorgegebene Matrix der partiellen Korrelationskoeffizienten besitzen. Es sei darauf hingewiesen, daß die Eigenschaft, normalverteilt zu sein, bei linearen Transformationen erhalten bleibt. Eben deshalb haben wir die Funktionstransformationen (4.4.4) angesetzt, die die logarithmisch normalverteilten Zufallsvariablen in normalverteilte Zufallsvariable y_i überführen.

Wir untersuchen nun die Form die linearen Transformation A, die einen n-dimensionalen Zufallsvektor $(z_1, \dots, z_n)$ mit unabhängigen Komponenten in einen n-dimensionalen Vektor $(y_1, \dots, y_n)$ mit vorgegebenen Korrelationsbindungen überführt.

Die Transformation A möge eine Dreiecksmatrix aufweisen:

$$\left.\begin{aligned} y_1 &= z_1, \\ y_2 &= z_1 + a_{22}z_2, \\ y_3 &= z_1 + a_{23}z_2 + a_{33}z_3, \\ &\dots\dots\dots\dots\dots \\ y_n &= z_1 + a_{2n}z_2 + a_{3n}z_3 + \cdots + a_{nn}z_n. \end{aligned}\right\} \tag{4.4.5}$$

Die Elemente der Matrix A ermittelt man aus der Bedingung

$$\frac{\mathbf{M}\left[(y_k - \mathbf{M}y_k)(y_l - \mathbf{M}y_l)\right]}{\sigma(y_k)\,\sigma(y_l)} = \varrho_{kl} \quad (1 \leqq k, \quad l \leqq n).$$

Beachtet man, daß wegen $\mathbf{M}z_k = 0$ $(1 \leqq k \leqq n)$ auch $\mathbf{M}y_k = 0$ gilt, so erhält man schließlich

$$\frac{\mathbf{M}[y_k y_l]}{\sigma(y_k)\,\sigma(y_l)} = \varrho_{kl}.$$

Wegen der Unabhängigkeit der z_i $(1 \leqq i \leqq n)$ haben wir

$$\mathbf{M}[z_k z_l] = \delta_{kl} = \begin{cases} 1 & \text{für } k = l \\ 0 & \text{für } k \neq l. \end{cases}$$

Hieraus erhalten wir zur Berechnung die Formel

$$\varrho_{12} = \frac{\mathbf{M}[y_1 y_2]}{\sigma(y_1)\,\sigma(y_2)} = \frac{1}{\sqrt{1 + a_{22}^2}},$$

woraus

$$a_{22} = \sqrt{\varrho_{12}^{-2} - 1}$$

folgt. Nun bestimmen wir die Elemente der dritten Zeile der Matrix A:

$$\left.\begin{aligned} \varrho_{13} &= \frac{\mathbf{M}[y_1 y_3]}{\sigma(y_1)\,\sigma(y_3)} = \frac{1}{\sqrt{1 + a_{23}^2 + a_{33}^2}} \\ \varrho_{23} &= \frac{\mathbf{M}[y_2 y_3]}{\sigma(y_2)\,\sigma(y_3)} = \frac{1 + a_{22}a_{23}}{\sqrt{1 + a_{22}^2}\,\sqrt{1 + a_{23}^2 + a_{33}^2}} \end{aligned}\right\}. \tag{4.4.6}$$

Hieraus erhalten wir

$$\left.\begin{aligned} a_{23} &= \frac{\varrho_{23} - \varrho_{12}\varrho_{13}}{\varrho_{12}\varrho_{13}\sqrt{\varrho_{12}^{-2} - 1}}, \\ a_{33} &= \frac{\sqrt{1 - \varrho_{13}^2 - \varrho_{12}^2 - \varrho_{23}^2 + 2\varrho_{12}\varrho_{13}\varrho_{23}}}{\varrho_{13}\sqrt{1 - \varrho_{12}^2}} \end{aligned}\right\} \tag{4.4.7}$$

Fahren wir in dieser Weise fort, so erhalten wir nacheinander alle Elemente der Matrix A. Nach Berechnung ihrer ersten k Zeilen wird die $(k + 1)$-te Zeile mit Hilfe von k Gleichungen berechnet (es werden hierbei k Koeffizienten bestimmt):

$$\frac{\mathbf{M}\,[y_i y_{k+1}]}{\sigma(y_i)\;\sigma(y_{k+1})} = \varrho_{i,\,k+1}, \quad 1 \leqq i \leqq k. \tag{4.4.8}$$

Die Wahl einer Transformation A mit einer Dreiecksmatrix liefert uns eine Ersparnis an Speicherkapazität des Elektronenrechners (die Matrix besetzt $\frac{(n-1)\,n}{2}$ Speicherplätze) und verringert die Anzahl der für die Gewinnung des n-dimensionalen Vektors $(y_1, \dots, y_n)$ benötigten Rechenoperationen.

Nach Ermittlung der Werte für die Zufallsgrößen $y_1, \dots, y_n$ nehmen wir die Transformation

$$t_i = \exp\left\{\frac{y_i}{2} + \ln\,(b_i - a_i) - 1\right\} + a_i \tag{4.4.9}$$

vor und gehen so zu den gesuchten Werten für die Realisierungsdauern der korrelierten Vorgänge $R_1, \dots, R_n$ über, womit unser Modellierungsprozeß zum Abschluß gelangt.

Das beschriebene Verfahren ist einfach in der Anwendung und läßt sich praktisch auf jedem Elektronenrechner realisieren.

Die Anwendung der Betaverteilung als approximative Verteilung erweist sich also im Falle korrelierter Vorgänge als unzweckmäßig. Wie wir gezeigt haben, liefert die Anwendung der logarithmischen Normalverteilung wesentlich bessere Ergebnisse, denn diese Verteilung ermöglicht die Realisierung einer mehrdimensionalen Verteilung der Realisierungsdauern korrelierter Vorgänge mit vorgegebenen Korrelationsbindungen.

4.5. Anwendung der statistischen Modellierung zur Abschätzung von Kostenparametern in NPT-Systemen

Die Methoden der statistischen Modellierung lassen sich mit Erfolg zur Abschätzung einiger Kostenparameter einsetzen, die für ein Netzplanmodell charakteristisch sind. Insbesondere kann man unter einigen allgemeinen Voraussetzungen annehmen, daß die Kosten $C\,(i, j)$ für einen Vorgang (i, j) eine Funktion seiner Realisierungsdauer t_{ij} darstellen, wobei eine Verringerung der Zeit zu einer Erhöhung der Kosten führen kann. Bei vielen Netzplanmodellen wird die folgende lineare Beziehung zwischen den Parametern $C\,(i, j)$ und t_{ij} angesetzt:

$$C\,(i, j) = A\,(i, j) - B\,(i, j)\,t_{ij}. \tag{4.5.1}$$

Hierbei sind $A\,(i, j)$ und $B\,(i, j)$ Konstanten, die die Vorgänge charakterisieren.

Relationen dieser Art ermöglichen die Konstruktion zuverlässiger Schätzwerte für die Realisierungskosten für das ganze Netzplanprojekt oder für einzelne Teile desselben. Zunächst wird die Realisierungsdauer t_{ij} modelliert, wonach mit Hilfe der Beziehung (4.5.1) die Kosten für den betreffenden Vorgang $C(i, j)$ ermittelt werden (die somit ebenfalls modelliert werden). Eine solche Prozedur wird an allen Vorgängen des Netzplanprojekts vorgenommen. Durch Summation der gewonnenen $C(i, j)$-Werte erhalten wir eine Realisierung der Kosten für das Gesamtprojekt, die wir mit C_1 bezeichnen. Wiederholen wir eine derartige „Ziehung" mehrfach (N-mal) und fixieren wir die Werte $C_1, \dots, C_N$, so erhalten wir eine zuverlässige p-Quantil-Abschätzung im Einklang mit der gewählten Sicherheitswahrscheinlichkeit p. Falls für jeden Vorgang durch den jeweiligen verantwortlichen Bearbeiter die Parameter $A(i, j)$ und $B(i, j)$ angegeben werden können, so läßt sich ein zuverlässiger Prognosewert für die Kosten eines Projekts noch vor Inangriffnahme des Projekts selbst zusammen mit den Schätzwerten für die Zeitparameter gewinnen. Es sei insbesondere darauf hingewiesen, daß die Berechnung der Kostenparameter nur einen minimalen zusätzlichen Zeitaufwand an Maschinenzeit im Vergleich mit der reinen Zeitschätzung benötigen.

Zur Abschätzung der Prognosewerte für die späteren direkten Aufwendungen in Netzplanmodellen mit Zufallsschätzwerten für die Realisierungsdauern der Vorgänge wird [1, 89] ein Verfahren angewandt, das dem in 3.1. beschriebenen Mittlungsverfahren für Zeitparameter analog ist. Die gesamten planmäßig zu erwartenden direkten Aufwendungen für die Realisierung des Gesamtprojekts $K(t)$ werden zum Zeitpunkt t in zwei Teile zerlegt, und zwar die bereits eingetretenen Aufwendungen $K_1(t)$ und die zu erwartenden zukünftigen Aufwendungen $K_2(t)$.

Es seien die c_{ij} die Aufwendungen, die in einer Zeiteinheit bei der Durchführung des Vorganges (i, j) benötigt werden. a_{ij}, b_{ij} und m_{ij} seien die Zeitparameter des PERT-Verfahrens, während t_{ij} eine Zufallsvariable sei, die die Dauer des Vorganges (i,j) bezeichnet. Geht man von der Voraussetzung aus, daß die Aufwendungen in einer Zeiteinheit c_{ij} konstant sind und bestimmt man die mittlere Dauer der Vorgänge des Netzplanmodells, so läßt sich das arithmetische Mittel für die erwarteten Aufwendungen $K_2(t)$ und deren Varianz ermitteln. Die Zufallsgröße $K_2(t) = \sum_{i,j} c_{ij} t_{ij}$ hat für den Erwartungswert $\mu(t)$ bzw. für die Varianz $\sigma^2(t)$ folgende Näherungswerte:

$$\left.\begin{aligned} \mu(t) &= \frac{1}{6} \sum_{i,j} c_{ij} (a_{ij} + 4m_{ij} + b_{ij}), \\ \sigma^2(t) &= \frac{1}{36} \sum_{i,j} c_{ij}^2 (b_{ij} - a_{ij})^2 . \end{aligned}\right\} \tag{4.5.2}$$

Hierbei wird die Summation über alle noch nicht realisierten Vorgänge erstreckt.

Die zusätzliche Voraussetzung, daß die Gesamtaufwendungen normalverteilt sind (diese Voraussetzung ist hinreichend begründet auf Grund der großen Anzahl der zu summierenden unabhängigen Zufallsgrößen), ermöglicht die Bestimmung der Wahrscheinlichkeit dafür, daß die Gesamtaufwendungen eine gewisse vorgegebene Größe B nicht übersteigen.

Nimmt man an, daß die direkten Aufwendungen $K(t)$ des Projekts, die zum Zeitpunkt t abgeschätzt werden, angenähert normalverteilt sind, so erhält man für $K(t)$ den Erwartungswert bzw. die Varianz

$$\overline{K}(t) = K_1(t) + \mu(t); \qquad \mathbf{M}[K(t) - \overline{K}(t)]^2 = \sigma^2(t) .$$

Die Wahrscheinlichkeit dafür, daß die direkten Aufwendungen den vorgegebenen Wert B übersteigen, ist dann

$$\mathbf{P}\{K(t) > B\} = \Phi\left[\frac{(K_1(t) + \mu(t) - B}{\sigma(t)}\right]$$

mit

$$\Phi(z) = \frac{1}{\sqrt{2\pi}} \int_{-\infty}^{z} \exp\left(-\frac{1}{2} t^2\right) dt.$$

Bisher betrachteten wir Methoden zur *Berücksichtigung der Aufwendungen* bei Netzplanmodellen mit Zufallsgrößen als Parametern.

Die Monte-Carlo-Methode und ihre verschiedenen Spielarten (insbesondere das Verfahren des zufälligen Suchens) lassen sich zur Lösung äußerst komplizierter Probleme einsetzen, die mit der *Optimierung* der Kostenparameter in Netzplanmodellen zusammenhängen.

Es sei ein NPT-Modell gegeben, das nur einen Netzplangraphen enthält. Dieser möge n Vorgänge $W_1, \ldots, W_n$ aufweisen. Die Kosten c_i $(i = 1, 2, \ldots, n)$ für die Realisierung des Vorganges W_i werden nach der Formel

$$c_i = a_i t_i + b_i$$

ermittelt, in der a_i und b_i Konstanten bedeuten $(a_i \geqq 0)$; t_i ist die Realisierungsdauer des Vorganges W_i, die sich innerhalb gewisser Grenzen verändern kann: $d_i \leqq t_i \leqq D_i$. Für einen vorgegebenen Termin λ für den Abschluß des Vorhabens (oder, was dasselbe bedeutet, für eine vorgegebene Länge des kritischen Weges) ist der optimale zulässige Plan zu ermitteln, d.h ein System von Werten $t_1, t_2, \ldots, t_n$ derart zu bestimmen, daß $d_i \leqq t_i \leqq D_i$ $(i = 1, \ldots, n)$ gilt und die Summe

$$\sum_{i=1}^{n} c_i = \sum_{i=1}^{n} (a_i t_i + b_i)$$

minimal wird.

Kelley [32] entwickelte ein analytisches Lösungsverfahren für dieses Problem, das auf die Lösung des Problems des maximalen Flusses in einem Netzwerk hinausläuft. Die Lösung wird mit Hilfe des bekannten Ford-Fulkersonschen Algorithmus [20, 21] bewerkstelligt. Man erkennt hier sofort den Zusammenhang mit dem dualen Problem der linearen Optimierung, dessen Lösung für Netzpläne großen Umfangs recht schwierig wird, da das Rechnen mit Matrizen hoher Ordnung den Einsatz der peripheren Speicher eines Elektronenrechners weitgehend in Anspruch nimmt, wodurch sich äußerst hohe Rechenzeiten ergeben. Darüber hinaus gibt die Voraussetzung der linearen Beziehung zwischen den Kosten und der Realisierungsdauer eines Vorgangs sehr häufig Anlaß zur Kritik.

Das oben geschilderte Problem läßt sich leicht verallgemeinern [84] und erhält folgende Form: Es seien die Kosten für einen Vorgang W_i $(i = 1, \ldots, n)$ eine nicht wachsende Funktion der Realisierungsdauer: $c_i = c_i(t_i)$. Darüber hinaus wird der Verlust $\bar{c}$ definiert, der sich durch die Verzögerung des Abschlußtermins für das Vorhaben ergibt, und zwar als nicht fallende Funktion der Länge des kritischen Weges: $\bar{c} = \bar{c}(T)$. Gesucht ist ein zulässiger Plan $t_1, \ldots, t_n$, der die Funktion

$$\sum_{i=1}^{n} c_i(t_i) + \bar{c}(T)$$

minimiert, wobei T die Länge des kritischen Weges bei vorgegebener Menge $\{t_i\}$ ist.

Wir beschreiben nun ein Näherungsverfahren zur Lösung dieser Aufgabe auf einem Elektronenrechner mit Hilfe der Monte-Carlo-Methode [84]. Die Gestalt der Funktion $c_i(t_i)$ und $\bar{c}(T)$ wird einerseits dadurch bestimmt, daß diese Funktionen die realen Verhältnisse befriedigend approximieren, andererseits aber eine rasche Realisierung auf einem Elektronenrechner zulassen.

Das Netzplanmodell bestehe aus den Vorgängen $W_1, \ldots, W_n$. Für jeden Vorgang W_i $(i = 1, \ldots, n)$ werden gegeben:

a) die Aufzählung aller ihm vorausgehenden Vorgänge (die Information über die Netzplanstruktur);

b) die Werte d_i und D_i (derart, daß $d_i \leqq t_i \leqq D_i$ gilt);

c) die Parameter α_i, β_i und γ_i, durch die mit Hilfe der Formel $c_i(t_i) = \alpha_i t_i^2 + \beta_i t_i + \gamma_i$ die Realisierungskosten für einen Vorgang bestimmt werden.

Es wird vorausgesetzt, daß der Verlust, der durch die Verzögerung der Realisierung des Gesamtvorhabens entsteht, eine lineare Funktion der Zeit ist, d.h. es ist $\bar{c}(T) = \delta T$ mit vorgegebenem $\delta > 0$. Bei Existenz eines Vorgabetermins T_0 für den Abschluß des Vorhabens wird $\bar{c}(T)$ in der folgenden Form definiert:

$$\bar{c}(T) = \begin{cases} \delta T & \text{für } T \leqq T_0 \\ +\infty & \text{für } T > T_0. \end{cases} \tag{4.5.3}$$

Gesucht wird ein Lösungsvektor $(t_1, \ldots, t_n)$, der die Funktion $\sum_{i=1}^{n} c_i t_i + \bar{c}(T)$ minimiert.

Beim Bestimmen der Näherungslösung nach der Monte-Carlo-Methode werden bei jeder Realisierung die Zeiten t_i $(i = 1, \ldots, n)$ nach der Formel

$$t_i = d_i + (D_i - d_i)\,\eta_{0,1} \tag{4.5.4}$$

gewonnen, wobei $\eta_{0,1}$ eine über dem Intervall $[0, 1]$ gleichverteilte Zufallsgröße ist, die man mit Hilfe eines Pseudozufallszahlengeberprogramms gewinnt.

Die Optimierung erfolgt mit Hilfe der Monte-Carlo-Methode mit nachfolgender Einengung der Intervallgrenzen für die Eingangsparameter $t_1, \ldots, t_n$. Das System $\{t_i\}$, für das die Zielfunktion zu dem betreffenden Zeitpunkt den kleinsten Wert erreicht, wird in Form einer Zahl gespeichert, und zwar in Form des Pseudozufallscodes vor der Gewinnung des zugehörigen t_i-Wertes. Bei großen n-Werten zeigt die Möglichkeit für die Anwendung eines derartigen, von Belonogow stammenden Kunstgriffes die große Überlegenheit eines Pseudozufallszahlengebers gegenüber einem physikalisch realisierten echten Zufallszahlengeber. Die Zyklizität des Pseudozufallsprozesses ist hierbei unwesentlich, denn infolge der hohen Anzahl der Vorgänge wird praktisch fast immer ein und derselbe Zustand des Pseudozufallscodes in verschiedenen Zyklen auch verschiedenen Vorgängen entsprechen.

Die Länge des kritischen Weges wird nach einem Verfahren ermittelt, das wir in 5.8. beschreiben wollen. Hierbei wird eine Information ausgenutzt, die für eine rasche Realisierung der Rechenoperationen aufbereitet ist.

Wir wollen hier die Ergebnisse anführen [84], die für einen Versuchsnetzplan mit 51 Vorgängen gewonnen wurden.

Nach 1024 Versuchen betrug der Minimalwert $c_{\min}$ der Zielfunktion 7127. Danach wurden zwei Verfahren miteinander verglichen:

1. Die Berechnungen wurden fortgesetzt, ohne die Intervalle $[d_i, D_i]$ zu verändern. Nach 2048 weiteren Versuchen sank $c_{\min}$ auf den Wert 7120.

2. Die Intervalle für die t_i $(i = 1, \ldots, n)$ wurden in der Form $[t_i^0 - \Delta, t_i^0 + \Delta]$ angesetzt, wobei $(t_1^0, \ldots, t_n^0)$ der Lösungsvektor ist, für den der Wert $c_{\min}$ bei den ersten 1024 Versuchen ermittelt wurde. Nach 1024 weiteren Versuchen sank $c_{\min}$ hier bereits auf den Wert 7088. Danach erfolgte die nächste Einengung um den neuen Minimalpunkt, und weitere 1024 zusätzliche Versuche lieferten für die Zielfunktion bereits einen Wert von 7020.

Die Durchführung von 3072 Versuchen benötigte auf dem Digitalrechner M-20 insgesamt 15 Minuten Rechenzeit. Im allgemeinen erhält man die benötigte Rechenzeit in Minuten nach der Formel $t \approx 10^{-4}\, nN$, wobei N die Anzahl der Versuche ist.

Wir beschreiben nun das Optimierungsverfahren nach der Methode des zufälligen Suchens, die gleichzeitig mit der Monte-Carlo-Methode kombiniert wird. Beträgt die Anzahl der Vorgänge im Netzplan n, so läuft die vorhergehende Aufgabe praktisch auf die Minimierung der Zielfunktion $\sum_{l=1}^{n} c(i_l, j_l) + \bar{c}(T)$ hinaus. Diese bezeichnen wir mit $Q(x_1, \ldots, x_n)$, wobei wir $t(i_l, j_l) = x_l$ setzen. Der Startpunkt für das Suchverfahren $(x_1^{(0)}, \ldots, x_n^{(0)})$ wird mit Hilfe des Monte-Carlo-Verfahrens nach den Formeln

$$x_l^{(0)} = t_1(i_l, j_l) + \eta\, [t_2(i_l, j_l) - t_1(i_l, j_l)]$$

bestimmt, wobei η eine über dem Intervall $[0, 1]$ gleichverteilte Pseudozufallsgröße ist, während $t_1(i_l, j_l)$ und $t_2(i_l, j_l)$ die Intervallgrenzen für den Definitionsbereich von $t(i_l, j_l)$ sind. Das eigentliche lokale zufällige Suchverfahren wird nach der folgenden Methode durchgeführt, die von RASTRIGIN [96] entwickelt wurde.

Wir bezeichnen mit X_{i-1} den n-dimensionalen Vektor $\left(x_1^{(i-1)}, \ldots, x_n^{(i-1)}\right)$, der die Qualitätsfunktion $Q(x_1, \ldots, x_n)$ nach $i - 1$ Suchschritten minimiert. Ferner bezeichnen wir mit $\xi = (\xi_1, \ldots, \xi_n)$ einen Zufallseinheitsvektor, der über alle Richtungen des n-dimensionalen Raumes der Parameter $x_1, \ldots, x_n$ gleichverteilt ist; α bedeute die „Schrittweite" im n-dimensionalen Raum. Wir vollziehen den nächsten Schritt $\xi\alpha$ und gehen zum n-dimensionalen Vektor $\left(x_1^{(i)}, \ldots, x_n^{(i)}\right)$ mit $x_j^{(i)} = x_j^{(i-1)} + \alpha\xi_j$ über, um anschließend $Q\left(x_1^{(i)}, \ldots, x_n^{(i)}\right)$ zu bestimmen.

Ist $Q\left(x_1^{(i)}, \ldots, x_n^{(i)}\right) < Q\left(x_1^{(i-1)}, \ldots, x_n^{(i-1)}\right)$, so setzen wir $X_i = \left(x_1^{(i)}, \ldots, x_n^{(i)}\right)$ und vollziehen den nächsten $(i + 1)$-ten Schritt, der dem Translationsvektor $\xi\alpha$ bei neuem ξ-Wert entspricht. Danach vergleichen wir wieder die beiden letzten Werte der Qualitätsfunktion Q miteinander. Falls dann $Q\left(x_1^{(i)}, \ldots, x_n^{(i)}\right) \geqq Q\left(x_1^{(i-1)}, \ldots, x_n^{(i-1)}\right)$ ist, d.h. die Qualitätsfunktion sich nicht verringert hat, kehren wir in den Punkt $\left(x_1^{(i-1)}, \ldots, x_n^{(i-1)}\right) = X_{i-1}$ zurück. Somit kehren wir dann zurück, wenn die Qualitätsfunktion wächst und nehmen im entgegengesetzten Falle eine zufällige Vorwärtsbewegung (mit über alle Richtungen gleichverteiltem Translationsvektor) vor. Dieses Verfahren ist dann besonders wirksam, wenn die Qualitätsfunktion sich zeitlich verhältnismäßig rasch ändert.

Es dürfte selbstverständlich sein, daß während des Suchprozesses die Bedingung

$$t_1(i_l, j_l) \leqq t(i_l, j_l) = x_1 \leqq t_2(i_l, j_l)$$

eingehalten werden muß.

Die schrittweise lokale Suche ohne Lernvorgang weist zwei Modifikationen auf, die sich nicht prinzipiell voneinander unterscheiden: Im ersten Falle erfolgt (bei Erhöhung der Qualitätsfunktion) eine Rückkehr in den vorhergehenden Punkt, im zweiten Falle wird die Rückkehrbewegung bei Vergrößerung der Qualitätsfunktion gleichzeitig mit der nachfolgenden Zufallsbewegung vollzogen. Somit unterscheiden sich beide Modifikationen nur durch Änderung der Schrittzahl, während die Optimierungsergebnisse in Wahrscheinlichkeit gegen ein und denselben Wert konvergieren. Die Konvergenz der oben beschriebenen Methoden der zufälligen Suche ist für $n > 1$ erheblich besser als die Konvergenz des Optimierungsverfahrens nach der Gradientenmethode, wobei mit der Erhöhung von n die Konvergenz des Verfahrens der zufälligen Suche im Vergleich zur Konvergenz des Gradientenverfahrens immer besser wird.

Das beste Verfahren zur Optimierung mehrparametriger Systeme ist die von Rastrigin [96] entwickelte Methode der schrittweise lokalen Suche mit Lernvorgang. Das Wesen dieses Verfahrens besteht darin, daß nach Durchführung des i-ten Schrittes vom Punkt X_i aus k unabhängige zufällige Schritte $\xi_1, \ldots, \xi_k$ vorgenommen werden. Danach wird der Schritt ξ_j gewählt, der den kleinsten Wert der Qualitätsfunktion

$$Q\,(X_i + \alpha\xi_j) = \min_{1 \leqq l \leqq k} Q\,(X_i + \alpha\xi_l) \tag{4.5.5}$$

liefert; anschließend wird der Wert $X_{i+1} = X_i + \alpha\xi_j$ fixiert.

Mit anderen Worten, es wird die Umgebung des Punktes X_i untersucht und unter den „gezogenen" Richtungen die optimale ausgewählt. Dieser Algorithmus ist wirksamer als das oben beschriebene Verfahren der schrittweisen lokalen Suche ohne Lernvorgang, und die Konvergenz gegen das lokale Optimum wird wesentlich besser.

Der Hauptnachteil der oben beschriebenen Verfahren besteht in der Lokalität der Optimierung eines mehrparametrigen Systems. Häufig wird das lokale Optimum abgeschätzt und keineswegs das tatsächlich abzuschätzende globale Optimum. Die besten Ergebnisse liefert daher eine Kombination aus der Monte-Carlo-Methode und den Verfahren der lokalen Suche. Das erste ist globaler Natur, konvergiert jedoch langsam, das zweite Verfahren ist zwar lokal, weist aber ein sehr gutes Konvergenzverhalten auf.

Bei der Optimierung des Problems (4.5.3) nach der Methode der zufälligen Suche wird zunächst eine Überschlagsrechnung nach der „reinen" Monte-Carlo-Methode durchgeführt und anschließend die lokale Zufallssuche im Lösungsraum vorgenommen.

Die Kosten für die Realisierung einzelner Vorgänge können auch von den Kalenderterminen für die Realisierung des Projekts bei vorhandenen Ressourcenbegrenzungen abhängig sein. Wir wollen jetzt eine Problemstellung [84] vom Typ PERT-COST anführen, bei der gewisse Ressourcen (Arbeitskräfte) Berücksichtigung finden. Die Kosten für einen Vorgang W_i $(i = 1, \ldots, n)$ der im Zeitintervall $[T, T + t]$ durchgeführt wird, seien $c_i(T, t)$. Als zulässigen Plan bezeichnet man einen Vektor $(t_1, t_2, \ldots, t_n;\ \Delta_1, \Delta_2, \ldots, \Delta_n)$, für den $d_i \leqq t_i \leqq D_i$, $\Delta_i \geqq 0$ $(i = 1, \ldots, n)$ gilt. Die Realisierung des Vorganges W_i beginnt nach Verstreichen des Zeitraumes Δ_i nach Abschluß aller diesem Vorgang unmittelbar vorausgehenden Vorgänge.

Gesucht ist ein zulässiger Plan, der die Zielfunktion

$$\sum_{i=1}^{n} c_i\,(T_i, t_i) + \bar{c}(T)$$

minimiert; hierbei ist T_i der Termin für den Beginn des Vorganges W_i und T der Termin für den Abschluß des Projekts (diese Werte werden unter Berücksichtigung der Δ_i berechnet).

Nach der Monte-Carlo-Methode läßt sich auch das folgende Problem lösen [84]: Wir zerlegen die Menge aller Vorgänge eines Netzplanmodells in disjunkte Teilmengen $\Gamma_1, \ldots, \Gamma_k$.

Zur Realisierung der Vorgänge $W_1^g, W_2^g, \ldots, W_{n_g}^g$ der Teilmenge Γ_g $(g = 1, \ldots, k)$ werden n_g gegeneinander austauschbare Arbeitskräftegruppen $I_1^g, \ldots, I_{n_g}^g$ herausgegriffen. Die Gruppe I_r^g realisiert den Vorgang W_s^g in der Zeit t_{rs}^g und benötigt hierzu die Kosten c_{rs}^g $(r = 1, \ldots, n_g;\ s = 1, \ldots, n_g)$. Die Vorgänge der einzelnen Teilmengen $\Gamma_1, \ldots, \Gamma_k$ sind innerhalb jeder Teilmenge so auf die Arbeitskräftegruppen aufzuteilen, daß die Gesamtkosten

$$\sum_{g=1}^{k} \sum_{r,s=1}^{n_g} c_{rs}^g + \tilde{c}T$$

für die Realisierung des neuen Projekts minimal werden (T ist hier die Zeit für die Realisierung des Gesamtprojekts und $\tilde{c}T$ die Funktion, die den Schaden angibt, der sich infolge einer Verzögerung der Realisierung ergibt).

Bei der näherungsweisen Lösung dieses Problems nach der Monte-Carlo-Methode mit Hilfe eines Elektronenrechners werden k Permutationen $\Pi_1, \ldots, \Pi_k$ „gezogen". Die Permutation Π_g ist das Ergebnis einer zufälligen Anordnungsänderung aller natürlichen Zahlen $1, 2, \ldots, n_g$. Es sei $\Pi_g = (i_1, i_2, \ldots, i_{n_g})$. Das bedeutet, daß innerhalb der Teilmenge Γ_g der Vorgang W_s^g von der Arbeitskräftegruppe $I_{i_s}^g$ realisiert wird.

Die zufällige Anordnungsänderung der Zahlen, bei der alle Permutationen gleich wahrscheinlich sind, läßt sich auf einem Elektronenrechner verhältnismäßig rasch nach dem folgenden Algorithmus von MAISLIN durchführen. Das zu permutierende Zahlenfeld sei in den Speicherplätzen $\alpha_1, \ldots, \alpha_n$ untergebracht. Der Prozeß erfolgt in n Stufen. Auf der Stufe i $(i = 0, \ldots, n - 1)$ wird der Index j nach der Formel $j = [(n - i)\,\xi] + 1$ ermittelt, wobei $[\ ]$ das Zeichen für das größte Ganze einer Zahl und ξ eine über dem Intervall $(0, 1)$ gleichverteilte Zufallsvariable ist. Sodann wird eine Vertauschung von α_j und α_{n-i} vorgenommen.

Das Problem der Minimierung der Gesamtkosten für ein Projekt wird besonders schwierig, wenn die Realisierungsdauern der Vorgänge in einem Netzplanmodell unbestimmt sind.

4.6. Statistische Modellierung umfangreicher Netzpläne durch Zerlegung in Teilnetze

Gegenwärtig finden die NPT-Systeme Anwendung bei der Schaffung neuer mehrere Industriezweige umfassender Komplexe, an deren Realisierung eine große Anzahl von Teilauftragnehmerorganisationen beteiligt ist. Man wird daher häufig vor die Aufgabe gestellt, Methoden zu schaffen, mit deren Hilfe es möglich ist, Parameter von Netzplanmodellen zu ermitteln, die einige zehntausend Vorgänge umfassen.

Gegenwärtig werden solche Riesennetzpläne gewöhnlich in Teilnetze oder *Fragmente* zerlegt, und zwar so, daß solche Fragmente in der Regel die Teile eines Gesamtnetzplanes umfassen, die jeweils von einem Teilauftragnehmer realisiert werden. Diese Fragmente können mehrere „Eingänge" und „Ausgänge" aufweisen, obwohl viele Fragmente jeweils nur einen Eingang und einen Ausgang besitzen.

Wie bereits erwähnt stößt gegenwärtig die Anwendung analytischer Verfahren zur Berechnung zuverlässiger Werte der Zeitparameter für Netzpläne mit Zufallsschätzwerten für die Vorgänge auf Schwierigkeiten, so daß man gezwungen ist, auf Verfahren der statistischen Modellierung zurückzugreifen. Erst recht ergibt sich diese Notwendigkeit bei sehr umfangreichen Netzplänen. Selbstverständlich müssen derartige Algorithmen so aufgebaut sein, daß die fragmentarische Struktur des Gesamtnetzplanes berücksichtigt wird. Das ist umso mehr erforderlich, als eine „Geradeausmodellierung" einen zu hohen Aufwand an Maschinenzeit nach sich ziehen würde.

Wir wollen hierbei zwei verschiedene Fälle betrachten:

a) sämtliche Fragmente eines großen Netzplanes weisen nur einen Eingang und einen Ausgang auf;

b) einzelne Fragmente eines umfangreichen Netzplanes können mehrere Ein- und Ausgänge aufweisen.

Der Algorithmus zur Modellierung des ersten Falles läuft auf das folgende Verfahren hinaus [76]:

Ein umfangreicher Netzplan mit N Vorgängen und Zufallsschätzwerten möge in n Teilnetze oder Fragmente zerlegt werden. Wir betrachten das i-te Fragment Ψ_i und führen folgende Bezeichnungen ein:

$$\left.\begin{aligned} &N_i\text{: Anzahl der Vorgänge in } \Psi_i,\\ &m_i\text{: Eingang in } \Psi_i,\\ &k_i\text{: Ausgang aus } \Psi_i,\end{aligned}\right\}\qquad i = 1, 2, \dots, n$$

c_{anf}: Startereignis des Gesamtnetzplanes,

c_{end}: Zielereignis des Gesamtnetzplanes.

Es ist das p-Quantil des Zielereignisses im Gesamtnetzplan $W_p(c_{\text{end}})$ durch Fragmentrechnung mit Hilfe der statistischen Modellierung abzuschätzen. Zunächst gilt

$$W_p(c_{\text{end}}) = W_p\left\{T^{(0)}_{c_{\text{end}}}\right\}. \tag{4.6.1}$$

Die Verteilung von $T^{(0)}_{c_{\text{end}}}$ wird anhand der $T^{(0),(r)}_{c_{\text{end}}}$ $(1 \leqq r \leqq M)$ abgeschätzt, wobei M die Anzahl der erforderlichen „Ziehungen" für den Gesamtnetzplan und $T^{(0),(r)}_{c_{\text{end}}}$ die r-te Realisierung für die „Ziehung" des frühesten Termins des Ereignisses c_{end} bedeutet.

Wie man leicht sieht, gilt die Gleichung

$$T^{(0),(r)}_{c_{\text{end}}} = K\left\{t^{(r)}_{k_i, m_j}, K^{(r)}(\Psi_i)\right\}, \qquad 1 \leqq i, \quad j \leqq n, \quad i \neq j. \tag{4.6.2}$$

Hierbei ist $t^{(r)}_{k_i, m_j}$ die r-te Realisierung der Länge (d. h. der Dauer) des Bogens zwischen dem i-ten und dem j-ten Fragment, die ebenfalls Zufallscharakter haben kann[1]). Was $K^{(r)}(\Psi_i)$ betrifft, so bezeichnet dieses Symbol die Länge des kritischen Weges im i-ten Fragment Ψ_i bei der r-ten Realisierung („Ziehung").

---

[1]) Selbstverständlich nur dann, wenn eine Verbindung zwischen den Fragmenten Ψ_i und Ψ_j existiert.

Gelingt es daher, jedes Fragment Ψ_i $(1 \leqq i \leqq n)$ in Gestalt eines verdichteten Vorganges darzustellen, der Zufallscharakter hat und eine Verteilung $p(\Psi_i)$ derart aufweist, daß die r-te „Ziehung" des Vorganges der Realisierung $K^{(r)}(\Psi_i)$ äquivalent ist, so wird die Aufgabe auf die Modellierung eines verdichteten Netzplanes zurückgeführt, in dem jeder Vorgang entweder einem Fragment ober aber einer Verbindung zwischen Fragmenten äquivalent ist. Hieraus ergibt sich unmittelbar die Methodik der statistischen Modellierung, die folgende Stufen umfaßt:

1. Stufe. Jedes Fragment Ψ_i $(1 \leqq i \leqq n)$ wird einzeln unabhängig voneinander modelliert, wonach die empirische Verteilungsfunktion für die Länge des kritischen Weges $K(\Psi_i)$ zwischen den Ereignissen m_i und k_i konstruiert wird. Wir bezeichnen diese empirische Verteilungsfunktion mit $F_{\text{emp}}(\Psi_i)$.

2. Stufe. Wir berechnen für alle Verbindungen zwischen den Fragmenten Ψ_i und Ψ_j $(1 \leqq i \leqq n, 1 \leqq j \leqq n, i \neq j)$, falls diese Verbindungen existieren, die empirische Verteilungsfunktion $F_{\text{emp}}(k_i, m_j)$.

3. Stufe. Unter Verwendung der bekannten Beziehung $F_\eta^{(-1)}(\xi) = \eta$ ($F_\eta(x)$ ist die Verteilungsfunktion der Zufallsvariablen η, ξ eine im Intervall (0, 1) gleichverteilte Zufallsvariable) modellieren wir die Länge des kritischen Weges $K^{(r)}(\Psi_i)$ $(1 \leqq i \leqq n)$ für alle Fragmente. Die Realisierung der Modellierung auf dem Digitalrechner erfolgt durch Interpolation der Verteilungsfunktion $F_{\text{emp}}(\Psi_i)$ mit Hilfe von Pseudozufallszahlen, die über dem Intervall [0, 1] verteilt sind.

4. Stufe. Eine analoge Modellierung der Werte $t_{k_i, m_j}^{(r)}$ mit Hilfe einer empirischen Verteilung $F_{\text{emp}}(k_i, m_j)$ nehmen wir für die Dauern der Verbindungen zwischen den Fragmenten vor.

5. Stufe. Mit Hilfe der gewonnenen Werte $K^{(r)}(\Psi_i)$ $(1 \leqq i \leqq n)$ und $t_{k_i, m_j}^{(r)}$ (die nunmehr als determiniert aufgefaßt werden) bestimmen wir für den verdichteten Netzplan den Wert $T_{c_{\text{end}}}^{(0),(r)}$.

6. Stufe. Wir wiederholen die Stufen 3, 4 und 5 je M mal.

7. Stufe. Wir berechnen die p-Quantil-Abschätzung der empirischen Verteilung für $T_{c_{\text{end}}}^{(0),(r)}$ $(1 \leqq r \leqq M)$. Diese Abschätzung ist dann das gesuchte p-Quantil $W_p(c_{\text{end}})$.

Das Problem der Modellierung großer Netzpläne, die in Fragmente mit jeweils einem Eingang und einem Ausgang zerlegt werden, gelingt somit verhältnismäßig leicht, und man hat bereits eine Reihe experimenteller Berechnungen durchgeführt, die wir unten näher beschreiben wollen.

Für den Fall, daß einzelne Fragmente eines großen Netzplanes mehrere Eingänge oder Ausgänge besitzen, läßt sich der folgende Algorithmus in Anwendung bringen. Er unterscheidet sich von dem eben beschriebenen Verfahren dadurch, daß in der ersten Stufe für Fragmente Ψ_i, die α_i Eingänge m_i^α $(1 \leqq \alpha \leqq \alpha_i, \alpha_i > 1)$ und β_i Ausgänge k_i^β $(1 \leqq \beta \leqq \beta_i, \beta_i > 1)$ haben, anstelle der eindimensionalen Verteilungsfunktion $F_{\text{emp}}(\Psi_i)$ die mehrdimensionale Verteilungsfunktion $F_{\text{emp}}(l_i^{\alpha\beta})$ konstruiert wird, deren Dimension das Produkt von α_i und β_i nicht übersteigt. Hier bedeutet $l_i^{\alpha\beta}$ die Länge (die Dauer) des längsten Weges zwischen dem Eingang α und dem Ausgang β im Fragment Ψ_i.

Wir wollen nun die erste Stufe für den Fall eines Fragments mit mehreren Ein- und Ausgängen etwas genauer betrachten. Das i-te Fragment möge α_i Eingänge und β_i Ausgänge besitzen. Ferner sei $m_i \leqq \alpha_i\beta_i$ die Anzahl der Verbindungen zwischen den Ein- und Ausgängen. Unter dem Terminus „Verbindung" zwischen dem Eingang α und dem Ausgang β verstehen wir die Existenz eines Weges zwischen α und β. Falls zwischen irgendwelchen Eingängen und Ausgängen in diesem Fragment keine Verbindungen vorhanden sind, so ist $m_i < a_i\beta_i$, doch die unten beschriebene Methodik bleibt davon unberührt. In der ersten Stufe wird für alle Fragmente Ψ_i $(1 \leqq i \leqq n)$ unabhängig voneinander die folgende Prozedur durchgeführt: Wir modellieren nach der Monte-Carlo-Methode die Dauer *aller* Vorgänge im Fragment und bestimmen dann in einem Netzplan mit nunmehr festen Schätzwerten sämtliche längsten Wege zwischen den α_i Eingängen und den β_i Ausgängen. Wie wir bereits erwähnt hatten, übersteigt die Anzahl m_i solcher Wege das Produkt $\alpha_i\beta_i$ nicht. Die Längen dieser Wege bezeichnen wir mit $L_\nu^{(1)}$ $(\nu = 1, \ldots, m_i)$ und ordnen die Werte $L_\nu^{(1)}$ in einer zunächst beliebigen, für das weitere aber festen Reihenfolge an. Der Index (1) bedeutet, daß $L_\nu^{(1)}$ bei der ersten „Ziehung" des Netzplanmodells nach der Monte-Carlo-Methode gewonnen wurde. Wir erhalten daher nach der ersten „Ziehung" das System $L_1^{(1)}, L_2^{(1)}, \ldots, L_{m_i}^{(1)}$. Danach nehmen wir wiederum eine „Ziehung" für die Dauern der Vorgänge im Netzplan vor und bestimmen dann das zweite Wertsystem $L_1^{(2)}, L_2^{(2)}, \ldots, L_{m_i}^{(2)}$. Diese Prozedur wiederholen wir N mal und erhalten schließlich eine Matrix der Form

$$L_i = \begin{pmatrix} L_1^{(1)} & L_2^{(1)} & \cdots & L_{m_i}^{(1)} \\ L_1^{(2)} & L_2^{(2)} & \cdots & L_{m_i}^{(2)} \\ \multicolumn{4}{c}{\dotfill} \\ L_1^{(N)} & L_2^{(N)} & \cdots & L_{m_i}^{(N)} \end{pmatrix}. \tag{4.6.3}$$

Mit der Konstruktion der Matrix L_i kommt die erste Stufe der Berechnungen zum Abschluß. Im Grunde genommen lief sie darauf hinaus, eine mehrdimensionale Tabelle der Funktion $F_{\text{emp}}(l_i^{\alpha\beta})$ zu konstruieren, die wir in unserer Matrix wiederfinden.

Nun wollen wir noch einige Bemerkungen zum Umfang der Tabelle, d.h. dem Wert N machen. Diese Zahl wird durch die erforderliche Genauigkeit für die Schätzwerte der Parameter des Fragments, durch die Anzahl m_i der Spalten der Matrix und die Streuung der Längen L_ν bestimmt; es gilt in der Regel $N \gg m_i$. Eine genaue Abschätzung für N erweist sich jedoch häufig als unmöglich, wie das auch bei der Konstruktion der empirischen Verteilung für die Länge des kritischen Weges für einen Netzplan mit nur einem Eingang und einem Ausgang bereits der Fall war. Die Zahl N wird vielfach von der Intuition und Erfahrung der Statistiker und in der Regel auch von den Möglichkeiten der eingesetzten elektronischen Rechenanlage abhängen. Nach unserem Dafürhalten dürfte für $m_i \approx 10$ der Wert $N \approx 500$ bis 1000 eine hinreichende Genauigkeit des Modells gewährleisten.

Die Daten der Matrix L_i $(1 \leqq i \leqq n)$ werden an das Rechenzentrum des zentralen NPT-Dienstes zur Modellierung des verdichteten Netzplanes übergeben.

In der dritten Stufe werden (für jedes Fragment Ψ_i mit mehreren Eingängen und Ausgängen) die m_i korrelierten Werte $l_i^{\alpha\beta}$ nach folgenden Verfahren modelliert. Wir wollen hier zwei Varianten beschreiben, von denen jede ihre Vor- und Nachteile aufweist.

Im ersten Falle gehen wir folgendermaßen vor. Wir modellieren einen Wert der im Intervall [0, 1] gleichverteilten Zufallsvariablen η und schätzen die Zahl $[N\eta] + 1$ ab, wobei das Symbol $[x]$ das größte Ganze der Zahl x bedeutet. Dann greifen wir die Zeile der Matrix L_i mit der Nummer $[N\eta] + 1$ heraus. Der Inhalt dieser Zeile ist das Ergebnis der Modellierung der mehrdimensionalen Verteilung $F_{\text{emp}}(l_i^{\alpha\beta})$; es liefert uns die m_i benötigten „gezogenen" Werte $l_i^{\alpha\beta}$.

Man kann auch ein anderes, erheblich umständlicheres Verfahren ansetzen, dem jedoch in Bezug auf den Umfang N der Matrix der Vorzug zu geben ist. Wir ordnen in der Matrix der Wege L_i die Zeilen so um, daß die ersten Elemente der Zeilen eine aufsteigende Folge bilden. Dadurch transformieren wir unsere Matrix L_i in eine Matrix, die wir mit L^{I} bezeichnen. Sodann modellieren wir die über dem Intervall [0, 1] gleichverteilte Pseudozufallsvariable η_1 und schätzen wie im ersten Falle die Zahl $[N\eta_1] + 1$ ab. In der neugebildeten Matrix L^{I} fixieren wir das erste Element der Zeile mit der Nummer $[N\eta_1] + 1$ und bezeichnen dieses mit l_1. Sodann fixieren wir alle Zeilen in der Matrix L^{I}, deren Nummern kleiner sind als $[N\eta_1] + 1$. Ihre Anzahl bezeichnen wir mit N_1 und betrachten zunächst nur den Teil der Matrix L^{I}, der aus diesen Zeilen gebildet wird. Die übrigen Zeilen streichen wir. Die Zeilen der Restmatrix ordnen wir nach aufsteigenden zweiten Elementen um und erhalten die Matrix L^{II} mit N_1 Zeilen. Anschließend modellieren wir die über dem Intervall [0, 1] gleichverteilte Zufallsvariable η_2 und fixieren in der Matrix L^{II} die Zeile mit der Nummer $[N_1\eta_2] + 1$ sowie deren zweites Element l_2. Anschließend fixieren wir in L^{II} alle Zeilen, deren Nummern kleiner sind als $[N_1\eta_2] + 1$, und bezeichnen ihre Anzahl mit N_2. Die neue Matrix ordnen wir in aufsteigender Reihenfolge der dritten Zeilenelemente, erhalten die Matrix L^{III} usw. Dieses Verfahren setzen wir fort, bis alle m_i Werte $l_1, l_2, \ldots, l_{m_i}$ konstruiert sind. Dieses System ist dann das Ergebnis der Modellierung von $F_{\text{emp}}(l_i^{\alpha\beta})$.

In der 5. Stufe wird der früheste Termin $T_{c_{\text{end}}}^{(0),(r)}$ für den verdichteten Netzplan bestimmt. In einem solchen verdichteten Netzplan wird ein Fragment mit α_i Eingängen und β_i Ausgängen in Gestalt von $a_i\beta_i$ „Vorgängen" dargestellt, deren Längen jeweils den längsten Wegen zwischen den Ein- und Ausgangsereignissen gleich sind.

Es sei darauf hingewiesen, daß sogar bei der Anwendung des zweiten Algorithmus die Anzahl der Rechenoperationen wesentlich kleiner ist als bei der „Ziehung" der längsten Wege zur Modellierung der Dauern der Vorgänge in den Fragmenten. Beachtet man, daß in der 6. Stufe die Modellierungsprozedur M mal wiederholt wird, so sieht man, daß der Zeitgewinn bei der Fragmentmodellierung sehr erheblich ist.

Ein anderes, äußerst wirksames Verfahren besteht darin, daß man die Fragmente eines großen Netzplanes [76, 95] dahingehend verdichtet, daß die verdichteten Fragmente nur noch je einen Eingang und einen Ausgang besitzen. Anschließend modelliert man diese Fragmente nach dem vorhin beschriebenen Verfahren.

Wir beschreiben nun die Ergebnisse einer Versuchsrechnung [76] für einen großen Netzplan mit 4906 Ereignissen und 12864 Vorgängen, die nach der Methode der statistischen Modellierung durchgeführt wurde. Die Realisierungsdauer des Netzplanprojekts war auf mehrere Jahre veranschlagt worden.

Der gesamte Netzplan wurde in 41 Fragmente verschiedenen Umfangs (von 162 bis 618 Vorgängen) unterteilt. Die Fragmente wurden so gebildet, daß sie jeweils die von einer bestimmten Organisation oder einer bestimmten Abteilung zu realisierenden Vorgänge umfaßten. Jedes Fragment besaß nur einen Eingang und einen Ausgang.

Zur Modellierung des Netzplanes wurde der Digitalrechner „Minsk 22" verwendet. Hierbei betrug die Modellierungszeit für ein Fragment mit 293 Ereignissen und 418 Vorgängen für insgesamt 1000 „Ziehungen" 38 Minuten.

Wegen des dringlichen Termins für die Realisierung des Projekts wurde die Sicherheitswahrscheinlichkeit mit $p = 0,8$ angesetzt.

Die Ergebnisse der Modellierung und der Vergleich der p-Quantil-Abschätzungen W_p, die nach der Methode der statistischen Modellierung gewonnen wurden, sind in der nachstehenden Tabelle zusammengefaßt. Die entsprechenden p-Quantile wurden dabei durch Mittlung für die minimale Realisierungsdauer der einzelnen Fragmente ermittelt.

Nummer des Fragments	1	3	6	8	9	10	12	32	40	41
$\bar{t}_p(c_{\text{end}})$	152	47	57	204	187	83	172	200	66	88
$W_p(c_{\text{end}})$	168	49	58	216	199	107	224	226	73	92

Der relative Fehler, der sich durch die Anwendung des Mittlungsverfahrens zur Abschätzung des frühesten Realisierungstermins für den ganzen Netzplan ergab, lag bei 7 %, wobei als Vergleichsgröße die Abschätzung herangezogen wurde, die sich mit Hilfe einer durchgängigen Modellierung nach der Monte-Carlo-Methode ergab.

4.7. Statistische Modellierung umfangreicher Netzpläne nach der Methode der äquivalenten Transformationen

Aus den Betrachtungen des vorhergehenden Abschnittes geht hervor, daß das Fragmentenverfahren der statistischen Modellierung für große Netzpläne häufig einen recht hohen Aufwand an Maschinenzeit erfordert, insbesondere dann, wenn die Anzahl der Ein- und Ausgänge bei den einzelnen Fragmenten verhältnismäßig hoch ist. In diesem Abschnitt beschreiben wir einen von Popow [91] stammenden Algorithmus zur Modellierung von Netzplänen großen Umfanges, der auf den folgenden Überlegungen beruht. Zur Gewinnung eines statistischen Analogons für die Verteilung des Zielereignisses wird ein besonderer äquivalenter Netzplan konstruiert. Wir wollen zwei Netzpläne als äquivalent in Wahrscheinlichkeit bezeichnen, wenn ihre wahrscheinlichkeitstheoretischen Eigenschaften, soweit sie durch Verteilungen beschrieben werden, äquivalent sind. Es wird nun versucht, die Modellierung eines umfangreichen Netzplanes auf die Modellierung eines äquivalenten Netzplanes mit wesentlich weniger Vorgängen zurückzuführen. Um einen solchen äquivalenten Netzplan zu erhalten, muß man aus dem ursprünglichen Netzplan sämtliche Vorgänge eliminieren, die auf die Bildung der wahrscheinlichkeitstheoretischen Charakteristika der Endereignisse ohne Einfluß sind. Hierzu betrachten wir zwei verschiedene Verfahren zur Bildung des äquivalenten Netzplanes:

1. Ein Verfahren durch analytische Berechnung;
2. ein Verfahren, dem eine statistische Modellierung zugrunde liegt.

Das analytische Verfahren beruht auf der Bestimmung der Menge jener Vorgänge im Netzplanmodell, die theoretisch nicht kritisch werden können. Als Grundlage für die Konstruktion eines Algorithmus zur Bildung eines äquivalenten Netzplangraphen lassen sich die nachstehenden Sätze beweisen [91]:

Satz 1. *Gegeben sei ein Netzplanmodell, dessen sämtliche Wege zwischen dem Start- und Zielereignis numeriert und mit $L_1, \ldots, L_m$ bezeichnet sind. Ferner möge der Netzplan aus den Vorgängen (i, j) mit den Realisierungsdauern t_{ij} bestehen, die als Zufallsvariable mit den Definitionsbereichen $[a_{ij}, b_{ij}]$ gedeutet werden und der Betaverteilung genügen mögen. Wir nehmen an, es liegen n zufällige Realisierungen des Netzplanmodells vor, und wir bezeichnen mit $t(L_k^i)$ die Länge des k-ten Weges L_k in der i-ten Realisierung. Des weiteren bezeichnen wir mit $t(L_{\mathrm{kr}})_a$ die Länge des kritischen Weges für den Fall, daß die Realisierungsdauern aller Vorgänge t_{ij} den zugehörigen optimistischen Schätzwerten a_{ij} gleichgesetzt werden.*
Dann existiert für jede der n Realisierungen wenigstens ein Weg L_ξ^i derart, daß $t(L_\xi^i) > t(L_{\mathrm{kr}})_a$ ist, wobei i die Nummer der jeweiligen Realisierung bedeutet.

Satz 2. *Die Länge des kritischen Weges ist bei einer beliebigen Realisierung nicht kleiner als $t(L_{\mathrm{kr}})_a$.*

Satz 3. *Ein Vorgang (i, j) gehört der Menge der möglichen kritischen Wege an*[1]*, wenn $t\left[L_{ij}^{\max}\right]_b \geqq t(L_{\mathrm{kr}})_a$ ist, wobei $t\left[L_{ij}^{\max}\right]_b$ die Länge (die Dauer) des maximalen durch den Vorgang (i, j) hindurchgehenden Weges ist, wenn im Netzplan die Realisierungsdauern aller Vorgänge t_{ij} fixiert und gleich b_{ij} sind.*

Wir bezeichnen die Menge der möglichen kritischen Wege im ursprünglichen Netzplanmodell mit R. Aus den vorhergehenden Überlegungen ergibt sich, daß das Netzplanmodell, das durch die Struktur der Menge R bestimmt wird, dem ursprünglichen Netzplanmodell in Wahrscheinlichkeit äquivalent ist.

Satz 4. *Ein Vorgang (i, j) gehört der Menge R an, wenn seine Gesamtpufferzeit $P_{\mathrm{t}}(i, j)$, ermittelt für $t_{ij} = b_{ij}$, kleiner ist als $t(L_{\mathrm{kr}})_b - t(L_{\mathrm{kr}})_a$.*

Gestützt auf die zitierten Sätze formulieren wir nun ein Schema des Algorithmus zur Bildung eines äquivalenten Netzplanmodells:

1. Stufe. Für alle Vorgänge (i, j) setzen wir $t_{ij} = a_{ij}$.
2. Stufe. Wir berechnen die Länge des kritischen Weges $t(L_{\mathrm{kr}})_a$.
3. Stufe. Für sämtliche Vorgänge (i, j) setzen wir $t_{ij} = b_{ij}$.
4. Stufe. Wir berechnen die Länge des kritischen Weges $t(L_{\mathrm{kr}})_b$.
5. Stufe. Wir berechnen die Gesamtpufferzeiten $P_{\mathrm{t}}(i, j)$ für $t_{ij} = b_{ij}$.
6. Stufe. Ist $P_{\mathrm{t}}(i, j) \geqq t(L_{\mathrm{kr}})_b - t(L_{\mathrm{kr}})_a$, so wird der Vorgang (i, j) der Menge R, also dem äquivalenten Netzplanmodell, nicht zugewiesen.
7. Stufe. Gilt $P_{\mathrm{t}}(i, j) < t(L_{\mathrm{kr}})_b - t(L_{\mathrm{kr}})_a$, sowird der Vorgang (i, j) in die Menge R aufgenommen.

Der angegebene Algorithmus zur Bildung eines äquivalenten Netzplanmodells führt nicht immer zu einer erheblichen Umfangsverringerung im Vergleich zum ursprünglichen Netzplan. Aus diesem Grunde wurde in der Arbeit [91] ein verbesserter Algorithmus entwickelt, der auf den folgenden Prinzipien beruht.

[1]) Das heißt, die Wahrscheinlichkeit dafür, daß dieser Vorgang bei seiner zufälligen Realisierung auf dem kritischen Wege erscheint, ist größer als null.

Ein Vorgang (i, j) wird dem äquivalenten Netzplanmodell zugeordnet, wenn die Wahrscheinlichkeit dafür, daß bei einer zufälligen Realisierung der maximale durch den Vorgang (i, j) vom Startereignis zum Zielereignis verlaufende Weg kritisch wird, nicht kleiner ist als $\xi > 0$. Mit anderen Worten:

$$p^* (i, j) = \mathbf{P} \{t(L_{ij}^{\max}) = t_{\mathrm{kr}}\} \geqq \xi > 0 . \tag{4.7.1}$$

Den Erwartungswert für die Länge des maximalen Weges $L_{ij}^{\max}$ durch den Vorgang (i, j) bezeichnen wir mit $\mathbf{M}t(L_{ij}^{\max})$, die zugehörige Varianz mit $\sigma^2 t(L_{ij}^{\max})$.

Wir formulieren nun die wichtigsten Voraussetzungen für die Konstruktion eines äquivalenten Netzplanmodells:

1. Die Länge des Weges S ist normalverteilt mit den Parametern

$$\bar{t} = \sum_{(i,j)\in S} \bar{t}_{ij}$$

und

$$\sigma_t^2 = \sum_{(i,j)\in S} \sigma^2 t_{ij} .$$

2. Der kritische Weg ist äquivalent der Verteilung des Maximums für alle Wege (nach der Methodik des PERT-Verfahrens).

Dann läßt sich der Netzplan in Gestalt eines äquivalenten Netzplanes untersuchen, der aus zwei Wegen besteht:

a) dem kritischen Weg (L_{kr}),

b) dem maximalen Weg durch den Vorgang (i, j).

Für einen solchen Netzplan gelten alle nachstehenden Überlegungen, die mit der Bestimmung von $p^* (i, j)$ zusammenhängen. Es sei $p^* (i, j)$ ein Parameter des gestutzten Netzplangraphen und $p^0 (i, j)$ der tatsächliche Wert des Parameters $p (i, j)$. Dann läßt sich zeigen, daß stets $p^* (i, j) \geqq p^0 (i, j)$ gilt, d.h. der auf Grund unserer Voraussetzungen gewonnene äquivalente Netzplan weist stets einen gewissen ,,Überschuß" auf. Mit anderen Worten, in den äquivalenten Netzplan ist eine gewisse zusätzliche Menge von Vorgängen mit den Parametern

$$\xi^* \geqq \xi \geqq \xi^0$$

aufgenommen worden. Strengere Kriterien hierzu werden wir im weiteren noch kennenlernen.

Auf Grund der getroffenen Voraussetzungen schließen wir, daß die Beziehung

$$p^* (i, j) = \mathbf{P} \{t(L_{ij}^{\max}) = t_{\mathrm{kr}}\} \geqq \mathbf{P} \{t(L_{ij}^{\max}) \geqq \bar{t}_{\mathrm{kr}}\} \tag{4.7.2}$$

erfüllt ist, wobei $\bar{t}_{\mathrm{kr}}$ die Länge des kritischen Weges des Netzplanmodells ist, berechnet anhand der Mittelwerte für die Realisierungsdauern der Vorgänge, d.h. für $t_{ij} = \bar{t}_{ij}$. Ist dann $\mathbf{P} \{t(L_{ij}^{\max}) \geqq \bar{t}_{\mathrm{kr}}\} \geqq \xi$, so folgt hieraus, daß auch $\mathbf{P}\{t(L_{ij}^{\max}) = t_{\mathrm{kr}}\} \geqq \xi$ gilt, d.h. die Forderung $p^{**} (i, j) \geqq \xi$ ist der Forderung $p^* (i, j) \geqq \xi$ äquivalent, wobei $p^{**} (i, j) = \mathbf{P}\{t(L_{ij}^{\max}) \geqq \bar{t}_{\mathrm{kr}}\}$ ist. Die Wahrscheinlichkeit $\mathbf{P}\{t(L_{ij}^{\max}) \geqq \bar{t}_{\mathrm{kr}}\}$ jedoch ergibt sich näherungsweise zu

$$p^{***} = \frac{1}{2} \left\{1 - \Phi \left[\frac{\bar{t}(L_{\mathrm{kr}}) - \bar{t}(L_{ij}^{\max})}{\sqrt{2 \{\sigma^2(L_{\mathrm{kr}}) + \sigma^2(L_{ij}^{\max})\}}}\right]\right\} , \tag{4.7.3}$$

Hierbei ist $\bar{t}(L_{ij}^{\max})$ die Summe der mittleren Dauer aller Vorgänge auf dem maximalen Wege des Netzplanmodells durch den Vorgang (i, j) unter der Bedingung, daß $t_{ij} = \bar{t}_{ij}$ für alle Vorgänge des Netzplans gesetzt wurde. $\sigma^2(L_{ij}^{\max})$ ist die Summe der Varianzen für die Dauern der Vorgänge des gleichen Weges und $\sigma^2(L_{\text{kr}})$ die Summe der Varianzen der Vorgänge des kritischen Weges, der unter der Voraussetzung $t_{ij} = \bar{t}_{ij}$ berechnet wurde.

Wegen

$$P_{\text{t}}(i, j) = \bar{t}(L_{\text{kr}}) - \bar{t}(L_{ij}^{\max}) \tag{4.7.4}$$

erhalten wir

$$p^{***}(i, j) = \frac{1}{2}\left\{1 - \Phi\left[\frac{P_t(i, j)}{\sqrt{2\left[\sigma^2(L_{\text{kr}}) + \sigma^2(L_{ij}^{\max})\right]}}\right]\right\}. \tag{4.7.5}$$

Aus der Bedingung $p^{**}(i, j) \geqq \xi$ und demzufolge auch $p^{***}(i, j) \geqq \xi$ folgt

$$1 - 2\xi \geqq \Phi\left[\frac{P_t(i, j)}{\sqrt{2\left[\sigma^2(L_{\text{kr}}) + \sigma^2(L_{ij}^{\max})\right]}}\right] \tag{4.7.6}$$

und demnach auch

$$\frac{P_t(i, j)}{\sqrt{2\left[\sigma^2(L_{\text{kr}}) + \sigma^2(L_{ij}^{\max})\right]}} \leqq \Phi^{-1}(1 - 2\xi). \tag{4.7.7}$$

Ist dann

$$P_{\text{t}}(i, j) \leqq \sqrt{2\left[\sigma^2(L_{\text{kr}}) + \sigma^2(L_{ij}^{\max})\right]}\, \Phi^{-1}(1 - 2\xi), \tag{4.7.8}$$

so geht aus dem vorher Gesagten hervor, daß der Vorgang (i, j) der Menge R zugewiesen werden kann. Die Forderung (4.7.8) für die korrelierten Zufallsvariablen $t(L_{ij}^{\max})$ und $t(L_{\text{kr}})$ ist weniger stark. Es sei $L_{\text{kr}} = L_0 + L_{\text{kr}}^{\text{I}}$ und $L_{ij}^{\max} = L_0 + L_{\max}^{\text{I}}(i, j)$, wobei L_0 der gemeinsame Teil der Wege L_{kr} und $L_{ij}^{\max}$ ist. Dann gelten die Beziehungen

$$\left.\begin{aligned} t(L_{\text{kr}}) &= \sum_{(i,j)\in L_0} t_{ij} + \sum_{(i,j)\in L_{\text{kr}}^{\text{I}}} t_{ij}, \\ t(L_{ij}^{\max}) &= \sum_{(i,j)\in L_0} t_{ij} + \sum_{(i,j)\in L_{\max}^{\text{I}}(i,j)} t_{ij}, \\ P_{\text{t}}(i, j) &= \bar{t}(L_{\text{kr}}) - \bar{t}(L_{ij}^{\max}) = \bar{t}(L_{\text{kr}}^{\text{I}}) - \bar{t}(L_{\max}^{\text{I}}(i, j)). \end{aligned}\right\} \tag{4.7.9}$$

Wir bemerken, daß aus der Bedingung $t(L_{\max}^{\text{I}}(i, j)) \geqq \bar{t}(L_{\text{kr}}^{\text{I}})$ die Ungleichung $t(L_{ij}^{\max}) - \bar{t}(L_{\text{kr}}) \geqq 0$ folgt. Unter Berücksichtigung der oben getroffenen Voraussetzungen erhalten wir das Analogon zu den Formeln (4.7.2) für den Fall korrelierter Netzplanmodelle:

$$p^{***}(i, j) = \mathbf{P}\left\{t\left[L_{\max}^{\text{I}}(i, j)\right] - \left[\bar{t}(L_{\text{kr}}^{\text{I}})\right] \geqq 0\right\} = \xi \tag{4.7.10}$$

oder

$$p^{***}(i, j) = \frac{1}{2}\left\{1 - \Phi\left[\frac{P_{\text{t}}(i, j)}{\sqrt{2\left[\sigma^2(L_{\text{kr}}^{\text{I}}) + \sigma^2(L_{ij}^{\max})\right]}}\right]\right\} = \xi. \tag{4.7.11}$$

Hieraus erhalten wir schließlich die Bedingungen, unter denen ein Vorgang (i, j) dem äquivalenten Netzplanmodell zugewiesen werden muß:

$$P_t(i, j) \leqq \sqrt{2\left\{\sigma^2(L_{kr}^I) + \sigma^2(L_{ij}^{max})\right\}}\, \Phi^{-1}(1 - 2\xi). \tag{4.7.12}$$

Wie sich leicht zeigen läßt, ist

$$\sigma^2(L_{kr}^I) + \sigma^2(L_{ij}^{max}) = \sigma^2(L_{kr}) + \sigma^2\left[L_{max}^I(i, j)\right] - 2\sigma^2(L_0) \tag{4.7.13}$$

die Varianz der Gesamtpufferzeit für den Vorgang (i, j), die wir durch das Symbol $\sigma^2[P_t(i, j)]$ bezeichnen wollen. Liegt ein Vorgang (i, j) jedoch auf einem maximalen Wege, der mit dem kritischen nicht korreliert ist, so hat die Varianz der Gesamtpufferzeit die Form

$$\sigma^2[P_t(i, j)] = \sigma^2(L_{kr}) + \sigma^2(L_{ij}^{max}). \tag{4.7.14}$$

Hieraus erhalten wir eine allgemeine Formel für die Bedingung der Zugehörigkeit eines Vorganges zu einem in Wahrscheinlichkeit äquivalenten Netzplanmodell:

$$P_t(i, j) \leqq \sigma[P_t(i, j)]\, \sqrt{2}\Phi^{-1}(1 - 2\xi). \tag{4.7.15}$$

Zur Lösung praktischer Probleme genügt es, $\xi = 0{,}001$ zu setzen. Dann geht die Formel (4.7.15) über in

$$P_t(i, j) \leqq 3\sigma[P_t(i, j)]. \tag{4.7.16}$$

Der Algorithmus zur Bildung eines äquivalenten Netzplanes läuft somit auf die folgenden Grundoperationen hinaus:

1. Bestimmung der Vorgänge, die dem kritischen Wege angehören für den Fall $t_{ij} = \bar{t}_{ij}$.

2. Die Berechnung der Varianz $\mathbf{D}t(L_{kr}) = \sum_{(i,j) \in L_{kr}} \sigma^2(i, j)$.

3. Bestimmung der Vorgänge, die dem maximalen Weg durch den Vorgang (i, j) angehören unter den Bedingungen von 1.

4. Berechnung der Varianz $\mathbf{D}t(L_{ij}^{max}) = \sum_{(i,j) \in L_{ij}^{max}} \sigma^2(i, j)$.

5. Bestimmung der Varianz für die Gesamtpufferzeit $\mathbf{D}P_t(i, j)$ nach der Formel (4.7.13).

6. Ist $P_t(i, j) \leqq 3\sqrt{\mathbf{D}P_t(i, j)}$, so wird der Vorgang (i, j) der Menge R, d.h. dem äquivalenten Netzplanmodell, zugewiesen.

7. Ist hingegen $P_t(i, j) > 3\sqrt{\mathbf{D}P_t(i, j)}$, so wird der Vorgang (i, j) der Menge R, d.h. dem äquivalenten Netzplanmodell, nicht zugewiesen.

Der beschriebene Algorithmus reduziert somit praktisch den Rechenvorgang auf äquivalente Netzplanmodelle, die wahrscheinlichkeitstheoretisch gesehen die gleichen Eigenschaften aufweisen, jedoch einen viel geringeren Umfang haben. Solche Netzplanmodelle ermöglichen eine wesentlich wirksamere Anwendung der Monte-Carlo-Methode bei der späteren Modellierung dieser Netzplanmodelle.

Die Bildung des äquivalenten Netzplangraphen läßt sich auch durch statistische Modellierung bewerkstelligen. Der Gedanke der Anwendung dieses Verfahrens besteht in der Ausführung verhältnismäßig weniger „Ziehungen" zum Heraussuchen von Vorgängen, bei denen die Pufferzeiten oder Dringlichkeitskoeffizienten eine gewisse a priori festgelegte Grenze übersteigen. Die theoretischen Grundlagen für eine derartige Auswahl und damit auch für die Bildung des äquivalenten Netzplanmodells sowie die Berechnung der Anzahl der erforderlichen „Ziehungen" hatten wir bereits in 4.3. behandelt.

4.8. Einige Algorithmen der statistischen Modellierung, die der Anwendung auf elektronischen Digitalrechnern besonders angepaßt sind

Wir wollen nun einige Algorithmen zur Realisierung der Monte-Carlo-Methode auf verschiedenen EDV-Anlagen beschreiben, wobei mit Hilfe dieser Algorithmen die Verteilung der frühesten Termine für den Eintritt der Ereignisse und die Dringlichkeitskoeffizienten der Vorgänge eines Netzplanes ermittelt werden sollen. Maislin und Nikolajew [85] haben vorgeschlagen, den Algorithmus in zwei Teile zu zerlegen. Der aufwendigste Teil, der die Netzplanstruktur analysiert und die mit der Struktur verknüpften Informationen einholt, wird nur einmal durchgeführt. Im weitern wird der Algorithmus, der jeweils die Länge des kritischen Weges ermittelt, mehrfach durchgespielt. Die Struktur der zugehörigen Formeln wird bestimmt durch eine kompakte Schreibweise der Information über den Zusammenhang der Vorgänge untereinander, wobei diese Informationen im ersten Teil des Algorithmus gewonnen wurden. Die Anwendung dieses Algorithmus setzt somit nicht voraus, daß der Netzplan nach aufsteigenden Ereignisnummern geordnet ist. Die Information über das Netzplanmodell wird in der folgenden Form vermittelt:

1. die Codes sämtlicher Vorgänge des Netzplanmodells;

2. die Parameter a und b (optimistische und pessimistische Schätzwerte) oder a, m und b (optimistische, wahrscheinlichste und pessimistische Schätzwerte) für alle Vorgänge des Netzplanmodells;

3. für jeden Vorgang (deren Anzahl n ist) werden die Anzahl und die Codes der Vorgänge angegeben, die diesem Vorgang unmittelbar vorangehen (d.h. der Vorgänge, die in dem Anfangsereignis des betreffenden Vorganges münden).

Der erste Teil des Algorithmus ordnet die Codes der Vorgänge sowie die von den verantwortlichen Bearbeitern vorgegebenen Schätzwerte für die Dauern dieser Vorgänge in die topologisch richtige Reihenfolge, bei der ein vorausgehender Vorgang stets eine kleinere Nummer hat.

Im zweiten Teil des Algorithmus erfolgt die Modellierung der Realisierungsdauer der Vorgänge, die Berechnung des kritischen Weges und die Konstruktion der empirischen Verteilungsfunktion für die Gesamtrealisierungsdauer des Projekts in Form eines Histogramms.

Der Algorithmus sieht vor, daß zunächst eine untere Grenze ($L_{\min}$) und eine obere Grenze ($L_{\max}$) des Histogramms festgelegt werden, wozu der Netzplan N_1-mal durchgespielt wird. Hierbei ist $N_1 \ll N$ die Anzahl der Realisierungen des Netzplanes zur Gewinnung des Histogramms, $h = \dfrac{L_{\max} - L_{\min}}{m}$ die Schrittweite des Histogramms. m die a priori vorgegebene Anzahl der Histogrammschritte, R_0 bzw. R_{m+1} der Zähler für die Realisierungsschritte, bei denen L kleiner als $L_{\min}$ bzw. größer als $L_{\max}$ ausfällt, R_j $(j = 1, 2, \ldots, m)$ die Anzahl der Realisierungen, in denen L den Bedingungen

$$L_{\min} + jh \leqq L < L_{\min} + (j+1)\,h$$

genügt. Anhand des Histogramms $R_0, R_1, \ldots, R_m, R_{m+1}$ läßt sich die empirische Verteilungsfunktion für die Gesamtrealisierungsdauer des Projekts oder die Verteilungsfunktion für den frühesten Termin des Zielereignisses konstruieren. Als Standardverteilung für die Realisierungsdauer der Vorgänge kann man nach Belieben entweder die Betaverteilung (2.4.7) wählen, die auf der Schätzung der beiden Werte a und b beruht, oder eine Dreiecksverteilung oder schließlich die im PERT-Verfahren gebräuchliche klassische Betaverteilung, die durch die drei Schätzwerte a, m und b vorgegeben wird. Im ersten Falle wird in den Speicher der EDV-Anlage eine Tabelle von Zahlen $\eta_1, \eta_2, \ldots, \eta_p$ mit der Eigenschaft eingegeben, daß $F(\eta_i) = \frac{i}{p}$ $(i = 1, \ldots, p)$ gilt. Hierbei ist $F(x)$ die Verteilungsfunktion für die Zufallsvariable $\eta_{0,1}$ nach der Formel (2.4.7), d.h.

$$F(x) = 12 \int_0^x t\,(t-1)^2\,dt = 3x^4 - 8x^3 + 6x^2 . \tag{4.8.1}$$

Ist ξ eine über dem Intervall $[0, 1]$ gleichverteilte Zufallsvariable und $q = [p\xi] + 1$, so approximiert η_q die Zufallsvariable $\eta_{0,1}$. Die gleichverteilte Zufallsvariable ξ wird entweder durch einen Zufallszahlengeber oder aber durch ein Pseudozufallszahlenprogramm erzeugt. Sodann werden die gesuchten Realisierungen für die Dauer der Vorgänge ξ_μ $(\mu = 1, \ldots, n)$ nach den Formeln $\xi_\mu = a_\mu + (b_\mu - a_\mu)\,\eta_{0,1}$ $(\mu = 1, \ldots, n)$ realisiert. Das System der η_i ist in der Tabelle 12 wiedergegeben.

Tabelle 12

i	η_i	i	η_i	i	η_i	i	η_i
1	0,053	9	0,252	17	0,395	25	0,555
2	0,094	10	0,271	18	0,413	26	0,580
3	0,124	11	0,289	19	0,431	27	0,606
4	0,150	12	0,306	20	0,450	28	0,636
5	0,173	13	0,324	21	0,470	29	0,669
6	0,194	14	0,341	22	0,490	30	0,708
7	0,214	15	0,359	23	0,510	31	0,757
8	0,234	16	0,377	24	0,532	32	0,835

Für den Fall der klassischen PERT-Methodik hat Maislin [84] die nachstehend beschriebene Modellierungsprozedur vorgeschlagen, deren Grundgedanken wir bereits in 4.1. beschrieben hatten.

Zunächst wird die Voraussetzung des PERT-Verfahrens, derzufolge die Varianz der als Zufallsvariablen aufgefaßten Realisierungsdauer ξ eines Vorganges nach der Formel

$$\mathbf{D} = \frac{(b-a)^2}{36}$$

berechnet wird, beibehalten. Die Dauer ξ wird durch die drei Schätzwerte a, m und b vorgegeben. Die Größen $\eta_1, \ldots, \eta_k$ mögen über dem Intervall $[0, 1]$ mit der gleichen Varianz $\frac{1}{36}$ betaverteilt sein. Der Modalwert der η_i $(i = 1, \ldots, k)$ sei $\frac{i}{k+1}$. Wir bilden $m^1 = \frac{m-a}{b-a}$ und betrachten anstelle von ξ die Variable $\hat{\xi} = \eta_{i_0}$, wenn die folgende Gleichung erfüllt ist:

$$\left|\frac{i_0}{k+1} - m^1\right| = \min_{1 \leqq i \leqq k} \left|\frac{i}{k+1} - m^1\right|. \tag{4.8.2}$$

Dieses Verfahren wurde [85] für $k = 4$ realisiert. Im Speicher der EDV-Anlage werden die Tabellen T_1 und T_2 der Zufallszahlen gespeichert, durch die die Verteilung von η_1 und η_2 approximiert wird. Die Zufallsvariable $\hat{\xi}$, die man anstelle von ξ betrachtet, erhält man nach der Formel

$$\hat{\xi} = \begin{cases} a + (b-a)\,\eta_1 & \text{für} \quad m^1 < 0{,}3, \\ a + (b-a)\,\eta_2 & \text{für} \quad 0{,}3 \leqq m^1 < 0{,}5, \\ b - (b-a)\,\eta_2 & \text{für} \quad 0{,}5 \leqq m^1 < 0{,}7, \\ b - (b-a)\,\eta_1 & \text{für} \quad 0{,}7 \leqq m^1. \end{cases} \tag{4.8.3}$$

Tabelle 13

i	η_i	i	η_i	i	η_i	i	η_i	i	η_i	i	η_i
1	0,016	2	0,039	3	0,052	4	0,064	5	0,074	6	0,083
7	0,092	8	0,100	9	0,108	10	0,116	11	0,123	12	0,131
13	0,138	14	0,145	15	0,152	16	0,159	17	0,165	18	0,172
19	0,179	20	0,186	21	0,192	22	0,199	23	0,206	24	0,212
25	0,219	26	0,226	27	0,232	28	0,239	29	0,246	30	0,253
31	0,260	32	0,267	33	0,274	34	0,281	35	0,288	36	0,296
37	0,303	38	0,311	39	0,318	40	0,326	41	0,334	42	0,342
43	0,351	44	0,360	45	0,369	46	0,378	47	0,387	48	0,397
49	0,407	50	0,417	51	0,428	52	0,440	53	0,452	54	0,465
55	0,479	56	0,493	57	0,509	58	0,526	59	0,546	60	0,568
		61	0,594	62	0,631	63	0,671	64	0,750		

Die Tabelle T_1 ist hier in der Tabelle 13 wiedergegeben und enthält 64 Zahlen, die auf folgende Weise gewonnen werden. Die Parameter α und β der zugehörigen Betaverteilung genügen den Gleichungen $125\alpha^3 + 31\alpha^2 - 100\alpha - 24 = 0$ und $\beta = 4\alpha$, deren Näherungslösung auf vier Stellen nach dem Komma genau sich zu $\alpha = 0{,}8913$ und $\beta = 3{,}5652$ ergeben. Wegen $\frac{1}{\mathrm{B}\,(1{,}8913;\, 4{,}5652)} = 21{,}801$ (vgl. Formel (2.1.2) mit $p = \alpha + 1$ und $q = \beta + 1$) erhalten wir für die Dichtefunktion im Intervall $[0, 1]$ den Ausdruck $p(x) = 21{,}801x^{0{,}8913}\,(1-x)^{3{,}5652}$. Sodann werden durch eine näherungsweise Integration die Wurzeln y_k der Gleichung

$$\int_0^{y_k} p(x)\,\mathrm{d}x = \frac{k}{64}$$

für $k = 0, 1, \ldots, 64$ ermittelt. Das System der Werte $x_k = \frac{y_k + y_{k+1}}{2}$ $(k = 0, 1, \ldots, 63)$ bildet die Tabelle T_1. Die Parameter α und β für das System T_2 sind in der Tabelle 14 wiedergegeben. Sie genügen den Gleichungen $125\alpha^3 - 82\alpha^2 - 400\alpha - 192 = 0$ und $\beta = \frac{3}{2}\alpha$. Die zugehörigen Näherungswerte (auf vier Stellen nach dem Komma genau) lauten $\alpha = 2{,}3205$ und $\beta = 3{,}4807$. Die Dichtefunktion hat die Form

$$p(x) = 109{,}05\, x^{2{,}3205} (1 - x)^{3{,}4807} \quad (109{,}05 = [\mathrm{B}\,(3{,}3205;\, 4{,}4807)]^{-1}).$$

Die 64 Zahlen $\{x_k^1\}$ des Systems T_2 erhalten wir in der gleichen Weise wie vorhin die Zahlen für die Tabelle T_1.

Tabelle 14

i	η_i	i	η_i	i	η_i	i	η_i	i	η_i	i	η_i
1	0,060	2	0,124	3	0,149	4	0,168	5	0,183	6	0,198
7	0,210	8	0,222	9	0,233	10	0,243	11	0,253	12	0,262
13	0,272	14	0,280	15	0,289	16	0,297	17	0,305	18	0,313
19	0,321	20	0,328	21	0,336	22	0,343	23	0,350	24	0,358
25	0,365	26	0,372	27	0,380	28	0,387	29	0,394	30	0,401
31	0,408	32	0,415	33	0,422	34	0,430	35	0,437	36	0,444
37	0,451	38	0,459	39	0,466	40	0,474	41	0,481	42	0,489
43	0,497	44	0,505	45	0,513	46	0,521	47	0,530	48	0,539
49	0,548	50	0,557	51	0,567	52	0,577	53	0,587	54	0,598
55	0,610	56	0,622	57	0,635	58	0,650	59	0,666	60	0,684
		61	0,705	62	0,730	63	0,765	64	0,815		

Bei dem zugehörigen Rechenprogramm [84], das diesen Algorithmus auf der EDV-Anlage M-20 realisiert, ergibt sich die erforderliche Rechenzeit näherungsweise zu

$$t \approx 25\omega^{-1} Nnk \text{ Sekunden.} \tag{4.8.4}$$

Hierbei ist ω die Anzahl der Rechenoperationen in der Sekunde, n die Anzahl der Vorgänge, N die Anzahl der Realisierungen des Netzplanes, k die mittlere Anzahl der Vorgänge, die jeweils einem anderen Vorgang vorausgehen ($k \approx 1{,}5$). Das Programm realisiert die statistische Modellierung von kleineren und mittleren Netzplanprojekten (nicht über 1000 Vorgänge) und gestattet, die Dichtefunktion der Verteilung für den frühesten Termin des Zielereignisses zu ermitteln (d.h. die Dichtefunktion für die Verteilung der Gesamtrealisierungsdauer des Netzplanprojekts). Desgleichen liefert es uns für jeden Vorgang die Wahrscheinlichkeit dafür, daß diese Vorgänge kritisch werden können.

Wir wollen nun einen Algorithmus beschreiben, der für Netzpläne mittleren Umfanges die p-Quantil-Abschätzungen des frühesten Termins für höchstens k beliebig herausgegriffene Ereignisse liefert [95]. Es sei darauf hingewiesen, daß für diesen Algorithmus ein monoton numerierter Netzplan Voraussetzung ist. Er arbeitet parallel für alle k Ereignisse (bei dem realisierten Programm ist $k \leqq 40$) und läuft folgendermaßen ab: Der erste Teil des Algorithmus besteht darin, daß für ein ausgewähltes Ereignis k in dem betreffenden Netzplan zehn Quantile

$$W_1(k), \ldots, W_{10}(k) \tag{4.8.5}$$

nach folgendem Schema berechnet werden:

1. Für jeden Vorgang (i, j) des betreffenden Netzplanes werden zwei Schätzwerte $t_{ij}^{\min}$ und $t_{ij}^{\max}$, d.h. a_{ij} und b_{ij} vorgegeben.

2. Durch Modellierung der Dauer eines jeden Vorganges (i, j) (nach dem Algorithmus in Abschnitt 4.1.) wird die mittlere Dauer $\bar{t}_{ij}$ ermittelt.

3. Anhand der $\bar{t}_{ij}$ wird mit Hilfe des Algorithmus zur Bestimmung der frühesten Termine der Wert $T(k)$, d.h. der früheste Termin für den Eintritt des Ereignisses k ermittelt.

4. Der Wert $T(k)$ wird gespeichert.

5. Die Stufen 2 bis 4 bilden die sog. „Ziehung".

Wir nehmen nun den ersten Zyklus derartiger „Ziehungen" vor. Er besteht aus insgesamt 100 „Ziehungen". Wir erhalten auf diese Weise 100 Werte $T^{(1)}(k)$. Diese fassen wir zur Menge A_1 zusammen und ordnen sie in steigender Reihenfolge an:

$$T_1^{(1)}(k) \leqq T_2^{(1)}(k) \leqq \cdots \leqq T_{100}^{(1)}(k).$$

6. Aus diesen 100 Zahlen wählen wir jede zehnte aus und erhalten Zahlen, die wir mit

$$W_1^{(1)}(k),\ W_2^{(1)}(k),\ \ldots,\ W_{10}^{(1)}(k)$$

bezeichnen. Der obere Index (1) bei T besagt, daß diese Zahlen nach dem ersten Zyklus gewonnen wurden.

7. Wir führen den nächsten Zyklus durch. Jeder Zyklus vom 2. an besteht aus 30 „Ziehungen". Nach Durchführung des m-ten Zyklus erhalten wir wiederum 30 Werte $T^{(m)}(k)$.

8. Wir nehmen diese Zahlen zu den beim $(m - 1)$-ten Zyklus ermittelten, d.h. zur Menge A_{m-1} hinzu und erhalten eine neue Menge A_m. Innerhalb dieser Menge ordnen wir die Zahlen in aufsteigender Reihenfolge an:

$$T_1^{(m)}(k) \leqq \cdots \leqq T_t^{(m)}(k);$$

hierbei ist $t = 100 + 30\,(m - 1)$.

9. Aus diesen $100 + 30(m - 1)$ Zahlen wählen wir 10 mit den Indizes $1\,(10 + 3\,(m - 1)),\ 2(10 + 3(m - 1)), \ldots, 10(10 + 3(m - 1))$ aus.

Wir erhalten dann Zahlen, die wir durch die folgenden Symbole bezeichnen:

$$W_1^{(m)}(k),\ \ldots,\ W_{10}^{(m)}(k).$$

10. Gegeben sei eine gewisse Zahl $\delta > 0$.

a) Gilt

$$\left| \frac{W_j^{(m)}(k) - W_j^{(m-1)}(k)}{W_j^{(m-1)}(k)} \right| < \delta \tag{4.8.6}$$

für alle j $(j = 1, 2, \ldots, 10)$, so sind die Zahlen $W_j^{(m)}(k)$ die gesuchten Zahlen (4.8.5).

b) Ist für wenigstens einen Wert j die Ungleichung (4.8.6) nicht erfüllt, so nehmen wir den nächsten Zyklus in Angriff, d.h. wir wählen $m' = m + 1$ und gehen zum Schritt 7 über.

Nach Ermittlung der gesuchten zehn Quantile wenden wir uns dem zweiten Teil des Algorithmus zu, und zwar der Lösung der Aufgabe 1 und 2.

Aufgabe 1. Für ein gewisses Ereignis k sei eine Zahl d gegeben. Gesucht ist die Wahrscheinlichkeit p (in Prozenten) dafür, daß der Termin $T(k)$ die Zahl (den Termin) d nicht überschreitet.

Aufgabe 2. Für irgendein Ereignis k sei die Zahl p% gegeben. Es ist ein Termin $W_p(k)$ zu ermitteln, für den wir mit der Wahrscheinlichkeit von p % erwarten können, daß der tatsächliche Termin für den Eintritt des Ereignisses k nicht später liegt als zum Zeitpunkt $W_p(k)$.

Lösung der Aufgabe 1.

1. Wir bestimmen einen Wert j_0 des j derart, daß

$$W_{j_0+1}(k) \geqq d > W_{j_0}(k)$$

gilt.

2. Wir setzen

$$p = \left(\frac{d - W_{j_0}(k)}{W_{j_0+1}(k) - W_{j_0}(k)} + j_0\right) 10\,\%. \tag{4.8.7}$$

Lösung der Aufgabe 2.

1. Wir bestimmen einen Wert j_0 des Index j so, daß

$$10 j_0\,\% \leqq p < 10\,(j_0 + 1)\,\%$$

gilt.

2. Wir setzen

$$W_p(k) = W_{j_0}(k) + \frac{[W_{j_0+1}(k) - W_{j_0}(k)]\,(p - 10\,j_0\,\%)}{10}. \tag{4.8.8}$$

Mit Hilfe des oben beschriebenen Algorithmus werden die p-Quantile nicht nur für ein Ereignis, sondern auch für alle übrigen Ereignisse ermittelt.

Es seien $B = (k_1, \ldots, k_n)$ die Codes der Ereignisse und k der Code des Zielereignisses. Um für jedes genannte Ereignis die zehn Quantile (4.8.5) zu ermitteln, bestimmen wir mit Hilfe der oben beschriebenen Zyklen 100, 130, 160 usw. Werte $W(k_i)$. Diese Zyklen werden so lange durchlaufen, bis für einen vorgegebenen Wert und für alle j und k_i die Ungleichung (4.8.6) erfüllt ist.

Es sei erwähnt, daß als Standardverteilung für die Realisierungsdauer der Vorgänge in der Arbeit [95] die Betaverteilung (2.4.7) mit zwei Schätzwerten gewählt wurde. Um den Umfang der Arbeit bei mehrfacher Durchrechnung des Netzplanes zu verringern, läßt sich die folgende Methode [49] anwenden:

a) Es werden die Vorgänge eliminiert, die bei einigen wenigen Versuchsziehungen nicht ein einziges Mal auf einem kritischen Weg erschienen sind;

b) Vorgänge, die nur selten auf einem kritischen Weg erscheinen (dieses Verhalten wird anhand einer kleinen Stichprobe überprüft), werden nicht vollständig eliminiert, sondern werden nur im k-ten Teil aller Ziehungen berücksichtigt (wozu deren Parameter, die ihre kritische Lage kennzeichnen, auf den k-fachen Wert erhöht werden);

c) es möge nicht erforderlich sein, für die Realisierungsdauer des Projekts eine exakte Verteilung zu ermitteln, sondern es möge genügen, den Erwartungswert und die Varianz zu kennen. Dann werden die Realisierungsdauern der Vorgänge, die immer auf dem kritischen Weg erscheinen, durch deren Erwartungswerte ersetzt, jedoch werden nach der Modellierung die Varianzen dieser Vorgänge zur Varianz des Gesamtergebnisses addiert.

Wir wollen nun noch einige Angaben über die Durchrechnung eines experimentellen Programms [49] für den elektronischen Digitalrechner IBM 7090 machen. Das Programm verarbeitet Netzpläne, die bis zu 1000 Ereignissen umfassen, wobei die Realisierungsdauern der Vorgänge der Gleichverteilung, der Dreiecksverteilung oder der Betaverteilung genügen können. Für einen Netzplan mit 200 Vorgängen beträgt die benötigte Maschinenzeit bei 10000 Realisierungen 20 Minuten für die Dreiecksverteilung und 5 Minuten für die Gleichverteilung. Die benötigte Maschinenzeit ist eine lineare Funktion der Anzahl der erzeugten Zufallszahlen. Bei fester Anzahl der Realisierungen ist sie eine lineare Funktion der Anzahl der Vorgänge im Netzplan. Mit anderen Worten, der Hauptanteil der Zeit entfällt auf die Gewinnung der Zufallszahlen und ist sowohl dem Umfang des Netzplanes als auch der Anzahl der Realisierungen direkt proportional.

4.9. Anwendung der statistischen Modellierung in realen NPT-Systemen

Wie wir gesehen hatten, wird die statistische Modellierung der Netzplangraphen hauptsächlich verwendet, um die p-Quantil-Abschätzungen für die frühesten Ereignistermine (darunter auch des Zielereignisses) bei vorgegebener Sicherheitswahrscheinlichkeit zu berechnen bzw. um die inverse Aufgabe zu lösen, d.h. bei vorgegebenem Plantermin die zugehörige Sicherheitswahrscheinlichkeit zu berechnen. Die Angabe der Sicherheitswahrscheinlichkeit p bei der Berechnung des p-Quantils erfolgt in Abhängigkeit von der Kompliziertheit und vom Vorliegen bisheriger Erfahrungswerte für das zu schaffende Projekt. In der Sowjetunion setzt man gewöhnlich $0{,}7 \leqq p \leqq 0{,}8$ an. In verschiedenen anderen Staaten sind die Grenzen $0{,}45 \leqq p \leqq 0{,}55$ durchaus gebräuchlich. Die Zulassung so starker Schwankungen wurde in der Arbeit [88] einer scharfen Kritik unterzogen, da eine zu niedrige Festsetzung des Wertes p insbesondere bei der Schaffung eines komplizierten und neuartigen Projektes zu erheblichen Fehlern führen kann, weil die Streubereiche für die geschätzten Realisierungsdauern der Vorgänge bei solchen Projekten gewöhnlich sehr groß sind.

Beachtet man die Tatsache, daß die statistische Modellierung der Netzplangraphen mittleren und großen Umfanges auf einem Elektronenrechner wesentlich mehr Maschinenzeit beansprucht als etwa eine analytische Berechnung nach mittleren Schätzwerten, so ergibt sich die Frage, unter welchen Bedingungen die Anwendung der statistischen Modellierung in einem realen NPT-System gerechtfertigt ist.

Naidow-Shelesow empfiehlt [88] zur Beantwortung dieser Frage ein Kriterium, das er als den Unbestimmtheitskoeffizienten des Projekts bezeichnet:

$$k = \frac{W_{p=1}(c) - t_{\mathrm{kr}}}{t_{\mathrm{kr}}}; \tag{4.9.1}$$

hierbei ist k der Unbestimmtheitskoeffizient, $W_{p=1}(c)$ das p-Quantil für den frühesten Termin des Zielereignisses c bei der Sicherheitswahrscheinlichkeit $p = 1$, t_{kr} die Länge des kritischen Weges, wie sie sich bei der Berechnung nach den mittleren Schätzwerten für die Realisierungsdauer der Vorgänge ergibt. Wie aus der Definitionsformel des Unbestimmtheitskoeffizienten k hervorgeht, läßt er sich nur verwenden, wenn die Gesamtrealisierungsdauer des Projektes abgeschätzt werden soll, d.h. er bezieht sich nur auf das Zielereignis des Netzplanes.

Den gewonnenen Wert für diesen Unbestimmtheitskoeffizienten muß man dann mit einem Wert vergleichen, den man als den zulässigen Planungsfehler δ_{pl} [88] bezeichnet; dieser wird gewöhnlich mit 0,04 bis 0,01 festgelegt.

Der Koeffizient δ_{pl} kann natürlich beliebig klein gewählt werden je nach der erforderlichen Genauigkeit.

Im Falle $k \leqq \delta_{\text{pl}}$ ist die Anwendung eines Rechenverfahrens, bei dem der Termin des Zielereignisses nach mittleren Schätzwerten errechnet wird, durchaus gerechtfertigt. In diesem Falle ist die Anwendung der statistischen Modellierung unzweckmäßig, da bei einem erheblich höheren Aufwand an Maschinenzeit die Rechengenauigkeit nur unwesentlich verbessert wird.

Ist hingegen $k > \delta_{\text{pl}}$, so sollte zur Bestimmung der frühesten Ereignistermine die statistische Modellierung angesetzt werden.

Eine Abschätzung des Unbestimmtheitskoeffizienten k nach oben erhält man nach der Formel

$$k' = \frac{t_p(c)_{\max} - t_{\text{kr}}}{t_{\text{kr}}}, \tag{4.9.2}$$

in der $t_p(c)_{\max}$ die unter der Voraussetzung berechnete Länge des kritischen Weges ist, daß für alle Vorgänge die maximalen (pessimistischen) Schätzwerte für die Realisierungsdauern angesetzt wurden.

Ist die Anzahl der „Ziehungen“ N endlich, so ist k' größer als k. Bei unbegrenztem Wachsen von N nähert sich k von unten her dem Wert k' und konvergiert gegen diesen in Wahrscheinlichkeit. Ist daher $k' \leqq \delta_{\text{pl}}$, so ist die Anwendung der statistischen Modellierung auf keinen Fall gerechtfertigt.

Der Wert des Unbestimmtheitskoeffizienten k hängt von der topologischen Struktur des Netzplanes und der Spannweite des Variabilitätsbereichs der Realisierungsdauer der Vorgänge ab und bestimmt somit die Kompliziertheit und den Erfahrungsgrad des zu schaffenden neuen Objekts in numerischer Form. Je komplizierter das Projekt ist und je weniger Erfahrungen ihm zugrunde gelegt werden können, umso mehr wird es erforderlich, die statistische Modellierung anzusetzen, mit deren Hilfe es möglich ist, die Schätzwerte für die Parameter des Netzplanmodells mit beliebiger Genauigkeit zu ermitteln.

Als Beispiel wollen wir nun Untersuchungen über die Wirksamkeit der Anwendung der statistischen Modellierung für ein konkretes Netzplanmodell eines sowjetischen NPT-Systems anführen.

Die Gegenüberstellung der Methoden der deterministischen Berechnung nach Mittelwerten und der statistischen Modellierung wurde an einem realen Netzplanprojekt des Elektronik- und Fernmeldebetriebes VEF in Riga durchgeführt, und zwar an einem Netzplanprojekt für die Entwicklung eines neuen Fernsprechermodells TA-66-E. Die Entwicklungsarbeiten waren für einen längeren Zeitraum geplant (Ende 1966) [74, 75].

Zur Gewinnung eines experimentellen Ergebnisses sowie zur Abschätzung und der nachfolgenden Einführung der Verfahren der statistischen Modellierung wurde beschlossen, die Berechnung der Netzplanmodelle für das Projekt TA-66-E gleichzeitig nach zwei Verfahren, einem deterministischen Mittelwertschema nach dem

Zwei-Schätzwert-Verfahren und nach der Methode der statistischen Modellierung, ebenfalls unter Verwendung des Zwei-Schätzwert-Verfahrens durchzuführen. In beiden Fällen wurde für die Realisierungsdauer der Vorgänge mit Zufallsschätzwerten die Betaverteilung mit der Dichtefunktion

$$p(x) = \frac{12}{(b-a)^4}(x-a)(b-x)^2 \tag{4.9.3}$$

als gültig vorausgesetzt.

Die Berechnung der Parameter des Netzplangraphen nach dem deterministischen Verfahren erfolgte auf der EDVA BESM-2, während die Monte-Carlo-Methode auf

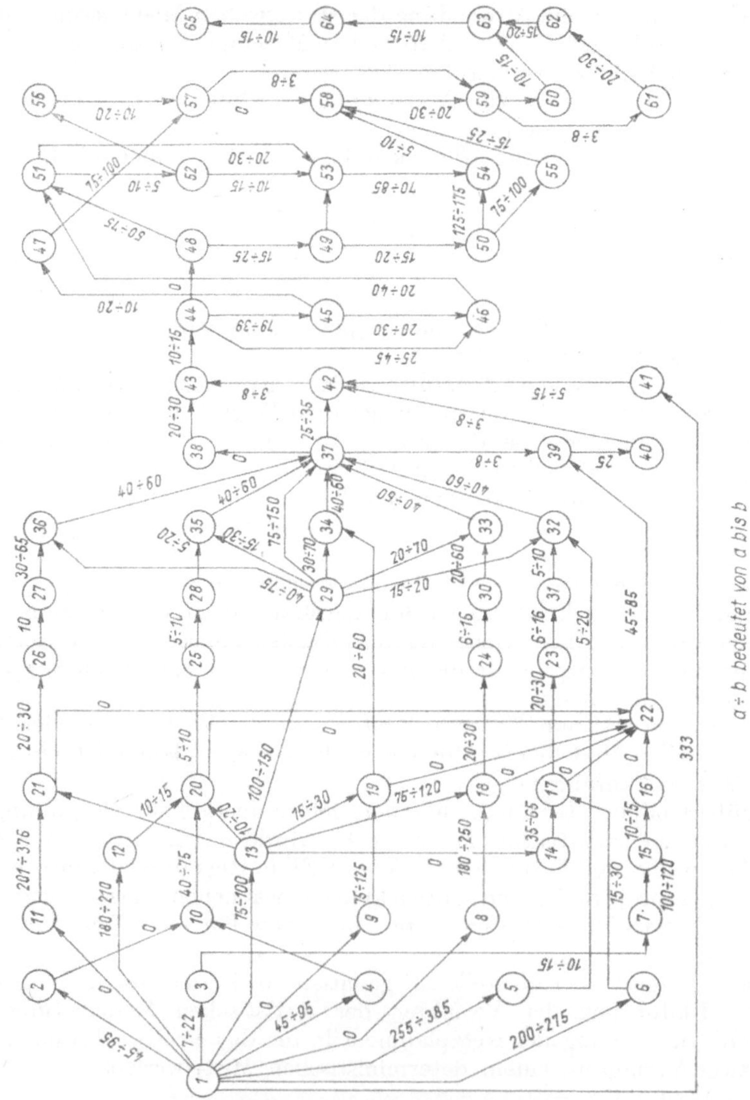

Bild 10

der EDVA M-20 mit Hilfe der in 4.8. beschriebenen Programme realisiert wurde [75, 85].

Das Netzplanprojekt TA-66-E umfaßte die Entwicklung der technischen Projektierung, die Erarbeitung der Dokumentation für den Fernsprechapparat sowie die Fertigung einer Versuchsserie.

Den zugehörigen Netzplangraphen zum Projekt TA-66-E zeigt Bild 10. Es sei erwähnt, daß verschiedene Vorgänge des Netzplangraphen eine mittlere Realisierungsdauer von etwa einem Jahr aufwiesen und daß der Streubereich dieser Vorgänge verhältnismäßig groß war, z.B. beim Vorgang (1,5) (Entwicklung des technischen Projekts für den Sprechteil), beim Vorgang (1,41) (Entwicklung der Mikrotelefone) und bei einigen anderen Vorgängen.

Nach der Aufstellung des Netzplangraphen wurde mit Hilfe des deterministischen Mittelwertschemas der kritische Weg ermittelt. Dieser umfaßte hauptsächlich Vorgänge, die mit der Konstruktion der Wählanlage und der Konstruktionsnachbearbeitung sowie mit der Herstellung einer bestimmten Modifikation des Telefonapparates zusammenhängen. Seine Länge betrug 720 Tage.

Parallel hierzu wurde die Verteilungsfunktion (und zugleich auch die Dichtefunktion) für den Termin des Zielereignisses nach der Methode der statistischen Modellierung konstruiert. Die Resultate der Modellierung (Projekt TA-66-E, erste Durchrechnung) sind in Bild 11 dargestellt, wobei die Kurve 1 die Dichtefunktion für die

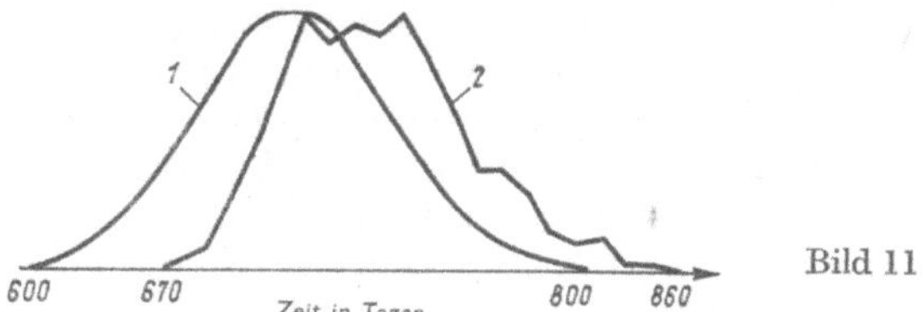

Bild 11

Gesamtrealisierungsdauer des Projekts nach dem deterministischen Schema und die Kurve 2 das Verteilungspolygon für die Realisierungsdauer des Projekts nach der Monte-Carlo-Methode darstellt.

Die Dichtefunktion für die Realisierungsdauer des Projekts nach dem deterministischen Schema wurde nach der Methodik des PERT-Verfahrens mit Hilfe eines deterministischen Mittelwertschemas gewonnen. Die Anzahl der „Ziehungen“ des Netzplanprojekts betrug bei der Modellierung 1000, wodurch der Einfluß irgendwelcher Schätzfehler, die auf der Monte-Carlo-Methode selbst beruhen könnten, ausgeschaltet wurden. Die für die Modellierung des Netzplanes benötigte Zeit auf der EDVA M-20 lag knapp unterhalb von sechs Minuten. Eine derart geringe Rechenzeit dürfte wohl für jede planende Organisation annehmbar sein.

Ein Vergleich der Kurven im Bild 11 demonstriert überzeugend, daß für das betrachtete Netzplanprojekt das Mittelwertverfahren eine hohe Fehlerquote liefert und das Ergebnis sehr stark von dem nach der Monte-Carlo-Methode gewonnenen abweicht. Insbesondere ist die Länge des kritischen Weges (720) um 75 Tage kürzer als die des nach der Monte-Carlo-Methode gewonnenen Mittelwertes. Die zugehörigen p-Quantil-Abschätzungen (für $p = 0{,}7$, $0{,}8$ u.a.) unterscheiden sich um mehr als 100 Tage. Der Unbestimmtheitskoeffizient k, der nach der Formel (4.9.1) berechnet wurde, hat den Wert 0,2, was den höchstzulässigen Wert von δ_{pl} überschreitet.

Die Resultate der Modellierung bestätigen somit die Anomalie und die Multimodalität der Dichtefunktion und ermöglichen es, die Zuverlässigkeitsschätzwerte für die Parameter des Netzplanes erheblich zu präzisieren (insbesondere für die Termine der Ereignisse im Perspektivplanzeitraum).

Die weitere Anwendung der statistischen Modellierung für den Netzplangraphen des Projekts TA-66-E ermöglichte eine wesentliche Präzisierung der Prognosetermine für die Realisierung des Gesamtprojekts sowie für einige besonders wichtige Ereignisse des Netzplangraphen.

Neben der oben beschriebenen Berechnung (August 1964) wurde eine Gegenüberstellung der statistischen und der deterministischen Methode für zwei weitere Netzplangraphen des Projekts TA-66-E durchgeführt (Dezember 1964 und Januar 1965), die auf Grund der nach Inangriffnahme des Projekts gewonnenen Erfahrungen aufgestellt wurden. Die Vergleichsergebnisse führten zu den gleichen Schlußfolgerungen wie im ersten Falle und lieferten für verschiedene Ereignisse korrigierte Terminangaben.

In den letzten Jahren beginnt im Zusammenhang mit der immer komplizierteren Natur der neu zu schaffenden Objekte sowie mit den erhöhten Anforderungen an die Effektivität das Problem der organisatorischen Leitung besondere Bedeutung zu gewinnen, wobei sich als besonderer Wesenszug die Einflußnahme des Menschen auf das zu steuernde System herauskristallisiert. Ein System, das einen normalen Organisationsablauf durch Koordinierung der Arbeit der einzelnen Organisationsteile so gewährleisten soll, daß die Arbeit der Organisation als eines einheitlichen Ganzen auf die Erreichung der gestellten Ziele ausgerichtet wird, bezeichnet man als System der Organisationssteuerung. Um auf ein solches System statistische Methoden anwenden zu können, muß man die Struktur des Systems sowie die Signalübermittlung in diesem System untersuchen. Dieses System der Organisationssteuerung muß die von der Leitung gestellten Entscheidungen realisieren, in der Lage sein, seine Ausgangswerte zu messen und die Ausgangswerte mit den vorgegebenen Eingangswerten zu vergleichen. Die Ziele eines Systems bei der Ausführung einer bestimmten Arbeit werden festgelegt durch die technisch-ökonomischen Parameter des Planes, die sich in Gestalt des Aufwandes an Arbeit und materiellen Mitteln, in den Kosten und den Kalenderterminen ausdrücken.

Zum Beispiel sei darauf hingewiesen, daß ein vollständiger Plan zur Realisierung irgendeines Projekts nicht nur die Festlegung konkreter Aufgaben durch verschiedene Strukturelemente des Systems, die Kalendertermine und die errechneten Kosten umfaßt, sondern auch Methoden zur Kontrolle und Einschätzung der laufenden Zwischenergebnisse vorsieht, um die steuernde Einwirkung bei einer entsprechenden Veränderung der Situation ebenfalls entsprechend abändern zu können.

Das bekannteste System, das die Betrachtung mancher Probleme der Organisationssteuerung gestattet und eine maschinelle Verarbeitung der Daten verwendet, ist das System der Netzplantechnik. Es ermöglicht jedoch die Lösung nur einer eingeschränkten Klasse von Aufgaben. Eine andere Form eines derartigen Systems ist das System der kontinuierlichen operativen Kalenderplanung, das in der UdSSR unter der Bezeichnung „System Nowotscherkask“ bekannt ist. Im Zusammenhang mit der äußersten Wichtigkeit eines reibungslosen Funktionierens eines komplizierten Systems der Organisationssteuerung wurden in der letzten Zeit Versuche unternommen, dieses Problem durch die Entwicklung und experimentelle Erprobung verschiedener Steuerungssysteme zu lösen.

In den USA z.B. wird in verschiedenen Unternehmen, z.B. bei Boeing und STL [37, 40, 44], das System der Konfigurationsleitung angewandt. Dieser Leitungskomplex umfaßt eine systematische Identifizierung, Steuerung und Überwachung der Systemelemente wie Ausrüstung, Dokumentation, Ersatzteile usw. Das System der Konfigurationsleitung wird auf den folgenden Hauptstufen bei der Schaffung neuer Objekte eingesetzt:

1. in der Phase der Erkennung der Notwendigkeit, einen bestimmten Projektkomplex zu schaffen;
2. in der Phase der Entwicklung und Projektierung;
3. in der Phase der Fertigung;
4. in der Phase der Montage und Erprobung;
5. in der Phase der Nutzung.

Es gewährleistet die Erreichung der folgenden Ziele:

1. vollständige und genaue Beschreibung der Konfiguration (Zusammensetzung und Eigenschaften) der Enderzeugnisse vom Augenblick der Entstehung der ersten Zeichnung an; im Zusammenhang damit werden ausführliche Spezifikationen und Zeichnungen des Enderzeugnisses hergestellt;
2. ständige Identifizierung des tatsächlichen Erzeugnisses mit der gesamten Dokumentation für die Projektierung und Entwicklung dieses Erzeugnisses;
3. Veränderungen der Konfiguration der Enderzeugnisse und Aufnahme dieser Veränderungen in die entsprechenden Dokumente zum Zwecke einer systematischen Aktualisierung und Einschätzung vor der Bestätigung und Realisierung;
4. Aufnahme der entsprechenden Veränderung in alle bedienenden Elemente: in die technische Leitung, in die Ersatzteile usw., sobald bestätigte Veränderungen in der Konfiguration des Enderzeugnisses Aufnahme gefunden haben;
5. einen bestimmten Zustand des Programms und die erforderlichen Korrektureinwirkungen, die sich aus den vorgenommenen Veränderungen ergeben.

Wie bereits erwähnt, wird den Systemen der Konfigurationsleitung eine große Bedeutung beigemessen. Bei der Schaffung komplizierter Systeme oder Erzeugnisse nehmen sie etwa die gleiche Stellung ein wie etwa die Systeme der Klasse PERT. Darüber hinaus müssen diese beiden Systeme als wechselseitige Ergänzung aufgefaßt werden.

In der Tat, wenn bei der Bearbeitung eines neuen komplizierten Erzeugnisses sehr viele Veränderungen auftreten, wird die Anwendung von NPT-Systemen schwierig und nimmt die Form lediglich einer allgemeinen Einschätzung über den Projektverlauf an.

Im Gegensatz dazu wird das System der Konfigurationsleitung unter diesen Bedingungen äußerst wertvoll und kann bei der Unterstützung eines NPT-Systems sehr gute Dienste leisten.

Eine analoge Wechselbeziehung besteht auch mit dem System der kontinuierlichen operativen Kalenderplanung (in den USA bekannt unter der Bezeichnung LOB, d.h. Line of Balance). Dieses System arbeitet dann gut, wenn die Erzeugnisse keinen Veränderungen unterworfen werden. Eine exakte Steuerung zur Berücksichtigung der Veränderung, wie sie durch das System der Konfigurationsleitung gewährleistet wird, schafft daher die Voraussetzungen zur Anwendung des Systems der kontinuierlichen operativen Kalenderplanung.

5. Stochastische Netzplanmodelle (Entscheidungsnetzwerke)

In diesem Kapitel werden Netzplanmodelle behandelt, die gegenüber einem determinierten Modell Unbestimmtheitsfaktoren nicht nur im Hinblick auf die Parameter der einzelnen Vorgänge berücksichtigen, sondern auch den Zufallscharakter ihres Auftretens bzw. Nichtauftretens mit in Betracht ziehen. Zur Beschreibung dieses Sachverhalts werden den bekannten Modellen logische Strukturen aufgeprägt. Auf dieser Grundlage wird es möglich, einen baumähnlichen Graphen zu konstruieren und ihn algebraisch zu beschreiben. Nach dem Vorbild von Archangelski wird gezeigt, daß eine Interpretation eines Modells als verzweigter Wahrscheinlichkeitsprozeß möglich und zur rechentechnischen Realisierung geeignet ist. Zur Durchrechnung der stochastischen Netzplanmodelle auf einer EDVA werden die bekannten Methoden für Markowsche Prozesse herangezogen.

5.1. Die mathematische Beschreibung eines stochastischen Netzplanmodells für einen Operationenkomplex

Der Begriff eines stochastischen Netzplanmodells für einen Operationenkomplex tritt erstmalig in den Arbeiten von Eisner [16] und Elmaghraby [17] auf, in denen die Möglichkeit der Anwendung von Netzplanmodellen des Typs PERT zur Analyse von Netzplanprojekten untersucht wird, bei denen die Vorgänge und Ereignisse keine fixierte Natur aufweisen und äußerst komplizierte logische Beziehungen enthalten. Gegenwärtig ist der Terminus „stochastisches Netzplanmodell“ zu einer allgemeingebräuchlichen Bezeichnung [90] in der Theorie umfangreicher Systeme geworden.

Das Hauptunterscheidungsmerkmal des Prozesses der Entwicklung neuer umfangreicher Komplexe ist das wahrscheinlichkeitsgerechte Verhalten des Projektleiters und die stochastische Natur von Situationen, in denen Entscheidungen getroffen werden müssen. In der Tat, das Hauptunterscheidungsmerkmal eines neuen Projektkomplexes (z.B. eines Objekts der neuen Technik) gegenüber einem weniger komplizierten Objekt besteht in dem unterschiedlichen Grad der Unsicherheit des Projekts, im Auftreten von Situationen, bei denen während der Realisierung des Projekts unweigerlich Entscheidungen getroffen werden müssen, die nicht selten darauf hinauslaufen, daß unter gewissen Alternativmöglichkeiten eine bestimmte ausgewählt werden muß. Hierdurch wird es erforderlich, neuartige logische Beziehungen einzuführen. Verfolgt man die Entwicklung des Projektierungsprozesses vom Augenblick der Entstehung der Idee bis zu ihrer Verwirklichung in Gestalt eines abgeschlossenen Objekts, so besteht die Besonderheit eines solchen Prozesse gegenüber früher betrachteten in der Unbestimmtheit der technischen Realisierungsmethoden, die zum gestellten Ziel führt, sowie im Auftreten von Ereignissen, bei denen die Frage gestellt wird, auf welchem unter den zur Wahl stehenden Wegen das Projekt fortgesetzt werden soll, um das Ziel optimal zu erreichen.

Ein charakteristisches Merkmal der Entwicklung eines Objekts der neuen Technik ist also die Tatsache, daß im Laufe der Entwicklung einzelne Richtungen der Realisierung sich in Teilrichtungen verzweigen und damit zu mehreren Ausgängen führen.

An den Verzweigungspunkten entstehen Alternativereignisse, in denen die Entscheidung über die Varianten der weiteren Entwicklung des Projekts getroffen werden müssen, d.h. zwischen mehreren Ausgangsrichtungen zu wählen ist. Bekanntlich ist die Auswahl einer Richtung unter mehreren im allgemeinen eine recht komplizierte Aufgabe, die nicht immer eindeutig lösbar ist.

Da es keine allgemeinen Auswahlregeln gibt, greift man häufig zur Methode der sukzessiven Näherung durch Probieren und zur Konstruktion eines Modells, das die Modellierung des Auswahlprozesses gewährleistet. Es wird somit die Aufgabe gestellt, ein kybernetisches Modell für die Planung eines neuen komplizierten Komplexes zu konstruieren, wobei in diesem Modell das Modellobjekt hauptsächlich nach Informationsgesichtspunkten widergespiegelt werden muß, die mit den Steuerungsprozessen bei der Realisierung des Komplexes zusammenhängen. Solche Besonderheiten des Prozesses zur Schaffung neuer Komplexe lassen sich durch ein stochastisches Netzplanmodell nachbilden, das im Vergleich zum PERT-Modell erheblich kompliziertere logische Beziehungen enthält. Ein solches Modell muß durch Aufnahme von Verzweigungsknoten die Modellierung der Entscheidungsfindung eben an diesen Verzweigungspunkten gewährleisten und eine Abschätzung für die Wahrscheinlichkeit des jeweiligen Ausganges sowie der zugehörigen Realisierungszeit liefern.

Ein stochastisches Netzplanmodell mit einer Vielzahl von Ausgängen stellt eine Weiterentwicklung der Netzpläne vom Typ PERT dar und spiegelt, da es über ein erweitertes logisches System verfügt, den Planungs- und Realisierungsprozeß besser wider.

Durch mathematische Bearbeitung ermöglicht es die Abschätzung der Realisierungsdauer für die zur Wahl stehenden Alternativwege, die in der Regel bei der Durchführung wissenschaftlicher Forschungsarbeiten und Experimentalkonstruktionen auftreten. Solche Vorgänge nehmen insbesondere bei der Schaffung von Objekten der neuen Technik einen breiten Raum ein.

Im Abschnitt 1.3. wurde wurde bereits darauf hingewiesen, daß der wesentliche Unterschied eines stochastischen Netzplanmodells für einen Operationenkomplex gegenüber einem deterministischen Modell darin besteht, daß dieses Modell Unbestimmtheitsfaktoren nicht nur im Hinblick auf die Dauer der einzelnen Vorgänge beachtet, sondern auch den Zufallscharakter ihres Auftretens oder Nichtauftretens mit in Betracht zieht.

Für diese Zwecke werden die beiden logischen Operationen ODER bzw. ENTWEDER ... ODER eingeführt. Sie werden an verschiedenen sog. Alternativereignissen realisiert, die die Verzweigungspunkte für die einzelnen Fortsetzungsrichtungen darstellen. Der Natur der beiden Operationen entsprechend sind hier die beiden folgenden Fälle möglich:

1. Fortsetzung der Arbeiten in einer oder in beiden zur Wahl stehenden Richtungen im Falle der ODER-Operation;
2. Fortsetzung der Arbeiten in einer und nur einer der beiden zur Wahl stehenden Richtungen bei Vorliegen der Operation ENDWEDER ... ODER.

Das dadurch entstehende stochastische Netzplanmodell spiegelt einen Planungs- und Realisierungsprozeß mit einer Vielzahl von Ausgängen wider. Auf der Grundlage eines solchen Modells kann eines der kompliziertesten Prognoseprobleme, und zwar die Voraussage der Entwicklung einzelner Richtungen bei der Planung eines umfangreichen Systems unter gleichzeitiger Abschätzung der Wahrscheinlichkeit und der Realisierungsdauer für jede Richtung gelöst werden. Der Raum der logischen

Möglichkeiten, der der ganzen Menge der Ausgänge eines stochastischen Netzplanes zugeordnet ist, läßt sich in Gestalt eines baumähnlichen Graphen[1]) darstellen, dessen Verzweigungspunkte die sog. *Alternativereignisse* sind, die durch den Buchstaben α gekennzeichnet werden. Beim Eintritt solcher Ereignisse wird die Frage gestellt, welcher der zur Wahl stehenden Wege einzuschlagen ist. Dabei gehen von den Alternativereignissen Wege zweierlei Art aus. Einmal sind es Wege, die in der Endkonsequenz an einem der möglichen Ausgänge enden und an keiner Stelle Vereinigungspunkte mit analogen Alternativwegen aufweisen. Wir nennen solche Wege *Disjunktivwege*. Andererseits handelt es sich um Wege, die schließlich in einem Vereinigungspunkt mit einem oder mehreren weiteren analogen Wegen zusammengeführt werden, die in anderen Alternativereignissen beginnen. Solche Wege wollen wir als *Konjunktivwege* bezeichnen.

Offenbar kann der gleiche Weg sowohl disjunktiver als auch konjunktiver Natur sein, je nachdem, mit welchem der möglichen Wege er verglichen wird oder in Abhängigkeit davon, ob der eine oder andere Ausgang realisiert wird. Es sei darauf hingewiesen, daß sowohl die konjunktiven als auch die disjunktiven Wege, vom Gesichtspunkt der möglichen Ausgänge aus betrachtet, ganze Systeme von Vorgängen und einfachen (nicht alternativen) Ereignissen umfassen können, so daß sie gewissermaßen eine Verallgemeinerung der entsprechenden Fragmente eines stochastischen Netzplanes darstellen. Im allgemeinen Falle stellen sowohl die konjunktiven als auch die disjunktiven Wege eine Folge von Alternativereignissen und „Vorgängen" dar, in denen die möglichen Ausgänge jedes nachfolgenden Ereignisses von den Ausgängen der vorhergehenden abhängen. Jeder konkreten Folge von Ausgängen entspricht, wie bereits erwähnt, ein bestimmter disjunktiver (oder konjunktiver) Weg des logischen Graphen bzw. des Graphen der Ausgänge. Die Abschnitte, die den jeweiligen Weg bilden, bezeichnet man als Zweige. Ein Baum beginnt in einem Anfangsereignis (Anfangspunkt), und die Zweige, die von diesem Punkt ausgehen, bilden den ersten Kranz bzw. die erste Generation usw. Der Endpunkt eines jeden Zweiges entspricht einem der möglichen Zwischenausgänge. Von jedem Endpunkt geht wieder ein System von Zweigen aus, deren Endpunkte (falls sie nicht Endpunkte konjunktiver Wege sind) ihrerseits neuen möglichen Ausgängen entsprechen.

Ein solcher Graph wird somit Generation für Generation konstruiert, bis sämtliche Alternativereignisse der betrachteten Folge erschöpft sind.

Der Ausgang eines jeden Alternativereignisses hängt von gewissen, a priori unbekannten Zufallsfaktoren ab, die den wissenschaftlichen Forschungsarbeiten und Versuchskonstruktionen im Rahmen der Projektierung eigen sind.

Durch Einbeziehung der Zufallselemente in die Ausgänge der Alternativereignisse, die eine gewisse Folge bilden, wird diese Folge selbst zu einem stochastischen Prozeß.

Hat man ein solches stochastisches Netzplanmodell eines Prozesses in Gestalt eines *Graphen logisch möglicher Ausgänge* dargestellt und die Wahrscheinlichkeitsfunktionen in den Verzweigungspunkten ermittelt, so erhält man einen verzweigten stochastischen Prozeß, bei dessen Analyse und Untersuchung die Wahrscheinlichkeit der möglichen Ausgänge und deren Realisierungsdauer abgeschätzt werden müssen.

Im weiteren wollen wir uns auf die Betrachtung eines stochastischen Netzplanmodells beschränken, bei dem die logischen Operationen UND sowie ODER im

---

[1]) Der Verfasser spricht hier direkt von einem Baum, jedoch stimmt der hier auftretende Begriff mit dem graphentheoretischen Begriff eines Baumes nicht uberein (Red. d. dt. Ausg.).

nichtausschließenden Sinne realisiert werden. Bei der Einführung weiterer Bezeichnungen und Definitionen werden wir uns der in der Graphentheorie üblichen Terminologie bedienen [4].

Ein *stochastisches Netzplanmodell* ist ein endlicher Graph $G(U, Y)$, dessen Knotenmenge Y der Menge der Ereignisse und dessen Kantenmenge U der Menge der Vorgänge entspricht. Der Graph $G(Y, U)$ hat die folgenden charakteristischen Eigenschaften:

1. Der Graph enthält weder Kreise noch Schlingen.

2. Die Menge Y ist inhomogen und besteht aus den Knoten $x \in X$, die die logische Operation UND, d.h. die logische Konjunktion am Ein- und Ausgang repräsentieren, und den Alternativknoten $\alpha \in A$, (die wir auch als α-Knoten bezeichnen), die am Ausgang die logische Operation ODER, also die logische Disjunktion realisieren. Die Knoten $x \in X$ entsprechen den üblichen in den NPT-Systemen gebräuchlichen Knoten. Es sei darauf hingewiesen, daß hierbei $Y = X \cup A$ und $X \cap A = \emptyset$ gilt.

3. Wir betrachten die Menge aller Teilgraphen $G_k(Y_k, U_k)$ $(k = 1, 2, \ldots, n)$ mit folgenden Eigenschaften:

a) $\alpha \in Y_k$; α ist der Anfangsknoten von $G_k(Y_k, U_k)$.

b) $Y_k \subset \hat{\Gamma}_\alpha$, wobei $\hat{\Gamma}_\alpha$ der transitive Abschluß der Knotenabbildung ist, der folgendermaßen [4] definiert wird:

$$\hat{\Gamma}_\alpha = \{\alpha\} \cup \Gamma_\alpha \cup \Gamma_\alpha^2 \cup \Gamma_\alpha^3 \cup \ldots; \tag{5.1.1}$$

hierbei ist $\Gamma_\alpha^2 = \Gamma(\Gamma_\alpha)$, $\Gamma_\alpha^3 = \Gamma(\Gamma_\alpha^2)$ usw., d.h. Γ_α ist die Menge der (nicht notwendig alternativen) Knoten des Graphen, die von dem betreffenden Knoten α aus mit einem Schritt erreicht werden können (unter einem Schritt verstehen wir hier den Übergang von einem Knoten zum anderen auf einer von dem ersten ausgehenden Kante); Γ_α^2 ist die Menge der Knoten des Graphen (die ebenfalls nicht notwendig Alternativknoten sein müssen), die man von α aus in zwei Schritten erreichen kann usw.

$\hat{\Gamma}_\alpha$ ist ganz allgemein die Menge der Knoten des Graphen, die man überhaupt früher oder später von α aus erreichen kann.

c) Ist $y_0 \in Y_k$, so folgt aus $(y^{\mathrm{I}}, y_0) \in U$ die Beziehung $(y^{\mathrm{I}}, y_0) \in U_k$, $y_0 \neq \alpha$.

d) Ein α-Knoten des Graphen $G_k(Y_k, U_k)$, der zugleich Endknoten ist, kann nur ein α-Knoten des Graphen $G(Y, U)$ sein.

e) $$A_1 \cap A_2 \cap \cdots \cap A_n = \alpha; \tag{5.1.2}$$

f) Existiert für zwei beliebige Knoten y^{I} und y^{II} ein Weg der Form $(y^{\mathrm{I}}, \ldots, \alpha, \ldots, y^{\mathrm{II}})$, so enthält auch jeder andere Weg der Form $(y^{\mathrm{I}}, \ldots, y^{\mathrm{II}})$ den Alternativknoten α.

Die Eigenschaften a) bis f) definieren die Menge $G_k(Y_k, U_k)$ $(k = 1, \ldots, n)$. Es wird sowohl die Möglichkeit

I. $$X_1 \cap X_2 \cap \cdots \cap X_n \neq \emptyset \text{ (}\emptyset\text{ bedeutet die leere Menge),} \tag{5.1.3}$$

$$U_1 \cap U_2 \cap \cdots \cap U_n \neq \emptyset, \tag{5.1.4}$$

als auch

II. $$X_1 \cap X_2 \cap \cdots \cap X_n = \emptyset, \tag{5.1.5}$$

$$U_1 \cap U_2 \cap \cdots \cap U_n = \emptyset \tag{5.1.6}$$

zugelassen.

Aus diesen Beziehungen folgt, daß für den Fall I

$$\sum_{k=1}^{n} |U_k| \neq |U^\alpha| \tag{5.1.7}$$

und für den Fall II

$$\sum_{k=1}^{n} |U_k| = |U^\alpha| \tag{5.1.8}$$

gilt, wobei $|U^\alpha|$ die Anzahl der Kanten ist, die von den Knoten $\hat{\Gamma}_\alpha$ erzeugt werden.

Ein stochastisches Netzplanmodell, d.h. einen Graphen $G(Y, U)$, nennen wir vollständig separabel, wenn er den Bedingungen (5.1.5), (5.1.6) und folglich auch den Bedingungen (5.1.8) genügt.

Einfachste Beispiele für Netzplanmodelle mit den genannten Eigenschaften zeigt Bild 12.

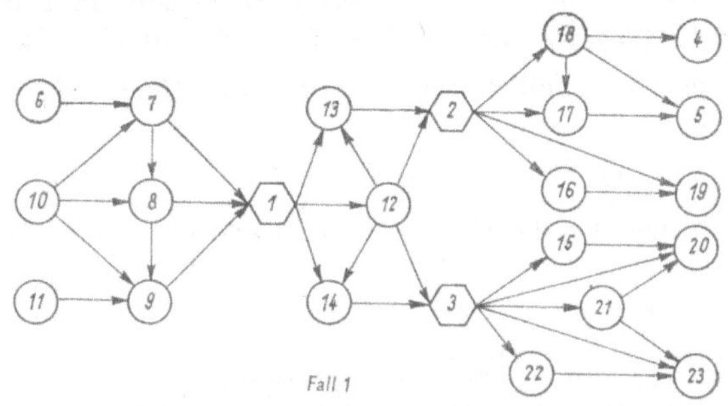

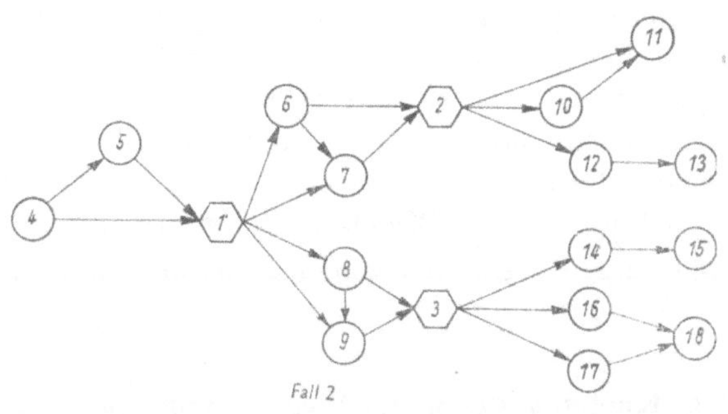

Bild 12

4. Jedem α-Knoten ist ein eindeutig bestimmter zu realisierender Teilgraph $G_k(Y_k, U_k)$ zugeordnet, den man aus der Beziehung

$$G_k(Y_k, U_k) = G_1(Y_1, U_1) \vee G_2(Y_2, U_2) \vee \cdots \vee G_n(Y_n, U_n) \tag{5.1.9}$$

im Einklang mit einer gewissen Auswahlregel erhält. Hierbei ist

$$n = 0 \quad \text{oder} \quad n = 2, 3, \ldots. \tag{5.1.10}$$

Jedem $G_k(Y_k, U_k)$ $(k = 1, 2, \ldots, n)$ ist eine gewisse nicht negative Zahl $p_k < 1$ derart zugeordnet, daß

$$\sum_{k=1}^{n} p_k = 1 \tag{5.1.11}$$

gilt.

Den Wert p_k kann man definieren als eine a priori gegebene Wahrscheinlichkeit für einen möglichen Ausgang, auf Grund dessen der Teilgraph $G_k(Y_k, U_k)$ realisiert wird. Jeder Kante $u_{ij} \in U$ ist eine Zufallsvariable $\xi_{ij} \geqq 0$ zugeordnet, die mit der Länge der Kante u_{ij} bzw. mit der Realisierungsdauer t_{ij} des Vorganges (i, j) identifiziert und durch ihre Dichtefunktion $f(x_{ij})$ im Intervall (a_{ij}, b_{ij}) definiert wird, wobei a_{ij} und b_{ij} die von den verantwortlichen Auftragsbearbeitern vorgegebenen Schätzwerte für die Realisierungsdauer des Vorganges (i, j) sind. Jedem Knoten $x_i \in X$ (oder $\alpha_i \in A$) ist eine Zahl T_i zugeordnet, die mit der Länge des maximalen Weges bis zu diesem Knoten oder mit dem Termin für den Eintritt des Ereignisses x_i (α_i) identifiziert wird. Wir wollen nun einige Transformationen des Graphen $G(Y, U)$ betrachten, die zu dem in den früheren Abschnitten bereits erwähnten partikulären Graphen oder dem Baum der Ausgänge D führen. Ferner wollen wir an dieser Stelle einige Definitionen geben [55].

Definition 1. Ein endlicher Graph $D(A, V)$ ist ein *Baum der Ausgänge* mit der Wurzel $\alpha_0 \in A$, wenn die folgenden Bedingungen erfüllt sind:

1. In jedem α-Knoten mündet nur ein eindeutig bestimmter Zweig $v \in V$;
2. $D(A, V)$ enthält keine Kreise;
3. $D(A, V)$ ist ein Teilgraph $G(Y, U)$.

Hierbei bedeutet A die Menge der α-Knoten in $G(Y, U)$ und V die Menge der Zweige des Baumes der Ausgänge. Den Begriff des Zweiges werden wir noch genauer präzisieren.

Definition 2. Zwei α-Knoten im Graphen $G(Y, U)$ α_i und α_j heißen benachbart, wenn ein beliebiger Weg, der diese beiden Knoten verbindet, nur einfache Knoten und keine Alternativknoten enthält.

Definition 3. Eine Folge von Kanten und Knoten, die einen maximalen Weg (bzw. mehrere maximale Wege) zwischen zwei benachbarten α-Knoten α_i und α_j bilden, wird mit dem *Zweig* $v_{ij} \in V$ der Länge τ_{ij} identifiziert, dessen Länge gleich der Länge dieses Weges (dieser Wege) ist.

Ist $\lambda_{ij}^{(k)}$ der k-te Weg, der die Knoten i und j verbindet, und m die Gesamtzahl der Wege zwischen i und j, so ist

$$\tau_{ij} = \max_k \left\{L(\lambda_{ij}^{(k)})\right\}, \qquad k = 1, \ldots, m, \tag{5.1.12}$$

wobei $L(\lambda_{ij}^{(k)})$ die Länge des k-ten Weges ist, der die α-Knoten α_i und α_j miteinander verbindet, und

$$\lambda_{ij} = (x_i, \ldots, x_j) = (u_{i,j_1}; u_{j_1 j_2}, \ldots, u_{j-1,\ j})$$

ist.

Definition 4. Die Gesamtheit der α-Knoten, die man von der Wurzel $\alpha_0 \in A$ in n Schritten erreichen kann, wird der *n-ten Generation* des Baumes der Ausgänge zugewiesen.

Verwenden wir die inverse Abbildung für jeden α-Knoten des Baumes der Ausgänge $D(Y, V)$, so erhalten wir $\alpha_0 = \Gamma_{\alpha_i}^{-n}$, wobei n die Nummer der Generation ist, der der betreffende α-Knoten α_i angehört.

Nachdem wir die mathematische Formulierung des Begriffes eines stochastischen Netzplanmodells und die Definitionen ihrer wichtigsten Elemente gegeben haben, wollen wir uns einigen Eigenschaften zuwenden, die aus diesen Definitionen hervorgehen. Dabei wollen wir das Wesen der mathematisch-logischen Transformationen außer acht lassen, mit deren Hilfe der Baum der Ausgänge $D(A, V)$ aus dem stochastischen Netzplanmodell $G(Y, U)$ gewonnen wurde. Denn $D(A, V)$ ist ebenfalls ein stochastisches Netzplanmodell, in dem jeweils an die Stelle der Kante $u_{ij} \in U$ der Begriff des Zweiges $v_{ij} \in V$ tritt, dessen Länge nach (5.1.12) aus der Länge der Kanten ermittelt wird, die das betreffende Fragment von $G(Y, U)$ bilden.

Dem Begriff des Weges entspricht in $D(A, V)$ der Begriff des disjunktiven Weges, den wir durch $r \in R$ bezeichnen. R bezeichnet die Menge der disjunktiven Wege des Baumes der Ausgänge $D(A, V)$. Die Länge eines disjunktiven (konjunktiven) Weges $L(r)$ ist gleich der Summe der Zweige, von denen er gebildet wird. Stellt ein stochastisches Netzplanmodell einen vollständig separablen Graphen dar, so läßt es sich verhältnismäßig einfach in einzelne nicht stochastische Netzplangraphen mit einem Startereignis und einem oder mehreren Zielereignissen zerlegen und sich auf diese Weise auf seine Bestandteile, sog. Transportnetze, zurückführen, auf die nun einzeln die vorhandenen Untersuchungsmethoden anwendbar sind [50].

Die nunmehr einzuführenden Bezeichnungen hängen im wesentlichen, wie aus unseren Betrachtungen hervorgehen wird, mit dem Baum der Ausgänge $D(A, V)$ zusammen, der eine sehr wesentliche Rolle im mathematischen Modell des Operationenkomplexes spielt. Zunächst stellen wir noch einmal die bereits verwendeten Bezeichnungen zusammen: Hierbei ist n die Nummer der Generation, der der i-te α-Knoten zugewiesen wird, N die maximale Anzahl der Generationen, die den betreffenden Baum der Ausgänge charakterisieren, i die Nummer des Anfangs des Zweiges v_{ij} und j die Nummer des Endpunktes des Zweiges v_{ij}.

Zum Abschluß sei noch auf folgendes hingewiesen:

Die Konstruktion des stochastischen Netzplanmodells erfolgt in mehreren Schritten:

1. Es wird die Menge A aller Alternativereignisse bestimmt, in denen die vom technischen Gesichtspunkt aus wesentlichen Entscheidungen erwartet werden, die auf verschiedene Methoden zur Erreichungen des gestellten Zieles führen.

2. Für jeden möglichen Ausgang eines Alternativereignisses wird die zugehörige Variante (das zugehörige Fragment) des Modells konstruiert.

3. Jedem Ausgang wird eine ihm a priori zugewiesene Wahrscheinlichkeit für seine Realisierung entweder festgelegt oder ermittelt.

4. Für die Komponenten des Netzplanmodells, also für seine Vorgänge werden Zeitschätzungen vorgenommen, und zwar entweder auf Grund deterministischer Daten oder aber nach den Methoden von 3.1. (PERT-Verfahren) oder von 4.1. (Methode der statistischen Modellierung).

5.2. Das stochastische Netzplanmodell als verzweigter Wahrscheinlichkeitsprozeß

Der Inhalt dieses Abschnittes ist im wesentlichen der Beschreibung der von Archangelski [55, 56] gewonnenen Ergebnisse gewidmet.

Zunächst wenden wir uns dem Problem zu, ein Netzplanmodell für einen neuen komplizierten Komplex in Gestalt eines logischen Variantenbaumes zu konstruieren. Der Grundgedanke einer solchen Konstruktion besteht darin, daß wir nach Darstellung des stochastischen Netzplanmodells in Gestalt des Baumes $D\,(A,\,V)$ und nach Definition der Wahrscheinlichkeitsfunktionen der Varianten in den Verzweigungspunkten einen verzweigten stochastischen Prozeß erhalten, dessen Untersuchung eine Prognose für den Ablauf der Projektierung des Komplexes sowie eine Abschätzung der Wahrscheinlichkeit für die möglichen Varianten und die Zeit ihrer Realisierung gestattet.

Der Baum $D\,(A,\,V)$ stellt eine Verallgemeinerung stochastischer Netzpläne dar, für die der folgende Satz gilt:

Satz 1. *Ein beliebiger vorgegebener Variantenbaum $D(A,\,V)$ läßt sich zur Transformation eines Systems stochastischer Netzplanmodelle $G_i(Y_i,\,U_i)$ $(i = 1, \ldots, n)$ verwenden, wobei er einen Teilgraphen dieser Netzplanmodelle darstellt, wenn die folgenden Bedingungen erfüllt sind:*

1. $A_i = A$ *für* $Y_i = A_i + X_i$;

2. *die topologische Struktur der Verbindungen der Alternativknoten ist für alle* $G_i\,(Y_i,\,U_i)$ und $D\,(A,\,V)$ *identisch:*

3. *die entsprechenden α-Knoten in den transformierten stochastischen Netzplanmodellen $D\,(A,\,V)$ sind durch Zweige gleicher Länge (mit den gleichen Verteilungsgesetzen) miteinander verknüpft.*

Beweis. Gegeben sei der Variantenbaum $D\,(A,\,V)$, wobei jedem Zweig dieses Baumes eine gewisse Zahl $\tau_{ij} \in T$ zugeordnet ist (T bedeutet die Menge der Längen aller Zweige von $D\,(A,\,V)$). Nach Definition gilt für die Länge eines jeden Zweiges $\tau_{ij} = \max\limits_k \left\{L(\lambda_{ij}^k)\right\}$, $k = 1, 2, \ldots$, wobei $L(\lambda_{ij}^k)$ die Länge des k-ten Verbindungsweges der α-Knoten i und j ist. Daher ist $\lambda_{ij} = (\alpha_i;\; x_1, \ldots, x_l, \alpha_j) = (u_{l_1}, u_{l_2}, \ldots, u_{l_j})$, wobei α_i und α_j durch den Weg λ_{ij} (der Index des Weges ist hier weggelassen) verbunden werden; u_{l1} ist die Kante, die unmittelbar von α_i ausgeht, und u_{l_j} die Kante, die unmittelbar in α_j mündet; $x_1, \ldots, x_l$ sind die einfachen Knoten, die den Weg zwischen α_i und α_j bilden.

Da τ_{ij} nur durch den kritischen Weg (bzw. die kritischen Wege) mit $L(\lambda_{ij})_{\max}$ bestimmt wird, die das Fragment des stochastischen Netzplanmodells charakterisieren, das in den Zweig v_{ij} $(\tau_{ij} \sim v_{ij})$ transformiert wurde, kann jeder andere Weg mit $L(\lambda_{ij}) < L(\lambda_{ij})_{\max}$ durch beliebig viele Knoten und Kanten so ergänzt werden, daß die Länge $\tau_{ij} = \text{const}$ ist. Die Einführung jedoch wenigstens eines neuen Knotens bedeutet die Konstruktion eines neuen stochastischen Netzplanmodells im Vergleich zu dem, für das der betrachtete Baum bereits existierte. Auf induktivem Wege kann man nun immer wieder neue stochastische Netzplanmodelle konstruieren, womit unser Satz praktisch bewiesen ist. Mathematisch gesehen läuft das auf das Folgende hinaus: Es sei $G\,(Y,\,U)$ das ursprüngliche stochastische Netzplanmodell und $D\,(A,\,V)$ ein Teilgraph des ursprünglichen stochastischen Netzplanmodells, d. h., es sei $G(Y,\,U) \supset D(A,\,V)$. Wie man leicht sieht, gelten unter der Bedingung $\tau_{ij} = \text{const}$ die Beziehungen

$$
\begin{array}{ll}
Y = A \cup X & U, \\
Y_1 = A \cup X \cup \{x_{l+1}\} & U_1 = U \cup \{u_{l+1,\,i_1},\quad u_{l+1,\,j_1}\}, \\
Y_2 = A \cup X \cup \{x_{l+1}, x_{l+2}\}, & U_2 = U_1 \cup \{u_{l+2,\,i_2};\quad u_{l+2,\,j_2}\}, \\
Y_3 = A \cup X \cup \{x_{l+1}, x_{l+2}, x_{l+3}\}, & U_3 = U_2 \cup \{u_{l+3,\,i_3},\quad u_{l+3,\,j_3}\}, \\
\cdots\cdots\cdots\cdots & \cdots\cdots\cdots\cdots \\
Y_m = A \cup X \cup \{x_{l+1}, \ldots, x_{l+m}\}, & U_m = U_{m-1} \cup \{u_{l+m,\,i_m},\; u_{l+m,\,j_m}\}.
\end{array}
$$

Das Wesen dieser Behauptung besteht darin, daß $D(A, V)$ eine charakteristische Verallgemeinerung des stochastischen Netzplanes darstellt und daß man nach Ergründung der Eigenschaften eines bestimmten Variantenbaumes jedesmal ohne eine besondere Analyse Schlußfolgerungen über jene Netzplanmodelle ziehen kann, für die der bereits untersuchte Variantenbaum die oben genannte Transformation darstellt.

Wir hatten den Variantenbaum als einen Teilgraphen $D(A, V)$ definiert, den man aus dem Graphen $G(Y, U)$ erhält, und der die Alternativnatur verschiedener Knoten der Menge $Y = X \cup A$ widerspiegelt. Da im weiteren der logische Baum $D(A, V)$ eine entscheidende Rolle in unseren Untersuchungen spielen wird, wollen wir den bisher intuitiv erfaßten Begriff einer Variante präzisieren und einige weitere Begriffe und Definitionen geben.

Definition 1. Unter einer *Variante* verstehen wir ein Ereignis, das in der Realisierung eines bestimmten Fragments des stochastischen Netzplanmodells besteht, über dessen tatsächliche Realisierung nur Wahrscheinlichkeitsaussagen gemacht werden können. Es wird angenommen, daß das betreffende Fragment und daß andere denkbare und zeitlich überschaubare Fragmente des stochastischen Netzplanmodells eine Folgeerscheinung eines Alternativereignisses darstellen, nach dessen Eintritt wenigstens zwei, aber auch mehr Varianten zur Fortsetzung des Vorhabens möglich sind, die zur Erreichung des gestellten Zieles dienen. Hierbei ist das aus der Wahrscheinlichkeitsrechnung bekannte Leitprinzip einzuhalten, demzufolge zweien im Sinne der Realisierungsdauer und der Erreichung des gestellten Zieles äquivalenten Fragmenten eines stochastischen Netzplanmodells die gleiche Wahrscheinlichkeit ihrer tatsächlichen Realisierung beigemessen wird.

Definition 2. Man nennt α_i einen *hängenden* Knoten von $D(A, V)$, wenn es nur einen Zweig gibt, der mit α_i inzidiert. Eine für einen hängenden Knoten ermittelte Variante nennen wir *Finalvariante.*

Offenbar entspricht ein hängender Knoten des Variantenbaumes einem Zielknoten des stochastischen Netzplanmodells, doch ist das Umgekehrte nicht notwendig der Fall. Zu einem beliebigen α-Knoten existiert ein disjunktiver Weg von α_i nach α_0, den man durch r_j, den Index der Finalvariante, bezeichnet. Unter einer Finalvariante versteht man daher ein Ereignis, das in der Realisierung eines zur Erreichung des gestellten Ziels führenden Fragments des Netzplanmodells besteht. Der Definition von $D(A, V)$ entsprechend bedeutet das die tatsächliche Realisierung eines der Endereignisse oder der hängenden Ereignisse des Variantenbaumes. Ein hängender Knoten von $D(A, V)$ kann aber nicht erreicht werden, ohne daß man von α_0 ausgehend nacheinander alle α-Knoten eines disjunktiven Weges im Variantenbaum durchläuft. Da wiederum jeder disjunktive Weg des Variantenbaumes aus einer Folge von Zweigen und α-Knoten besteht, kann die Wahrscheinlichkeit einer jeden Variante jedem Zweig von $D(A, V)$ zugeschrieben werden. Diese Wahrscheinlichkeit ist dabei in dem Sinne aufzufassen, daß sie die Wahrscheinlichkeit für den Übergang vom Knoten i zum Knoten j längs des Zweiges v_{ij} darstellt. Physikalisch gesehen bedeutet das die Realisierung aller Vorgänge, die das Fragment des Zweiges v_{ij} bilden. Gemäß der Definition im vorigen Abschnitt wird ein Zweig in $D(A, V)$ mit einem Fragment des stochastischen Netzplanmodells identifiziert, dessen ausnahmslos sämtliche Vorgänge realisiert werden müssen, damit das α-Ereignis j nach Eintritt des α-Ereignisses i und der Realisierung der betreffenden Variante ebenfalls eintritt.

Mit anderen Worten, das Wahrscheinlichkeitsmaß, das einer bestimmten Variante beigemessen wird, ist dem Wahrscheinlichkeitsmaß gleichzusetzen, das jedem Zweig v_{ij} des logischen Baumes zugewiesen oder für diesen Zweig ermittelt wird. Diese Wahrscheinlichkeit symbolisiert die Wahrscheinlichkeit des Überganges vom Knoten α_i zum Knoten α_j längs des Zweiges v_{ij}. Da in der Endkonsequenz eine Finalvariante durch eine Folge realisierter Zweige bestimmt wird, die einen eindeutig bestimmten disjunktiven Weg in $D(A, V)$ bilden, der mit dieser Finalvariante endet, erscheint es natürlich, bei der Lösung der Frage der Wahrscheinlichkeit von Finalvarianten und der zugehörigen Realisierungszeiten, das zugehörige Wahrscheinlichkeitsmaß in der Menge R der disjunktiven Wege zu suchen. Die Elemente jedoch, die diese gesuchte Wahrscheinlichkeit der Finalvarianten und ihrer Realisierungsdauern bilden, sind offenbar die a priori festgelegten Wahrscheinlichkeiten der Zwischenvarianten. Diese Wahrscheinlichkeiten wurden aber bereits als gewisse Zahlen p_k oder $p_j(\alpha_i)$ eingeführt, die gewissen Bedingungen genügen. Hieraus ergibt sich die nachstehende Definition.

Definition 3. Es sei R die Menge aller disjunktiven Wege im Variantenbaum. Das auf der Menge R definierte Wahrscheinlichkeitsmaß heißt die *Wichtungsfunktion der Wege* dieses Baumes und wird durch die Wahrscheinlichkeitsmaße der Zweige bestimmt, die den jeweiligen Weg bilden. Die Gewichte der einzelnen Zweige des Variantenbaumes müssen nichtnegativ sein und werden so vorgegeben, daß die Summe der Gewichte aller Zweige, die von einem beliebigen Verzweigungspunkt ausgehen, stets gleich eins ist.

In diesem Falle stellen die Gewichte gewisse Zahlen dar, die man als Wahrscheinlichkeitsmaße bezeichnet und die in der Theorie der stochastischen Prozesse gestatten, unmittelbar auf wahrscheinlichkeitstheoretische Kategorien überzugehen. Um die Wahrscheinlichkeit der möglichen Varianten zu ermitteln, muß man das Wahrscheinlichkeitsmaß auf der Menge der Wege des gesamten Baumes $D(A, V)$ konstruieren, wobei man von den vorgegebenen Wahrscheinlichkeiten der einzelnen Wege ausgeht. Wir betrachten eine Folge von α-Ereignissen in $D(A, V)$, die aus drei Elementen besteht. Mit r bezeichnen wir einen beliebigen disjunktiven Weg. Auf Grund der Bedingung, daß der Raum der möglichen Varianten gegen den einzig möglichen Weg $r \in R$ konvergiert, gilt

$$(f_1(r) = \alpha_1) \wedge (f_2(r) = \alpha_2) \wedge (f_3(r) = \alpha_3),$$

wobei f_k eine Funktion der möglichen Variante ist. Dann läßt sich die Wichtungsfunktion für den betreffenden disjunktiven Weg r als Ganzes in der folgenden Form schreiben:

$$p[f_1 = \alpha_1 \wedge f_2 = \alpha_2 \wedge f_3 = \alpha_3].$$

Die gleiche Wahrscheinlichkeit läßt sich auch in der folgenden Form schreiben:

$$p\,[f_1 = \alpha_1]\, p\,[f_2 = \alpha_2/f_1 = \alpha_1]_p\, [f_3 = \alpha_3/(f_1 = \alpha_1) \wedge (f_2 = \alpha_2)].$$

Ist $\alpha_1, \alpha_2, \ldots$ eine der möglichen Variantenfolgen, so wird das Gewicht der k-ten Variante unter der Voraussetzung, daß die Varianten der vorausgehenden $k - 1$ Alternativereignisse durch die Folge $\alpha_1, \ldots, \alpha_{k-1}$ beschrieben werden, durch $p_{\alpha_1, \alpha_2, \ldots, \alpha_{k-1}, \alpha_k}$ bezeichnet.

Aus der Definition des Gewichts (oder der Wahrscheinlichkeit) der Zweige folgt

$$p\,[f_1 = \alpha_1] = p_{\alpha_1},$$

$$p\,[f_2 = \alpha_2/f_1 = \alpha_1] = p_{\alpha_1,\,\alpha_2},$$

$$p\,[f_3 = \alpha_3/(f_1 = \alpha_1) \wedge (f_2 = \alpha_2)] = p_{\alpha_1,\,\alpha_2,\,\alpha_3}.$$

Um die Gültigkeit aller Gleichungen zu gewährleisten, ist das Gewicht des betreffenden Weges r mit $p^{(\alpha)} = p_{\alpha_1} p_{\alpha_1,\,\alpha_2} p_{\alpha_1,\,\alpha_2,\,\alpha_3}$ festzulegen, d.h., jedem Weg wird ein Gewicht beigemessen, das sich als Produkt der Gewichte ergibt, die den diesen Weg bildenden Zweigen beigemessen wurden. Hieraus ergibt sich eine wichtige Folgerung.

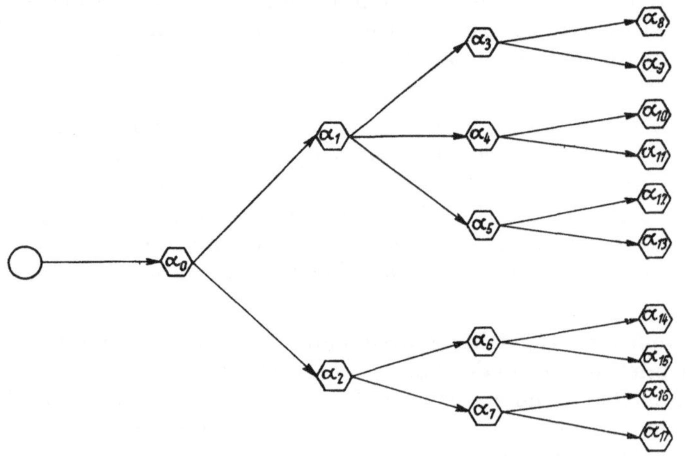

Bild 13

Hängen die Gewichte der Wege und die Gewichte der Zweige in der beschriebenen Weise voneinander ab, so sind die Gewichte der Zweige gleich den entsprechenden bedingten Wahrscheinlichkeiten. Es läßt sich zeigen, daß die angegebene Konstruktion des Variantenbaumes ein Wahrscheinlichkeitsmaß definiert. Hierzu genügt es, zu zeigen, daß die Gewichte sämtlicher Wege positiv sind und daß ihre Summe gleich eins ist. Einen konstruktiven Beweis dieser Behauptung führen wir am Beispiel des Variantenbaumes von Bild 13.

Die Tatsache, daß die Gewichte der einzelnen Wege positiv sind, folgt daraus, daß die Gewichte der disjunktiven Wege Produkte aus positiven Zahlen sind.

Die zweite Behauptung läuft auf die folgende hinaus (siehe Bild 13): Wir betrachten die Beziehungen

$$p(\alpha_1)\,p(\alpha_3)\,p(\alpha_8) + p(\alpha_1)\,p(\alpha_3)\,p(\alpha_9) = p(\alpha_1)\,p(\alpha_3)\,[p(\alpha_8) + p(\alpha_9)] = p(\alpha_1)\,p(\alpha_3),$$

$$p(\alpha_1)\,p(\alpha_4)\,p(\alpha_{10}) + p(\alpha_1)\,p(\alpha_4)\,p(\alpha_{11}) = p(\alpha_1)\,p(\alpha_4)\,[p(\alpha_{10}) + p(\alpha_{11})] = p(\alpha_1)\,p(\alpha_4),$$

$$p(\alpha_1)\,p(\alpha_5)\,p(\alpha_{12}) + p(\alpha_1)\,p(\alpha_5)\,p(\alpha_{13}) = p(\alpha_1)\,p(\alpha_5)\,[p(\alpha_{12}) + p(\alpha_{13})] = p(\alpha_1)\,p(\alpha_5),$$

$$p(\alpha_2)\,p(\alpha_6)\,p(\alpha_{14}) + p(\alpha_2)\,p(\alpha_6)\,p(\alpha_{15}) = p(\alpha_2)\,p(\alpha_6)\,[p(\alpha_{14}) + p(\alpha_{15})] = p(\alpha_2)\,p(\alpha_6),$$

$$p(\alpha_2)\,p(\alpha_7)\,p(\alpha_{16}) + p(\alpha_2)\,p(\alpha_7)\,p(\alpha_{17}) = p(\alpha_2)\,p(\alpha_7)\,[p(\alpha_{16}) + p(\alpha_{17})] = p(\alpha_2)\,p(\alpha_7).$$

Nun addieren wir die rechten Seiten der Beziehungen

$$p(\alpha_1)\,p(\alpha_3) + p(\alpha_1)\,p(\alpha_4) + p(\alpha_1)\,p(\alpha_5) = p(\alpha_1)$$

und

$$p(\alpha_2)\,p(\alpha_6) + p(\alpha_2)\,p(\alpha_7) = p(\alpha_2).$$

Wegen

$$p(\alpha_1) + p(\alpha_2) = 1$$

folgt hieraus, daß die Summe der linken Seiten, d.h. der Gewichte aller Wege, gleich eins ist.

Offenbar läßt sich das angegebene Beweisschema auf einem Baum beliebiger Struktur und eines beliebigen endlichen Umfanges übertragen.

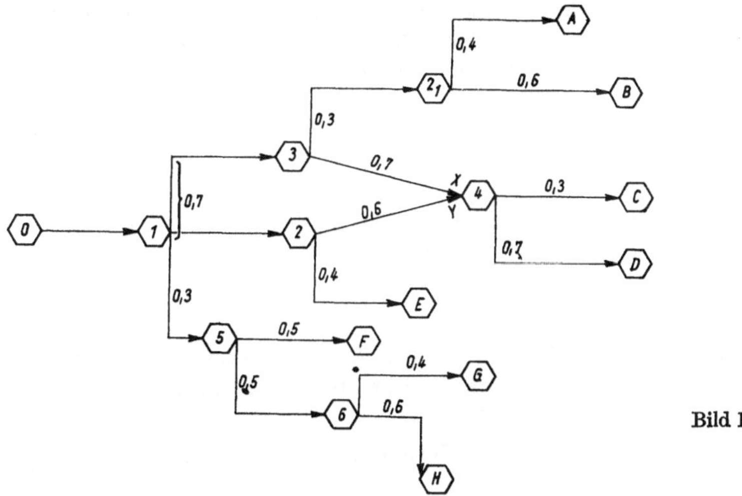

Bild 14

Ein analoger Beweis läßt sich für den Fall der konjunktiven Wege sowie der konjunktiven und disjunktiven Wege zusammen durchführen. Wir wollen diesen Sachverhalt an einem Beispiel von Eisner [16] illustrieren (vgl. Bild 14).

Für die möglichen Varianten A, B, C, D, E, F, G H erhalten wir

$$\begin{aligned} &p(A) + p(B) + p(C) + p(D) + p(E) + p(F) + p(G) + p(H) \\ &= p(3)\,p(2_1)\,p(A) + p(3)\,p(2_1)\,p(B) + p(2)\,p(X)\,p(Y)\,p(C) + p(2)\,p(X)\,p(Y)\,p(D) \\ &\quad + p(2)\,p(E) + p(5)\,p(F) + p(5)\,p(6)\,p(G) + p(5)\,p(6)\,p(H) \end{aligned}$$

Wegen

$$p(3)\,p(2_1)\,p(A) + p(3)\,p(2_1)\,p(B) = p(3)\,p(2_1)\,[p(A) + p(B)] = p(3)\,p(2_1),$$

$$p(5)\,p(6)\,p(G) + p(5)\,p(6)\,p(H) = p(5)\,p(6)\,[p(G) + p(H)] = p(5)\,p(6),$$

$$p(5)\,p(F) + p(5)\,p(6) = p(5)\,[p(F) + p(6)] = p(5)$$

usw. gilt

$$\begin{aligned} &p(A) + p(B) + p(C) + p(D) + p(E) + p(F) + p(G) + p(H) \\ &\quad = p(3)\,p(2_1) + p(3)\,p(X)\,p(Y) + p(2)\,p(E) + p(5)\,p(F) + p(5)\,p(6) \\ &\quad = p(2)\,[p(2_1) + p(X)\,p(Y) + p(E)] + p(5) = p(2) + p(5) = 1 \end{aligned}$$

Die Summe der Wahrscheinlichkeiten für die möglichen Varianten ist, wenn diese nach den angegebenen Regeln eingeführt wurden, gleich eins.

Das beschriebene Verfahren zur Bestimmung der Wahrscheinlichkeiten der jeweils möglichen Varianten für eine beliebige Folge von Alternativereignissen, von denen endlich viele Zweige ausgehen, läßt sich einem Algorithmus zur Berechnung stochastischer Netzplanmodelle zugrunde legen.

Satz 2. *Für jeden α-Knoten von $D(A, V)$ existiert ein eindeutig bestimmter disjunktiver Weg, der diesen Knoten mit dem Wurzelknoten α_0 verbindet.*

Beweis. $D(A, V)$ ist nach Definition ein gerichteter Graph ohne Schlingen mit eindeutig orientierten Kanten, die durch die Zweige repräsentiert werden. In jeden α-Knoten der Menge A mündet höchstens ein Zweig. Geht man daher von einem beliebigen α-Knoten von $D(A, V)$ aus und durchläuft die Kanten in Gegenrichtung, so ist der erste α-Knoten, von dem aus eine weitere Rückwärtsbewegung nicht mehr möglich ist, der Wurzelknoten α_0 in $D(A, V)$. Das ist aber auch zugleich der letzte α-Knoten des durchlaufenen Weges. Demzufolge läßt sich ein beliebiger α-Knoten von $D(A, V)$ mit α_0 nur durch einen eindeutig bestimmten disjunktiven Weg verbinden, wie zu beweisen war [4].

Folgerung 1. Die Anzahl R_0 der disjunktiven Wege in $D(A, V)$, die einen beliebigen α-Knoten mit α_0 verbinden, ist gleich der Anzahl der α-Knoten in $D(A, V)$, vermindert um 1, d.h.

$$|R_0| = |A| - 1. \tag{5.2.1}$$

Der Alternativknoten α_0 (die Wurzel von $D(A, V)$) kann also nur mit sich selbst verbunden sein. Nach Voraussetzung besitzt aber $D(A, V)$ keine Schlingen, woraus unmittelbar die Beziehung (5.2.1) folgt.

Folgerung 2. Für einen beliebigen Variantenbaum gilt $|V| = |A| - 1$.

In der Tat, es ist

$$A = \{\alpha_0\}, \quad |R_0| = 0, \quad |V| = 0 \quad \text{und damit} \quad V = \emptyset;$$

$$A = \{\alpha_0, \alpha_1\}, \quad |R_0| = 1, \quad |V| = 1;$$

$$A = \{\alpha_0, \alpha_1, \alpha_2\}, \quad |R_0| = 2, \quad |V| = 2.$$

Durch vollständige Induktion erhält man dann leicht

$$A = \{\alpha_0, \ldots, \alpha_k\}, \quad |R_0| = k, \quad |V| = k.$$

Folgerung 3. Zu jedem α-Knoten von $D(A, V)$, der einer Finalvariante entspricht, existiert ein eindeutig bestimmter disjunktiver Weg.

Folgerung 4. Ein Variantenbaum kann keine konjunktiven Wege besitzen, denn dies würde dem Satz 2 widersprechen.

Von nun an bis zu dem Zeitpunkt, in dem das Gegenteil ausdrücklich betont wird, werden wir unter disjunktiven Wegen zunächst disjunktive Wege verstehen, die ein einer Finalvariante entsprechendes Alternativereignis mit α_0 verbinden. Greift man aus der Menge der disjunktiven Wege des Variantenbaumes einen Weg r^* heraus, der durch die maximale Anzahl n von α-Knoten dargestellt wird, so bestimmt der n-te α-Knoten, der einer Finalvariante entspricht, die Anzahl der Generationen dieses Baumes $r^* = (\alpha_0, \alpha_1, \ldots, \alpha_n)$, wobei n die Anzahl der Generationen in $D(A, V)$ ist.

Der Prozeß der Entwicklung und Planung eines neuen komplizierten Komplexes, der in Gestalt eines Variantenbaumes wiedergegeben wird, läßt sich als ein System auffassen, das durch gewisse Zustände charakterisiert wird, die jeweils den α-Ereignissen oder den Knoten von $D(A, V)$ entsprechen. In diesem System läßt sich die Menge der Zustände des Prozesses definieren als die Menge der Paare von α-Knoten (α_i, α_j) derart, daß jedem von ihnen entsprechend der früher gegebenen Definition eine feste bedingte Wahrscheinlichkeit p_{ij} dafür zugewiesen werden kann, daß der im Zustand i befindliche Prozeß mit der Wahrscheinlichkeit p_{ij} in den Zustand j übergehen kann (physikalisch gesehen bedeutet dieser Übergang die Realisierung eines Komplexes von Vorgängen). Tritt somit das Ereignis α_i ein, so beträgt die Wahrscheinlichkeit dafür, daß das Ereignis α_j eintritt, p_{ij}.

Das beschriebene mathematische Schema des Prozesses ist eine Verallgemeinerung des früher beschriebenen, denn hier setzt man voraus, daß neben den bereits eingeführten Übergangswahrscheinlichkeiten von einem α-Knoten zu einem benachbarten in $D(A, V)$ bedingte Übergangswahrscheinlichkeiten für den Übergang von einem beliebigen α_i in ein beliebiges α-Ereignis vorhanden sind, darunter auch die Wahrscheinlichkeit p_{ij}. Eine solche Verallgemeinerung widerspricht keinesfalls dem real ablaufenden Entwicklungs- und Realisierungsprozeß, sondern führt im Gegenteil zu äußerst fruchtbaren Ergebnissen, die darin bestehen, daß in unserem Fall der betrachtete Prozeß auf einen MARKOWschen Prozeß zurückgeführt wird. Hierbei sind gewisse Voraussetzungen zu treffen, die keineswegs die Allgemeinheit des betrachteten stochastischen Netzplanmodells einschränken.

1. Die bedingte Wahrscheinlichkeit p_{ij} für den Übergang aus einem α-Knoten von $D(A, V)$ in einen anderen α-Knoten entgegen dem Durchlaufsinn des Zweiges (der Zweige) ist identisch gleich null. Dadurch wird zum Ausdruck gebracht, daß der Realisierungsprozeß nicht rückwärts verlaufen kann.

Für einen topologisch geordneten Teilgraphen $D(A, V)$ gilt daher stets

$$p_{ij} = 0 \quad \text{für} \quad i > j. \tag{5.2.2}$$

Ganz allgemein ist $p_{ij} = 0$, wenn man den Verlauf des Prozesses in der Form $j \to i$ darstellen kann.

2. $p_{ii} = 1$, wenn i die Nummer einer Finalvariante von $D(A, V)$ ist. Darin drückt sich die Tatsache aus, daß nach Eintritt des Zielereignisses der Prozeß zum Abschluß gelangt und daß das Projekt, wenn man es mit irgendeinem System identifiziert, in dem betreffenden Zustand eine unbestimmt lange Zeit verbleiben kann. In der Terminologie der MARKOWschen Prozesse bezeichnet man einen solchen Zustand als Absorptionszustand. Vom Standpunkt der Dynamik eines MARKOWschen Prozesses sind die Zustände der Finalvarianten, die durch die Grenzwahrscheinlichkeiten $p_{ii} = 1$ charakterisiert werden, rekurrente Zustände.

3. Es gilt $p_{ij} = 0$, wenn die α-Knoten i und j nicht benachbart sind, d.h., die Wahrscheinlichkeit des Prozesses, in einen neuen Zustand unter Überspringen eines oder mehrerer Zustände überzugehen, ist null. Darin äußert sich die Kontinuität des Prozesses, eine Eigenschaft, die offenbar keiner zusätzlichen Erläuterung bedarf.

4. Es ist $p_{ii} = 0$, wenn der α-Knoten keine Finalvariante darstellt. Diese Voraussetzung kann für verschiedene praktische Fälle auch nicht erfüllt sein, und zwar dann, wenn eine von null verschiedene Wahrscheinlichkeit dafür besteht, daß der gesamte Prozeß in einer gewissen Entwicklungsstufe abgebrochen wird, z.B. wenn

parallel zum laufenden Prozeß etwa aussichtsreichere Vorhaben auftauchen oder auch aus irgendwelchen anderen Gründen.

Als Hauptkriterium zur Bestimmung der von null verschiedenen Elemente der stochastischen Matrix wird folgende Bedingung postuliert: Die a priori vorgegebenen Wahrscheinlichkeiten der möglichen Varianten sind den Längen der Zweige, denen sie zugeschrieben werden, umgekehrt proportional.

Im Einklang damit gilt

$$p_{jk}^{(\alpha_j)} = \frac{\prod\limits_{\substack{\xi=1 \\ \xi \neq k}} \tau_{ij_\xi}}{\sum\limits_{\xi=1}^{n} \tau_{ij_\xi} \tau_{ij_{\xi+1}} \cdots \tau_{ij_{\xi+n-2}}}, \qquad k = 1, \ldots, n, \tag{5.2.3}$$

mit

$$\tau_{ij_{n+1}} \equiv \tau_{ij_1}, \ \tau_{ij_{n+2}} \equiv \tau_{ij_2}, \ \ldots, \ \tau_{ij_{n+m}} \equiv \tau_{ij_m}$$

für $n \geqq 2$. Hier ist α_i der Knoten, für den die a priori gegebenen Wahrscheinlichkeiten bestimmt werden, i die Nummer des Zweiganfangs, j die Nummer des Zweigendes, ξ die laufende Nummer der Variante ($\xi = 1, 2, \ldots, n$), n die Gesamtzahl der möglichen Varianten für den Knoten α_i und τ_{ij} die Länge des Zweiges (i, j).

Der Wert des so gewählten Kriteriums beruht auf folgenden Eigenschaften:

1. Bei seiner Anwendung benötigt man keine zusätzliche Information neben der, die ohnehin im NPT-System erforderlich ist.

2. Trotz seiner Einfachheit steht es im Einklang mit den allgemeinen Prinzipien der Optimierung des Projekts nach dem Kriterium Zeit.

In der Tat, in den Verzweigungspunkten, in denen die Entscheidung über die Varianten der Weiterentwicklung des Projekts getroffen wird, hat diejenige Variante für die weitere Fortsetzung des Projekts die größten Aussichten gewählt zu werden, die zur schnellstmöglichen Erreichung des gestellten Zieles führt.

Eine andere Interpretation für eine derartige Handhabung bei der Bestimmung der a priori gegebenen Wahrscheinlichkeiten für die einzelnen Varianten liegt in der Analogie mit einem Problem der Wahrscheinlichkeitsrechnung, das unter dem Namen des Wettabschlusses bekannt ist. In diesem Falle spielt die Rolle der Auszahlungssumme bei der Nichtrealisierung einer möglichen Variante entweder die Länge des Zweiges (bzw. der Zweige) oder die Realisierungsdauer des betreffenden Fragments im Netzplanmodell. Dabei wird das inverse Problem gelöst.

Bemerkenswert ist ferner, daß aus dieser einfachen Formel, die dem festgelegten Kriterium entspricht, sich eine wichtige Folgerung ergibt, die mit der elementaren intuitiven Vorstellung durchaus in Einklang steht. Die Experten, die im weiteren die Wahrscheinlichkeit für jede Variante einzuschätzen haben und denen der Schätzwert für die Realisierungsdauer dieser Variante bekannt ist, die ferner eine Reihe anderer nicht weniger wichtiger Faktoren wie Zuverlässigkeit, Kostenaufwand, Effektivität usw. kennen, sind in der Lage, das bereits entwickelte „Wichtungsverfahren" anzuwenden, das seinem Sinn nach an unsere Formel erinnert. Offenbar müssen als Ausgangsdaten in die endgültige Formel neben den Zeitschätzwerten noch die quantitativen Schätzwerte für die Zuverlässigkeit, die Kosten und andere Faktoren eingehen.

Für das weitere werden wir annehmen, daß alle bedingten Übergangswahrscheinlichkeiten fest und damit sämtliche möglichen Varianten von $D(A, V)$ vollständig bestimmt sind. Ohne Einschränkung der Allgemeinheit werden alle wesentlichen Merkmale des Prozesses als diskrete Größen aufgefaßt, die nur für einige stabile Zustände π_i bestimmt werden (sie entsprechen jeweils den α-Knoten von $D(A, V)$) und die durch einzelne instabile Übergangsbereiche voneinander getrennt werden; diese Übergangsbereiche haben dabei Zufallscharakter. Offenbar sind diese instabilen Gebiete in $D(A, V)$ mit der Menge der Zweige V gleichzusetzen, während die hier als diskret bezeichneten Zustände mit der Menge der α-Knoten A zu identifizieren sind. Diese Menge charakterisiert den Prozeß vom Gesichtspunkt der möglichen Varianten. Wie wir später sehen werden, gestattet uns diese Unterteilung, den Prozeß von verschiedenen Gesichtspunkten aus zu untersuchen, wobei die jeweils erforderlichen Eigenschaften je nach dem konkret verfolgten Ziel herausgeschält werden.

Abstrahieren wir zunächst von den instabilen Zwischenzuständen, so sehen wir, daß das zu untersuchende System in seiner Entwicklung, in der Terminologie der stochastischen verzweigten Prozesse gesprochen, n Generationen durchläuft, angefangen von der Generation $n = 0$. Dann ist π_i eine Funktion von n und bedeutet

$$P = \|P_{ij}\|_1^m = \left[\begin{array}{l}
0 * * \cdots * 0\, 0 \cdots \qquad\qquad\qquad\qquad\qquad\qquad\qquad\qquad \cdots 0 \\
0\, 0 \quad \cdots 0 * * \cdots * 0\, 0 \cdots \qquad\qquad\qquad\qquad\qquad\qquad \cdots 0 \\
0 \cdots \qquad\qquad \cdots 0 * * \cdots * 0\, 0 \cdots \qquad\qquad\qquad\qquad \cdots 0 \\
0 \cdots \qquad\qquad\qquad\qquad \cdots 0 * * \cdots * 0\, 0 \cdots \qquad\qquad \cdots 0 \\
0 \cdots \qquad\qquad\qquad\qquad\qquad\qquad \cdots 0 * * \cdots * 0\, 0 \cdots 0 \\
0 \cdots \qquad\qquad\qquad\qquad\qquad\qquad\qquad\qquad\qquad\qquad\qquad \cdots 0 \\
0 \cdots \quad \cdots 0\, 1\, 0 \cdots \qquad\qquad\qquad\qquad\qquad\qquad\qquad\quad \cdots 0 \\
0 \cdots \qquad \cdots 0\, 1\, 0 \cdots \qquad\qquad\qquad\qquad\qquad\qquad\quad \cdots 0 \\
0 \cdots \qquad\quad \cdots 0\, 1\, 0 \cdots \qquad\qquad\qquad\qquad\qquad\quad \cdots 0 \\
0 \cdots \qquad\qquad \cdots 0\, 1\, 0 \cdots \qquad\qquad\qquad\qquad\qquad \cdots 0 \\
\cdot \qquad\qquad\qquad \cdot\ \cdot \qquad\qquad\qquad\qquad\qquad\qquad\qquad\qquad \cdot \\
\cdot \qquad\qquad\qquad\quad \cdot\ \cdot \qquad\qquad\qquad\qquad\qquad\qquad\qquad \cdot \\
\cdot \qquad\qquad\qquad\qquad \cdot\ \cdot \qquad\qquad\qquad\qquad\qquad\qquad\quad \cdot \\
\\
\qquad\qquad\qquad\qquad\qquad\qquad\qquad\qquad\quad \cdot\ \cdot \\
\qquad\qquad\qquad\qquad\qquad\qquad\qquad\qquad\qquad \cdot\ \cdot \\
\qquad\qquad\qquad\qquad\qquad\qquad\qquad\qquad\qquad\quad \cdot\ \cdot \\
\qquad\qquad\qquad\qquad\qquad\qquad\qquad\qquad \cdots 0\, 1\, 0 \cdots \\
\cdot \qquad\qquad\qquad\qquad\qquad\qquad\qquad\qquad \cdots 0\, 1\, 0 \cdots \qquad\quad \cdot \\
\cdot \qquad\qquad\qquad\qquad\qquad\qquad\qquad\qquad\quad \cdots 0\, 1\, 0 \cdots \qquad \cdot \\
\cdot \qquad\qquad\qquad\qquad\qquad\qquad\qquad\qquad\qquad \cdots 0\, 1\, 0 \cdots \quad \cdot \\
0 \cdots \qquad\qquad\qquad\qquad\qquad\qquad\qquad\qquad\qquad \cdots 0\, 1\, 0 \quad \cdots 0 \\
0 \cdots \qquad\qquad\qquad\qquad\qquad\qquad\qquad\qquad\qquad\quad \cdots 0\, 1\, 0\, 0\, 0\, 0 \\
0 \cdots \qquad\qquad\qquad\qquad\qquad\qquad\qquad\qquad\qquad\qquad \cdots 0\, 1\, 0\, 0\, 0 \\
0 \cdots \qquad\qquad\qquad\qquad\qquad\qquad\qquad\qquad\qquad\qquad\quad \cdots 0\, 1\, 0\, 0 \\
0 \cdots \qquad\qquad\qquad\qquad\qquad\qquad\qquad\qquad\qquad\qquad\qquad \cdots 0\, 1\, 0 \\
0 \cdots \qquad\qquad\qquad\qquad\qquad\qquad\qquad\qquad\qquad\qquad\qquad\quad \cdots 0\, 1
\end{array}\right] \tag{5.2.4}$$

die bedingte Wahrscheinlichkeit dafür, daß der Prozeß in einem Zustand der n-ten Generation verweilt. Enthält diese Generation eine oder mehrere Finalvarianten, so ist $\pi_i(n)$ bei geeigneter Definition eine Abschätzung der Wahrscheinlichkeit für die Realisierung der i-ten Variante. Nun wenden wir uns wieder der Charakterisierung des Variantenbaumes $D(A, V)$ zu, wobei wir auf Grund der Information über die Menge der Zustände des Prozesses diesen in Form einer stochastischen Matrix darstellen. Denn auf Grund der Voraussetzungen 1. bis 4. sind die Elemente dieser Matrix für jeden vorgegebenen Baum $D(A, V)$ vollständig bestimmt.

Nach den für die Bestimmung der Übergangswahrscheinlichkeiten p_{ij} eingeführten Regeln hat die stochastische Matrix die Form der Matrix (5.2.4) auf Seite 185.

Um die stochastische Matrix in dieser Form schreiben zu können, kann man erforderlichenfalls die Zustände umordnen, d.h. die α-Knoten von $D(A, V)$ entsprechend umnumerieren.

In unserer Darstellung wird das Symbol * zur Bezeichnung positiver Elemente der stochastischen Matrix P verwendet; m ist die Gesamtzahl der α-Knoten der Menge A in $D(A, V)$, d.h., $m = |A|$. Für jede Zeile der Matrix gilt der Definition des stochastischen Netzplanes entsprechend

$$\sum_{j=1}^{m} p_{ij} = 1, \qquad i = 1, \dots, m, \quad 0 \leqq p_{ij} \leqq 1. \tag{5.2.5}$$

Es sei darauf hingewiesen, daß die Numerierung der α-Knoten des Teilgraphen $D(A, V)$ bei gleichzeitiger Bestimmung der Generationen, denen sie angehören, nach dem in 1.5. beschriebenen Algorithmus zur topologischen Anordnung der Knoten eines Graphen vorgenommen wird. Nach Bestimmung der Matrix P und ihrer Elemente, die der Bedingung (5.2.3) genügen, bietet sich der formale Übergang zu einer Darstellung des Prozesses an, den man gewöhnlich als einen Markowschen Prozeß bezeichnet. Die Folge der Generationen (des Variantenbaumes), in denen jeweils nur ein α-Knoten aus der vollständigen Gruppe der α-Knoten $\alpha_1, \alpha_2, \dots, \alpha_m$ realisiert werden kann, bildet eine Markowsche Kette, denn die bedingte Wahrscheinlichkeit $p_{ij}[n] \equiv p_j(\alpha_i)$ dafür, daß in der n-ten Generation das α-Ereignis α_j unter der Bedingung eintritt, daß in der $(n-1)$-ten Generation das Ereignis α_i eingetreten ist, ist unabhängig davon, auf welchem Wege der Prozeß den Knoten α_i erreicht hat. In diesem Falle wird $\alpha_1, \dots, \alpha_m$ zu einem Zustand der Markowschen Kette, während die n-te Generation als eine Änderung des Zustandes zum Zeitpunkt n gedeutet werden kann.

In der Theorie der Markowschen Ketten wird bei den analytischen Ergebnissen zwischen solchen für streng positive und solchen für nicht negative Elemente unterschieden.

Wir wollen nun die allgemeine Form der stochastischen Matrix P eingehender untersuchen. Die meisten ihrer Elemente, die ja bekanntlich Übergangswahrscheinlichkeiten darstellen, sind null. Das deutet darauf hin, daß der untersuchte reale Prozeß eine Vereinigung mehrerer verwandter Prozesse darstellt, die jeweils die Projektierung bestimmter Teilsysteme widerspiegeln. Die Gesamtheit dieser Teilsysteme bildet dann den Gesamtkomplex.

Um verschiedenen äußerst schwierigen Problemen auszuweichen, die sich bei der Untersuchung von Markowschen Ketten ergeben, in denen Übergangswahrscheinlichkeiten mit dem Wert null auftreten, kann man hier die Nullen für Wahrscheinlichkeiten des Typs p_{ii} durch sehr kleine Werte ersetzen. Dadurch werden die Übergangswahrscheinlichkeiten nur unwesentlich beeinflußt, während der betrachtete Prozeß eine wesentlich einfachere Form erhält. Andererseits lassen sich dadurch die analytischen Ergebnisse viel leichter gewinnen, und es wird vermieden, daß die Matrix P ausartet.

Wie man sieht, ist P eine Dreiecksmatrix, bei der unterhalb der Hauptdiagonale lauter Nullen stehen. Diese Matrix ist daher zerlegbar; faßt man ihre Elemente zu Blöcken zusammen, so läßt sie sich in der Form

$$P = \begin{pmatrix} A & C \\ 0 & B \end{pmatrix} \quad \text{oder} \quad P = \begin{pmatrix} A & 0 \\ D & B \end{pmatrix} \tag{5.2.6}$$

darstellen, wobei A und B quadratische Matrizen sind.

Aus der Theorie der Matrizen [23] und der Theorie der MARKOWschen Ketten [18] wissen wir, daß für Prozesse, die durch Übergangsmatrizen der genannten Form wiedergegeben werden, die folgenden Sätze gelten:

a) Ist P eine stochastische Matrix, so ist P^n, $n = 1, 2, \ldots$, ebenfalls eine stochastische Matrix.

b) Eine homogene MARKOWsche Kette heißt zerlegbar, nichtzerlegbar, periodisch bzw. aperiodisch, wenn die stochastische Matrix P zerlegbar, nichtzerlegbar, primitiv bzw. imprimitiv ist.

c) Eine stochastische Matrix P und die ihr entsprechende homogene MARKOWsche Kette heißen regulär, wenn die Matrix P keine von 1 verschiedenen charakteristischen Zahlen besitzt, deren Betrag 1 ist. Sie heißt vollständig regulär, wenn zusätzlich die Zahl 1 eine einfache Wurzel der charakteristischen Gleichung (Säkulargleichung) der Matrix P ist.

Wir wollen uns auf die wichtigsten Sätze der Theorie der MARKOWschen Ketten beschränken und den zu untersuchenden Prozeß charakterisieren.

Auf Grund dieser Sätze läßt sich der Prozeß der Planung und Realisierung eines Projekts, dessen mathematisches Modell der stochastische Netzplan mit dem Teilgraphen (Variantenbaum) $D(A, V)$ ist, auf eine homogene MARKOWsche Kette allgemeiner Form zurückführen. Eine solche Kette ist aber aperiodisch und zerlegbar und hat (nach der KOLMOGOROWschen Terminologie) als wesentliche Zustände die Zustände, die den Finalvarianten entsprechen, während alle anderen Zustände unwesentlich sind.

Nun sei $p_{ij}^{(n)}$ die Wahrscheinlichkeit dafür, daß sich der Prozeß nach n Schritten im Zustand α_j befindet unter der Voraussetzung, daß sich der Prozeß zum Zeitpunkt 0 im Zustand α_i befand. Dann gilt

$$p_{ij}^{(n+1)} = \sum_{h=1}^{m} p_{ih}^{(n+1)} p_{hj} \qquad (i, j = 1, \ldots, m)$$

oder in Matrizenschreibweise

$$\|p_{ij}^{(n+1)}\| = \|p_{ij}^{(n)}\|_1^m \cdot \|p_{ij}\|_1^m .$$

Läßt man n nacheinander die Werte 1, 2, ... durchlaufen, so ergibt sich nach der Theorie der MARKOWschen Ketten die Formel

$$\|p_{ij}^{(n)}\| = P^n \qquad (n = 1, 2, \ldots). \tag{5.2.7}$$

Falls die Grenzwerte existieren, ist

$$\lim_{n\to\infty} p_{ij}^{(n)} = p_{ij}^{\infty} \qquad (i, j = 1, 2, \ldots, m)$$

oder in Matrixschreibweise

$$\lim_{n\to\infty} P^{(n)} = P^{\infty} = \|p_{ij}^{\infty}\|_1^m, \tag{5.2.8}$$

wobei die p_{ij}^{∞} $(i, j = 1, 2, \ldots, m)$ als Grenzübergangswahrscheinlichkeiten oder Finalübergangswahrscheinlichkeiten bezeichnet werden. Alle Zustände mit Ausnahme der Finalvarianten sind unwesentlich, da für jeden von ihnen ein n derart existiert, daß $p_{ij}^{(n)} > 0$ ist, während $p_{ij}^{(k)} = 0$ für alle k gilt. Ein unwesentlicher Zustand hat die Eigenschaft, daß man aus diesem mit positiver Wahrscheinlichkeit in einen gewissen anderen Zustand gelangt, während eine Rückkehr in den ursprünglichen, unwesentlichen Zustand nicht mehr möglich ist. Die wesentlichen Zustände bezeichnet man auch als nichtrekurrente oder absorbierende Zustände [18]. Aus der Gestalt der stochastischen Matrix (5.2.6) folgt unmittelbar, daß durchaus ein Übergang aus irgendeinem Zustand, der A entspricht, in einen B entsprechenden Zustand möglich ist, während ein Übergang in umgekehrter Richtung nicht möglich ist. Mit anderen Worten, bei der Entwicklung des Prozesses und bei seinem Übergang aus einer Generation in die nächste von $D(A, V)$ (n wächst) erfolgt eine Bewegung in Richtung des Projektabschlusses. Hierbei ändern sich für Matrizen der Form (5.2.4) die Grenzübergangswahrscheinlichkeiten von einem gewissen n an nicht mehr, obwohl das n auch weiter zunimmt. Erhebt man diese Matrizen in eine ganzzahlige positive Potenz, so ändern sie von einem gewissen n an ihre Form nicht (wir werden dies an einem Beispiel veranschaulichen). Diese Eigenschaft folgt aus der Zerlegbarkeit der ursprünglichen stochastischen Matrix. Wegen $D \neq 0$ ist der betrachtete Prozeß weder periodisch noch zyklisch.

Es hat keinen Sinn, von einer Regularität der betrachteten Markowschen Kette zu sprechen, denn ihre charakteristische Matrix enthält bei beliebigem n Elemente, die gleich 0 sind. Darüber hinaus hat die Säkulargleichung der Matrix P stets mehrfache charakteristische Wurzeln, die gleich 1 sind. Dies hat seine Ursache darin, daß der Prozeß wenigstens zwei oder mehrere absorbierende Zustände enthält. Man erkennt dies leicht aus der allgemeinen Form von P, wobei lediglich zu beachten ist, daß wegen der Dreiecksform der stochastischen Matrix ihr charakteristisches Polynom einfach ein Produkt der Diagonalelemente der Matrix ist. Ein Teil dieser Elemente ist aber nach Regel 4. gleich 1. Setzt man $p_{ii} \neq 0$, so läßt sich die charakteristische Gleichung in der Form

$$\psi(\lambda) = (\lambda - \lambda_1)^{m_1} (\lambda - \lambda_2)^{m_2} \cdots (\lambda - \lambda_n)^{m_n} \tag{5.2.9}$$

$$(\lambda_i \neq \lambda_k \quad \text{für} \quad i \neq k), \quad \lambda_1 = 1, \quad m_1 \neq 1,$$

$$m_1 + m_2 + \cdots + m_n = m,$$

schreiben. Das Auftreten mehrfacher Wurzeln ($m_1 \neq 1$) bringt keine wesentlichen Veränderungen mit sich und besagt lediglich, daß die Kette zwei oder mehrere geschlossene Teilketten besitzt. Es sei erwähnt, daß bei Problemen, in denen Absorptionswahrscheinlichkeiten auftreten, eine derartige Situation durchaus nichts Ungewohntes darstellt [18].

Wir bezeichnen mit $\boldsymbol{\pi}[n] = \{\pi_1[n], \ldots, \pi_m[n]\}$ den Zeilenvektor der Zustandswahrscheinlichkeiten des diskreten MARKOWschen Prozesses beim n-ten Schritt.

Nach der Theorie der MARKOWschen Ketten gilt

$$\sum_{i=1}^{m} \pi_i[n] = 1, \qquad \pi[n+1] = \sum_{j=1}^{m} p_{ij}\pi_j[n],$$

wobei $\boldsymbol{\pi}[0]$ der Vektor des Anfangszustands ist. In der Matrixschreibweise erhalten wir

$$\boldsymbol{\pi}[n+1] = \boldsymbol{\pi}[n]\,P \quad \text{oder} \quad \boldsymbol{\pi}[n] = (P^T)^n\,\boldsymbol{\pi}[0].$$

Nach dem Verfahren der erzeugenden Funktionen, und zwar mit Hilfe der z-Transformation

$$f(z) = \sum_{n=0}^{\infty} f(n)\,z^n$$

werden wir die Menge der ganzen Zahlen $n = 0, 1, 2, \ldots$ als Generationsnummern auf $D\,(A,\,V)$ interpretieren.

Es sei $\Pi(z)$ der transformierte Vektor $\boldsymbol{\pi}[n]$. Dann ist $\Pi(z) = \boldsymbol{\pi}^T[0]\,(I - zP)^{-1}$, wobei I die Einheitsmatrix ist. Somit ist der transformierte Vektor der Wahrscheinlichkeitszustände gleich dem ursprünglichen Vektor der Wahrscheinlichkeitszustände, multipliziert von rechts mit der zu $(I - zP)$ inversen Matrix. Diese Matrix existiert aber stets für $|z| < 1$. Man kann $P^n = H[n]$ setzen [98], wobei $H[n]$ eine gewisse von n abhängige Matrix ist, die sich im Gebiet des Urbildes in mehrere Teilmatrizen zerlegen läßt, unter denen wenigstens eine Matrix stochastisch ist. Die stochastische Matrix entspricht einer Matrix, die im Bildbereich den Faktor $\frac{1}{1-z}$ hat. In der Theorie der MARKOWschen Prozesse [18] nennt man diesen Faktor stationäre Komponente und bezeichnet sie mit S. Die übrigen Faktoren bilden die Übergangskomponente, die den Prozeß in der Übergangsphase beschreibt. Um die Abhängigkeit dieser Komponente von n auszudrücken, bezeichnet man sie gewöhnlich mit $T[n]$. Es gilt daher

$$\boldsymbol{\pi}[n] = (P^T)^n\boldsymbol{\pi}[0]$$

oder

$$\boldsymbol{\pi}[n]^T = \boldsymbol{\pi}^T[0]\,H[n],$$

$$H[n] = S + T[n].$$

Die Matrizen, die $T[n]$ bilden, haben die Eigenschaft, daß die Summe ihrer Elemente in jeder Zeile null ist. Man kann sie als Störungen deuten, die dem Prozeß überlagert werden.

Für den betrachteten Fall kann die Wahrscheinlichkeit für jede mögliche Variante auf $D(A, V)$, die der n-ten Generation angehört, in der Form

$$\pi_j[n] = \pi_i[0] \left\{\pi_j - \sum_{k=0}^{n-1} \Delta 1\,[n-k]\, \pi_j^k\right\}$$

dargestellt werden; hier ist $\Delta 1\,[n-k]$ die Einheitsdifferenzfunktion, die für ganzzahlige Werte der unabhängigen Variablen nach der Formel

$$\Delta 1\,[x-n] = \begin{cases} 1 & \text{für} \quad x = n, \\ 0 & \text{für} \quad x \neq n \end{cases}$$

definiert wird; π_j^k ist ein Element der k-ten Differentialmatrix, die sich bei der Entwicklung von $T[n]$ und des zugehörigen P_k in die Reihe

$$(I - zP)^{-1} = \frac{1}{1-z} P^n + P_0 + zP_1 + z^2 P_2 + \cdots$$

ergeben hat.

Zum Abschluß betrachten wir ein Beispiel, das uns die beschriebene Methode zur Analyse des Planungsprozesses auf der Grundlage der Theorie der MARKOWschen

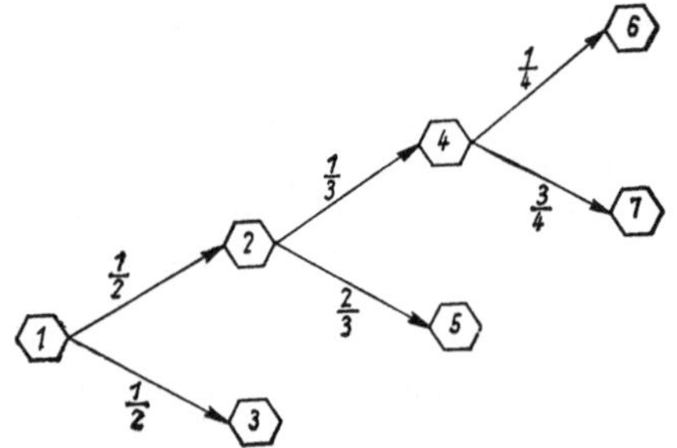

Bild 15

Ketten veranschaulicht. Für das betrachtete Beispiel möge $D(A, V)$ die in Bild 15 gezeigte Form haben. Die stochastische Matrix hat hier die Form

$$P = \begin{bmatrix} 0 & \frac{1}{2} & \frac{1}{2} & 0 & 0 & 0 & 0 \\ 0 & 0 & 0 & \frac{1}{3} & \frac{2}{3} & 0 & 0 \\ 0 & 0 & 1 & 0 & 0 & 0 & 0 \\ 0 & 0 & 0 & 0 & 0 & \frac{1}{4} & \frac{3}{4} \\ 0 & 0 & 0 & 0 & 1 & 0 & 0 \\ 0 & 0 & 0 & 0 & 0 & 1 & 0 \\ 0 & 0 & 0 & 0 & 0 & 0 & 1 \end{bmatrix}$$

$$\Pi(z) = \begin{bmatrix} 1 & \frac{1}{2}z & \frac{z}{2(1-z)} & \frac{z^2}{6} & \frac{z^2}{3(1-z)} & \frac{z}{24(1-z)} & \frac{z^3}{8(1-z)} \\ 0 & 0 & 0 & \frac{1}{3}z & \frac{2z}{3(1-z)} & \frac{z^2}{12(1-z)} & \frac{z^2}{4(1-z)} \\ 0 & 0 & \frac{1}{1-z} & 0 & 0 & 0 & 0 \\ 0 & 0 & 0 & 1 & 0 & \frac{z}{4(1-z)} & \frac{3z}{4(1-z)} \\ 0 & 0 & 0 & 0 & \frac{1}{1-z} & 0 & 0 \\ 0 & 0 & 0 & 0 & 0 & \frac{1}{1-z} & 0 \\ 0 & 0 & 0 & 0 & 0 & 0 & \frac{1}{1-z} \end{bmatrix}$$

$$= \frac{1}{1-z}\begin{bmatrix} 0 & 0 & \frac{1}{2} & 0 & \frac{1}{3} & \frac{1}{24} & \frac{1}{3} \\ 0 & 0 & 0 & 0 & \frac{2}{3} & \frac{1}{12} & \frac{1}{4} \\ 0 & 0 & 1 & 0 & 0 & 0 & 0 \\ 0 & 0 & 0 & 0 & 0 & \frac{1}{4} & \frac{3}{4} \\ 0 & 0 & 0 & 0 & 1 & 0 & 0 \\ 0 & 0 & 0 & 0 & 0 & 1 & 0 \\ 0 & 0 & 0 & 0 & 0 & 0 & 1 \end{bmatrix} + 1\begin{bmatrix} 1 & 0 & -\frac{1}{2} & 0 & -\frac{1}{3} & -\frac{1}{24} & -\frac{1}{8} \\ 0 & 1 & 0 & 0 & -\frac{2}{3} & -\frac{1}{12} & -\frac{1}{4} \\ 0 & 0 & 0 & 0 & 0 & 0 & 0 \\ 0 & 0 & 0 & 1 & 0 & -\frac{1}{4} & -\frac{3}{4} \\ 0 & 0 & 0 & 0 & 0 & 0 & 0 \\ 0 & 0 & 0 & 0 & 0 & 0 & 0 \\ 0 & 0 & 0 & 0 & 0 & 0 & 0 \end{bmatrix}$$

$$+ z\begin{bmatrix} 0 & \frac{1}{2} & 0 & 0 & -\frac{1}{3} & -\frac{1}{24} & -\frac{1}{8} \\ 0 & 0 & 0 & \frac{1}{3} & 0 & -\frac{1}{12} & -\frac{1}{4} \\ 0 & 0 & 0 & 0 & 0 & 0 & 0 \\ 0 & 0 & 0 & 0 & 0 & 0 & 0 \\ 0 & 0 & 0 & 0 & 0 & 0 & 0 \\ 0 & 0 & 0 & 0 & 0 & 0 & 0 \\ 0 & 0 & 0 & 0 & 0 & 0 & 0 \end{bmatrix} + z^2\begin{bmatrix} 0 & 0 & 0 & \frac{1}{6} & 0 & -\frac{1}{24} & -\frac{1}{8} \\ 0 & 0 & 0 & 0 & 0 & 0 & 0 \\ 0 & 0 & 0 & 0 & 0 & 0 & 0 \\ 0 & 0 & 0 & 0 & 0 & 0 & 0 \\ 0 & 0 & 0 & 0 & 0 & 0 & 0 \\ 0 & 0 & 0 & 0 & 0 & 0 & 0 \\ 0 & 0 & 0 & 0 & 0 & 0 & 0 \end{bmatrix}$$

Somit ist

$$(I - zP)^{-1} = \frac{1}{1-z} P^n + 1P_0 + zP_1 + z^2P_2$$

mit

$$\pi[n] = h_0[n]\, P^n + h_1[n]\, P_0 + h_2[n]\, P_1.$$

Hierbei ist

$$h_0[n] = 1[n], \quad h_1[n] = 1[n]\{1[n] - 1\,[n-1]\},$$

$$h_2[n] = 1[n]\,\{1\,[n-1] - 1\,[n-2]\}.$$

Für diesen Fall läßt sich die Grenzwahrscheinlichkeit der Finalvariante α als Funktion von n durch die folgenden Ausdrücke definieren (für $\pi_1(0) = 1$):

$$\pi_7[0] = \tfrac{1}{8} - \tfrac{1}{8} - 0 - 0 = 0,$$

$$\pi_7[1] = \tfrac{1}{8} - 0 - \tfrac{1}{8} - 0 = 0,$$

$$\pi_7[2] = \tfrac{1}{8} - 0 - 0 - \tfrac{1}{8} = 0,$$

$$\pi_7[3] = \tfrac{1}{8} - 0 - 0 - 0 = \tfrac{1}{8},$$

$$\pi_7[4] = \pi_7[5] = \cdots = \pi_7[\mathrm{k}] = \cdots = \tfrac{1}{8}.$$

Das beschriebene Verfahren zur Untersuchung des Planungsprozesses für ein großes System erscheint äußerst aussichtsreich, da es uns ein tieferes Verständnis für die charakteristischen Züge vermittelt, die der Projektierung neuer komplizierter Komplexe eigen sind. Darüber hinaus gestattet die Betrachtung der möglichen Variante bei ihrer Kopplung an die entsprechenden Generationen die Analyse in zwei Prozesse aufzugliedern: 1. eine Analyse in Abhängigkeit von den Faktoren der Menge A und ihrer Charakteristika; 2. eine Analyse der Faktoren oder Parameter der Menge V und der diesen entsprechenden Charakteristika.

Hat man seine Aufmerksamkeit auf die Übergänge von einem α-Ereignis zu einem anderen konzentriert, so ist der folgende Umstand zu beachten. Da die Länge der Zweige, die die einzelnen α-Ereignisse verbinden, einen deutlich ausgeprägten Zufallscharakter hat, ist auch die Zeit zwischen den einzelnen Übergängen ebenfalls zufällig, daher läßt sich der Planungsprozeß eines neuen komplizierten Komplexes erforderlichenfalls durch ein MARKOWsches Modell mit kontinuierlicher Zeit beschreiben. Die wichtigste praktische Anwendung der Konstruktion eines stochastischen Netzplanmodells ist hier die Möglichkeit seiner Zurückführung auf MARKOWsche Prozesse mit Zuwächsen [18, 30].

Beachtet man den Umstand, daß neben den Zeitwertschätzungen die Zweige (bzw. Vorgänge) eines Netzplanmodells auch Kostenparameter zugewiesen erhalten können, so kann man hier mit Hilfe der Theorie der MARKOWschen Prozesse mit Zuwächsen unmittelbar dazu übergehen [30], das Problem der Optimierung des Planungsvorganges mit Hilfe der Methoden der dynamischen Optimierung zu formulieren und zu lösen [3].

5.3. Die Berechnung der Parameter eines stochastischen Netzplanmodells auf einer EDVA

Die Berechnung der Parameter eines stochastischen Netzplanmodells erfolgt ebenfalls nach der Monte-Carlo-Methode. Dabei wird ein besonderer Algorithmus [56] angewandt, den wir in Anlehnung an die α-Knoten als α-Algorithmus bezeichnen wollen.

Die Berechnung läßt sich hierbei in eine Reihe nacheinander zu lösender Teilaufgaben aufgliedern. Zu diesen gehören:

a) Vorbehandlung und Kontrolle der Primärinformation, darunter auch eine Überprüfung des Netzplanes auf etwa in diesem enthaltene Schleifen;

b) Berechnung der maximalen Wege und Längen dieser Wege bis zu einem beliebig vorgegebenen Knoten des Netzplanmodells;

c) Modellierung der Realisierungsdauern der Vorgänge auf Grund der von den verantwortlichen Auftragsbearbeitern vorgegebenen Schätzwerte;

d) Konstruktion des Variantenbaumes;

e) Auswahl der disjunktiven Wege im Variantenbaum und Berechnung ihrer Längen;

f) Abschätzung der Wahrscheinlichkeiten für die einzelnen Ausgänge und deren Realisierungsdauer.

Jede der aufgeführten Teilaufgaben wird mit Hilfe eines entsprechenden Teilalgorithmus gelöst, der einen Bestandteil des gesamten α-Algorithmus bildet.

Die Durchführung des α-Algorithmus liefert uns die folgenden Ergebnisse:

1. Listenmäßige Zusammenstellung aller Vorgänge der kritischen Zone nach den in 4.2. angegebenen Kriterien.

2. Die mittlere Dauer für die Realisierung des Gesamtprojekts sowie die Wahrscheinlichkeit und die mittlere Dauer der Realisierung für jede der möglichen Varianten.

Der α-Algorithmus bewirkt eine sukzessive logisch-mathematische Bearbeitung des stochastischen Netzplanmodells und die Bestimmung seiner wichtigsten Parameter. Das Blockdiagramm des α-Algorithmus (siehe Bild 16) enthält die folgenden Blöcke:

Block 1. Vorbehandlung und Überprüfung der Primärinformation. Dieser Block nimmt automatisch die Suche nach Fehlern in der Primärinformation, insbesondere auch nach den in dieser enthaltenen Schleifen vor. Darüber hinaus bereitet er die Primärinformation über die Vorgänge des Netzplanmodells und die zwischen diesen bestehenden Relationen für die Bearbeitung auf einer EDVA vor.

Block 2. Ermittlung der topologischen Struktur des Variantenbaumes. Dieser Block bestimmt die Topologie des Variantenbaumes, für den die wichtigsten numerischen Parameter, und zwar die mittleren Längen der Zweige und die Wahrscheinlichkeiten für die einzelnen Varianten zunächst noch unbekannt bleiben.

Block 3. Dieser Block realisiert eine lexikographische Durchsicht des Variantenbaumes mit dem Ziel, die numerischen Parameter sukzessiv zu ermitteln und nacheinander die einzelnen Fragmente des Netzplanmodells durchzurechnen, die den einzelnen möglichen Varianten entsprechen. Die Abarbeitung des α-Algorithmus erfolgt hierbei in einem sog. großen Zyklus [56], und zwar in der Zeit, in der die Prozedur zur Berechnung der Parameter des Netzplanmodells zwischen den einzelnen Zyklen für eine bestimmte Zeit unterbrochen werden kann, während sämtliche erforderlichen Parameter der einzelnen Fragmente des Netzplanmodells des stochastischen Netzplanes ausgedruckt und analysiert werden können. Der Übergang zu dem nächsten großen Zyklus ist unabhängig von einer wiederholten Realisierung der beiden vorangehenden Blöcke 1 und 2.

Wir wollen nun das Verfahren der lexikographischen Durchsicht etwas eingehender betrachten, denn dieses Verfahren ist eine äußerst effektive Methode zur Modellierung

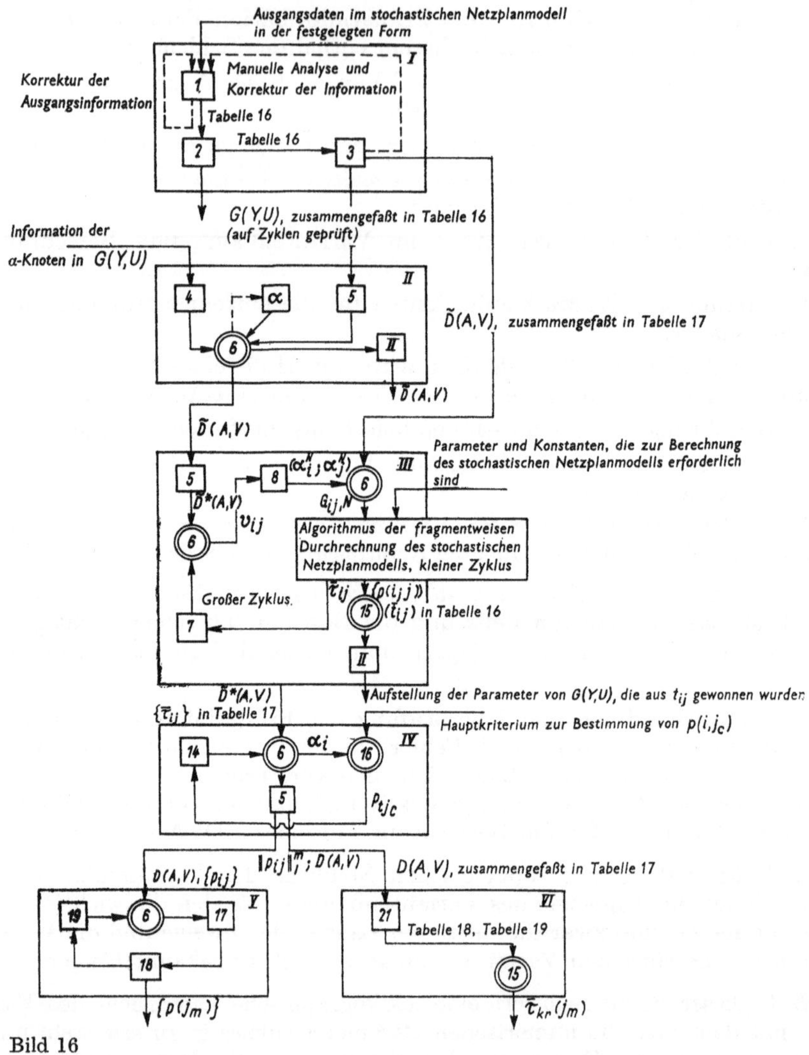

Bild 16

eines stochastischen verzweigten Baumes auf einer EDVA [67, 71]. Zu den Vorzügen dieses Verfahrens gehört der geringe Speicherbedarf; denn es ermöglicht die Berechnung des gesamten verzweigten Baumes, obwohl im Hauptspeicher jeweils nur ein Zweig des Baumes abgespeichert zu werden braucht. Es läßt sich besonders zweckmäßig dann anwenden, wenn man neben den zeitlichen Parametern eines Netzplanmodells auch Informationen über andere Parameter gewinnen will, insbesondere, wenn hierbei eine Durchsicht aller Vorgänge des Netzplanes erfolgen muß wie etwa bei den Kostenparametern.

Der Grundgedanke des Verfahrens beruht auf den folgenden Überlegungen. Wir wollen annehmen, daß bei der Modellierung der k_α Alternativvarianten im Ereignis

(Knoten) α insgesamt m_α Vorgänge „gezogen" worden sind, die vom Knoten α ausgehen. Mit anderen Worten, es werden $k_\alpha - m_\alpha$ Vorgänge getilgt, so daß nur m_α Vorgänge verbleiben. Wir wollen für das weitere vereinbaren, daß von den m_α Vorgängen jeweils nur einer verfolgt wird, jedoch nicht zufällig, sondern vollständig determiniert.

Es sei dies etwa der erste Vorgang unter den m_α neu entstandenen Vorgängen im Knoten α. Diese Verfolgung geschieht auf einer bestimmten Bahn, bis der Prozeß abbricht, d.h., bis wir das Zielereignis erreicht haben. Hierbei werden alle betrachteten Vorgänge vom ersten bis zum letzten fixiert und im Hauptspeicher der EDVA abgespeichert.

Es möge hierbei etwa die Bahn $4 \to 1 \to 6 \to 2 \to 10 \to 11$ verfolgt worden sein (vgl. Bild 12. II). Wir gehen um einen Vorgang zurück, bestimmen den zweiten im Knoten 2 gebildeten Vorgang und durchlaufen diesem folgend bis zum Ende den Zweig $4 \to 1 \to 6 \to 2 \to 11$ und den Zweig $4 \to 1 \to 6 \to 2 \to 12 \to 13$.

Nachdem wir alle auf den zweiten Vorgang im Knoten 2 folgenden Vorgänge durchgesehen haben, berechnen wir den dritten Vorgang in 2 und verfolgen von diesem aus alle Wege bis zum Abschluß des stochastischen Prozesses.

Sind alle im Knoten 2 gebildeten Vorgänge durchgesehen, so gehen wir um einen weiteren Vorgang zurück und untersuchen in ähnlicher Weise die Gesamtheit aller Vorgänge, die sich aus dem zweiten im Knoten 6 gebildeten Vorgang ergeben haben usw. Dadurch brauchen wir in der Tat im Hauptspeicher der EDVA jeweils nur eine Bahn abzuspeichern (genauer die Daten über alle Vorgänge, die in den Punkten dieser Bahn gebildet wurden), ohne den gesamten Baum auf einmal betrachten zu müssen. Dadurch wird der Speicherbedarf der EDVA erheblich gesenkt.

Block 4. In diesem Block werden die Übergangswahrscheinlichkeiten p_{ij} bestimmt und die stochastische Matrix $P = \|p_{ij}\|_1^m$ gebildet.

Block 5. und 6. In diesen Blöcken erfolgt die Berechnung der endgültigen Wahrscheinlichkeiten für die Varianten und deren Realisierungsdauer.

Block 7. (Im Blockdiagramm ist dieser Block innerhalb des Blockes 3 dargestellt.) In diesem Block wird der kleine Zyklus durchlaufen, in dem die „Ziehung" der Dauern der einzelnen Vorgänge (jeweils N Realisierungen) erfolgt. Dabei wird für jede Realisierung die kritische Dauer für das jeweilige Fragment ermittelt. Desgleichen werden hier die Kriterien für die kritische Lage aller Vorgänge des Netzplanmodells berechnet.

Erforderlichenfalls können bei der Abarbeitung dieses Blocks auch andere Parameter gewonnen werden, die die einzelnen Vorgänge in den NPT-Systemen charakterisieren, z.B. die Kostenparameter.

Eine ausführliche Darstellung der Blöcke des α-Algorithmus liefert uns das Parameterschema. Es vermittelt uns eine umfassende Vorstellung von der Folge der Rechengänge, die für die Berechnung der Parameter eines stochastischen Netzplanmodells angesetzt werden.

Das in Abb. 16 wiedergegebene Operatorenschema besteht aus einzelnen Operatoren, deren Wirkungsweise wir nunmehr betrachten wollen.

Operator 1. Dieser Operator bewirkt die Vorbehandlung und Überprüfung der Primärdaten. Das stochastische Netzplanmodell $G(Y, U)$ wird in einzelne Elemente, die jeweils den Kanten entsprechen, derart zerlegt, daß die Information für jede

Kante in Dezimalklassifikationsform in eine Zeile der Tabelle der Primärdaten eingetragen wird (vgl. Tabelle 15). Hierbei erfolgt eine Überprüfung auf Fehler, die etwa in der topologischen Struktur des stochastischen Netzplanmodells $G(Y, U)$ und in seiner Charakteristik bei der Bildung des Primärdatenfeldes aufgetreten sein könnten, wobei zugleich entweder eine manuelle oder eine automatische Korrektur der Fehler mit Hilfe eines entsprechenden Rechenprogramms erfolgt.

Tabelle 15 Tabelle der Ausgangsdaten

Merkmal des α-Knotens	Nummer des vorausgehenden Ereignisses	Merkmal des Anfangsknotens	Merkmal des Endknotens	Nummer des nachfolgenden Ereignisses	Dauer der Vorgänge		Wahrscheinlichkeit für einen Ausgang, auf Grund dessen der betreffende Vorgang zur Ausführung gelang
					Minimaler Schätzwert für die Dauer des Vorganges	Maximaler Schätzwert für die Dauer des Vorganges	
	Anfangsknoten der Kante			Endknoten der Kante	Minimaler Schätzwert der Kantenlänge	Maximaler Schätzwert der Kantenlänge	
α	i	c_1	c_2	j	a_{ij}	b_{ij}	p_{ij}
(1)	(2)	(3)	(4)	(5)	(6)	(7)	(8)

Operator 2. Dieser Operator konstruiert auf der Grundlage der Primärdaten von Tabelle 15 die Tabelle 16.

Tabelle 16

Merkmal des α-Knotens	Anfangsknoten	Merkmal des Anfangsknotens	Merkmal des Endknotens	Endknoten	Merkmal des α-Knotens	Merkmal eines Schrittes nach links	Merkmal eines Schrittes nach rechts			Schätzwert der Kantenlänge	Koeffizient für die kritische Lage der Kanten
α	i	c_1	c_2	j	α	Λ	Π	c_3	c_4	t_{ij}	$p(i, j)$
(1)	(2)	(3)	(4)	(5)	(6)	(7)	(8)	(9)	(10)	(11)	(12)

Operator 3. Hier erfolgt zunächst eine Überprüfung des Netzplanes auf etwa enthaltene Schleifen nach dem Algorithmus von ARCHANGELSKI [56]. Mit Hilfe dieses Algorithmus werden die im Netzplan vorhandenen Schleifen sowie die Wege, durch die sie gebildet werden, ermittelt. Hierbei bleibt das Kennzeichen eines α-Knotens unberücksichtigt.

Operator 4. Dieser Operator konstruiert die Tabelle 17, die vom gleichen Typ ist wie die Tabelle 16.

Tabelle 17

	Anfangsknoten eines Zweiges	Merkmal des Anfangsknotens	Merkmal des Endknotens	Endknoten des Zweiges		Merkmal eines Schrittes nach links	Merkmal eines Schrittes nach rechts			Schätzwert für die Länge des Zweiges	a-priori-Wahrscheinlichkeit als möglicher Ausgang
	i	c_1	c_2	j		Λ	Π	c_3	c_4	τ_{ij}	p_{ij}
(1)	(2)	(3)	(4)	(5)	(6)	(7)	(8)	(9)	(10)	(11)	(12)

Der Hauptunterschied der neugebildeten Tabelle zu der vorhergehenden besteht darin, daß anstelle der Informationen über das stochastische Netzplanmodell als Ganzes (über die Knoten i und j, die Schätzwerte der Kantenlängen t_{ij}, des Koeffizienten der kritischen Lage $p(i, j)$) in die entsprechenden Spalten der Tabelle 17 die Information über den Variantenbaum $D(A, V)$ eingetragen wird, d.h., die Nummern der α-Knoten (i, j), die Schätzwerte für die Längen der Zweige τ_{ij} sowie die bedingten Übergangswahrscheinlichkeiten p_{ij}, wobei der Index i das Ergebnis des vorangehenden benachbarten α-Ereignisses bezeichnet, während der Index j angibt, zu welchem benachbarten nachfolgenden α-Ereignis der Übergang im nächsten Augenblick nach Eintritt des Ereignisses i erfolgen kann.

Operator 5. Dieser Operator ändert die Orientierung ausnahmslos aller Kanten des stochastischen Netzplanmodells (d.h. der Zweige des Variantenbaumes) in die entgegengesetzte. In den Tabellen 16 und 17 vertauschen i und j ihre Plätze, während die Kennzeichen der Anfangs- und Endknoten c_1 und c_2 mit -1 multipliziert werden.

Operator 6. Hier wird der modifizierte Algorithmus von Tarry [4] realisiert, auf dessen Grundlage ein geordneter Mehrschrittdurchlauf des Netzplanes bei gleichzeitiger Berechnung einiger Parameter der durchlaufenen Kanten und Knoten erfolgt. Diese Berechnung wird durch den α-Algorithmus gesteuert (vgl. Bild 16). Die Realisierung des Tarryschen Algorithmus besteht in einer zielgerichteten Bewegung längs der Knoten und Kantenzüge durch die Auswahl gewisser nach links oder rechts vorzunehmenden Schritte [4].

Unter einem Schritt nach links versteht man den Übergang von einem Knoten des Graphen zum benachbarten im entgegengesetzten Durchlaufsinn der Kante. Analog bedeutet der Schritt nach rechts einen Übergang im Durchlaufsinn. Dabei sind die folgenden Regeln zu beachten.

1. Der erste Schritt erfolgt stets vom Zielknoten aus.

2. Von jedem Knoten X_i aus wird stets zunächst ein Schritt nach links versucht. Hierzu werden alle Kanten betrachtet, die in den Knoten münden, und es wird eine

Kante ausgewählt, die bei den vorhergehenden Schritten des Algorithmus nicht betrachtet worden war. Ist (X_l, X_i) eine solche Kante, so wird der nächste Schritt vom Knoten X_l aus vorgenommen. Dabei wird vermerkt, daß der Übergang in den Knoten X_l vom Knoten X_i erfolgt war.

3. Aus dem betrachteten Knoten X_i kann ein Schritt nach links nicht erfolgen, wenn

a) keine Kanten existieren, die in X_i münden, woraus folgt, daß X_i Startknoten des Graphen ist;

b) sämtliche Kanten bei den vorausgehenden Schritten des Algorithmus bereits in Betracht gezogen worden waren.

4. Falls vom Knoten X_i ein Schritt nach links nicht möglich ist, so erfolgt von diesem aus ein Schritt nach rechts längs einer Kante, die bereits mit einem Schritt nach links durchlaufen worden war.

5. Das Verfahren bricht ab, wenn weder ein Schritt nach links noch ein Schritt nach rechts möglich sind.

Operator 7. Dieser Operator blockiert einen Rechtsschritt längs des Zweiges $v_{ij} \in V$ so lange, bis für diesen Zweig die mittlere Länge $\overline{\tau}_{ij}$ berechnet und in die entsprechende Spalte der Tabelle 17 eingetragen worden war.

Operator 8. Dieser Operator ermittelt den Anfang und das Ende des Zweiges (α_i, α_j), identifiziert diesen Zweig mit einem bestimmten Fragment $G_{ij}(Y, U)$, gibt dieses aus und trägt es in eine Tabelle der $I_{ij}(a, b)$ ein, die nach dem Typ der Tabelle 16 aufgebaut ist.

Operator 9. Hier erfolgt die Konstruktion der Tabelle der $I_{ij}(a, b)$ vom Typ der Tabelle 16, in die anstelle der t_{ij} und der $p(i, j)$ für die Zeit der Arbeit des α-Algorithmus im kleinen Zyklus die Randschätzwerte für die Kantenlängen des Fragments $G_{ij}(Y, U)$ eingetragen werden.

Operator 10. Hier erfolgt der Aufbau der Tabelle der I_{ij} vom Typ der Tabelle 16.

Operator 11. Mit Hilfe dieses Operators erfolgt die Berechnung des Erwartungswertes einer Zufallsvariablen auf Grund einer vorgegebenen Stichprobe von Werten.

Operator 12. Hier wird der Koeffizient der kritischen Lage $p(i, j)$ berechnet.

Operator 13. Dieser Operator ermittelt die Gesamtheit der Kanten des Fragments $G_{ij}(Y, U)$, die bei der k-ten Realisierung zur „Ziehung" kommen.

Operator 14. Dieser Operator blockiert einen Übergang mit Hilfe eines Rechtsschritts durch einen beliebigen auf dem Wege liegenden Knoten so lange, bis für diesen Knoten ausnahmslos alle bedingten Übergangswahrscheinlichkeiten für alle von dem Knoten ausgehenden Zweige berechnet sind.

Operator 15. Mit Hilfe dieses Operators werden die maximalen Wege bis zu einem beliebig vorgegebenen Knoten des deterministisch betrachteten Netzplanmodells anhand des bekannten FORDschen Algorithmus bestimmt (vgl. 1.5.).

Operator 16. Hier werden die bedingten Übergangswahrscheinlichkeiten p_{ij} nach den Formeln (5.2.3), d.h. mit Hilfe des Kriteriums berechnet, das zur Bestimmung der Wahrscheinlichkeiten für die möglichen Varianten dient.

Operator 17. Dieser Operator ermittelt den disjunktiven Weg mit der Finalvariante j_m, für den die Wahrscheinlichkeit der möglichen Variante $p(j_m)$ berechnet werden muß.

Operator 18. Dieser Operator berechnet die Finalwahrscheinlichkeiten der möglichen Varianten $p(j_m)$.

Operator 19. Mit Hilfe dieses Operators wird ein Rechtsschritt bei der Abarbeitung des Operators 6 blockiert. Desgleichen blockiert dieser Operator den Anfang des Operators 6 nach Ankunft im Wurzelknoten α so lange, bis die Finalwahrscheinlichkeit der Variante berechnet ist.

Operator 20. Dieser Operator realisiert die „Ziehungen" für die Dauer eines jeden Vorganges (d. h. für die Länge einer jeden Kante) des stochastischen Netzplanmodells nach der Monte-Carlo-Methode (vgl. 4.1.).

Operator 21. Dieser Operator bewirkt die Aufstellung der Tabellen 18 und 19 auf der Basis der Tabellen 16 und 17.

Tabelle 18

Merkmal des Anfangsknotens	Merkmal des Endknotens	Adresse des limitierenden Nachbarn	Knoten	Länge des maximalen Weges bis zum Knoten j'
c_1	c_2	$a_{j'}$	j'	$T_{j'}$
(1)	(2)	(3)	(4)	(5)

Tabelle 19

Merkmal des Anfangsknotens	Merkmal des Endknotens	Adresse des limitierenden Nachbarn	Code des α-Knotens	Länge des maximalen Weges bis zum Knoten j'
c_1	c_2	$a_{j'}$	j'	$T_{j'}$
(1)	(2)	(3)	(4)	(5)

Die Prozedur zur Aufstellung der Tabelle 18 läuft darauf hinaus, aus der Tabelle 16 nacheinander alle Knoten i und dann die Knoten j herauszugreifen und diese dann in die Tabelle 18 einzutragen. Dabei werden wiederholt auftretende Knoten nicht mehr berücksichtigt. Als letzte werden in die Tabelle 18 die Zielknoten in der Reihenfolge eingetragen, in der sie in der Primärinformation auftreten.

Operator 22. Mit Hilfe dieses Operators wird eine Liste der Vorgänge der kritischen Zone nach aufsteigenden Werten des Koeffizienten $p\,(i, j)$ der kritischen Lage aufgestellt.

Operator α (23). Dieser Operator bewirkt die Auswahl der α-Knoten aus der Gesamtmenge aller Knoten des stochastischen Netzplanmodells und ermittelt die Topologie des Variantenbaumes $D\,(A, V)$ nach der folgenden Regel [56]:

In der Folge $\alpha_{i_1}, \alpha_{i_2}, \ldots, \alpha_{i_k}, \alpha_{i_{k+1}}, \ldots, \alpha_{i_\mu}$ sind zwei benachbarte α-Knoten dann und nur dann Anfang und Ende (oder Ende und Anfang) irgendeines Zweiges $v_{i_k i_{k+1}} \in V$ $(k = 1, 2, \ldots, \mu - 1)$ des Variantenbaumes $D\,(A, V)$, wenn diese Folge durch sukzessive Auswahl der α-Knoten gewonnen wurde, die auf einem Wege angetroffen wurden, der von den Kanten des stochastischen Netzplanmodells $G(Y, U)$ gebildet wird, während diese Kanten entsprechend der TARRYschen Labyrinthregel mit Hilfe von Linksschritten (bzw. Rechtsschritten) durchlaufen wurde. Hieraus folgt, daß die Gesamtheit der ohne Wiederholungen genommenen Zweige v_{ij}, die sich im Einklang mit unserer Regel ergeben hat, die Topologie des Variantenbaumes vollständig bestimmt.

Operator D (24). Dieser Operator bewirkt die Druckausgabe der Rechenergebnisse für die Parameter des stochastischen Netzplanmodells.

5.4. Ein stochastisches Netzplanmodell, das auf einer algebraischen Transformation der Graphen beruht

In einer bekannten Arbeit von EISNER [16] wird ein Netzplanmodell untersucht, das einen hohen Grad der Unbestimmtheit aufweist und dazu gedacht ist, die Planung und Leitung wissenschaftlicher Forschungsarbeit zu modellieren. Wir wollen nun einige Termini und Begriffe eines stochastischen Netzplanmodells einführen, und zwar: die *Entscheidungsquelle* (in unserer Terminologie von 5.1. α-Knoten), den *Konjunktivweg*, den *Disjunktivweg*, den *Alternativweg* usw. Wir betrachten Methoden zur Darstellung eines Netzplanmodells mit der Möglichkeit, Alternativentscheidungen für Vorgänge zu treffen, die auf gewisse Ereignisse folgen, sowie den Einfluß dieser Entscheidungen für die gesamte Realisierungsdauer des Projekts zu berücksichtigen. Zu diesem Zweck führen wir in das Netzplanmodell [16] einen neuen Elemententyp, die sog. *Entscheidungsbox db* ein, wobei jedes solche Element *db* eine Quelle für zwei Alternativentscheidungen darstellt.

Wir werden ferner die Wahrscheinlichkeit für das Auftreten verschiedener Varianten der Abschlußergebnisse (Ereignisse) des Netzplanmodells abschätzen, wobei wir die möglichen Endergebnisse nach den Wahrscheinlichkeiten für ihr Auftreten klassifizieren.

Wir wollen darauf hinweisen, daß in diesem Falle unter dem Terminus „Abschlußergebnis“ ein widerspruchsfreies System von Zielereignissen zu verstehen ist. Im Zusammenhang damit dient als Funktion, die man als quantitatives Maß für die Zuverlässigkeit der möglichen Abschlußergebnisse eines stochastischen Netzplanmodells verwendet (bzw. als Unbestimmtheitsmaß dieses Modells), die gemittelte Information oder Entropie

$$H = -\sum_{i=1}^{n} p_i \operatorname{ld} p_i , \qquad (5.4.1)$$

wobei p_i die a-priori-Wahrscheinlichkeit des i-ten Abschlußergebnisses und n die Anzahl dieser Abschlußergebnisse ist.

Bei Vorliegen zweier möglicher Ergebnisse mit gleichen a-priori-Wahrscheinlichkeiten von jeweils 0,5 z.B. hat H den Wert 1 (wenn man den Logarithmus zur Basis 2 verwendet). Bei der gleichen Wahl mit den Wahrscheinlichkeiten 0 und 1 sinkt H auf 0 ab. Bekanntlich hat die Entropie ihren maximalen Wert $H_{\max} = \operatorname{ld} n$, wenn alle a-priori-Wahrscheinlichkeiten einander gleich sind.

Als relatives Maß der Unbestimmtheit verwenden wir im Netzplanmodell die relative Entropie

$$E = \frac{H}{H_{\text{max}}}$$

Für das Netzplanmodell in Bild 14 und die in der Tabelle 20 angegebenen a-priori-Wahrscheinlichkeiten erhalten wir

$$H_{\text{max}} = \operatorname{ld} 8 = 3,$$

$$H = -\sum_{n=1}^{8} p_i \operatorname{ld} p_i = 2{,}88$$

bei einer relativen Entropie von $E = 0{,}96$.

Was die a-priori-Wahrscheinlichkeiten der verschiedenen Kombinationen von Abschlußergebnissen betrifft, so werden diese durch Kombinationen aus Produkten der a-priori-Wahrscheinlichkeiten der Disjunktivwege in den Entscheidungsquellen abgeschätzt, wie dies in der Tabelle 20 angegeben ist.

Tabelle 20
Wahrscheinlichkeit der Wege

Ergebnisse	Wahrscheinlichkeitskomponenten	Kombination des Produkts der Wahrscheinlichkeiten	Endgültige Wahrscheinlichkeiten der Ergebnisse
$A \vee E$	$p(A)\, p(E/A)$	(0,4) (0,3) (0,7) (1)	0,084
$B \vee Y$	$p(B)\, p(Y/B)$	(0,6) (0,3) (0,7) (1)	0,126
C	$p(C)\, p(X)\, p(Y)$	(0,3) (0,7) (0,7) (0,6)	0,0882
D	$p(D)\, p(X)\, p(Y)$	(0,7) (0,7) (0,7) (0,6)	0,2058
$X \vee E$	$p(X)\, p(E/X)$	(0,7) (0,7) (0,4)	0,196
G	$p(G)$	(0,4) (0,5) (0,3)	0,06
H	$p(H)$	(0,6) (0,5) (0,3)	0,09
F	$p(F)$	(0,5) (0,3)	0,15

Die relative Entropie empfiehlt Eisner [16] als Kriterium zur Konstruktion eines Gebietes, in dem gewisse Ergebnisse eine höhere Wahrscheinlichkeit aufweisen als andere. Falls die relative Entropie gleich 1 ist, sind alle möglichen Ergebnisse gleich wahrscheinlich. Wird hingegen die Entropie 0, so wird das stochastische Netzplanmodell zu einem deterministischen.

Die Kenntnis der relativen Entropie kann von Nutzen sein, wenn es darum geht, mehrere wissenschaftliche Forschungsprogramme gegeneinander abzuwägen. Falls das eine Programm die relative Entropie 0,96 und das andere Programm die relative Entropie 0,2 aufweist, so enthält das zweite Programm einige Ergebnisse, die eine höhere Wahrscheinlichkeit aufweisen als entsprechende Ergebnisse des ersten Programms. Die maximale Entropie bestimmt die Gesamtzahl der möglichen Entscheidungen und das Maß ihrer Unbestimmtheit.

Man kann auch [16] die Kalenderplanung für den Eintritt und die Realisierung der Ereignisse und Vorgänge eines stochastischen Netzplanmodells untersuchen. Die relativen Wahrscheinlichkeiten für die möglichen Abschlußergebnisse, ergänzt um die Termine, zu denen diese Ergebnisse vorliegen können, sind Kennziffern für die erfolgreiche Realisierung der jeweiligen wissenschaftlichen Forschungsarbeiten.

Die Ideen EISNERS wurden in einer Arbeit von ELMAGHRABY [17] weiterentwickelt. Realisiert ein deterministisches Netzplanmodell die logische Konjunktion, das Netzplanmodell von EISNER Konjunktion und Disjunktion, so werden im Modell von ELMAGHRABY logische Verknüpfungen komplizierterer Natur untersucht.

Wir wollen nun folgende Bezeichnungen zur Darstellung der logischen Verknüpfungen zwischen den Ereignissen (Knoten) und den Vorgängen (Kanten) einführen, die in diese Knoten münden:

a) *Logischer Durchschnitt* UND, d.h. *Konjunktion* – das Ereignis gilt als eingetreten, wenn alle in das Ereignis einmündenden Vorgänge realisiert sind;

b) das *nichtausschließende* ODER, die *Disjunktion* – das Ereignis gilt als eingetreten, wenn wenigstens ein in das Ereignis einmündender Vorgang realisiert ist

c) das *ausschließende* ENTWEDER ... ODER, die *Alternative* – das Ereignis gilt als eingetreten, wenn ein einmündender Vorgang realisiert wird, während die Realisierung aller anderen Vorgänge dadurch ausgeschlossen wird;

Diese Operation wird auch auf Ereignisse allein angewandt, wenn z.B. der Eintritt eines Ereignisses den Eintritt anderer äquivalenter Ereignisse ausschließt.

d) Die *Verzweigung*: Darunter wird ein Ereignis verstanden, von dem aus mehrere Kanten mit vorgegebenen Wahrscheinlichkeiten ihrer Wahl ausgeht. Diese Bezeichnung ist der *Entscheidungsbox* von EISNER äquivalent. Vorgänge, die von einem solchen Ereignis ausgehen, können in einen Knoten münden, der einem der drei oben definierten Typen angehört.

Das Hauptelement des betrachteten stochastischen Netzplanmodells ist die gerichtete Kante (bzw. der gerichtete Vorgang) a, die durch die beiden Parameter, die Wahrscheinlichkeit p_a und die Realisierungsdauer t_a charakterisiert wird. Die gewonnenen Ergebnisse können aber ohne Einschränkung der Allgemeinheit auch auf die Fälle der Kosten, der Zuverlässigkeit usw. eines Vorganges ausgedehnt werden.

Die Grundidee besteht [17] in der Entwicklung eines Systems von Operationen, mit deren Hilfe vereinfachende Transformationen eines Netzplanmodells durch Ersetzen eines Teilgraphen durch eine äquivalente Kante (Vorgang) e bewerkstelligt werden. Für einen äquivalenten Vorgang werden seine Wahrscheinlichkeit p_e und der Erwartungswert für seine Realisierungsdauer t_e ermittelt. Nun wollen wir [17] fünf Grundtypen von Teilgraphen einführen, die als elementare „Bausteine" zur Synthese eines Netzplanmodells verwendet werden.

1. Hintereinander liegende Kanten (Vorgänge) a und b. Die Reduktion auf das äquivalente Element e erfolgt durch Multiplikation der Wahrscheinlichkeiten und Addition der Realisierungsdauern:

$$\left.\begin{aligned} p_e &= p_a p_b, \\ t_e &= t_a + t_b. \end{aligned}\right\} \tag{5.4.2}$$

2. *Parallele Kanten (Vorgänge) a und b, die logisch konjunktiv verknüpft werden sollen.* Das äquivalente Element wird definiert durch eine Kante e mit der Wahrscheinlichkeit $p_e = p_a p_b$ und der Dauer $t_e = \max(t_a, t_b)$.

3. *Parallele Kanten a und b, die disjunktiv verknüpft werden sollen.* Das äquivalente Element ist die Kante e mit der Wahrscheinlichkeit $p_e = 1 - (1 - p_a)(1 - p_b)$ und der Dauer

$$t_e = t_a p_a + t_b p_b + [\min(t_a, t_b) - t_a - t_b]\, p_a p_b . \tag{5.4.3}$$

4. *Parallele Kanten a und b, die alternativ verknüpft werden sollen.* Das äquivalente Element ist die Kante e mit der Wahrscheinlichkeit $p_e = p_a + p_b - 2p_a p_b$ und der Dauer $t_e = t_a p_a + t_b p_b$ (für den Fall, daß die Vorgänge a und b nicht gleichzeitig erfolgen können).

5. *Eine Schlinge, die aus Übergängen mit Rückkehr besteht, die Parameter p_c und t_c besitzt und einer Kante b mit den Parametern t_b und p_b vorangeht.* In diesem Falle hat das äquivalente Element e die Wahrscheinlichkeit $p_e = \frac{p_b}{1 - p_c}$ und die Dauer

$$t_e = \frac{\left(t_b + \frac{t_c p_c}{1 - p_c}\right) p_b}{1 - p_c} .$$

Praktisch kann jede komplizierte logische Beziehung auf eine Kombination elementarer stochastischer Teilgraphen zurückgeführt werden. Als Beispiel kann etwa ein stochastisches Netzplanmodell in Gestalt einer begrenzten Schleife dienen, die durch eine endliche Anzahl n von Rückkehrschritten zu einem festen Knoten charakterisiert wird, nach denen eine weitere Rückkehr nicht mehr zulässig ist (z.B. der Zyklus Erprobung → Reparatur → Erprobung, der gewöhnlich durch eine endliche Anzahl von Reparaturen begrenzt ist; danach wird ein Erzeugnis, das die n-te Erprobung nicht überstanden hat, dem Ausschuß zugeführt).

Pospelow und Barischpolez [92] haben die Klassifizierung der Elemente für stochastische Netzplanmodelle sogar noch verfeinert.

Zur Aufstellung von Netzplanmodellen mit stochastischer Struktur empfehlen sie neun Arten von Ereignissen, von denen sieben in der Tabelle 21 wiedergegeben sind.

Tabelle 21

Art des Ereignisses	Logische Operation am Eingang	Logische Operation am Ausgang
1	UND	es können alle Vorgänge beginnen
2	UND	es kann ein und nur ein Vorgang beginnen
3	Ausschließendes ENTWEDER ... ODER	es können alle Vorgänge beginnen
4	Ausschließendes ENTWEDER ... ODER	es kann ein und nur ein Vorgang beginnen
5	ODER	es können alle Vorgänge beginnen
6	ODER	es kann ein und nur ein Vorgang beginnen
7	ODER	es können ein oder mehrere Vorgänge beginnen

Diese Klassifizierung bietet umfangreiche Möglichkeiten zur Wiedergabe komplizierter Situationen. Dabei gestattet eine Komposition der in der Tabelle 21 dargestellten einfachen Ereignisse zusammengesetzte Ereignisse mit beliebig komplizierter stochastischer Struktur zu gewinnen.

Gegenwärtig wird die Richtung zur Untersuchung und Steuerung von stochastischen Netzplanprojekten, die auf einer algebraischen Transformation von Netzplangraphen beruht, sehr intensiv weiterentwickelt. Es genügt hier der Hinweis auf die Entstehung eines neuen Systems unter der Bezeichnung GERT [45, 46] (Graphical evaluation and review technique), dem ein dynamisches stochastisches Informationsnetzplanmodell zugrunde liegt.

Die stochastischen Netzplanmodelle im System GERT weisen folgende Merkmale auf:

1. Jedes Netzplanmodell besteht aus Knoten, die logische Operationen repräsentieren, und aus gerichteten Zweigen.

2. Jedem Zweig entspricht die Wahrscheinlichkeit dafür, daß der durch diesen Zweig repräsentierte Vorgang durchgeführt wird.

3. Eine Reihe weiterer Parameter beschreibt die Vorgänge, die durch die Zweige repräsentiert werden. Diese Parameter können sowohl additiv (z.B. die Zeit) oder auch multiplikativ (z.B. die Zuverlässigkeit) sein.

Der Methodologie des Systems GERT liegt, wie bereits erwähnt, die Ermittlung einer Menge von elementaren Teilnetzgraphen zugrunde, die danach durch algebraische Transformationen auf elementare Vorgänge (Zweige) zurückgeführt werden.

Ein wichtiges Ergebnis der Anwendung der Methode GERT ist die Ermittlung einer erzeugenden Funktion für die Zeit (Länge) des Weges zwischen zwei Knoten des Netzplanmodells. Dies stellt gegenüber den Ergebnissen von Elmaghraby [17] einen wesentlichen Fortschritt dar. Auf der ersten Stufe der Untersuchung mit Hilfe des Systems GERT wird für jedes Element t eines stochastischen Netzplanmodells die erzeugende Funktion der Momente

$$M_t(s) = E\{e^{st}\} = \int_t e^{st} f(t)\, dt \tag{5.4.4}$$

gebildet, wobei $f(t)$ die Dichtefunktion für die Verteilung der Zufallsvariablen t ist. Auf der zweiten Stufe wird die sog. w-Funktion nach der Formel

$$w(s) = p(t)\, M_t(s) \tag{5.4.5}$$

konstruiert, wobei $p(t)$ die Wahrscheinlichkeit dafür ist, daß dieses Element t realisiert wird. Als Beispiel betrachten wir den Teilgraphen in Bild 17.

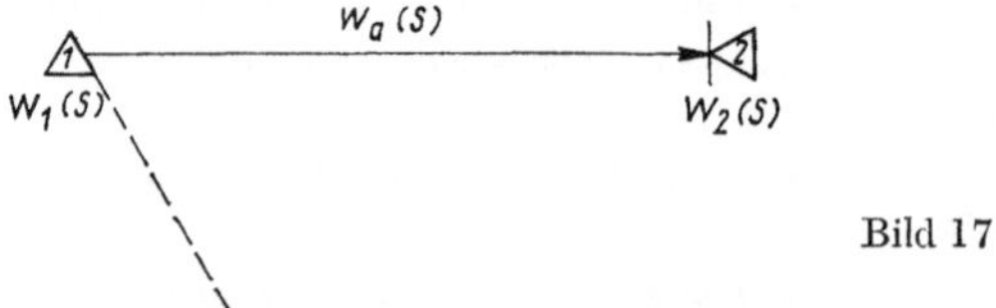

Bild 17

Die Wahrscheinlichkeit p_2 dafür, daß der Knoten 2 erreicht wird, ist gleich der Wahrscheinlichkeit p_1 für den Eintritt des Knotens 1 multipliziert mit der Wahrscheinlichkeit p_a dafür, daß der Zweig a realisiert wird, d.h., es ist $p_2 = p_1 p_a$. Der Termin für den Eintritt des Knotens 2 ist gleich der Summe aus dem Termin für den Eintritt des Knotens 1 und der Realisierungsdauer des Zweiges a.

Somit ist $M_2(s) = M_1(s)\,M_a(s)$, denn die erzeugende Funktion der Momente einer Summe von Zufallsvariablen ist das Produkt aus den erzeugenden Funktionen der Momente der Summanden.

Daher ist

$$w_2(s) = (p_1 p_a) \cdot (M_1(s)\,M_2(s))$$

oder

$$w_2(s) = w_1(s)\,w_a(s)\,. \tag{5.4.6}$$

Für dieses Beispiel hat die w-Funktion des Zweiges a die Form

$$w_a(s) = \frac{w_2(s)}{w_1(s)}\,. \tag{5.4.7}$$

Das ist die gesuchte erzeugende w-Funktion des resultierenden äquivalenten Elements.

In Bild 18 und 19 sind aufeinanderfolgende und parallele Zweige sowie die erzeugenden w-Funktionen der entsprechenden äquivalenten Elemente e dargestellt.

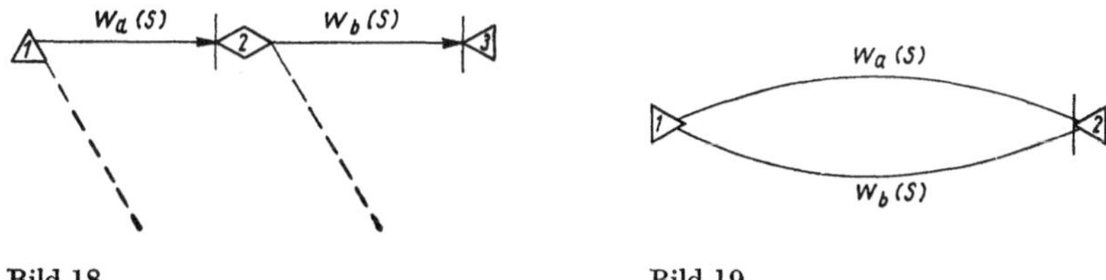

Bild 18 Bild 19

Für zwei aufeinanderfolgende Zweige gilt $p_e = p_a p_b$, da die Wahrscheinlichkeit für den Übergang vom Knoten 1 zum Knoten 3 gleich der Wahrscheinlichkeit dafür ist, daß zunächst der Zweig a und dann der Zweig b realisiert wird. Daher ist $M_e(s) = M_a(s)M_b(s)$, und es läßt sich leicht zeigen, daß dann auch $w_e(s) = w_a(s)w_b(s)$ gilt. Für zwei parallele Zweige ist $p_e = p_a + p_b$. Denn die Wahrscheinlichkeit für den Übergang vom Knoten 1 zum Knoten 2 ist gleich der Wahrscheinlichkeit für die Disjunktion der Zweige a und b. Nach der Definition eines Knotens vom Alternativtyp können die Zweige a und b nicht gleichzeitig realisiert werden, doch gerade diese Möglichkeit wird für die betrachteten parallelen Zweige vorausgesetzt.

Die Verteilung der Zeit für den Übergang vom Knoten 1 zum Knoten 2 stellt eine Vereinigung (jedoch nicht gleichzeitig eine Faltung) der Verteilungen dar, die jedem Zweig unter der Bedingung entspricht, daß einer der beiden Zweige durchlaufen wird. Die erzeugende Funktion der Momente der Vereinigung zweier Verteilungen hat die Form

$$\frac{p_a M_a(s) + p_b M_b(s)}{p_a + p_b} = M_e(s)\,. \tag{5.4.8}$$

Setzt man diese Beziehung in die Gleichung

$$w_e(s) = p_e M_e(s)$$

ein, so ergibt sich

$$w_e(s) = (p_a + p_b)\left[\frac{p_a M_a(s) + p_b M_b(s)}{p_a + p_b}\right] = w_a(s) + w_b(s)\,. \tag{5.4.9}$$

Die Werte der Funktion $w_e(s)$ für aufeinanderfolgende und parallele Zweige zeigen, daß die Zweige mit den w-Funktionen ein lineares Netz bilden. Dadurch wird es möglich, im System GERT zur Analyse stochastischer Netzplanmodelle mit Knoten vom Alternativtyp die Gleichungen der Topologie anzusetzen.

In völligem Einklang mit der oben beschriebenen Methodik zur Zurückführung komplizierter logischer Elemente auf elementare werden [45, 46] die erzeugenden w-Funktionen für stochastische Netzplanmodelle äußerst komplizierter Struktur konstruiert, z.B. für geschlossene stochastische Netzplanmodelle mit vielen Kreisen und beschränkten Schleifen usw. Der hierzu entwickelte mathematische Apparat des Systems GERT (in der algorithmischen Sprache FORTRAN abgefaßt und auf vielen elektronischen Großrechenanlagen realisiert) gestattet breiteste Anwendung nicht nur bei der Planung und Leitung von wissenschaftlichen Forschungsprojekten, sondern auch bei vielen anderen Problemen der Operationsforschung.

6. Statistische Methoden bei der Planung und Leitung mit Hilfe eines NPT-Systems

Dieses Kapitel behandelt insbesondere die Fragen der Häufigkeit der Datenerfassung am zu steuernden Objekt in einem Netzplansystem und die zugehörigen Steuerungsalgorithmen. Es werden Kriterien für eine sachgemäße Modellierung zusammengestellt und dadurch Möglichkeiten charakterisiert, allgemeine Modelleigenschaften zu qualifizieren und zu quantifizieren. Die mathematisch fundierte Ermittlung der Befragungshäufigkeit bei der operativen Leitung mit Hilfe eines Netzplansystems, die Probleme der hierarchischen Struktur eines Netzplanmodells, die statistischen Methoden bei der Erarbeitung des Ausgangsplanes sowie das Ausnutzen der Ergebnisse der Bedienungstheorie eröffnen die Möglichkeit, die Leitungsprobleme im Rahmen eines netzplantechnischen Systems qualifiziert wahrzunehmen.

6.1. Einige Probleme der Dynamik des Produktionsprozesses in NPT-Systemen

Wie bereits erwähnt, ist gegenwärtig die Vorstellung von den NPT-Systemen als einer besonderen Spielart eines Systems der automatischen Steuerung weit verbreitet. Infolgedessen ergibt sich die Notwendigkeit, theoretische Prinzipien für die Planung und Leitung mit Hilfe eines NPT-Systems zu entwickeln, insbesondere für die Steuerungsalgorithmen, die Häufigkeit der Datenerfassung (Befragung) über den Zustand des zu steuernden Objekts im NPT-System, für die Konstruktion eines graphischen operativen Kalenderterminplans, für die Realisierung des Projekts und für eine Reihe anderer nicht weniger wichtiger Probleme. Bemerkenswert ist die Tatsache, daß gegenwärtig die Methodik zur Planung und Leitung mit Hilfe von NPT-Systemen noch bei weitem nicht hinreichend untersucht ist, wobei eine Reihe von Problemen sich überhaupt erst in den Anfängen ihrer Entwicklung befinden. Das ist offenbar darauf zurückzuführen, daß die aufgeworfenen Probleme außerordentlich kompliziert sind und zu den schwierigsten Problemkreisen der Theorie komplexer Systeme gehören.

Bekanntlich werden die Netzplanmodelle, die in den NPT-Systemen zur Planung und Leitung komplexer Systeme verwendet werden, wie folgt unterteilt:

1. Modelle mit determinierter Struktur und determinierten Schätzwerten für die Dauer der Operationen.
2. Modelle mit determinierter Struktur und zufallsabhängigen Schätzwerten für die Operationsdauern.
3. Modelle mit stochastischer Struktur und determinierten Schätzwerten für die Operationsdauer.
4. Modelle mit stochastischer Struktur und zufallsabhängigen Schätzwerten für die Dauer der Operationen.

Die ersten beiden Modellformen werden am häufigsten verwendet, und wir werden daher die Fragen der Planung und Leitung in NPT-Systemen für diese beiden Modellarten betrachten.

In diesem Abschnitt werden wir ein Modell für den Realisierungsprozeß eines Vorgangs betrachten, dessen Ergebnisse für den Aufbau eines Datenerfassungssystems am zu steuernden Objekt angewandt werden.

In einigen Arbeiten von Babunaschwili [57, 58, 59] werden einige wesentliche Aspekte der Modellierung eines Produktionsprozesses und der Konstruktion optimaler Strukturen für dessen Steuerung im Rahmen der Problematik komplizierter Steuersysteme behandelt. Wir wollen die allgemeinen Voraussetzungen etwas näher betrachten, die der Problemstellung zugrunde liegen. Darüber hinaus wollen wir einige hierbei gewonnenen konkreten Ergebnisse untersuchen. Bei der Betrachtung von Produktionsprozessen werden wir unweigerlich mit der folgenden Sachlage konfrontiert. Die Unzweckmäßigkeit oder die praktische Unmöglichkeit einer isomorphen Beschreibung des betrachteten Prozesses führt dazu, daß die betrachteten Merkmale in den betreffenden Systemen ausgesprochenen Modellcharakter haben. Daher nimmt unter den Methoden der Produktionskybernetik die Modellierung eine äußerst wichtige Stellung ein, und diese besteht in der Schaffung eines Modells des steuernden Systems, das diesem isomorph oder angenähert isomorph ist, und in der Beobachtung der Wirkungsweise des Modells.

Wir wollen die wichtigsten spezifischen Forderungen formulieren, die gewöhnlich an die Modelle komplexer Steuersysteme und an die Untersuchungsmittel gestellt werden:

1. Das Modell muß geeignet sein, eine hinreichend breite Mannigfaltigkeit von Behauptungen zu reproduzieren, die wir evtl. in das Modell aufnehmen werden, wodurch wir uns sukzessiv einem gewissen Modell nähern, das uns hinsichtlich der Genauigkeit der Wiedergabe des Objektes befriedigt. Kürzer und präziser ausgedrückt besagt das, daß ein Modell adaptiv und entwicklungsfähig sein muß.

2. Das Modell muß möglichst einfach in Bezug auf seine mathematische Struktur sein und braucht nicht notwendig als attributive Eigenschaft eine Anschaulichkeit im üblichen Sinne dieses Wortes aufzuweisen, obwohl bekanntlich ein beliebiges wissenschaftliches Modell umso besser apperzipiert wird, je mehr anschauliche Elemente es enthält. Mit anderen Worten, das Modell muß hinreichend abstrakt sein, um eine ausreichende Variabilität einer verhältnismäßig großen Anzahl von Variablen zu ermöglichen. Andererseits darf das Modell wiederum nicht so abstrakt sein, daß es Zweifel an der Zuverlässigkeit der Ergebnisse aufkommen läßt.

3. Eine Beschränkung der Zeit, die für die Lösung des Problems aufgewendet wird, ist eine der wichtigsten Forderungen, die an ein Modell gestellt werden, insbesondere bei solchen Systemen, bei denen eine verspätete Lösung direkt fehlerhaft sein kann. In diesem Sinne ist sogar eine verhältnismäßig ungenaue Näherungslösung, die sich rasch gewinnen läßt, einer exakten, jedoch verspäteten Lösung vorzuziehen.

4. Das Modell muß realisierbar sein, d.h., es muß in der Lage sein, eine große Anzahl von Parametern aufzunehmen, ohne die praktischen Möglichkeiten der EDV-Anlagen zu übersteigen.

5. Das Modell muß gleichzeitig quantitative und heuristische Ergebnisse liefern.

6. Das Modell muß bezüglich der aus der Industrie, Ökonomie und aus den gesellschaftlichen Zusammenhängen entnommenen Nomenklatur und Terminologie standardgerecht sein.

7. Da die Praxis Kriterium der Wahrheit einer Erkenntnis ist, muß sie insbesondere ein Kriterium auch für die Wahrheit der Widerspiegelung eines Objekts in Gestalt seines Modells darstellen. Mit anderen Worten, es muß die Möglichkeit gewährleistet

werden, nach Konstruktion der Modelle ihren Wahrheitsgehalt und ihre Übereinstimmung mit den Objekten zu überprüfen, zu deren Wiedergabe sie bestimmt sind.

Obwohl zur Modellierung von Produktionsprozessen eine große Menge von Modellen vorliegt, die sich voneinander sowohl in der Auswahl von verschiedenen Kriterien für die Wirkungsweise des Systems als auch in dem hierbei verwendeten mathematischen Apparat unterscheiden, ist doch festzustellen, daß der Konstruktion dieser Modelle eine gewisse allgemeine Struktur des Modellierungsprozesses zugrunde liegt.

Die Konstruktion eines Modells beginnt damit, daß die Operationen des Prozesses untersucht werden. Auf der Basis der Untersuchungsergebnisse wird ein gewisses Operationsmodell des Objekts geschaffen, das verschiedene Kriterien der Funktionstüchtigkeit des Systems verwendet. Danach kann man zu einem gewissen mathematischen Modell übergehen. Dabei stützt man sich auf die (mathematisch nicht exakt bewiesene) These, derzufolge es möglich ist, ein beliebiges nichtmathematisches Modell durch ein geeignetes mathematisches Modell adäquat darzustellen. Ein so konstruiertes Modell muß den oben aufgezählten Forderungen genügen.

Das große Interesse der Forscher an den genannten Modellen und die ständige intensive Suche nach weiteren möglichst allgemeinen und flexiblen Modellen des Produktionsprozesses beruht offenbar darauf, daß die Untersuchung der Prozesse zur Steuerung von Produktionssystemen mit Hilfe mathematischer Modelle die Möglichkeit eröffnet, verschiedene charakteristische Merkmale der projektierten Betriebe einzuschätzen, ohne auf kostspielige Experimente zurückgreifen zu müssen. Man kann dabei die verschiedensten Probleme lösen, wie sie sich z.B. bei der Entwicklung, Vervollkommnung und Einführung hochentwickelter Produktionsmittel ergeben. Man kann darüber hinaus die Effektivität verschiedener technologischer Verfahren und Strukturvarianten von Produktionskomplexen gegeneinander abwägen. Die Modellierung von Produktionsprozessen wird jedoch dadurch erschwert, daß häufig keine ausreichenden quantitativen Beschreibungen der tatsächlich bestehenden Produktionsprozesse vorliegen. Mehr noch, häufig ist sogar der Parameter unbekannt, der die Hauptkennziffer der Erzeugnisse bestimmt.

Bei der Betrachtung der Produktion als eines gewissen organisierten Systems dürfen wir nicht vergessen, daß ein solches System einen gewissen Inhalt, eine Struktur und einen Zusammenhang aufweisen und steuerbar sein muß. Die letzte Forderung bedingt offenbar die Existenz eines Systems von Parametern oder funktionellen Zusammenhängen zwischen diesen, die die Dynamik des betrachteten Prozesses hinreichend vollständig charakterisieren. Sie sind daher für eine effektive Steuerung des betreffenden Systems außerordentlich wichtig. Als Beispiel für einen solchen Faktor, der die Dynamik des Produktionsprozesses charakterisiert, wollen wir den funktionellen Zusammenhang betrachten, der zwischen der Geschwindigkeit der Ausführung eines gewissen Arbeitskomplexes und der Anzahl der Ausführenden bei vorgegebener Front eines Vorganges besteht. Dazu geben wir zunächst einige Definitionen [59].

Wir betrachten einen gewissen verallgemeinerten homogenen Vorgang, unter dem wir ein System bestimmter einfachster Operationen in einem gewissen, im allgemeinen beschränkten Raum verstehen.

Als *Zugänglichkeitsraum* bezeichnen wir einen objektiv existierenden Raum, in dem die Möglichkeit zur Realisierung eines gewissen Vorganges abstrakt existiert. Als *Front eines Vorganges* definieren wir den Teil des Zugänglichkeitsraumes, in dem bei dem vorliegenden technischen Niveau die Möglichkeit der Realisierung eines gewissen Vorganges real existiert. Nun können wir die *spezifische Front eines Vorganges* definieren als den Teil der Front eines Vorganges, der auf einen Ausführenden (Bearbeiter) entfällt:

$$\varrho = \frac{\Phi}{x}; \tag{6.1.1}$$

hierbei ist ϱ die spezifische Front des Vorganges, Φ die Front des Vorganges und x die Anzahl der Ausführenden an der betreffenden Front des Vorganges.

Jeder Vorgang besitzt eine gewisse kritische spezifische Front ϱ_{kr}, die erforderlich ist, damit jeder Ausführende seine Arbeit mit der maximalen Produktivität verrichtet[1]). Für verschiedenartige Vorgänge ist offenbar der Wert ϱ_{kr} ebenfalls verschieden, und bei einer festen Front der Vorgänge (Φ = const) entspricht der kritischen spezifischen Front eine gewisse Anzahl von Ausführenden:

$$x_{\mathrm{kr}} = \frac{\Phi}{\varrho_{\mathrm{kr}}}. \tag{6.1.2}$$

Falls während der Realisierung irgendeines Vorganges ϱ einen Wert annimmt, der unterhalb von ϱ_{kr} liegt, so wird in diesem Falle die Arbeitsproduktivität der Ausführenden mit der Abnahme von ϱ sinken. Mit anderen Worten, bei einer beschränkten Front der Vorgänge ist die Arbeitsproduktivität konstant und erreicht bis zu einem gewissen x_{kr} ihren maximalen Wert $K_{\max}$. Eine weitere Erhöhung von x führt wieder zu einer Senkung der Arbeitsproduktivität. Wir wollen annehmen, daß die Arbeitsproduktivität aller Ausführenden gleich ist und einen bestimmten Wert K hat (im weiteren werden wir uns von dieser wesentlichen Einschränkung befreien). Dann ergibt sich für die Veränderung der Geschwindigkeit der Realisierung eines Vorganges durch eine Gruppe von Ausführenden $y = \frac{\mathrm{d}V}{\mathrm{d}t}$ (V ist dabei der Umfang des zu realisierenden Vorganges) in Abhängigkeit von der Anzahl der Ausführenden auf einer beschränkten und festen Front das folgende Bild: Bei der Erhöhung der Variablen x nimmt die Geschwindigkeit der Realisierung des Vorganges y bis zu einem gewissen Wert y_{kr}, der dem Variablenwert x_{kr} entspricht, zunächst linear zu. Danach nimmt

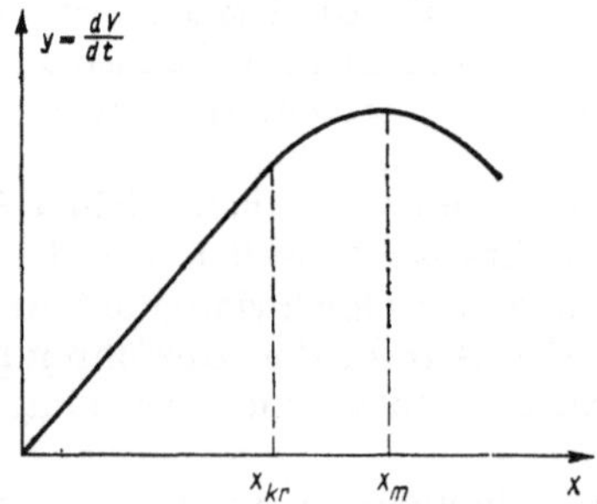

Bild 20

die Realisierungsgeschwindigkeit langsamer zu und erreicht einen maximalen Wert y_m bei der Anzahl der Ausführenden x_m, die hierbei verhältnismäßig unproduktiv arbeiten. Danach nimmt y bei weiterer Zunahme von x wieder ab (Bild 20). Wir

[1]) Unter der Arbeitsproduktivität versteht man hier die Arbeit, die eine Arbeitskraft in einer Zeiteinheit erledigen kann.

wählen die Form der Kurve so, daß sie etwa die Veränderung der betrachteten Funktion widerspiegelt. Sie muß daher vom Punkt 0 ($x = 0$, $y = 0$) bis zu einem gewissen Punkt A ($x = x_{\text{kr}}$, $y = y_{\text{kr}}$) linear verlaufen; hierbei ist x_{kr} die maximale Anzahl der Ausführenden, bei der für eine feste und beschränkte Front der Vorgänge $\Phi = \text{const}$ die maximale Arbeitsproduktivität für einen Ausführenden erhalten bleibt; y_{kr} gibt die Ausführungsgeschwindigkeit des Vorganges für $x = x_{\text{kr}}$ wieder. Für $x > x_{\text{kr}}$ muß die Kurve von der linearen Form abweichen und ihr Maximum an der Stelle $x = x_{\max}$ mit $y = y_{\max}$ erreichen, wobei $x_{\max}$ die Anzahl der Ausführenden ist, für die die maximale Realisierungsgeschwindigkeit $y_{\max}$ des Vorganges erreicht wird.

Wir wählen daher eine Funktion der folgenden Form:

$$\left.\begin{aligned} y &= \varkappa x && \text{für} \quad 0 \leqq x \leqq x_{\text{kr}}, \\ y &= a x^b e^{cx} && \text{für} \quad x_{\text{kr}} < x < \infty. \end{aligned}\right\} \tag{6.1.3}$$

Diese Ausdrücke werden so aufeinander abgestimmt, daß die gewonnene Funktion unseren Bedürfnissen entspricht, d.h., es werden die Werte der Parameter a, b und c so bestimmt, daß die Funktion den betrachteten Prozeß widerspiegelt. Hierzu gehen wir folgendermaßen vor: Wir schreiben die Gleichung des Geradenbüschels auf, das durch den Punkt $A(x_{\text{kr}}, y_{\text{kr}})$ hindurchgeht:

$$y - y_{\text{kr}} = \varkappa (x - x_{\text{kr}}). \tag{6.1.4}$$

Die erste Ableitung $\frac{dy}{dx}$ ergibt sich aus der Gleichung (6.1.4) zu $\varkappa$. Die erste Ableitung der Funktion

$$y = a x^b e^{cx}$$

ist

$$y' = a x^{b-1} e^{cx} (b + cx). \tag{6.1.5}$$

Damit die so konstruierte Funktion glatt ist, müssen die ersten Ableitungen der Funktionen (6.1.3) an der Stelle $x = x_{\text{kr}}$ gleich sein, d.h., es gilt

$$\varkappa = a x_{\text{kr}}^{b-1} e^{cx_{\text{kr}}} (b + c x_{\text{kr}}). \tag{6.1.6}$$

Auf Grund von (6.1.6) und

$$a = \frac{y_{\text{kr}}}{x_{\text{kr}}^b e^{cx_{\text{kr}}}} \tag{6.1.7}$$

können wir die Gleichung der Geraden (6.1.4) in der Form

$$y - y_{\text{kr}} = \frac{y_{\text{kr}} (b + c x_{\text{kr}})}{x_{\text{kr}}} (x - x_{\text{kr}})$$

schreiben, wonach wegen (6.1.7), und (6.1.5) die Gleichungen (6.1.3) die folgende Form annehmen:

$$\left.\begin{aligned} y &= \frac{y_{\text{kr}} (b + c x_{\text{kr}})}{x_{\text{kr}}} (x + y_{\text{kr}}) (1 - b - c x_{\text{kr}}) && \text{für} \quad 0 \leqq x \leqq x_{\text{kr}}, \\ y &= \frac{y_{\text{kr}}}{x_{\text{kr}}^b e^{cx_{\text{kr}}}} x^b e^{cx} && \text{für} \quad x_{\text{kr}} < x < \infty. \end{aligned}\right\} \tag{6.1.8}$$

Danach verschieben wir die gewonnene Funktion so, daß ihre Kurve durch den Koordinatenursprung hindurchgeht. Die Gleichungen (6.1.8) gehen dann über in

$$\left.\begin{aligned} y &= \frac{y_{kr}(b + cx_{kr})}{x_{kr}}\, x && \text{für } 0 \leqq x \leqq x_{kr}, \\ y &= \frac{y_{kr}}{x_{kr}^{b}\, e^{cx_{kr}}}\, x^{b} e^{cx} - y_{kr}(1 - b - cx_{kr}) && \text{für } x_{kr} < x < \infty. \end{aligned}\right\} \quad (6.1.9).$$

Bestimmen wir die Extrema dieser Funktion, so überzeugen wir uns leicht, daß jeweils an der Stelle $x = 0$ und $x = -\infty$ ein Minimum und an der Stelle

$$x_{\max} = -\frac{b}{c} \tag{6.1.10}$$

ein Maximum auftritt. Danach bestimmen wir die Werte der Parameter a, b und c:

$$a = \frac{\varkappa}{x_{kr}^{b-1}\, e^{cx_{kr}}}, \tag{6.1.11}$$

$$b = \frac{x_{\max}}{x_{\max} - x_{kr}}, \tag{6.1.12}$$

$$c = -\frac{1}{x_{\max} - x_{kr}}. \tag{6.1.13}$$

Die gewonnenen Ergebnisse lassen schließen, daß zur Beschreibung des betrachteten Prozesses mit Hilfe einer Funktion der Form (6.1.3) bei fixierter Vorgangsfront lediglich die Kenntnis der drei Parameter $\varkappa$, $x_{\max}$ und x_{kr} erforderlich ist, die den betreffenden Vorgang im Hinblick auf die Dynamik des Prozesses charakterisieren.

Nunmehr läßt sich der Ausdruck (6.1.3) in der Gestalt

$$\left.\begin{aligned} y &= \varkappa x && \text{für } 0 \leqq x \leqq x_{kr}, \\ y &= \lambda x^{b} e^{cx} && \text{für } x_{kr} < x < \infty \end{aligned}\right\} \tag{6.1.14}$$

schreiben, wobei $\lambda = \varkappa \left(\frac{e}{x_{kr}}\right)^{b-1}$ ist. Drückt man die gesuchte Funktion mit Hilfe der spezifischen Vorgangsfront aus, so erhält sie, wie man sich leicht überzeugen kann, die Form

$$\begin{aligned} y &= \varkappa \frac{\Phi}{\varrho} && \text{für } \infty > \varrho > \varrho_{kr}, \\ y &= \lambda \Phi \varrho^{-\frac{\varrho_{kr}}{\varrho_{kr} - \varrho_{\max}}} \exp\left\{-\frac{\varrho_{kr}\varrho_{\max}}{\varrho(\varrho_{kr} - \varrho_{\max})}\right. && \text{für } \varrho_{kr} \geqq \varrho > 0; \end{aligned} \tag{6.1.15}$$

hierbei ist $\varrho_{\max} = \frac{\Phi}{x_{\max}}$, $\varkappa$ die Arbeitsproduktivität eines jeden der nach Voraussetzung gleich produktiven Ausführenden, Φ die Vorgangsfront, $\varrho = \frac{\Phi}{x}$ die spezifische Vorgangsfront und

$$\lambda = \varkappa\, [e\varrho_{kr}]^{\frac{\varrho_{\max}}{\varrho^{kr} - \varrho_{\max}}}.$$

Da die Arbeitsproduktivität durch die Realisierungsgeschwindigkeit des Vorganges, dividiert durch die Anzahl der Arbeitskräfte, bestimmt wird, so erhält man aus (6.1.3) die entsprechenden Beziehungen für die Arbeitsproduktivität

$$\left.\begin{aligned} K &= \varkappa && \text{für} \quad 0 < x \leqq x_{\text{kr}}, \\ K &= a x^{b-1} e^{cx} && \text{für} \quad x_{\text{kr}} < x < \infty. \end{aligned}\right\} \tag{6.1.16}$$

Beachtet man nunmehr, daß die Arbeitsproduktivität ebenso wie einige andere Parameter der physischen und geistigen Fähigkeiten des Menschen asymptotisch normalverteilt sind, so kann man die vorhin eingeführte Einschränkung, derzufolge die Arbeitskräfte die gleiche Arbeitsproduktivität aufweisen sollen, wieder fallenlassen. Demzufolge ist der Parameter $\varkappa$ eine Zufallsvariable mit der Dichtefunktion

$$p(\varkappa) = \frac{N}{\sqrt{2\pi \mathbf{D}\varkappa}} \exp\left\{-\frac{(\varkappa - \mathbf{M}\varkappa)^2}{2\mathbf{D}}\right\},$$

wobei offenbar $\mathbf{M}\varkappa$ und $\mathbf{D}\varkappa$ der Erwartungswert und die Varianz der Arbeitsproduktivität mit verschiedenen Werten für verschiedene Vorgänge sind, während N einen Normierungsfaktor darstellt, der sich aus der Bedingung

$$N \int_{x_{\min}}^{x_{\max}} p(\varkappa)\, d\varkappa = 1$$

ergibt. Hier sind $\varkappa_{\min}$ und $\varkappa_{\max}$ die untere bzw. obere Grenze, zwischen denen die Arbeitsproduktivitäten sämtlicher Arbeitskräfte liegen müssen. Dieser Sachverhalt ist, wie bereits erwähnt, dadurch bedingt, daß zur Realisierung eines Vorganges nur solche Arbeitskräfte herangezogen werden, deren Arbeitsproduktivität nicht unterhalb einer gewissen, allgemein anerkannten Arbeitsproduktivität $\varkappa_{\min}$ für den betreffenden Vorgang liegt. Darüber hinaus existiert auch eine gewisse obere Grenze für die Arbeitsproduktivität $\varkappa_{\max}$, die sowohl von den physiologischen Möglichkeiten des Menschen, von organisatorischen Bedingungen als auch vom Grad der Ausrüstung der Arbeitskräfte mit modernen hochproduktiven Arbeitsmitteln abhängt.

Durch Einsetzen des Ausdruckes für die Realisierung eines Vorganges vom Umfang V

$$t = \frac{V}{\varkappa}$$

in den Ausdruck für die Dichtefunktion erhielt Drushinin [79] für die Dichtefunktion der Verteilung der Realisierungsdauer eines Vorganges die Formel

$$p(t) = \frac{N\nu}{\sqrt{2\pi}} t^{-2} \exp\left\{-\frac{1}{2}\left(\frac{\nu}{t} - k\right)^2\right\}, \tag{6.1.17}$$

wobei $\nu = \frac{V}{\sqrt{\mathbf{D}\varkappa}}$ und $k = \frac{\mathbf{M}\varkappa}{\sqrt{\mathbf{D}\varkappa}}$ ist. Die zugehörige Verteilungsfunktion hat offenbar die Form

$$F(T) = \frac{N\nu}{\sqrt{2\pi}} \int_0^T t^{-2} \exp\left\{-\frac{1}{2}\left(\frac{\nu}{t} - k\right)^2\right\} dt. \tag{6.1.18}$$

Man erhält für sie die endgültige Form [79]

$$F(T) = N\left[1 - \Phi\left(\frac{\nu}{T} - k\right)\right], \tag{6.1.19}$$

wobei

$$\Phi(x) = \frac{1}{\sqrt{2\pi}} \int_0^x e^{-z^2/2} dz$$

die bekannte tabellierte Verteilungsfunktion der Normalverteilung ist. Die betrachtete Verteilung gehört zur Klasse der asymmetrischen Verteilungen mit dem Modalwert

$$t_m = \frac{\nu k}{4} \left(\sqrt{1 + \frac{8}{k^2}} - 1 \right) \tag{6.1.20}$$

sowie den Näherungswerten für den Erwartungswert

$$\mathbf{M}(t) \approx \frac{\nu}{k} \left(1 + \frac{1}{k^2} \right) \tag{6.1.21}$$

bzw. die Varianz

$$\mathbf{D}(t) \approx \frac{\nu^2}{k^4} \left(1 + \frac{8}{k^2} \right) \cdot \tag{6.1.22}$$

Es muß betont werden, daß die oben angegebene Verteilungsfunktion nicht etwa a priori vorausgesetzt wurde, sondern daß es sich hierbei um eine echte Verteilungsfunktion für die Realisierung eines Vorganges vom Umfang V handelt, die unter Verwendung objektiver Normativwerte begründet wurde. Zu ihrer Bestimmung ist die Kenntnis der Parameter $\mathbf{M}\varkappa$ und $\mathbf{D}\varkappa$ erforderlich, die den betreffenden Vorgang charakterisieren.

6.2. Ermittlung der Befragungshäufigkeit bei der operativen Leitung mit Hilfe eines NPT-Systems

Betrachten wir die Probleme, die sich bei der Leitung irgendeines Systems ergeben, so werden wir mit der Notwendigkeit konfrontiert, Informationen zu übertragen, die die Veränderung aller für diesen Prozeß wesentlichen Parameter widerspiegelt. Die Notwendigkeit der Gewinnung der genannten Information hängt ihrerseits mit der Bestimmung der optimalen Schrittweite für die Quantelung zusammen, wobei als Optimalitätskriterien die Belastungen der Aggregate für die Eingabe und Verarbeitung der Daten sowie die Kosten für diese Aggregate dienen. Gewöhnlich werden dem der Kontrolle unterliegenden System wesentliche Einschränkungen auferlegt: Es müssen entweder die Kurven für die zeitliche Veränderung der Parameter gut erkennbar sein, die alle charakteristischen Verhaltensweisen der genannten Parameter widerspiegeln, oder aber es müssen sämtliche statistischen Charakteristika des kontrollierten Systems durch vorausgegangene Experimente ermittelt worden sein.

Babunaschwili hat [57] einen Algorithmus zur Bestimmung der optimalen Schrittweite der Quantelung in komplizierten Steuersystemen entwickelt, der von den genannten Einschränkungen frei ist. Dadurch wird offenbar die Klasse der betrachteten Prozesse und Erscheinungen erheblich erweitert, um so mehr, als sich dieser Algorithmus auch zur Kontrolle nichtstationärer Zufallsparameter anwenden läßt.

Bevor wir zur Betrachtung des Algorithmus übergehen, müssen wir den signifikantesten verallgemeinerten Parameter auswählen, mit dessen Hilfe sich der Zustand des Systems analysieren und die Art und Größe der erforderlichen steuernden Einwirkung ermitteln lassen. Zu diesem Zweck kann man z.B. den Integralumfang der realisierten Vorgänge wählen, der sich in folgenden Größen ausdrücken läßt:

a) im Geldwert;
b) in natürlichen Parametern, z.B. Tonnen, Kubikmetern, Stückzahlen usw.;
c) im erforderlichen Arbeitsaufwand, z.B. in Mann-Zeit-Einheiten.

Je nach der Art und Spezifikation der Vorgänge des Projekts wird der günstigste der genannten Parameter ausgewählt. Im Bauwesen z.B., das sich durch eine Vielfalt natürlicher Parameter für den Umfang der Vorgänge auszeichnet, ist es vom technologischen Standpunkt am günstigsten, den Kostenparameter zu wählen.

Wir greifen einen gewissen für die betreffende Detaillierung des Netzplanes einfachsten Vorgang beliebiger Dauer heraus. Für diesen seien die folgenden Parameter gegeben:

1. Der Plantermin für den Abschluß des Vorganges T_{pl};
2. die zulässigen Grenzen für die Abweichung vom geplanten Abschlußtermin dieses Vorganges ΔT_{pl};
3. der optimistische Termin für den Abschluß des Vorganges T_{o}.

Offenbar ergeben sich die geplante bzw. die optimistische Dauer des Vorganges zu $T_{\text{pl}} - T^{(0)}$ bzw. $T_{\text{o}} - T^{(0)}$, wobei $T^{(0)}$ der Zeitpunkt für den Beginn des Vorganges ist.

Der geplante Umfang des zu realisierenden Vorganges wird in dem vorgegebenen Zeitintervall zwischen $\mathrm{T_o}$ und T_{pl} nach technologischen und anderen Erfordernissen verteilt. Diese Verteilung wollen wir durch die Dichtefunktion der zeitlichen Verteilung des Vorganges ausdrücken und diese mit $\Pi(t)$ bezeichnen. Das Integral dieser Dichtefunktion liefert offenbar die Integralkurve für den planmäßigen Zeitablauf des Vorganges $V_{\text{pl}}(t)$. Wie man leicht sieht, gilt dann

$$V_{\text{pl}}(t) = \int_{T^{(0)}}^{t} \Pi(t)\, \mathrm{d}t, \tag{6.2.1}$$

$$V_{\text{pl}} = \int_{T^{(0)}}^{t_{\text{pl}}} \Pi(t)\, \mathrm{d}t, \tag{6.2.2}$$

wobei V_{pl} der Umfang ist, der für die Realisierung des betreffenden Vorgangs benötigt wird.

Verschiedene Ursachen wie etwa Unentschlossenheit und Fehler der Bearbeiter, Mangel an Material oder Arbeitskräften, Mängel in der Technologie usw. senken die Realisierungsgeschwindigkeit des Vorganges, d.h., sie rufen Abweichungen von dem vorgegebenen Kurvenverlauf hervor. Die Aufgabe der Regulierung des Ablaufes für einen Vorgang besteht darin, die Diskrepanzen zwischen den echten und den geplanten Integralumfängen zu beseitigen. Beim Realisierungsprozeß des betreffenden Vorganges muß man daher zu Kontrollzwecken den tatsächlichen Integralumfang als Zufallsvariable mit dem geplanten Integralumfang zu den Zeitpunkten T_i vergleichen, die durch die Auswahl der Befragungsschrittweite festgelegt werden.

Für die weitere Erörterung der Bestimmung der Befragungsschrittweite wenden wir uns dem Bild 21 zu, in dem $V_{\text{pl}}(t)$ die geplante auf der Schätzung der mittleren Dauer des Vorganges beruhende Integralkurve, $V_a(t)$ die der optimistischen Schätzung der Dauer entsprechende Integralkurve und $V(t)$ die tatsächliche Kurve ist, die im Laufe der Realisierung des betreffenden Vorganges konstruiert wird.

Wir verschieben die Kurve $V_a(t)$ in Richtung der Abszissenachse so, daß der Punkt (T_0, V_{pl}) mit dem Punkt (T_{pl}, V_{pl}) zur Deckung kommt. Dann verschiebt sich der Anfangspunkt in der Funktion $V_a(t)$ aus dem Punkt $(T^{(0)}, 0)$ in den Punkt $(T_1, 0)$. Offenbar gibt es sogar dann, wenn zum Zeitpunkt T_1 mit der Arbeit noch nicht

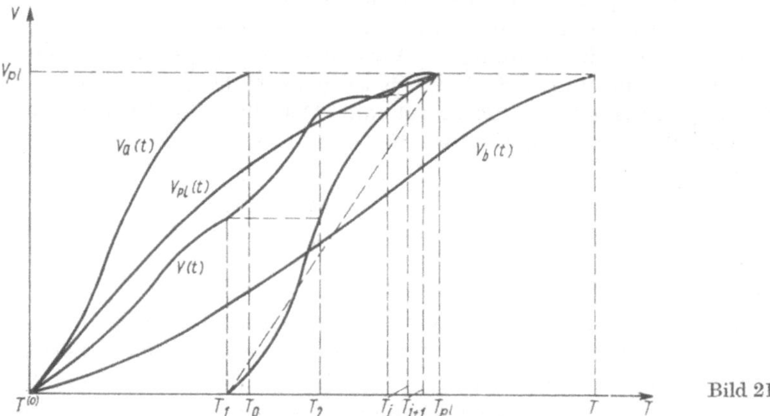

Bild 21

begonnen wurde, eine von null verschiedene Wahrscheinlichkeit dafür, unter optimalen Bedingungen und unter Ansatz produktiver und materieller Reserven, den geplanten Umfang V_{pl} zum Termin T_{pl} zu realisieren. Erfolgt jedoch eine Befragung später als zum Zeitpunkt T_1, so kann, da die höchste Realisierungsgeschwindigkeit durch die Kurve $V_a(t)$ bestimmt wird, der Termin T_{pl} nicht mehr gewährleistet werden.

Somit muß die erste Befragung zu einem Termin stattfinden, der im Intervall $(T^{(0)}, T_1)$ liegt. Führen wir eine Befragung zum äußersten Termin T_1 durch, so erhalten wir eine Information über den Umfang der bereits durchgeführten Arbeiten $V(T_1)$, der dem Wert von $V(t)$ im Punkt mit der Abszisse T_1 gleich ist. Legen wir durch diesen Kurvenpunkt $(V(T_1), T_1)$ eine Parallele zur Abszissenachse bis zum Schnittpunkt mit der verschobenen Kurve $V_a(t)$, so erhalten wir einen Punkt mit der Abszisse T_2, der im Einklang mit unseren vorhergehenden Überlegungen den äußersten Termin für die zweite Befragung bestimmt. Die weiteren Punkte werden analog ermittelt.

Wir wollen auf einige Besonderheiten der hier beschriebenen Methode zur Bestimmung der Befragungsschrittweiten hinweisen.

1. Die Befragungsschrittweite ist nicht konstant, sondern variabel. Je mehr sich der Vorgang dem Abschluß nähert, um so häufiger erfolgt die Befragung. Somit erfolgt die Befragung für Objekte, die sich kurz vor Inbetriebnahme befinden, häufiger als bei solchen, bei denen die Arbeiten erst in Angriff genommen wurden.

2. Je besser die Arbeiten am Objekt ablaufen, um so stärker überwiegt der Wert von $V(t)$ den Wert der Funktion $V_{pl}(t)$, um so seltener erfolgen die Befragungen, und um so weniger Befragungen werden erforderlich. Umgekehrt, je schlechter die Arbeiten am Objekt ablaufen, um so tiefer liegt die Kurve $V(t)$ bezüglich $V_{pl}(t)$, um so häufiger

erfolgt eine Befragung und eine Klärung der Situation am Objekt, und um so häufiger werden operative steuernde Maßnahmen ergriffen.

3. Es besteht die Gefahr, daß wir bei einem gewissen Schritt (u. U. sogar beim ersten) bereits auf der verschobenen Kurve liegen. Das ist dann der Fall, wenn die Realisierungsgeschwindigkeit der Vorgänge in der Zeit seit der vorhergehenden Befragung bis zu der fälligen Befragung (oder vom Anfangszeitpunkt bis zur ersten Befragung) null war. Diese Gefahr ist nicht sehr hoch, denn die Wahrscheinlichkeit dafür, daß die Realisierungsgeschwindigkeit der Vorgänge unterhalb einer gewissen Kurve liegt, die den pessimistischen Schätzwerten für die Dauer der Vorgänge entspricht, ist sehr gering. Trotzdem ist ein solcher Fall möglich.

Da die Möglichkeit einer Bewegung streng längs der Kurve gering ist, besteht die Aufgabe des leitenden Organs in diesem Falle darin, eine minimale Verzögerung gegenüber dem Plantermin T_{pl} zu gewährleisten und die Realisierungsbedingungen für die Vorgänge so zu verändern, daß das zugehörige Kurvenbild oberhalb der Kurve $V(t)$ liegt. Dazu müssen zusätzliche Reserven ausgeschöpft, die Vorgangsfronten erweitert werden usw.

Der analytische Ausdruck für den äußersten Termin der $(i + 1)$-ten Befragung (Bild 21) hat die Form

$$T_{i+1} = T_{\text{pl}} - (T_{\text{pl}} - T_i) \frac{\tan \alpha_i}{\tan \vartheta}, \tag{6.2.3}$$

wobei T_i der Zeitpunkt der i-ten Befragung ist; $\tan \alpha_i$ ist eine gewisse mittlere Geschwindigkeit, die vom Zeitpunkt T_i an eingehalten werden muß, damit der verbliebene Umfang $V_{\text{pl}} - V(T_i)$ zum Zeitpunkt T_{pl} realisiert werden kann; $\tan \vartheta$ ist eine gewisse mittlere optimistische Geschwindigkeit.

Die Beziehung (6.2.3) läßt sich auch in der folgenden Form schreiben:

$$T_{i+1} = T_{\text{pl}} - (T_{\text{pl}} - T_1) \frac{\prod_{k=1}^{i} \tan \alpha_k}{(\tan \vartheta)^i} \tag{6.2.4}$$

In realen Systemen bleibt $\tan \vartheta$ offenbar nicht konstant, da nach jeder Befragung sämtliche Zeitschätzungen, darunter auch die optimistischen, überprüft werden. In diesem Falle wird der nachfolgende äußerste Termin der Befragung T_{i+1} durch den Schnittpunkt der Geraden, die durch den Punkt der Kurve $V(T_i)$ parallel zur Abszissenachse hindurchgeht, mit der neuen optimistischen Integralkurve bestimmt, deren Form bei der i-ten Befragung ermittelt wurde. Für diesen Fall geht die Beziehung (6.2.3) über in

$$T_{i+1} = T_{\text{pl}} - (T_{\text{pl}} - T_i) \frac{\tan \alpha_i}{\tan \vartheta_i}$$

Hier ist $\tan \vartheta_i$ eine gewisse mittlere optimistische Geschwindigkeit, die die äußersten Möglichkeiten des Systems nach dem i-ten Befragungsschritt widerspiegelt.

Offenbar vollzieht sich eine analoge Veränderung auch in der Formel (6.2.4), und diese erhält dann die Form

$$T_{i+1} = T_{\text{pl}} - (T_{\text{pl}} - T_1) \prod_{k=1}^{i} \frac{\tan \alpha_k}{\tan \vartheta_k}.$$

Das bisher Gesagte bezieht sich auf den Fall, daß die Realisierungsgeschwindigkeit eines Vorganges nicht kleiner als null sein kann, wobei zur Bestimmung des äußersten Termins für die nächste Befragung der extremale Wert null der tatsächlichen Realisierungsgeschwindigkeit angesetzt wurde (Gerade, parallel zur Abszissenachse). Mit einer Wahrscheinlichkeit jedoch, die nahe bei 1 liegt, ist die Realisierungsgeschwindigkeit nicht geringer als die Geschwindigkeit, die durch die pessimistischen Zeitschätzungen bestimmt wird. Nimmt man daher an, daß die Realisierungsgeschwindigkeit nicht unterhalb einer gewissen durch die Kurve $V_b(t)$ bestimmten Geschwindigkeit liegt, so kann man die Befragungszeitpunkte nach einem analogen Verfahren

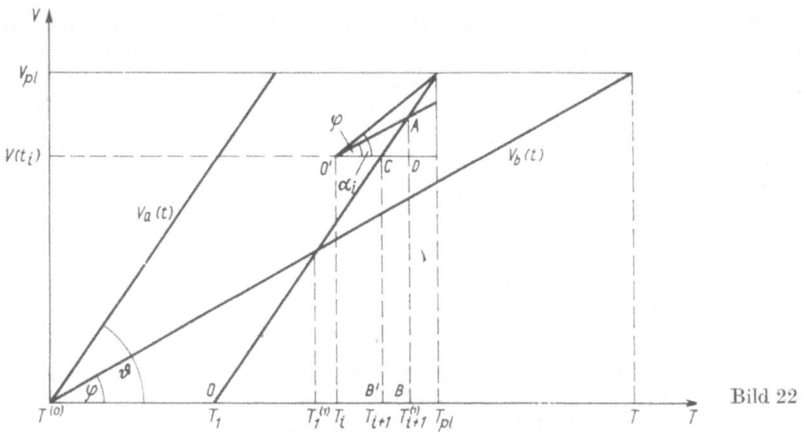

Bild 22

bestimmen, wobei man allerdings anstelle der zur Abszissenachse parallelen Strecken Strecken verwendet, die zur jeweiligen Tangente an die Kurve $V_b(t)$ parallel sind. In Bild 22 wurde der Einfachheit halber der Fall dargestellt, daß die Funktion $V_a(t)$ und $V_b(t)$ linear sind. Der analytische Ausdruck für den äußersten Zeitpunkt der $(i + 1)$-ten Befragung hat in diesem Falle die Form

$$T_{i+1}^{(1)} = \frac{\tan\vartheta - \tan\alpha_i}{\tan\vartheta - \tan\varphi} T_{\text{pl}} + \frac{\tan\alpha_i - \tan\varphi}{\tan\vartheta - \tan\varphi} T_i^{(1)}, \tag{6.2.5}$$

wobei $T_{i+1}^{(1)}$ der Zeitpunkt der vorhergehenden Befragung, und $\tan\varphi$ eine gewisse mittlere pessimistische Realisierungsgeschwindigkeit ist, die der Kurve $V_b(t)$ entspricht. Berücksichtigen wir wiederum von Schritt zu Schritt eine Überprüfung und Veränderung der Zeitschätzungen, so geht (6.2.5) über in

$$T_{i+1}^{(1)} = \frac{\tan\vartheta_i - \tan\alpha_i}{\tan\vartheta_i - \tan\varphi_i} T_{\text{pl}} + \frac{\tan\alpha_i - \tan\varphi_i}{\tan\vartheta_i - \tan\varphi_i} T_i^{(1)}. \tag{6.2.6}$$

Der Vorteil einer Befragung des zu kontrollierenden Systems nach dem beschriebenen Algorithmus besteht gegenüber dem vorhergehenden darin, daß wir fast ohne Veränderung der Wahrscheinlichkeit für die Einhaltung des Plantermins T_{pl} die Häufigkeit der Befragung erheblich senken können. Das bedeutet eine Verringerung des Aufwandes für die Kontrolle bei praktisch gleichbleibender Wirksamkeit der Befragungen.

6.3. Probleme der hierarchischen Struktur eines Netzplanmodells auf der Stufe der operativen Leitung

Zunächst weisen wir darauf hin, daß das im vorhergehenden Abschnitt betrachtete Kontrollsystem in gewissem Sinne eine optimale Lösung des Problems darstellt, die Häufigkeit der Befragung für eine beliebige Rangstufe in einem hierarchischen Leitungssystem zu bestimmen [58]. Während das System auf der untersten Rangstufe, wie bereits betrachtet, die Realisierung eines einzelnen Vorganges beliebiger Dauer kontrollieren kann, so kontrolliert es auf höheren Rangstufen eine beliebige Gruppe von Vorgängen unabhängig von ihrer Anzahl. Die Besonderheit der Kontrolle auf verschiedenen Rangstufen besteht lediglich darin, daß man auf jeder Ebene vor die Frage gestellt wird, Vorgänge eines anderen Detaillierungsgrades zu betrachten. Je höher die Rangstufe, um so weniger detailliert sind die Vorgänge.

Als charakteristisches Merkmal für die Wichtigkeit eines Systems, d.h., als Maß für die Härte der Bedingungen für den Eintritt eines gewissen Ereignisses (z.B. der Realisierung eines bestimmten Umfanges an Arbeiten) kann die an die Bearbeiter gestellte Forderung dienen, daß ein gewisses Ereignis zum Zeitpunkt T_{pl} mit einer gewissen Wahrscheinlichkeit eintritt, die wir mit p_{pl} bezeichnen. Dies entspricht der Vorgabe zulässiger Grenzen für die Abweichung Δt_{pl} von T_{pl} und hat folgende Bedeutung: Bedarf es zum Abschluß eines betrachteten Vorganges lediglich noch des Abschlusses eines gewissen Teilvorganges, dessen pessimistische Dauer kleiner ist als Δt_{pl}, so darf man den betreffenden Vorgang als abgeschlossen betrachten. Vom Standpunkt der Regulierung des Realisierungsprozesses eines Vorganges braucht man daher Vorgänge, deren Dauer kleiner ist als Δt_{pl} nicht zu kontrollieren. Der Parameter Δt_{pl} wird damit offenbar zum Maß für den Detaillierungsgrad des betreffenden Vorganges.

Interessant ist der Fall, in dem die Kurve $V(t)$ mit der Kurve $V_{\text{pl}}(t)$ übereinstimmt, d.h., daß die Realisierung des Vorganges planmäßig erfolgt. In diesem Falle sind die Befragungen, die man nach dem beschriebenen Algorithmus vornimmt, prophylaktischer Natur, und die Anzahl N der prophylaktischen Befragungen für einen gewissen Vorgang mit den charakteristischen Parametern T_{pl}, T_0 und Δt_{pl} ergibt sich zu

$$N = \frac{\ln \dfrac{\Delta t_{\text{pl}}}{T_0}}{\ln \dfrac{T_0}{T_{\text{pl}}}}. \tag{6.3.1}$$

Es sei ein gewisser Netzplan mit einer beliebigen Anzahl von Vorgängen auf dem kritischen Wege und mit einem gewissen Startereignis A und einem gewissen Zielereignis B gegeben. Offenbar kann man annehmen, daß jeder Elementarvorgang des betreffenden Netzplanes die k-te abgeschlossene Rangstufe einer gewissen hierarchischen Leitungsstruktur[1]) im betrachteten NPT-System darstellt und daß die $(k-1)$-te Rangstufe dieser Struktur aus einem einzigen verdichteten Vorgang besteht, der den gesamten gegebenen Netzplan umfaßt. Mit anderen Worten, wir werden jeden Elementarvorgang des genannten Netzplanes als ein Teilsystem der Rangstufe k

[1]) In der hierarchischen Struktur wollen wir die Numerierung wie folgt vornehmen: Dem Spitzenelement geben wir die Rangstufe 0 und erhöhen die Nummer des Elements jedesmal, wenn die Rangstufe abnimmt.

innerhalb eines gewissen größeren Systems auffassen. Hierbei verstehen wir unter einem Teilsystem ein untergeordnetes gesteuertes System, das darauf ausgerichtet ist, die Realisierung der Steuerung des größeren Systems im Einklang mit den vorgegebenen Steuerkriterien zu realisieren.

Unter allen m Vorgängen des kritischen Weges greifen wir einen gewissen i-ten Vorgang heraus, für den die Anzahl der prophylaktischen Befragungen nach (6.3.1) minimal ist, d.h., für den

$$N_i = \min_{1 \leqq r \leqq m} N_r = \min_{1 \leqq r \leqq m} \frac{\ln \dfrac{\Delta t_{\mathrm{pl}r}}{T_{\mathrm{o}r}}}{\ln \dfrac{T_{\mathrm{o}r}}{T_{\mathrm{pl}r}}}$$

ist; hierbei gilt offenbar die Ungleichung

$$\Delta t_{\mathrm{pl}\,r} < T_{\mathrm{o}r} < T_{\mathrm{pl}\,r}.$$

Ist für jeden Vorgang des kritischen Weges die Anzahl der Befragungen gegeben, so ergibt sich die minimale Anzahl der Befragungen für den gesamten kritischen Weg offenbar zu

$$mN_i = m \min_{1 \leqq r \leqq m} N;$$

hierbei ist N_i die minimale Anzahl der Befragungen, die für den kritischen Weg bei dem angenommenen Detaillierungsgrad $\Delta t_{\mathrm{pl}i}$ erforderlich ist (der Detaillierungsgrad wird durch die Rangstufe k bestimmt).

Wir fassen nun den genannten Netzplan als einen einzigen Vorgang $(\widehat{A, B})$ mit gewissen charakteristischen Parametern T^*_{pl}, T^*_{o} und Δt^*_{pl} auf, die mit den Parametern des i-ten Vorganges etwa durch die folgenden Beziehungen verknüpft sein mögen:

$$\left.\begin{aligned} T^*_{\mathrm{pl}} &= j_1 T_{\mathrm{pl}i}, \\ T^*_{\mathrm{o}} &= j_2 T_{\mathrm{o}i}, \\ \Delta t^*_{\mathrm{pl}} &= j_3 \Delta t_{\mathrm{pl}i}; \end{aligned}\right\} \tag{6.3.2}$$

hierbei sind j_1, j_2 und j_3 beliebige positive Zahlen, die größer als eins sind. Ferner gelte

$$j_1 \geqq j_2 \geqq j_3.$$

Nun stellen wir an die betrachtete hierarchische Struktur die durchaus berechtigte Forderung, daß mit einer Verringerung der Rangstufe auch die für die Leitung erforderliche Anzahl der Befragungen abnimmt. Diese Forderung schreiben wir in der Form

$$N^* < N_i,$$

wobei N^* die Anzahl der Befragungen für den Vorgang $(\widehat{A, B})$ vom Standpunkt des Detaillierungsgrades der Rangstufe $k - 1$, d.h. nach den Parametern (6.3.2) ist. Soll die genannte Bedingung erfüllt sein und sollen darüber hinaus die offensichtlichen Ungleichungen

$$j_1 T_{\mathrm{pl}i} \geqq j_2 T_{\mathrm{o}i} \geqq j_3\, \Delta t_{\mathrm{pl}i}$$

gelten, so müssen j_1, j_2 und j_3 gewissen Einschränkungen unterworfen werden.

Dabei gehen wir folgendermaßen vor:

$$N^* = \frac{\ln \frac{j_3 \Delta t_{pli}}{j_2 T_{oi}}}{\ln \frac{j_2 T_{oi}}{j_1 T_{pli}}} = \frac{\ln \frac{j_3}{j_2} + \ln \frac{\Delta t_{pli}}{T_{oi}}}{\ln \frac{j_2}{j_1} + \ln \frac{T_{oi}}{T_{pli}}} \leqq \frac{\ln \frac{j_3}{j_2}}{\ln \frac{j_2}{j_1}} + \frac{\ln \frac{\Delta t_{pli}}{T_{oi}}}{\ln \frac{T_{oi}}{T_{pli}}}$$

$$= \frac{\ln \frac{j_3}{j_2}}{\ln \frac{j_2}{j_1}} + \min_{1 \leqq r \leqq m} N_r \leqq \frac{\ln \frac{j_3}{j_2}}{\ln \frac{j_2}{j_1}} + m \min_{1 \leqq r \leqq m} N_r$$

$$= \frac{\ln \frac{j_3}{j_2}}{\ln \frac{j_2}{j_1}} + (m-1) \min_{1 \leqq r \leqq m} N_r + \min_{1 \leqq r \leqq m} N_r$$

Demzufolge ist dafür, daß die Bedingung $N^* \leqq \min_{1 \leqq r \leqq m} N_r$ erfüllt ist, hinreichend, daß

$$\frac{\ln \frac{j_3}{j_2}}{\ln \frac{j_2}{j_1}} + (m-1) \min_{1 \leqq r \leqq m} N_r \leqq 0 \tag{6.3.3}$$

gilt. Diese Ungleichung schreiben wir in der Form

$$\ln \frac{j_3}{j_2} \geqq (m-1) \min_{1 \leqq r \leqq m} N_r \ln \frac{j_1}{j_2}.$$

Beachten wir ferner, daß

$$\min_{1 \leqq r \leqq m} N_r = \frac{\ln \frac{\Delta t_{pli}}{T_{oi}}}{\ln \frac{T_{oi}}{T_{pli}}}$$

gilt und nehmen wir einige einfache Umformungen vor, so ergibt sich die erste hinreichende Bedingung in der Form

$$\frac{j_3}{j_2} \geqq \left(\frac{\Delta t_{pli}}{T_{oi}} \right)^{m-1}.$$

Andererseits erhalten wir, wenn wir die früher dem System auferlegte Bedingung $T_o^* \geqq \Delta t_{pl}^*$, d.h. die Bedingung $j_2 T_{oi} \geqq j_3 \Delta t_{pli}$ berücksichtigen,

$$\frac{j_3}{j_2} \leqq \frac{T_{oi}}{\Delta t_{pli}}.$$

Daher können wir schreiben

$$\left(\frac{\Delta t_{pli}}{T_{oi}} \right)^{m-1} \leqq \frac{j_3}{j_2} \leqq \frac{T_{oi}}{\Delta t_{pli}}. \tag{6.3.4}$$

Unter Verwendung der Ungleichung (6.3.3) erhalten wir sodann, wenn wir in ähnlicher Weise die entsprechenden Substitutionen und Umformungen vornehmen, die weitere hinreichende Bedingung

$$\frac{T_{oi}}{T_{pli}} \leqq \frac{j_2}{j_1} \leqq \left(\frac{T_{pli}}{T_{oi}}\right)^{\frac{1}{m-1}}. \tag{6.3.5}$$

Es läßt sich zeigen [59], daß die gewonnenen hinreichenden Bedingungen zugleich auch notwendig sind. Für die Gültigkeit der Ungleichung $N^* \leqq \min N_r$ ist daher notwendig und hinreichend, daß zwischen den Größen j_1, j_2 und j_3, $1 \leqq r \leqq m$, die die charakteristischen Parameter der Rangstufe $k-1$ bestimmen, die folgenden Beziehungen bestehen:

$$\begin{aligned} \left(\frac{\Delta t_{pli}}{T_{oi}}\right)^{m-1} &\leqq \frac{j_3}{j_2} \leqq \frac{T_{oi}}{\Delta t_{pli}}, \\ \frac{T_{oi}}{T_{pli}} &\leqq \frac{j_2}{j_1} \leqq \left(\frac{T_{pli}}{T_{oi}}\right)^{\frac{1}{m-1}}. \end{aligned} \tag{6.3.6}$$

Die Einführung eines hierarchischen Leitungssystems ist erforderlich, weil die Möglichkeiten der Elemente eines Systems zur Verarbeitung der Information sowie die Speicherkapazitäten der Rechenautomaten beschränkt sind. Die Bedingungen (6.3.6) bilden neben den genannten wesentlichen Aspekten für das Funktionieren eines Systems die hinreichenden Bedingungen für die Synthese optimaler hierarchischer Strukturen.

6.4. Statistische Methoden auf der Stufe der Erarbeitung des Ausgangsplanes im NPT-System

Die in den vorhergehenden Abschnitten beschriebene Methodik der Befragungen in einem NPT-System in Abhängigkeit von der Hierarchie des Systems gestattet es, ein sehr wichtiges Leitungsproblem zu lösen, das mit der Funktion des Blocks der Informationsgewinnung über den Zustand des zu steuernden Objekts zusammenhängt (vgl. 1.1. und 1.2.). Im weiteren wird die Steuerung an die nächsten Blöcke des steuernden Systems übertragen, die die Kalenderterminberechnung für den Ablauf der Arbeiten bei der Schaffung des neuen Vorhabens vornehmen. Denn mit Hilfe dieser Blöcke, des Blocks der Analyse der operativen Information und des Blocks der Steuerung (vgl. Bild 1) werden die wichtigsten Stufen des Einsatzes eines NPT-Systems bewerkstelligt.

Bekanntlich zerfällt das gesamte System der Planung und Leitung mit Hilfe der Netzplantechnik in zwei selbständige Stufen: die Stufe der Erarbeitung des Ausgangsplanes und die Stufe der operativen Leitung, wobei die erste Stufe der zweiten vorausgeht.

Zu den wichtigsten Aufgaben auf der Stufe der Aufstellung des Ausgangsplanes gehört die Berechnung des zu erwartenden Kalendertermins sowohl für den Abschluß aller Arbeiten für das Gesamtobjekt als auch der Termine für die wichtigsten Ereignisse des Projekts.

Bei der Aufstellung des Ausgangsplanes ist zunächst die gewünschte Sicherheitswahrscheinlichkeit für die Realisierung der Vorgänge zu den berechneten Kalenderterminen vorzugeben, d.h., es wird der Sicherheitskoeffizient p_V festgelegt. Die Vorgabe dieses Koeffizienten für die Berechnung der Abschlußtermine der Vorgänge hat vieles mit der Festlegung eines geplanten Prozentsatzes für unvorhergesehene Arbeiten gemein. Bekanntlich wird ein derartiger Prozentsatz häufig bei der Planung von wissenschaftlichen Forschungsarbeiten und experimentellen Konstruktionsaufgaben angewandt. Der Wert des vorzugebenden Sicherheitskoeffizienten p_V hängt selbstverständlich von der Schwierigkeit und Neuartigkeit des zu schaffenden Vorhabens ab.

Der Abschlußtermin für alle Arbeiten zur Schaffung eines neuen Vorhabens, d.h. der Termin des Zielereignisses, ergibt sich im Falle eines stochastischen Netzplanmodells oder eines deterministischen Netzplanmodells mit Zufallsschätzwerten für die Vorgänge nicht etwa dadurch, daß man zum Termin des Startereignisses die Länge des kritischen Weges addiert, sondern das entsprechende p-Quantil. Gleichzeitig wird nach dem im 4. Kapitel beschriebenen Verfahren, das auf der Monte-Carlo-Methode beruht, die Wahrscheinlichkeit für die Realisierung sämtlicher Vorgänge zu den vorgegebenen Terminen berechnet und der zugehörige Sicherheitskoeffizient p_S abgeschätzt. Ist der Wert des Koeffizienten p_S kleiner als der des vorgegebenen Koeffizienten p_V (bzw. wenn der Wert von p_S so niedrig liegt, daß er die Realisierung des Planes zum vorgesehenen Plantermin nicht gewährleistet), nimmt die Leitung des Projekts eine detaillierte Analyse des Netzplanmodells und erforderlichenfalls seine Optimierung vor. Wir wollen nun einige Verfahren zur Analyse der Zeitschätzungen in Netzplanmodellen mit zufälligen Schätzwerten für die Vorgänge betrachten. Die Probleme der Optimierung hatten wir bereits in 4.5. betrachtet, und wir werden uns ihnen auch im nächsten Kapitel wieder zuwenden.

Die p-Quantil-Sicherheits-Schätzwerte für die Realisierungsdauer des gesamten Netzplanprojekts müssen bei der Analyse der Dauer des kritischen Weges vom Start- zum Zielereignis gegenübergestellt werden, wobei die Dauern der Vorgänge ihren Erwartungswerten gleichgesetzt werden. Eine solche Analyse wird zweckmäßigerweise bei der Erarbeitung des Ausgangsplanes nach der ersten Überschlagsdurchrechnung des Netzplanmodells vorgenommen.

Wir wollen vier verschiedene Fälle betrachten, die beim Vergleich der Dauer des kritischen Weges mit den p-Quantil-Schätzwerten auftreten können [68].

1. Die Dauer des kritischen Weges unterscheidet sich nur wenig von der Dauer des nächstliegenden Weges zwischen Start- und Zielereignis, während die p-Quantil-Schätzwerte (z.B. für $p = 0{,}7$ und $p = 0{,}8$) der beiden Wege stark voneinander abweichen.

Die Ursache für diesen Sachverhalt liegt in folgendem: Wir wollen annehmen, wir hätten sämtliche Vorgänge mehrfach realisiert, d.h., wir hätten die Modellierung mehrfach durchgeführt. Dabei gibt es Vorgänge (i, j), die bei einer mehrfachen Realisierung des Netzplanmodells die Tendenz aufweisen, wesentlich häufiger auf den kritischen Weg zu gelangen als auf den nächstlängsten Weg. Diese Vorgänge haben somit die Tendenz, auf dem Wege mit dem höchsten Dringlichkeitskoeffizienten des Netzplanmodells zu liegen. Sie sind durch eine sehr große Varianz für die Verteilungsfunktion ihrer zufälligen Realisierungszeit gekennzeichnet. Für diesen Umstand kann es zwei Gründe geben:

a) Die Umstände, die die Realisierung dieser Vorgänge kennzeichnen, geben nicht die Möglichkeit, die pessimistischen und optimistischen Zeitwerte objektiv einzuschätzen, wodurch die Streuung um den Erwartungswert sehr erheblich wird.

b) Die verantwortlichen Auftragsbearbeiter haben aus irgendwelchen Gründen die Zeitwerte nicht objektiv eingeschätzt und den Zeitbereich für die Realisierung dieser Vorgänge bewußt ausgedehnt.

In beiden Fällen müssen die betreffenden Vorgänge herausgeschält und die Möglichkeiten zur Einengung des Intervalls (a, b) untersucht werden, wobei a bzw. b der optimistische bzw. pessimistische Zeitwert sind. Es sei darauf hingewiesen, daß die Anzahl derartiger Vorgänge verhältnismäßig groß sein kann.

2. Die p-Quantil-Schätzwerte weichen nur unwesentlich voneinander ab. Das gleiche gilt für den kritischen und subkritischen Weg, die auf Grund von Erwartungswerten ermittelt wurden.

In diesem Falle dürfen wir annehmen, daß wir bei mehrfacher Realisierung aller Vorgänge des Netzplanes eine Tendenz zur Stabilität feststellen werden. Die frühesten Termine für die Realisierung des Gesamtprojekts weichen nur wenig voneinander ab. Es liegt daher kein Grund vor, die Qualität der Aufstellung des Netzplanes anzuzweifeln.

3. Sowohl die p-Quantil-Abschätzungen bei verschiedenen Sicherheitskoeffizienten als auch die Längen des kritischen und subkritischen Weges weisen große Abweichungen auf.

In diesem Falle dürfen wir annehmen, daß die Dringlichkeitskoeffizienten der Wege des Netzplanes stark voneinander abweichen. Die Vorgänge, die auf dem Wege mit dem höchsten Dringlichkeitskoeffizienten liegen, weisen für ihre Realisierungsdauern größere Erwartungswerte als die Vorgänge auf dem Wege mit dem nächst niedrigeren Dringlichkeitskoeffizienten usw. auf. Wie im zweiten Falle haben wir keinen Grund, die Qualität der Aufstellung des Netzplanes oder die von den verantwortlichen Auftragsbearbeitern vorgegebenen Schätzwerte anzuzweifeln.

4. Die p-Quantil-Schätzwerte weichen nur unwesentlich voneinander ab, während die Längen des kritischen und subkritischen Weges stark voneinander abweichen.

Dieser Fall tritt verhältnismäßig selten auf und kann zwei verschiedene Ursachen haben.

a) Auf dem Wege mit dem höchsten Dringlichkeitskoeffizienten (im Sinne der Wahrscheinlichkeit dafür, daß dieser Weg kritisch wird) liegen Vorgänge mit höheren Erwartungswerten für die Realisierungsdauer als die Vorgänge, die auf Wegen mit geringeren Dringlichkeitskoeffizienten liegen. Dafür haben aber diese Vorgänge höhere Streuwerte für ihre Realisierungsdauer. Da aber die p-Quantil-Schätzwerte sowohl vom Erwartungswert als auch von der Varianz abhängen, während die Schätzwerte für die Länge des kritischen Weges nur von den Erwartungswerten abhängig sind, kann für die p-Quantil-Schätzwerte bei verschiedenen p ein gewisser Ausgleich erfolgen: Die Verringerung der Erwartungswerte wird durch eine Erhöhung der Varianzen kompensiert. Selbstverständlich ist in einem solchen Falle eine detaillierte Analyse aller Vorgänge des Netzplanes erforderlich, um die Objektivität der durch die verantwortlichen Auftragsbearbeiter vorgegebenen Werte einschätzen zu können.

b) Mitunter kann es vorkommen, daß das postulierte Verteilungsgesetz für die Realisierungsdauer der Vorgänge in Wirklichkeit nicht vorliegt. Eine Klärung kann dann mit Hilfe der Monte-Carlo-Methode herbeigeführt werden. In diesem Falle müssen (auf der Grundlage von Normativdaten) die Verteilungsgesetze für die Realisierungsdauer gründlicher ermittelt werden, wonach die Quantilschätzwerte neu zu berechnen sind.

Die p-Quantil-Schätzwerte nämlich, d.h. die zu erwartenden Termine für den Eintritt der Ereignisse, sind die Parameter des Netzplanmodells, die mit den Vorgabeterminen für das gesamte Netzplanprojekt verglichen werden müssen (das gleiche gilt auch für einzelne Ereignisse des Netzplanes). In diesem Falle muß selbstverständlich je nach der Wichtigkeit und Kompliziertheit des Projekts der zugehörige Sicherheitskoeffizient p entsprechend gewählt werden. Darüber hatten wir bereits in Kapitel 4 ausführlich gesprochen.

Hat die Leitung der Arbeiten am Netzplanprojekt eine Optimierung der materiellen oder kostenmäßigen Ressourcen des Netzplanmodells veranlaßt, so muß nach Abschluß der Optimierung und der Vorgabe neuer Schätzwerte für die Realisierungsdauer der Vorgänge die Berechnung der p-Quantil-Schätzwerte (und damit auch des Sicherheitskoeffizienten p_V) erneut vorgenommen werden. Das gewonnene Ergebnis wird dann erneut der Leitung zur Entscheidung vorgelegt.

Gewährleistet die neue korrigierte Variante des Netzplanmodells wiederum keinen annehmbaren Wert für p_S, so veranlaßt die Leitung eine wiederholte Optimierung des Projekts so lange, bis ein befriedigendes Ergebnis erzielt wird.

Nach einer Analyse der Ergebnisse für die Korrektur des Netzplangraphen muß die Projektierung (für den Fall, daß es unmöglich ist, p_S auf den gewünschten Wert zu bringen) die folgende Entscheidung treffen: Es wird entweder der Vorgabetermin verlängert (und damit p_S erhöht), oder aber es wird der ursprüngliche Vorgabetermin beibehalten, jedoch wird eine etwaige nichttermingemäße Realisierung des Vorhabens in Kauf genommen.

Wie dem auch sei, eine endgültige Entscheidung muß getroffen werden. Es wird der zugehörige Vorgabetermin bestätigt und zugleich das Maß für die Garantie, d.h. der Wert des Sicherheitskoeffizienten p_S festgelegt.

Die Übergabe der Information über die zu erwartenden frühesten Termine für den Eintritt der wichtigsten Ereignisse (d.h. der zugehörigen p-Quantil-Schätzwerte) auf der Stufe der Aufstellung des Ausgangsplanes kann auf verschiedene Weise erfolgen.

Als Beispiel wollen wir die Form einer analytischen Dokumentation betrachten, die in der UdSSR für ein NPT-System erarbeitet wurde, das mehrere Industriezweige umfaßt (vgl. Bild 23).

Die Dokumentation wird vom NPT-Dienst beim Rechenzentrum aufgestellt und dem für die Realisierung des Netzplanprojekts verantwortlichen Leiter übergeben. Die gleiche Dokumentation erhält auch der entsprechende NPT-Dienst. Eine Dokumentation dieser Art ist besonders wichtig im Prozeß der Optimierung des Netzplanmodells, insbesondere für den Vergleich der zu analysierenden Variante und der Grundvariante des Modells.

Die Spalten 1 bis 5 des in Bild 23 wiedergegebenen Formblattes bedürfen keiner Erläuterung. In der Spalte 6 wird die Sicherheitswahrscheinlichkeit p_S eingetragen, die dem Vorgabetermin für die Grundvariante des Netzplanmodells entspricht. Die Spalte 7 enthält den entsprechenden Wert für die zu analysierende Variante. Ein Vergleich der Spalten 6 und 7 zeigt, um wieviel sich das Garantiemaß für die Realisierung des Projekts zum Vorgabetermin auf Grund der Optimierung des Netzplanmodells erhöht hat. Die Spalte 8 enthält die zu erwartenden Termine für die wichtigsten Ereignisse der Grundvariante des Netzplanmodells bei vorgegebenem p_V. Die Spalte 9 enthält die entsprechenden Werte für die zu analysierende Variante. Ein Vergleich der Spalten 8 und 9 weist den zeitlichen Gewinn für den Ablauf der Pro-

Statistische Modellierung im NPT-System

Formblatt 1

Systembezeichnung		Nummer der Berechnungsvariante		Erwartungstermin für den Eintritt der wichtigen Ereignisse (für $p_V = \ldots$)					Datum der Ausfertigung	Blattnummer
		Grundrechnung	Analysenrechnung						. . . 197..	Blattzahl insgesamt
		Die wichtigsten Ereignisse		Termin						Anmerkung
				Vorgabetermin			Zu erwartende Termine			
					Wahrscheinlicher Wert von p_S		Datum			
Laufende Nummer	Bearbeitungsstufe	Symbole	Verbale Bezeichnung	Datum	Alter Wert	Neuer Wert	Alter Wert	Neuer Wert		
1	2	3	4	5	6	7	8	9		10

Geprüft: Genehmigt:

Bild 23

jektrealisierung aus, der sich durch die zu analysierende Variante gegenüber der Grundvariante bei gleicher Sicherheitswahrscheinlichkeit p_V ergibt.

Die Stufe der Aufstellung des Ausgangsplanes wird dadurch abgeschlossen, daß ein Kalenderterminplan aufgestellt und an die verantwortlichen Auftragsbearbeiter übergeben wird. Die Methode einer derartigen Berechnung für deterministische Netzplanmodelle mit deterministischen Zeitwerten wurde bereits in 1.4. behandelt. Sind die Realisierungsdauern der Vorgänge Zufallsvariable, so wird die Aufgabe erheblich schwieriger. Auf Grund der Tatsache, daß die Aufstellung des Kalenderterminplanes sowohl bei der Aufstellung des Ausgangsplanes als auch bei der operativen Leitung auf den gleichen Prinzipien beruht, wollen wir die zugehörige Methode im nächsten Abschnitt erläutern, der dem Funktionieren eines NPT-Systems auf der Stufe der operativen Leitung gewidmet ist.

6.5. Die operative Leitung eines NPT-Systems unter Berücksichtigung des Kalenderterminplanes

Wir hatten bereits erwähnt, daß die Stufe der operativen Leitung unter Berücksichtigung der Kalendertermine sowohl die Aufstellung des Kalenderterminplanes für den Ablauf der Arbeiten als auch die steuernden Eingriffe für den Fall umfaßt, daß der tatsächliche Zustand des NPT-Systems von dem geplanten abweicht. Für den Fall der Netzplanmodelle mit Zufallsschätzwerten für die Dauern der Vorgänge ist das Problem der Aufstellung eines wirklich begründeten Kalenderterminplanes für den Beginn und den Abschluß der Vorgänge bisher noch nicht vollständig gelöst. Es sei darauf hingewiesen, daß der Begriff „Kalenderterminplan" die Vorgabe der *Plantermine* für den Beginn und den Abschluß aller Vorgänge des Netzplanmodells umfaßt. Bei Fehlen eines derartigen Planes kann die für die Realisierung verantwortliche Organisation die ihr zur Verfügung stehenden Ressourcen nicht sinnvoll ausnutzen.

Gegenwärtig lassen sich drei Hauptrichtungen zur Lösung des genannten Problems erkennen [68, 70, 81].

Analytisches Mittlungsverfahren zur Vorgabe des Kalenderterminplanes in NPT-Systemen. Dieses Verfahren sieht die Berechnung der Kalendertermine für den Beginn und den Abschluß der Vorgänge, der Pufferzeiten und anderer Zeitparameter des Netzplanmodells ohne Anwendung der Monte-Carlo-Methode nur unter Verwendung des analytischen wahrscheinlichkeitstheoretischen Apparates vor. Zu dieser Richtung gehört z. B. das in 3.1. betrachtete Mittlungsverfahren, das bei NPT-Systemen vom Typ PERT verwendet wird. Nach diesem Verfahren werden die Dauern sämtlicher Vorgänge des Netzplanes, die als Zufallsvariable aufgefaßt werden, den zugehörigen Erwartungswerten gleichgesetzt. Man erhält auf diese Weise ein deterministisches Netzplanmodell mit determinierten Dauern.

Ein solches Modell gestattet die eindeutige Berechnung aller zeitlichen Parameter des Netzplanes wie die frühesten und spätesten Termine für den Eintritt von Ereignissen, für den Beginn und den Abschluß der Vorgänge sowie die Pufferzeiten der Vorgänge und Ereignisse. Die genannten berechneten Größen, z. B. die frühesten Termine für den Beginn und Abschluß der Vorgänge, können dann als Planvorgabetermine bestätigt werden.

In diesem Falle läuft die Leitung im NPT-System auf die Angabe von steuernden Maßnahmen für das System hinaus, die auf den darauffolgenden Stufen solche Verzögerungen kompensieren, die bei der Vorgabe der Schätzwerte und der Berechnung der Parameter des Netzplanmodells während der Aufstellung des Ausgangsplanes unberücksichtigt geblieben waren.

Das Vorliegen eindeutig berechneter Termine für den Beginn und Abschluß der Vorgänge sowie der anderen Zeitparameter des Modells gestatten dann die Auswahl des zugehörigen Leitungsalgorithmus [81]. Obwohl der Leitungsalgorithmus für das Projekt vom Vorhandensein der Ressourcen und ihrer optimalen Verteilung nicht unabhängig ist, wollen wir dieses Problem hier unberührt lassen. Wir wollen uns lediglich mit der Steuerung der Dauer der Vorgänge beschäftigen, mit deren Hilfe wir das gesteckte Ziel erreichen wollen (den Eintritt eines bestimmten Ereignisses zu einem gegebenen Termin). Dabei wollen wir annehmen, daß die Einwirkungen des Leitungssystems auf die Dauer der Vorgänge keinerlei Ressourcenbeschränkungen unterliegen.

Ist der Kalenderterminplan, der sich aus der Berechnung des betreffenden Modells ergibt, bestätigt, so gewährleistet seine Einhaltung eindeutig die Realisierung des Projekts zum vorgegebenen Termin. Hieraus ergibt sich unmittelbar der Leitungsalgorithmus, der die Einhaltung des berechneten Terminplanes sichert. Die zweckmäßige Organisation der Kontrolle und Leitung muß in dem betrachteten Falle offenbar die folgende Form haben:

Zu späteren Zeitpunkten einsetzende Leitungsmaßnahmen werden hauptsächlich auf die Verkürzung der Dauer von Vorgängen hinauslaufen. Durch diese Maßnahmen sollen Verzögerungen kompensiert werden, die zu früheren Zeitpunkten eingetreten sind. Dabei handelt es sich um solche Vorgänge des kritischen Weges, deren Beginn gegenüber dem Plantermin hinausgeschoben wurde.

Bei Wegen, die Pufferzeiten aufweisen, beziehen sich derartige Maßnahmen hauptsächlich auf Vorgänge, deren Anfangsereignisse ebenfalls gegenüber dem Plan hinausgeschoben wurden, doch brauchen solche Maßnahmen hier nur dann ergriffen zu werden, wenn die betreffenden Ereignisse später eingetreten sind als zum zulässigen spätesten Termin.

Wir wollen nun sehen, welcher Art derartige Leitungsmaßnahmen bei der operativen Leitung eines NPT-Systems sein können. Die wichtigsten Arten der genannten Einwirkungen sind die folgenden:

a) Umverteilung der materiellen, personellen oder kostenmäßigen Ressourcen innerhalb der Vorgänge des Netzplanmodells.

b) Zusätzliche Einbeziehung weiterer Ressourcen von außerhalb (für Vorgänge mit dem höchsten Dringlichkeitskoeffizienten).

c) Änderung der Topologie des Netzplanmodells, durch die die Zielfunktionen des Projekts erhalten bleiben, die Realisierungstermine jedoch vorverlegt werden können.

d) Änderung der Zielfunktionen des Netzplanprojekts (insbesondere der technischen Eigenschaften des neu zu schaffenden Komplexes), die zu einer Verringerung der Zeitschätzwerte führen.

e) Starke Intensivierung bei der Realisierung einzelner Vorgänge des Netzplanmodells. In verschiedenen ausländischen NPT-Systemen werden verschiedene Intensitätsgrade von vornherein vorgesehen, wobei für jeden Grad den verantwortlichen Auftragsbearbeitern jeweils verschiedene Schätzwerte vorgegeben werden. Es liegt auf der Hand, daß eine starke Intensivierung bei der Realisierung des Netzplanprojekts zu einer Verkürzung der Zeitschätzwerte führt.

Der Hauptvorteil der Leitung eines NPT-Systems nach dem Mittlungsverfahren liegt in der Einfachheit und Determiniertheit (Eindeutigkeit) der Berechnung aller Parameter des Netzplanmodells. Der Hauptmangel besteht im Vorliegen eines systematischen Fehlers und in der Tatsache, daß die Berechnung der einzelnen Kalenderterminwerte für die Vorgänge und Ereignisse in gewissem Sinne unbegründet ist. Es sei daher darauf hingewiesen, daß gegenwärtig verschiedene Untersuchungen in dieser Richtung angestellt werden; an diesen Arbeiten beteiligen sich hauptsächlich LEWIN [81], HOISER, BARSHEY und EHRENFELD [29], GOLENKO [68, 70] u.a.

Anwendung der Monte-Carlo-Methode. Bei diesem Verfahren werden die Schätzwerte der Plantermine für den Eintritt aller Ereignisse des Netzplanes und damit die Plantermine für den Beginn und den Abschluß der Vorgänge statistisch modelliert. Wir wollen nun das Verfahren zur Berechnung des Kalenderterminplanes betrachten [68, 70, 81]. Nach Bestätigung des Vorgabetermins werden im Rechenzentrum die p_S-Quantil-Schätzwerte für den frühesten Termin der Ereignisse des Netzplanes berechnet. Die gewonnenen Schätzwerte werden nunmehr als Plantermine für alle Ereignisse des Netzplanmodells vorgegeben. Mit anderen Worten, der p-Quantil-Schätzwert für den frühesten Termin des Ereignisses i dient als Planvorgabetermin für den Abschluß aller Vorgänge (k, i), die in das Ereignis i münden. Einzelne Vorgänge des Netzplanmodells werden hierbei selbstverständlich Pufferzeiten in der Form aufweisen, wie wir sie in 4.2. betrachtet hatten (die Werte für die Pufferzeiten sind nunmehr stochastische Größen).

Jeder Vorgang (i, j) des Netzplangraphen erhält somit Kalenderplantermine für den Beginn und den Abschluß in Gestalt der p_S-Quantil-Schätzwerte $T_i^{(0)}$ bzw. $T_j^{(0)}$. Das betrachtete Verfahren erfährt keine prinzipiellen Änderungen, wenn man die p_S-Quantil-Schätzwerte der frühesten Termine durch die entsprechenden p-Quantil-Schätzwerte der spätesten Termine ersetzt. Der Sicherheitsschätzwert des p_S-Quantils für den spätesten Termin des Ereignisses i ergibt sich zu $W_{1-p_S}\left(T_i^{(1)}\right)$, wobei $W_p(x)$ das p-Quantil der Zufallsvariablen x bedeutet.

Wir wollen nun den Algorithmus zur Leitung des Netzplanvorhabens nach dem angegebenen Verfahren näher betrachten [96].

Die Anwendung eines Modells mit deterministischer Struktur und Wahrscheinlichkeitsschätzwerten, das den Zufallscharakter der Dauer der Vorgänge berücksichtigt, zur Leitung eines Vorhabens erfordert die Auswahl eines Leitungsalgorithmus, der möglichst weitgehend dem Zufallscharakter der Dauer der Operationen im Modell entspricht und die Unbestimmtheit der Zeitparameter des Modells in geeigneter Weise berücksichtigt. Die Berücksichtigung des Zufallscharakters der Dauer der Vorgänge jedoch macht es unmöglich, eine eindeutige Beziehung zwischen den statistischen Charakteristiken des Modells wie etwa den p-Quantil-Schätzwerten für die Termine der Ereignisse und des Gesamtprojekts herzustellen. Dadurch wird das Problem, einen Leitungsalgorithmus auszuwählen, der der Wahrscheinlichkeitsstruktur des zu steuernden Prozesses entspricht, erheblich erschwert.

Für die weitere Betrachtung des Problems zur Auswahl des Leitungsalgorithmus in einem NPT-System, das ein Modell mit Wahrscheinlichkeitsschätzwerten verwendet, ist äußerst wesentlich, daß man den prinzipiellen Unterschied erfaßt, der zwischen dem modellierten Prozeß und der dabei gewonnenen Information einerseits und dem Prozeß der Realisierung des realen Vorhabens andererseits besteht.

Der Prozeß der statistischen Modellierung besteht in einer mehrfachen Realisierung von Zufallsvariablen. Er gibt uns die Möglichkeit, die Zeitparameter eines Netzplanmodells unter der Berücksichtigung einer gemittelten Einwirkung vieler Faktoren abzuschätzen, die auf die Dauer eines jeden Vorganges ausgeübt werden. Dabei finden auch die Steuerungsfaktoren Berücksichtigung, die bei der Bestimmung der optimistischen und pessimistischen Schätzwerte für die Dauer der Vorgänge im Modell wirksam geworden sind.

Was den Prozeß der Realisierung des Vorhabens betrifft, so unterscheidet sich dieser prinzipiell dadurch, daß es sich bei ihm um eine einmalige Realisierung eines zufälligen Prozesses handelt. Es liegt auf der Hand, daß das Ergebnis einer derartigen Realisierung völlig beliebig von dem Ergebnis abweichen kann, das man durch die statistische Modellierung gewonnen hatte. Das kann allerdings nur dann eintreten, wenn auf die Dauern der Vorgänge kein steuerndes System einwirkt. Die Einführung eines Steuersystems in ein NPT-Systems wirkt sich wesentlich auf die Schwankungsgrenzen der Dauer der Vorgänge und auf die Unbestimmtheit der Realisierungstermingrenzen der Dauer der Vorgänge und auf die Unbestimmtheit der Realisierungstermine für das Projekt aus. Die Wirkung eines Leitungssystems ist daher äquivalent einer Verringerung der stochastischen Eigenschaften des Modells und einer Annäherung an die Eigenschaften eines Modells mit deterministischen Schätzwerten.

Auf Grund unserer Überlegungen können wir nun [81] einen Leitungsalgorithmus auswählen. Dieser wird den Wahrscheinlichkeitscharakter des Realisierungsprozesses für das Vorhaben berücksichtigen, der sich auf Grund der Abschätzung der Zeitparameter nach der Monte-Carlo-Methode und der Bestimmung der p-Quantil-Schätzwerte für die frühesten und spätesten Ereignistermine im Netzplanmodell ergeben hat.

Das System der Termine für den Eintritt der Ereignisse als System von Vorgabeterminen aufgefaßt, das in der genannten Weise den wahrscheinlichkeitstheoretischen Charakter für den Realisierungsprozeß des Vorhabens berücksichtigt, ermöglicht die Konstruktion eines Modells, das in der gleichen Weise ein Leitungsinstrument für den betrachteten Fall darstellt, wie es das klassische Modell mit determinierten Schätzwerten war, mit dessen Hilfe eine eindeutige Berechnung der Zeitparameter des Netzplanes und die Aufstellung eines Terminplankalenders für die Vorgänge möglich war.

Will man daher die Rolle der Leitung in den NPT-Systemen mit determinierten und stochastischen Schätzwerten gegeneinander abwägen, so ist vor allem der völlig gleichartige Mechanismus der Wirkung des Leitungssystems auf die Dauer der Vorgänge und die völlige Gleichartigkeit der Zielstellung zu berücksichtigen, zu deren Erreichnung das betreffende Leitungssystem eingeführt wird.

Der Unterschied zwischen diesen beiden Fällen besteht lediglich darin, daß die Leitungssysteme bei der Realisierung des Projekts die jeweils auftretenden Abweichungen zu anderen Vergleichsgrößen in Bezug setzen. Im ersten Falle werden die Abweichungen auf die eindeutig berechneten Zeitpunkte bezogen, im zweiten Falle auf Zeitpunkte, die unter Berücksichtigung der dem System innewohnenden Unbestimmtheit berechnet wurden.

Gestatten die p-Quantil-Abschätzungen der Termine (sowohl der frühesten als auch der spätesten) für den Eintritt der Ereignisse, die als Vorgabetermin gewählt wurden, ein Netzplanmodell zu konstruieren, dessen Topologie mit der ursprünglichen übereinstimmt, so lassen sich die Schätzwerte für die Dauer der Vorgänge, die den Eintritt der Ereignisse zu den festgelegten Terminen gewährleisten, in einem solchen Netzplan entweder nach den Formeln

$$t_{ij} = W_p(T_j^{(0)}) - W_p(T_i^{(0)}) \tag{6.5.1}$$

oder

$$t_{ij} = W_{1-p}(T_i^{(1)}) - W_{1-p}(T_i^{(1)}) \tag{6.5.2}$$

berechnen.

Wir wollen nun folgenden Fall betrachten. Das Ziel der Leitungsmaßbahmen sei die Einhaltung des Termins für die Realisierung des Projekts, der anhand der p-

Quantil-Abschätzungen ermittelt wurde. Jeder Vorgang im Netzplan möge im Verlaufe der Realisierung zu dem Zeitpunkt beginnen, zu dem das diesem Vorgang unmittelbar vorangehende Ereignis eingetreten ist. Berechnet man dann die Dauer der Vorgänge im Modell nach den Formeln (6.5.1) oder (6.5.2), so vermitteln uns die hieraus errechneten Werte für den Fall, daß die Ereignistermine verschoben worden sind, eine Vorstellung darüber, um wieviel die Dauer der Vorgänge jeweils abgekürzt werden muß, um etwaige vorher eingetretene Abweichungen ausgleichen zu können.

Die Leitungsmaßnahmen, die dem Ausgleich etwa eingetretener Abweichungen dienen, müssen ebenso wie im Falle eines deterministischen Modells auf den kritischen Wegen sofort realisiert werden, wenn der tatsächliche Termin für den Eintritt eines Ereignisses den p-Quantilwert des frühesten (bzw. spätesten) zulässigen Termins überschritten hat. Für den Fall, daß eine derartige unmittelbare Realisierung nicht möglich ist, werden die Leitungsmaßnahmen auf die unmittelbar darauf folgenden Vorgänge übertragen.

Zu den Mängeln des beschriebenen Verfahrens gehört die Tatsache, daß es unmöglich ist, die Topologie des Netzplanmodells in vollem Maße auszunutzen; denn sämtliche p-Quantil-Abschätzungen für den Eintritt der Ereignisse werden entweder nach den frühesten oder (was dem völlig gleichwertig ist) nach den spätesten Terminen vorgenommen. Darüber hinaus können die Termine für die Realisierung früher liegender Vorgänge bei diesem Verfahren unbegründet erhöht und die der später liegenden Vorgänge umgekehrt gesenkt werden.

Das kombinierte Verfahren. Hierbei wird die Leitung des NPT-Systems auf der Basis der analytischen Schätzwerte durchgeführt, während zur Kontrolle die Sicherheitsschätzwerte dienen, die man nach der Monte-Carlo-Methode erhält.

Diese Methode wird in der UdSSR in einem mehrere Industriezweige umfassenden NPT-System angewandt [68, 70, 95]. Der Kalenderterminplan wird ebenso wie im PERT-System nach einem gemittelten Schema aufgestellt, jedoch wird hierbei das in 2.4. beschriebene Zwei-Schätzwert-Verfahren angewandt, das den Ansatz der Monte-Carlo-Methode ermöglicht. Im Einklang mit der Struktur dieses NPT-Systems wird die operative Information über die zu erwartenden Termine im Laufe der Realisierung des Projekts periodisch[1]) dem Leiter des Unternehmens und dem NPT-Dienst übergeben. Als Informationsträger dient hier ein Abrechnungsbeleg mit der Bezeichnung „Die zu erwartenden Termine für den Eintritt der wichtigsten Ereignisse". Den Aufbau des zugehörigen Vordruckes zeigt Bild 24.

Das Formblatt dient zur Analyse der zu erwartenden Termine für den Abschluß des ganzen Projekts und der wichtigsten Realisierungsetappen, die nach der Monte-Carlo-Methode berechnet wurden. Das bei diesem Verfahren verwendete Rechenprogramm für die EDVA M 20, das wir in 4.9. beschrieben hatten, gestattet die zu erwartenden Termine für das Gesamtprojekt und für 38 Hauptereignisse des Netzplanes bei vorgegebener Sicherheitswahrscheinlichkeit p zu berechnen. Die Liste der Hauptereignisse, ihre Vorgabeplantermine und die Wahrscheinlichkeit p werden vor der Berechnung durch den Leiter der Leitorganisation (z.B. durch den Hauptauftragnehmer) und den Leiter des NPT-Dienstes angegeben. Das Formblatt dient als Arbeitsgrundlage für die leitende operative Gruppe und für den Gesamtleiter und wird nach jeder Berechnung in zwei Exemplaren zur Verfügung gestellt.

---

[1]) Die Befragungshäufigkeit in einem NPT-System läßt sich z.B. nach dem in 5.2. beschriebenen Verfahren ermitteln.

Formblatt Z

Objekt (Thema)	Nummer der Berechnungsvariante	Abrechnungszeitraum	Zu erwartende Termine für den Eintritt der wichtigsten Ereignisse	Datum der Ausfertigung	Blattnummer
				. . . 197 . .	Gesamtzahl der Blätter

Laufende Nummer	Die wichtigsten Ereignisse		Termin					Anmerkungen
	Verbale Bezeichnung	Symbol	Vorgabetermin			Zu erwartende Termine (bei vorgegebenem p)		
			Datum	Wahrscheinlichkeit p in %				
				Alter Wert	Neuer Wert	Alter Wert	Neuer Wert	
1	2	3	4	5	6	7	8	9

Geprüft: Leiter des NPT-Dienstes

Bild 24

Beim Ausfüllen des Formblattes wird in der linken oberen Ecke die verschlüsselte Bezeichnung des Objekts, die Nummer der Berechnungsvariante (bzw. der Abrechnungszeitraum) und das Datum der Eintragung vermerkt. In den Spalten 2 und 3 werden maximal 38 Hauptereignisse, das Zielereignis und deren verschlüsselte Bezeichnungen eingetragen. In der Spalte 4 erscheint der festgesetzte Plantermin für den Eintritt des Ereignisses nach der im vorhergehenden Abschnitt beschriebenen Methode. In der Spalte 5 erscheint die errechnete Wahrscheinlichkeit für den Eintritt des Ereignisses zum vorgegebenen Termin, bezogen auf den vorhergehenden Abrechnungszeitraum oder auf die vorhergehende Berechnungsvariante, d.h. die in Prozenten angegebene Sicherheitswahrscheinlichkeit p. In der 6. Spalte erscheint die berechnete zu erwartende Wahrscheinlichkeit (der Sicherheitskoeffizient p_S) für den Eintritt des Ereignisses zu dem Vorgabetermin nach Spalte 4, bezogen auf die letzte Berechnungsvariante. In Spalte 7 werden die zu erwartenden Daten über den Eintritt der Ereignisse bei der vorgegebenen Sicherheitswahrscheinlichkeit p_V, bezogen auf die vorhergehende Berechnungsvariante oder den vorhergehenden Abrechnungszeitraum, angegeben. In Spalte 8 erscheinen die gleichen Daten für den letzten Abrechnungszeitraum bzw. die letzte Berechnungsvariante (ebenfalls bei vorgegebenem p_V). Eine Gegenüberstellung der Spalten 5 und 6 zeigt somit, um wieviel sich die dem Vorgabeplantermin entsprechende Sicherheitswahrscheinlichkeit p_S zwischen zwei aufeinanderfolgenden Abrechnungen verändert hat. Ein Vergleich der Spalten 7 und 8 zeigt, ob sich der reale zu erwartende Termin des Gesamtprojekts, den man mit dem Sicherheitskoeffizienten p_V (der nahe bei 1 liegt) berechnet hat, im gleichen Zeitraum dem Planvorgabetermin genähert oder von diesem entfernt hat.

Der beschriebene analytische Beleg ermöglicht eine dynamische, dem Realisierungsverlauf angepaßte Analyse und Untersuchung der Veränderungen in den Sicherheitsschätzwerten und Sicherheitswahrscheinlichkeiten. Falls der in Spalte 6 erscheinende berechnete Sicherheitskoeffizient p_S für den betreffenden Abrechnungszeitraum kleiner ausfällt als ein angenommener Grenzwert p_{gr}, so ist eine Optimierung des Netzplanmodells oder aber ein steuernder Eingriff auf sämtliche Vorgänge vorzunehmen, deren p_S-Quantil-Schätzwerte für den Abschluß kleiner sind als p_{gr}[1]) und die in dem darauffolgenden Abrechnungszeitraum zu realisieren sind. Ist hingegen $p_S \geqq p_{gr}$, so bedarf der Ablauf der Realisierung keines Eingriffes. Für den Fall eines stochastischen Netzplanmodells oder eines Netzplanmodells mit Zufallsschätzwerten erfolgt die Leitung somit durch eine periodische Kontrolle und Analyse der zu erwartenden Termine für die wichtigsten Ereignisse (bei vorgegebenem p_V) und durch eine Überprüfung des Sicherheitskoeffizienten p_S, der den Vorgabeplanterminen entspricht, ebenfalls für die Hauptereignisse.

Zusammenfassend kann man sagen, daß sämtliche Stufen der operativen Leitung für den Fall von Netzplanmodellen mit Zufallsschätzwerten die gleichen bleiben wie bei determinierten Werten. Es ändert sich lediglich die Art und Weise, wie die betreffenden Schätzwerte gewonnen werden, die in unserem Falle auf wahrscheinlichkeitstheoretischen Überlegungen beruhen.

Aus dem Gesagten kann man ferner schließen, daß gegenwärtig die Monte-Carlo-Methode nicht nur eines der wichtigsten Verfahren zur Berechnung der Parameter von Netzplanmodellen mit Zufallsschätzwerten darstellt. Die Monte-Carlo-Methode und der mit ihr zusammenhängende wahrscheinlichkeitstheoretische Apparat sind zu einem äußerst wichtigen Bestandteil von NPT-Systemen sowohl bei der Erarbeitung des Ausgangsplanes als auch bei der operativen Leitung geworden.

Das Gesagte gilt vor allem für den Fall von NPT-Systemen mit nur einem Netzplangraphen. Im nächsten Abschnitt werden wir die Grundprinzipien der Leitung komplexer NPT-Systeme, die mehrere Netzplangraphen umfassen, ebenfalls unter Anwendung statistischer Methoden behandeln.

[1]) Hierbei ist besondere Beachtung den Vorgängen zu schenken, die in der durch das p_S-Quantil bestimmten kritischen Zone liegen.

6.6. Die operative Leitung eines mehrere Netzplangraphen umfassenden komplexen NPT-Systems auf der Grundlage der Bedienungstheorie

Im 1.2. hatten wir bereits darauf hingewiesen, daß in NPT-Systemen, die mehrere einzelne Netzplangraphen umfassen, die wichtigste Rolle die Blöcke spielen, die der Übertragung, Verarbeitung und Speicherung der Eingangsinformation dienen. Die Hauptaufgabe dieser Blöcke besteht darin, dem Leitungsorgan (gleichgültig welcher Leitungsebene) rechtzeitige und objektive Informationen über den Realisierungsablauf zur Verfügung zu stellen.

Die wichtigsten technischen Mittel des Blocks der Informationsübertragung bilden das Telegraphen- und Fernschreibernetz. Der Block der Informationsverarbeitung besteht aus der EDV-Anlage und speziellen mit dem Fernschreiber kombinierten Pufferaggregaten, die eine automatische Datenfernübertragung und Dateneingabe gewährleisten. Die beiden genannten Blöcke sind also in ihrer Wirkung eng miteinander verknüpft.

Die Arbeitsweise der Blöcke der Informationsübertragung und Informationsverarbeitung läßt sich auf dem folgenden Prinzip aufbauen: Da ein komplexes, mehrere einzelne Netzplangraphen umfassendes NPT-System unter Umständen bis zu mehreren hundert Informationsquellen umfassen kann, ist es erforderlich, einen gewissen Informationsübertragungsplan aufzustellen. Zum Beispiel kann man einer jeden Informationsquelle in jeder Woche einen bestimmten Tag und eine bestimmte Stunde zuweisen, zu denen sie ihre Meldungen über die Realisierung der Vorgänge des Netzplanes über Fernschreiber an das Rechenzentrum zu melden haben. Bei einer derartigen Organisation ist es verhältnismäßig leicht, die Anzahl der benötigten technischen Hilfsmittel und ihre Auslastung zu bestimmen. Die Ausgangsinformation dieser Blöcke wird jedoch eine Verzögerung der Steuersignale des NPT-Systems zur Folge haben, so daß diese Information dann nicht mehr rechtzeitig erfolgt und damit auch nicht mehr objektiv ist.

Darüber hinaus ist es nicht einfach, den Eingang der Informationen von den Objekten in den Block der Verarbeitung und Speicherung der Information zu fest vorgegebenen Zeitpunkten zu gewährleisten. Die Abweichungen von den festgelegten Übertragungszeitpunkten $\varepsilon_1, \varepsilon_2, \ldots, \varepsilon_n$ (n ist dabei die Anzahl der Informationsquellen) sind in der Regel unabhängige und gleich verteilte Zufallsgrößen. Wenn die Streuwerte der ε_i im Vergleich zu den Intervallängen zwischen den Zeitpunkten des Informationseinganges groß sind, so dürfen die Abweichungen ε_i nicht vernachlässigt werden, und dann sind auch die Intervalle zwischen den Zeitpunkten des Informationseinganges als Zufallsgrößen aufzufassen.

Wesentlich aussichtsreicher vom Standpunkt einer operativen Leitung und einer Gewinnung objektiver und rechtzeitiger Informationen ist ein Informationsplan, nach dem ein Objekt seine Information sofort zur Übertragung meldet, sobald Abweichungen von den Terminen und vom Umfang der zu leistenden Arbeiten festgestellt werden. Die Intervallängen zwischen den Zeitpunkten des Informationseinganges in das Rechenzentrum sind dabei unabhängige Zufallsgrößen. Die Information von einem Objekt, die zu einem zufälligen Zeitpunkt eingegangen ist, besetzt zunächst für eine gewisse Zeit den Fernschreiber und im weiteren auch die EDV-Anlage. Falls während der Verarbeitung der eingegangenen Information am Eingang eines damit bereits besetzten Blockes (des Übertragungs- oder des Informationsblockes) eine Information von einem anderen Objekt ankommt, so reiht sie sich in eine

Warteschlange ein. Jede Information hat ihre eigene Bedienungszeit sowohl in der ersten Bedienungsphase am Fernschreiber als auch in der zweiten Bedienungsphase in der EDVA.

Bei der Projektierung der Übertragungs- und Verarbeitungsblöcke entsteht die Frage nach der erforderlichen Anzahl von Geräten einer jeden Bedienungsphase, wobei man vom Umfang der zu verarbeitenden Information, der Dauer der Verarbeitung und der Produktivität eines jeden Gerätes auszugehen hat. Eine in vielen Fällen verwendete Methode, die ausschließlich auf einer deterministischen Grundlage aufgebaut ist und die die wahrscheinlichkeitstheoretische Struktur des Eingangs der Bedienungsanforderungen, der Disziplin und der Dauer der Bedienung nicht berücksichtigt, führt gewöhnlich zu wesentlichen systematischen Fehlern.

Nach unserem Dafürhalten ist die Lösung des genannten Problems im Rahmen der Bedienungstheorie zu suchen. Wir wollen daher nachstehend das mathematische Modell für die Arbeitsweise der Blöcke der Informationsübertragung und Informationsverarbeitung für ein NPT-System mit mehreren Netzplangraphen beschreiben.

In Anlehnung an die Terminologie der Bedienungstheorie werden wir jede Information über die Realisierung der Vorgänge nach Terminen und Umfang, die vom Objekt eingeht, als eine Bedienungsanforderung bezeichnen. Dementsprechend werden die technischen Mittel der einzelnen Blöcke (Fernschreiber und EDVA) als Geräte der ersten bzw. zweiten Bedienungsphase bezeichnet. Das betrachtete Modell stellt ein Einkanal-Zweiphasen-System der Bedienung dar. Der Forderungseingangsstrom trifft an der ersten Bedienungsphase, dem Fernschreiber, ein. Der Ausgangsstrom der Forderungen vom Gerät der ersten Phase bildet den Eingangsstrom für die Geräte der zweiten Bedienungsphase. Forderungen, die an den Eingängen der Geräte der ersten bzw. zweiten Phase angelangt sind und diese Geräte besetzt vorfinden, reihen sich in die Warteschlange ein. Die wichtigste Besonderheit der Forderungen am Ein- bzw. Ausgang der ersten Phase besteht darin, daß nur eine endliche Anzahl n von Quellen für Forderungen vorhanden ist. Mit anderen Worten, es liegt auf der Hand, daß es sich um einen Strom mit Nachwirkung handelt.

Während des Bedienungsprozesses besteht die Möglichkeit, daß Bedienungsgeräte der ersten bzw. zweiten Phase ausfallen. Den Zeitpunkt für den Beginn der Reparatur werden wir ebenfalls als eine Bedienungsanforderung deuten. Somit gelangt an den Eingang der Geräte eine Summe zweier Forderungsströme, wobei Forderungen, die sich durch den Ausfall der Geräte ergeben, gegenüber den Forderungen zur Informationsverarbeitung bevorzugt behandelt werden.

Wir wollen nun im weiteren das Problem der Disziplin der Bedienung und des Wartevorganges betrachten. Dabei setzen wir voraus, daß die Forderungen (die vom Objekt ankommen) sich nicht in der Reihenfolge ihres Eintreffens in die Warteschlange einreihen, sondern unter Berücksichtigung der für sie festgelegten Dringlichkeitsfaktoren (Prioritäten), die man als Indizes der relativen Bevorzugung bezeichnet. Von Beginn an werden in einem NPT-System mit mehreren Netzplangraphen sämtliche Objekte in zwei Kategorien eingeteilt, und zwar in die besonders wichtigen (deren Informationen außerhalb der Reihe betrachtet werden) und alle übrigen. Im Bereich einer jeden Kategorie werden bei der Festlegung des Index der relativen Bevorzugung folgende Faktoren berücksichtigt: der verbliebene nicht realisierte Teil eines Vorganges, die verbliebene Zeit bis zur festgelegten Übergabe des Objekts sowie der Umfang des Zurückbleibens des Gesamtobjekts gegenüber den Daten der letzten Durchrechnung des Netzplanes.

Geht man von diesen Überlegungen aus, so ist der Index der relativen Bevorzugung r nach der Formel [98]

$$r = \Pi_{\text{d.o.}} + \frac{tP}{T} \tag{6.6.1}$$

zu ermitteln. Hierbei ist $\Pi_{\text{d.o.}}$ der Index der Wichtigkeit des Objektes, der die vordringliche Betrachtung besonders wichtiger Objekte garantiert; P ist der Gesamtumfang der für das Objekt noch zu leistenden Arbeiten, T die Zeit, die bis zur Übergabe des Objekts zum vorgegebenen Termin verblieben ist, und t die Zeit, um die das Objekt gegenüber den Daten der Netzplandurchrechnung zurückbleibt.

Die auf diese Weise ermittelten Indizes der relativen Bevorzugung werden nun auf einen Abschnitt der Folge der natürlichen Zahlen von 1 bis R abgebildet, wobei R dem höchsten Index der relativen Dringlichkeit entspricht. Den Reparaturanforderungen wird der Index der absoluten Bevorzugung $R + 2$ zugeordnet.

Jede i-te Anforderung zur Verarbeitung einer Information wird durch die Bedienungsdauer ξ_{ki} ($k = 1, 2$; $i = 1, 2, \ldots, n$) charakterisiert, die eine unabhängige, für alle Werte von i nach dem gleichen Verteilungsgesetz verteilte Zufallsvariable darstellt (k ist die Nummer der Phase). Analog wird jede j-te Reparaturanforderung durch einen Wert η_j ($j = 1, \ldots, l$) der Zufallsvariablen „Bedienungsdauer" mit dem gleichen Verteilungsgesetz für alle l beschrieben.

Um die Frage nach der optimalen Anzahl der Geräte in beiden Phasen (Blöcken) zu lösen, muß ein Effektivitätskriterium für das Bedienungssystem ermittelt werden, das von den folgenden charakteristischen Größen des Systems ausgeht:

a) Mittlere Wartezeit und mittlere Dauer der Forderungsbedienung mit verschiedenen Indizes der relativen Bevorzugung;

b) die mittlere Anzahl der wegen des verspäteten Eintreffens (Ende des Arbeitstages) unbedient verbliebenen Forderungen;

c) mittlere maximale Anzahl von Anforderungen in einer Warteschlange (zur Ermittlung der erforderlichen Kapazität des Informationsakkumulators).

Gegenwärtig verfügt die Bedienungstheorie noch nicht über fertige analytische Lösungen zur Gewinnung der benötigten Charakteristiken eines Bedienungssystems. Deshalb dient als effektive Lösung dieses Problems gegenwärtig noch die Anwendung der Monte-Carlo-Methode.

In der Arbeit [98] wird die Lösung eines praktisch wichtigen Problems unter den folgenden vereinfachenden Voraussetzungen gegeben:

1. Die Anzahl λ_r der Bedienungsanforderungen mit den Indizes r der relativen Bevorzugung ($r = 1, \ldots, R$), die täglich im Bedienungssystem eintreffen, ist fest.

2. Die Bedienungsdauer für eine Forderung (zur Verarbeitung der Information in den Geräten der zweiten Phase, d. h. die Dauer der Bearbeitung eines Netzplangraphen auf der EDVA) ist konstant und beträgt $m\tau$ Minuten.

3. Die Anzahl der Geräte der ersten Phase (Fernschreiber) ist fest und wird gleich 1 gesetzt, wobei die Anforderungen für den Fernschreiber nicht häufiger als jeweils einmal in τ Minuten bei konstanter Bedienungsdauer eintreffen können, die ebenfalls τ Minuten beträgt.

Diese Einschränkung führt auf ein Einphasen-Bedienungssystem unter Anwendung einer EDVA.

4. Die Anzahl der Reparaturanforderungen für die EDVA im Gesamtforderungsstrom wird mit 4 angenommen, wobei die Bedienungsdauer einmal 30 Minuten, einmal 20 Minuten und zweimal je 10 Minuten beträgt.

Wir wollen nun den zugehörigen modellierenden Algorithmus betrachten. Die Einheit der Arbeitszeit (Tag oder Woche) zerlegen wir in ν Intervalle mit jeweils der Dauer τ. Ferner legen wir fest, daß die Bedienungsanforderung für Reparaturen nur zu den diskreten Zeitpunkten $0, \tau, 2\tau, \ldots, \nu\tau$ eintreffen können, d.h., wir approximieren den Eingangsstrom durch einen diskreten Strom. Die Forderungseingangsintensität in einem diskreten Strom ist $\alpha = \frac{n}{\nu\tau}$. Hierbei ist $n = \sum_{r=1}^{R} \lambda_r + \lambda_{R+2}$ die Gesamtzahl der Bedienungs- und Reparaturanforderung in einer Arbeitszeiteinheit der EDVA. Die Wahrscheinlichkeit für den Eingang einer Forderung zu einem der Zeitpunkte $0, \tau, 2\tau, \ldots, \nu\tau$ setzen wir mit $p = \alpha\tau = \frac{n}{\nu}$ fest, was (wegen $p \leqq 1$) zu der Beziehung $n \leqq \nu$ führt. Je geringer die Intervallänge τ ist (d.h., je geringer die Wahrscheinlichkeit $p < 1$ ist), um so besser approximiert der diskrete Strom den kontinuierlichen Forderungseingangsstrom. Nun bilden wir alle Forderungen auf die natürlichen Zahlen von 1 bis ν ab. So ordnen wir z.B. der Forderungsgruppe λ_R die Zahlen $1, 2, \ldots, \lambda_R$, der Forderungsgruppe λ_{R-1} die Zahlen $\lambda_R + 1, \lambda_R + 2, \ldots, \lambda_R + \lambda_{R-1}$ usw. zu. Nun beginnen wir nacheinander alle Intervalle der Länge τ der Arbeitszeit der EDVA zu betrachten und ermitteln für diese mit Hilfe einer Folge von Zufallszahlen von 1 bis ν das Vorliegen einer Bedienungsanforderung. Völlig unabhängig davon wird in ähnlicher Weise der Strom der Reparaturanforderungen für die EDVA modelliert. Beide Ströme werden dann gemeinsam betrachtet.

Offenbar muß eine beliebige Forderung, die bei der EDVA zur Bedienung eintrifft, sich in die Warteschlange einordnen. Diese Forderung gelangt zur Bedienung, nachdem einmal die bereits laufende Bedienung abgeschlossen wird, zum anderen, sobald früher eingetroffene Forderungen bedient worden sind, deren Index nicht kleiner ist als der Index der betrachteten Forderung, und drittens sämtliche Forderungen bedient sind, die während der Wartezeit der betrachteten Forderung eingetroffen sind, jedoch einen höheren Index der relativen Bevorzugung aufweisen.

In unserem Algorithmus werden die oben angegebenen Bedingungen bei der Festlegung der Bedienungsreihenfolge folgendermaßen realisiert: Bei der Betrachtung eines jeden Intervalls werden die in diesem befindlichen Forderungen zur Bedienung in einer bestimmten Reihenfolge angeordnet. An erster Stelle wird die Forderung berücksichtigt, die einen Index der absoluten Bevorzugung aufweist, sodann die Forderung, deren Bedienung in dem vorhergehenden Intervall noch nicht abgeschlossen worden war.

Falls die Bedienung irgendeiner Forderung durch das Eintreffen einer Bedienung mit absoluter Priorität unterbrochen wurde, so gilt die Bedienung als verloren und beginnt von vorne, wobei diese Forderung sich wieder in die Warteschlange einreiht. Falls derartige Forderungen im betrachteten Intervall nicht vorliegen, so werden alle Forderungen durchgegangen, die den gleichen höchsten Index aufweisen, und zur Bedienung gelangt diejenige, die früher bei der EDVA eingetroffen ist.

Die übrigen Forderungen, die sich in diesem Intervall befinden und nicht zur Bedienung gelangt sind, werden mechanisch in das nächste Intervall verschoben, in dem der gesamte beschriebene Prozeß wiederholt wird.

Forderungen, für die der Abschlußzeitpunkt der Bedienung jenseits der Grenze der Arbeitszeiteinheit der EDVA liegt, bleiben unbedient, weil die Arbeit der EDVA abgebrochen wird.

Jede Realisierung dieses Algorithmus gestattet es, die Werte der gesuchten Charakteristiken des Bedienungssystems zu ermitteln. Nach einer hinreichend großen Anzahl derartiger Realisierungen lassen sich die mittlere Wartezeit und die mittlere Verweilzeit im System für Forderungen mit verschiedenen Indizes, die mittlere Anzahl der unbedienten Forderungen mit diesen oder jenen Indizes, die mittlere maximale Anzahl der gleichzeitig auf eine Bedienung wartenden Forderungen und schließlich die mittlere Zeit berechnen, zu der die EDVA unausgelastet bleibt.

Wir wollen nun das Blockschema für das Programm des modellierenden Algorithmus von Rybalski [98] beschreiben.

Block 1. Dieser Block realisiert die Eingabe der Ausgangsdaten für das System (den Netzplan) als Ganzes: die Intervallanzahl während einer Zeiteinzeit (Tag, Woche) und die Dauer eines jeden Intervalls τ.

Block 2. Eingabe der Ausgangsdaten für das fällige zu betrachtende System: Anzahl der Forderungen λ_r in einer Zeiteinheit unter gleichzeitiger Angabe des zugehörigen Index r der relativen Bevorzugung (wobei dieser Index r alle Werte zwischen dem Minimalwert 1 und dem Maximalwert R annehmen kann) sowie des Index der absoluten Bevorzugung $R + 2$ (zur Berücksichtigung der Havarien und Reparaturen); Bedienungsdauer v_r für jede Forderung mit dem Index r; Kosten für den Betrieb eines Gerätes während einer Zeiteinheit γ_{ger}; Kosten für die Wartezeit einer Forderung während eines Intervalls (in Abhängigkeit vom zugehörigen Index) γ_{erw}; Kosten, die dadurch entstehen, daß es nicht möglich ist, eine verspätet eintreffende Forderung zu bedienen (ebenfalls in Abhängigkeit vom zugehörigen Index) $\gamma_{\text{unb}}(r)$.

Block 3. Zuordnung der Forderungen unter Berücksichtigung der Indizes zu den natürlichen Zahlen:

Forderungen mit dem Index R: $1, 2, \ldots, \lambda_R$,

Forderungen mit dem Index $R - 1$: $(\lambda_R + 1), (\lambda_R + 2), \ldots, (\lambda_R + \lambda_{R-1})$;

. . . .

Forderungen mit dem Index 2:

$(\lambda_R + \lambda_{R-1} + \cdots + \lambda_3 + 1), (\lambda_R + \lambda_{R-1} + \cdots + \lambda_3 + 2), \ldots, (\lambda_R + \lambda_{R-1} + \cdots + \lambda_3 + \lambda_2)$;

Forderungen mit dem Index 1:

$(\lambda_R + \lambda_{R-1} + \cdots + \lambda_2 + 1), (\lambda_R + \lambda_{R-1} + \cdots + \lambda_2 + 2), \ldots, (\lambda_R + \lambda_{R-1} + \cdots + \lambda_2 + \lambda_1)$.

Somit wird jede Forderungsgruppe mit gleichem Index r der folgenden Zahlengruppe zugeordnet:

$$\left.\begin{aligned} (\lambda_R + \lambda_{R-1} + \cdots + \lambda_{r+1} + 1) &= \sum_{i=r+1}^{R} \lambda_i + 1\,, \\ (\lambda_R + \lambda_{R-1} + \cdots + \lambda_{r+1} + 2) &= \sum_{i=r+1}^{R} \lambda_i + 2\,, \\ &\cdots\cdots\cdots \\ (\lambda_R + \lambda_{R-1} + \cdots + \lambda_{r+1} + \lambda_r) &= \sum_{i=r+1}^{R} \lambda_i + \lambda_r\,. \end{aligned}\right\} \qquad (6.6.2)$$

Liegen daher z.B. fünf Forderungen mit dem Index 6 vor ($\lambda_6 = 5$), zwei mit dem Index 5 ($\lambda_5 = 2$), drei mit dem Index 4 ($\lambda_4 = 3$), vier mit dem Index 3 ($\lambda_3 = 4$), drei mit dem Index 2 ($\lambda_2 = 3$) und drei mit dem Index 1 ($\lambda_1 = 3$) vor, so werden die Forderungen mit dem Index 1 den Zahlen $(5+2+3+4+3+1)$, $(5+2+3+4+3+2)$, $(5+2+3+4+3+3)$, d.h. den Zahlen 18, 19 und 20 zugeordnet.

In der gleichen Weise werden Reparaturen verschiedener Dauer den natürlichen Zahlen zugeordnet, jedoch werden hier die Indizes je nach der Reparaturdauer zugewiesen. Die längste Reparatur erhält den Index R_p, die nächste den Index $R_\text{p} - 1$ usw.

Block 4. Eingabe der nächsten nach dem Zufallsprinzip gemischten Folge der Zahlen von 1 bis ν mit Hilfe eines Zufallszahlengebers.

Die nächsten Blöcke 5 bis 16 realisieren die Bestimmung der Termine, zu denen die Forderungen im System eintreffen.

Block 5. Auswahl der Zahl x aus der zufälligen Zahlenfolge für das nächste Intervall, beginnend mit dem ersten.

Block 6. Überprüfung, ob die ausgewählte Zufallszahl x nicht größer ist als die Anzahl der Forderungen mit dem Index R, d.h. die Überprüfung der Bedingung $x \leqq \lambda_R$.

Ist diese Bedingung erfüllt, so wird zum Block 8 gesprungen; hier wird das betrachtete Intervall zweimal als Termin für den Eingang der Forderungen mit dem Index R eingetragen. Ist die obengenannte Bedingung nicht erfüllt, so tritt der Block 7 in Aktion.

Block 7. Dieser Block stellt in Wirklichkeit eine Folge von Teilblöcken dar, deren jeder dem Block 6 ähnlich ist, wobei jedoch die Zahl x mit der Anzahl der Anforderungen mit dem nächstkleineren Index verglichen wird. So wird für Zahlen mit dem Index $R - 1$ die Bedingung $x \leqq (\lambda_R + \lambda_{R-1})$ überprüft. Ist diese erfüllt, so erfolgt wieder ein Sprung zum Block 8, durch den das betrachtete Intervall als Termin dafür eingetragen wird, daß eine Forderung mit dem Index $R - 1$ eintrifft. Ist das nicht der Fall, so erfolgt der Übergang zum nächsten Teilblock, der die Überprüfung der Bedingung für Forderungen mit dem Index $R - 2$ vornimmt usw., bis schließlich die Forderungen mit dem Index 1 erreicht sind. Falls im letzten Teilblock die Bedingung $x \leqq \sum_{i=2}^{R} \lambda_i + \lambda_1$ nicht erfüllt ist, so geht man zur Auswahl der Zahl x für das nächste Intervall über, d.h., es erfolgt ein Rücksprung zum Block 5.

In allgemeiner Form haben somit die Bedingungen, die durch den Block 7 überprüft werden, die Form

$$x \leqq \sum_{i=r+1}^{R} \lambda_i + \lambda_r \tag{6.6.3}$$

mit $r = R - 1, R - 2, \ldots, 2, 1$.

Block 8. Dieser Block registriert den Termin des Eingangs der Forderungen im System (vgl. Blöcke 7, 21 und 32).

Block 9. Dieser Block nimmt die Zählung der Forderungen $\sum_{1}^{R} \lambda_r^m$ vor, die durch den Block 8 die Eingangstermine für das System zugewiesen erhalten haben.

Block 10. Überprüfung, ob für alle Forderungen die Termine für den Eingang im System eingetragen sind.

Ist das nicht der Fall, d.h. gilt $\sum_1^R \lambda_r^m < \sum_1^R \lambda_r$, erfolgt ein Rücksprung zum Block 5, der die Zahl x für das nächste Intervall wählt. Im Falle $\sum_1^R \lambda_r^m = \sum_1^R \lambda_r$ erfolgt Übergang zum Block 11.

Die Blöcke 11, 12, 13, 14, 15 und 16 sind den Blöcken 5 bis 10 analog, dienen jedoch dazu, Reparaturen verschiedener Dauer den einzelnen Intervallen zuzuweisen. Die Reparaturdauer wird, wie im Block 3 bereits erwähnt wurde, durch die Indizes R_{p}, $R_{\text{p}} - 1$ usw. bezeichnet.

Block 17. Hier wird allen Reparaturanforderungen unabhängig von ihrer Dauer der Index der absoluten Priorität $R + 2$ zugewiesen.

Block 18. Ermittlung der minimalen Anzahl S an Geräten nach der Formel

$$\frac{1}{S} = \frac{\nu\tau}{\sum\limits_{r=1}^{R} \lambda_r v_r + \sum\limits_{r_{\text{p}}=1}^{R_{\text{p}}} \lambda_{r_{\text{p}}} v_{r_{\text{p}}}}; \qquad (6.6.4)$$

hierbei ist $\sum\limits_{r=1}^{R} \lambda_r v_r$ die Gesamtzeit, die zur Bedienung aller Forderungen zur Verarbeitung der Informationen benötigt wird, die von den einzelnen Teilobjekten eintreffen; $\sum\limits_{r_p=1}^{R_p} \lambda_{r_{\text{p}}} v_{r_{\text{p}}}$ ist die für sämtliche Arbeiten von Reparaturen benötigte Gesamtzeit.

Der gewonnene Wert S wird auf die nächstliegende ganze Zahl gerundet.

Block 19. Auswahl des nächsten Intervalls N_{int}, beginnend mit dem ersten.

Block 20. Überprüfung der Übereinstimmung der Nummer für das im Block 19 ausgewählte Intervall N_{int} mit

a) den Eingangsterminen der in den Blöcken 8 und 14 eingetragenen Forderungen (mit Ausnahme der Forderungen, deren Bedienung bereits abgeschlossen ist); $N_{\text{int}} = t^{\text{eing}}$;

b) der Summe der Termine für den Eingang der Forderungen, die im vorhergehenden Intervall bedient wurden, und der zugehörigen Bedienungsdauern:

$$N_{\text{int}} < t^{\text{eing}} + v_r$$

oder

$$N_{\text{int}} < t^{\text{eing}} + v_{r_{\text{p}}}.$$

Wenn eine Forderung in dem betreffenden Intervall eingetroffen ist oder in diesem eine Fortsetzung der Bedienung einer Forderung erfolgt, die in einem früheren Intervall eingegangen ist, so erfolgt ein Übergang zum Block 21. Im entgegengesetzten Falle erfolgt ein Rücksprung zum Block 19.

Block 21. Allen Forderungen, deren Bedienung in früheren Intervallen begonnen wurde und im betreffenden Intervall fortgesetzt wird (für die $N_{\text{int}} < t^{\text{eing}} + v_r$ gilt), wird der Index $R + 1$ zugeordnet (außer in den Fällen, in denen es sich um eine Reparaturanforderung handelte, die den Index $R + 2$ beibehält).

Block 22. Vergleich aller Forderungen, die den Bedingungen des Blocks 20 genügen (bezüglich ihres Index), und Bereitstellung derjenigen Forderung von diesen mit dem höchsten Index, die unter allen gleichwertigen Forderungen am frühesten im Bedienungssystem angelangt ist.

Block 23. Zählung der Anzahl der Forderungen, die im betreffenden Intervall bedient werden:

$$\sum_{r=1}^{R+2} \lambda_{\text{int}}^{\text{bed}} . \tag{6.6.5}$$

Block 24. Feststellung, ob alle Geräte besetzt sind:

$$\sum_{r=1}^{R+2} \lambda_{\text{int}}^{\text{bed}} = S . \tag{6.6.6}$$

Sind alle Geräte besetzt, so erfolgt der Übergang zum Block 25, im entgegengesetzten Falle wird zum Block 22 zurückgesprungen.

Block 25. Verschiebung aller Forderungen, die im betreffenden Intervall nicht bedient werden, in das nächste Intervall, d.h., es werden diesen Forderungen neue t^{eing} bezogen auf das nächste Intervall $N_{\text{int}} + 1$ zugeordnet:

$$t'^{\text{eing}} = N_{\text{int}} + 1 . \tag{6.6.7}$$

Block 26. Die zweite der in Block 8 vorgenommenen Eintragungen (siehe auch Block 14) wird durch die neuen t^{eing}-Werte ersetzt, d.h., es wird jeweils $t'^{\text{eing}} = t^{\text{eing}}$ gesetzt.

Block 27. Hier erfolgt die Zählung der Forderungen, die in dem betreffenden Intervall in der Warteschlange stehen, d.h. die Bestimmung der Anzahl $\sum_{r=1}^{R} \lambda_r(t'^{\text{eing}})\, N_{\text{int}}$ der Forderungen, denen in diesem Intervall neue t'^{eing} zugewiesen wurden.

Block 28. Vergleich der Anzahl der Forderungen, die in diesem Intervall N_{int} bzw. im vorhergehenden Intervall $N_{\text{int}} - 1$ in der Warteschlange stehen, und Ermittlung der größeren der beiden Zahlen $v_{\max}$.

Block 29. Überprüfung, ob alle Forderungen bereits bedient sind. Gilt $\sum_{r=1}^{R+2} \lambda_r^{\text{bed}} < \sum_{r=1}^{R+2} \lambda_r$, d.h., sind noch nicht alle Forderungen der Bedienung zugewiesen, so gehen wir zum Block 30 über. Ist jedoch $\sum_{r=1}^{R+2} \lambda_r^{\text{bed}} = \sum_{r=1}^{R+2} \lambda_r$, so gehen wir zum Block 32 über.

Block 30. Überprüfung, ob alle Intervalle, in denen eine Bedienung beginnen kann, bereits untersucht sind, d.h., es wird überprüft, ob die Bedingung

$$\nu^{\text{erl}} = \nu - \nu_r \tag{6.6.8}$$

erfüllt ist. Ist das der Fall, so gehen wir zum Block 31 über, andernfalls zum Block 19.

Block 31. Zählung der Anzahl der nicht bedienten Forderungen mit den Indizes 1, 2, ..., R, d.h. Prüfung der Bedingung

$$\lambda_r^{\text{nbed}} = \lambda_r - \lambda_r^{\text{bed}} . \tag{6.6.9}$$

Block 32. Berechnung der Wartezeit für jede Bedienung:

$$\omega = t'^{\text{eing}} - t^{\text{eing}} \tag{6.6.10}$$

(die Daten über t^{eing} und t'^{eing} sind durch den Block 8 durch die zweimalige Eintragung gesichert).

Block 33. Ermittlung der mittleren Wartezeit (für die betreffende Stichprobe) für die Gruppe der bedienten Forderungen mit gleichem Index der relativen Bevorzugung:

$$\bar{\omega}_r^{\text{Stprob}} = \frac{\sum_r \omega}{\lambda_r^{\text{bed}}}. \tag{6.6.11}$$

Block 34. Ermittlung der mittleren Verweilzeit (im System) der Forderungen mit verschiedenen Indizes der relativen Bevorzugung:

$$\bar{u}_r^{\text{Stprob}} = \bar{\omega}_r^{\text{Stprob}} + v_r. \tag{6.6.12}$$

Block 35. Überprüfung, ob alle Stichproben der zufälligen Zahlenfolge untersucht sind. Ist das nicht der Fall, so kehren wir zum Block 4 zurück, im entgegengesetzten Falle gehen wir zum Block 36 über.

Block 36. Bestimmung der mittleren Verweilzeit für die Gruppe der bedienten Forderungen mit gleichem Index der relativen Bevorzugung für das ganze System:

$$\bar{\omega}_r^{\text{syst}} = \frac{\sum_1^H \bar{\omega}_r^{\text{Stprob}}}{H} \tag{6.6.13}$$

hiebei ist H die Anzahl der Stichproben.

Block 37. Bestimmung der mittleren Verweilzeit der Forderungen mit dem Index r für das System:

$$\bar{u}_r^{\text{syst}} = \frac{\sum_1^H \bar{u}_r^{\text{Stprob}}}{H}. \tag{6.6.14}$$

Block 38. Bestimmung der mittleren Anzahl der nicht bedienten Forderungen mit dem Index r:

$$\bar{\lambda}_r^{\text{nbed}} = \frac{\sum_1^H \lambda_r^{\text{nbed}}}{H}. \tag{6.6.15}$$

Block 39. Bestimmung der maximalen Anzahl der Forderungen, die im betreffenden System sich gleichzeitig in einer Warteschlange befinden:

$$\bar{v}_{\max} = \frac{\sum_1^H v_{\max}}{H}. \tag{6.6.16}$$

Block 40. Berechnung der mittleren Stillstandszeit der Geräte (Reparaturzeit nicht mit inbegriffen):

$$\bar{\varrho} = v\tau S - \sum_{r=1}^{R} \lambda_r v_r - \sum_{r_{\text{p}}=1}^{R_{\text{p}}} \lambda_{r_{\text{p}}} \lambda_{r_{\text{p}}} + \bar{\lambda}_r^{\text{nbed}} v_r. \tag{6.6.17}$$

Block 41. Ermittlung der Kosten bei der gegebenen Anzahl von Geräten nach der Formel

$$\gamma(S) = \gamma_{\text{ger}} S + \sum_{r=1}^{R} [\lambda_r - \bar{\lambda}_r^{\text{nbed}}]\, \gamma_{\text{erw}}(r) + \sum_{r=1}^{R} [\bar{\lambda}_r^{\text{nbed}} \gamma_{\text{unb}}(r)]. \tag{6.6.18}$$

Block 42. Vergleich der $\gamma(S)$ mit dem vorhergehenden Wert von $\gamma(S-1)$:

$$\gamma(S) < \gamma(S-1);$$

dabei wird zu Beginn der Rechnung von $\gamma(S)$ eine hinreichend große Zahl eingesetzt. Ist diese Ungleichung erfüllt, so gehen wir zum Block 43 über, im entgegengesetzten Falle zum Block 44.

Block 43. Erhöhung der Anzahl der Geräte um 1, d.h., es wird S durch $S+1$ ersetzt.

Sodann gehen wir zum Block 19 über.

Block 44. Ausgabe aller Daten für die Variante mit der Geräteanzahl $S-1$ (Daten der Blöcke 36 bis 41).

Block 45. Überprüfung, ob alle Systeme, die zum Netzplan gehören, bereits betrachtet sind, d.h., ob $j^{\text{erl}} = j$ gilt.

Ist das der Fall, so gehen wir zum Block 46 über, im entgegengesetzten Falle erfolgt Rücksprung zum Block 2.

Block 46. Bestimmung der mittleren Wartezeit für den Netzplan für Forderungen mit dem Index r:

$$\overline{\omega}_r^{\text{Netz}} = \frac{\sum_j \left[\overline{\omega}_r^{\text{syst}}(\overline{\lambda}_r - \overline{\lambda}_r^{\text{nbed}})\right]}{\lambda_0 - \sum_j \overline{\lambda}_r^{\text{nbed}}} \tag{6.6.19}$$

hierbei ist λ_0 die Anzahl der Forderungen, die an den Eingang des Systems gelangen.

Block 47. Bestimmung der mittleren Verweilzeit im Netzplan für Forderungen mit dem Index r:

$$\overline{u}_r^{\text{Netz}} = \overline{\omega}_r^{\text{Netz}} + \sum_j v_r. \tag{6.6.20}$$

Block 48. Ausgabe der Ergebnisse für den Netzplan als Ganzes ($\overline{\omega}_r^{\text{Netz}}$ und u_r^{Netz}).

Die beschriebene Methode gestattet es, die Bedienungstheorie zur automatischen Steuerung eines Komplexes von Bauvorhaben effektiv einzusetzen [98]. Sie kann aber auch außerhalb des Bauwesens in verschiedenen Industriezweigen zum Einsatz gelangen. Insbesondere läßt sich offenbar die Bedienungstheorie auch zur Erarbeitung einer Methodik zur Steuerung von Multiprojektunternehmen einsetzen, die sich der NPT-Systeme bedienen wollen.

7. Statistische Verfahren zur Optimierung von Netzplanmodellen

Die hier dargebotenen Verfahren zur Optimierung von Netzplanmodellen enthalten Antworten auf solche Fragen wie z. B. Minimierung der Ressourcenauslastungsschwankungen im Rahmen der wahrscheinlichkeitstheoretisch bestimmten Pufferintervalle. Durch die Anwendung der Monte-Carlo-Methode im Verein mit der Methode des zufälligen Suchens wird die Effektivität der angeführten Realisierungen wesentlich erhöht. Anschließend wird eine Lösung des Problems der Simultanmehrfachprojektierung vorgeschlagen, die ein komplexes Herangehen an simultan ablaufende Leitungs- und Steuerungsprozesse mit Hilfe der Netzplansysteme gestattet. Wichtig für die Praxis sind auch die angegebenen Verfahrensweisen zur Optimierung bei Ressourcenbeschränkungen mit Hilfe statistischer Methoden.

7.1. Ein heuristischer Algorithmus zur Optimierung von Netzplanmodellen mit Zufallsschätzwerten für die Dauer der Vorgänge

Die Optimierungsprobleme in den NPT-Systemen, bei denen sowohl für den Zeit- als auch für den Ressourcenbedarf Schätzungen vorgenommen werden, lassen sich nach ihren Optimalitätskriterien klassifizieren. Das Ziel der Lösung eines solchen Problems ist in der Regel die Konstruktion eines derartigen Zeitplanes für den Beginn und den Abschluß der Vorgänge eines oder mehrerer Netzplanprojekte, die einer der beiden folgenden Bedingungen genügen:

1. Der Zeitplan für die Vorgänge entspricht dem Minimum einer gewissen Zielfunktion, die von den vorgegebenen (zur Verfügung stehenden) Ressourcen in einem gewissen Zeitintervall abhängt.

2. Der Zeitplan der Vorgänge minimiert die Gesamtrealisierungszeit für das Projekt bei den zur Verfügung stehenden Ressourcen.

Für den Fall eines Netzplanmodells mit Zufallsschätzwerten für die Dauer der Vorgänge wollen wir nun einen Optimierungsalgorithmus betrachten [68], der der ersten der beiden genannten Bedingungen genügt. Das betrachtete Optimierungsverfahren läuft darauf hinaus, daß die in 4.2. nach der Formel (4.2.7) ermittelten und wahrscheinlichkeitstheoretisch begründeten Pufferzeiten verwendet werden. Die Formel (4.2.7) lautete

$$P_p\,(i, j) = W_p(j) - W_p(i) - t_{ij}^{\mathrm{pl}}. \tag{7.1.1}$$

Hierbei sind $W_p(i)$ bzw. $W_p(j)$ die p-Quantil-Schätzwerte für die frühesten Termine der Ereignisse i und j und t_{ij}^{pl} die geplante Realisierungsdauer des Vorganges (i, j). Dieser Wert t_{ij}^{pl} läßt sich aus der Analyse der Normativwerte oder durch Auswahl einer geeigneten p-Quantilschätzung für die Dauer des Vorganges (i, j) gewinnen.

Der Sicherheitskoeffizient p, der auf der Stufe der Entwicklung des Ausgangsplanes angesetzt wird, entspricht dem Vorgabetermin für die Realisierung des gesamten Projekts (d.h., es ist $p = p_{\mathrm{V}}$), den wir in 4.4. betrachtet hatten. Die eingeplante Dauer des Vorganges (i, j), d.h. der Wert t_{ij}^{pl}, wird ebenfalls bei der Aufstellung des Ausgangsplanes bestätigt.

Wir unterteilen den Netzplangraphen für das Projekt durch vertikale Linien in Streifen, die hinreichend klein gewählten Zeiträumen entsprechen. Sodann untersuchen wir das Problem, eine optimale Neuverteilung der Realisierungsdauer der Vorgänge innerhalb der zur Verfügung stehenden wahrscheinlichkeitstheoretisch bestimmten Pufferzeiten derart vorzunehmen, daß die Abweichung der Verteilung des Arbeitsaufwandes von der Gleichverteilung minimal wird (dabei setzen wir voraus, daß die zur Verfügung stehenden Ressourcen für die Gesamtdauer des Projekts konstant bleiben.

Im Einklang mit dem in 6.5. beschriebenen Verfahren wollen wir annehmen, daß die äußersten Kalendertermine für den Beginn und den Abschluß aller Vorgänge (i, j) des Netzplanmodells bereits ermittelt sind, wobei es sich um die p-Quantil-Abschätzungen für die frühesten Termine der zugehörigen Ereignisse i und j handelt. Mit anderen Worten, wir dürfen die Termine für den Beginn (und den Abschluß) eines Vorganges (i, j) bei der Optimierung des zu untersuchenden Netzplangraphen nicht variieren, wenn wir dadurch über die Grenzen des Zeitintervalls $(W_p(i),\ W_p(j))$ hinausgelangen. Hieraus geht hervor, daß der Algorithmus der lokalen Optimierung des Netzplanmodells darauf hinausläuft, ein optimales System von Verschiebungen innerhalb des Intervalls $(W_p(i),\ W_p(j))$ für jeden Vorgang (i, j) des Netzplanes im Bereich der diesen Vorgängen zur Verfügung stehenden wahrscheinlichkeitstheoretisch bestimmten Pufferzeiten $P_p(i, j)$ gemäß (4.2.7) zu ermitteln. Die wahrscheinlichkeitstheoretisch ermittelten Pufferzeiten $P_p(i, j)$ können ihrem Wesen nach als unabhängig aufgefaßt werden. Ihre gesamte oder partikuläre Ausnutzung bei einem Teil der Vorgänge verhindert keineswegs, daß eine analoge Prozedur bei den anderen Vorgängen ebenfalls vorgenommen wird. Im Bereich der im Netzplan verfügbaren wahrscheinlichkeitstheoretischen Pufferzeiten $P_p(i, j)$ können wir daher den Beginn und den Abschluß eines Vorganges unabhängig von den entsprechenden Größen anderer Vorgänge modellieren bzw. „nachspielen“. Hieraus folgt sofort ein Algorithmus zur optimalen Neuverteilung der Zeitparameter, ohne eine Neuverteilung der Ressourcen vorzunehmen. Dieser Algorithmus besteht aus den folgenden Stufen:

1. Stufe. Nach der Monte-Carlo-Methode nehmen wir für alle Vorgänge (i, j), die über eine positive Pufferzeit $P_p\,(i, j)$ verfügen, eine „Ziehung“ des Beginns und des Abschlusses eines jeden dieser Vorgänge vor, die wir durch die Symbole $T_{\text{b}}\,(i, j)$ und $T_{\text{a}}\,(i, j)$ bezeichnen. Der Wert des „gezogenen“ Termins für den Beginn des Vorganges $T_{\text{b}}\,(i, j)$ wird nach der Formel

$$T_i\,(i, j) = W_p(i) + \eta P_p\,(i, j) \tag{7.1.2}$$

bestimmt, wobei η eine im Intervall (0, 1) gleichverteilte Pseudozufallsvariable ist. Den Algorithmus zur Bildung gleichverteilter Pseudozufallszahlen hatten wir in 4.1. beschrieben.

Den Zeitpunkt $T_{\text{a}}\,(i, j)$ für den Abschluß des Vorganges (i, j) bestimmen wir für jede „Ziehung“ nach der Formel

$$T_j\,(i, j) = T_i\,(i, j) + t_{ij}^{\text{pl}}. \tag{7.1.3}$$

2. Stufe. Wir fassen alle Vorgänge (nach den „gezogenen“ Terminen für den Beginn und den Abschluß) nach den Codes für die Spezialisierungen zusammen und summieren innerhalb eines jeden Codes die Arbeitsproduktivität der Ausführenden.

Die dem k-ten Zeitstreifen entsprechende Gesamtproduktivität der Ausführenden für den i-ten Spezialisierungscode bezeichnen wir durch das Symbol n_{ki}.

3. Stufe. Die entsprechende Prozedur nehmen wir für alle Zeitstreifen vor.

4. Stufe. Wir bezeichnen mit c_i den vorliegenden Arbeitsaufwand der Ausführenden des i-ten Spezialisierungscodes und berechnen den Wert der Zielfunktion zu

$$I = \max_i \sum_k q_{ki}^2 \quad \text{mit} \quad q_{ki} = \begin{cases} n_{ki} - c_i & \text{für} \quad n_{ki} > c_i, \\ 0 & \text{für} \quad n_{ki} \leqq c_i. \end{cases} \tag{7.1.4}$$

5. Stufe. Wir betrachten den Wert der Zielfunktion I, der sich bei der letzten „Ziehung" ergeben hat. Ist $I \geqq I_{m-1}$, so nehmen wir eine neue Ziehung vor und beginnen dabei mit der Stufe 1. Für $I < I_{m-1}$ weisen wir dem Wert I die Nummer m zu. Danach gehen wir zur 6. Stufe über.

6. Stufe. Wir berechnen den Wert $V = \frac{I_{m-1} - I_m}{I_{m-1}}$. Ist dann $V < \Delta$ wobei Δ eine fest vorgegebene Fehlerschranke ist, so ist der Algorithmus abgeschlossen. Wir notieren dann die der m-ten „Ziehung" entsprechenden Verschiebungen sowie die Termine $T_i\,(i, j)$ und $T_j\,(i, j)$ für den Beginn und den Abschluß der Vorgänge des Netzplanes. Diese Werte gelten dann als neue Plantermine für den Beginn und Abschluß der Vorgänge (i, j) für den optimierten und korrigierten Netzplangraphen. Ist jedoch $V \geqq \Delta$, so gehen wir erneut zur 1. Stufe über.

Es sei darauf hingewiesen, daß der beschriebene Algorithmus gewissen nicht prinzipiellen Änderungen unterworfen werden kann. So können z.B. die 5. und 6. Stufe zu einer vereinigt werden, während als Bedingung für den Abschluß der „Ziehungen" die Gültigkeit der Ungleichung

$$V = |I_m - I_{m-1}| < \Delta \tag{7.1.5}$$

herangezogen werden kann.

Auch die Form der Zielfunktion I läßt sich modifizieren. Insbesondere kann bei manchen Netzplanprojekten beispielsweise die folgende Form angewandt werden [30, 92]:

$$I = \sum_i \sum_k g_{ki}^2 \quad \text{mit} \quad g_{ki} = \begin{cases} n_{ki} - c_i & \text{für} \quad n_{ki} > c_i, \\ 0 & \text{für} \quad n_{ki} \leqq c_i. \end{cases} \tag{7.1.6}$$

Darüber hinaus sind noch verschiedene andere Modifikationen möglich.

An dieser Stelle wollen wir einen wichtigen Hinweis geben. Der beschriebene Algorithmus minimiert die Zielfunktion I nach der Monte-Carlo-Methode. Ein äußerst wirksames Verfahren zur Minimierung nichtlinearer Zielfunktionen bietet aber bekanntlich das Verfahren des zufälligen Suchens, das in verschiedenen Arbeiten sowjetischer und anderer Wissenschaftler ausführlich beschrieben wurde [7, 96]. Rastrigin hat insbesondere gezeigt [96], daß die Methode des zufälligen Suchens umfangreiche lineare Systeme wesentlich besser optimiert als die Monte-Carlo-Methode. Für den Fall nichtlinearer Zielfunktionen allgemeinster Form und großen Umfanges ist, wie bereits erwähnt, die Methode des zufälligen Suchens, insbesondere kombiniert mit der Monte-Carlo-Methode, ein wesentlich effektiveres Verfahren als die sog. „reine" Monte-Carlo-Methode. Hieraus ergibt sich ein wichtiges und interessantes Problem der Anwendung einer Kombination aus dem Monte-Carlo-Verfahren und eines der lokalen Verfahren des zufälligen Suchens zur Optimierung komplizierter Zielfunktionen in NPT-Systemen [68, 72, 73, 82]. Wir wollen nun einen Algorithmus zur Minimierung der Zielfunktion I durch eine Kombination aus der Methode des zufälligen Suchens und der Monte-Carlo-Methode beschreiben.

Wir bezeichnen mit n die Anzahl der Vorgänge (i, j) mit positiven Pufferzeiten $P_p\,(i, j)$. Die Minimierung der Zielfunktion I können wir darstellen als einen Prozeß zur Bestimmung eines extremalen Mehrparametersystems $(x_1, \ldots, x_n)$ (vgl. 4.5.), wobei x_r der Wert der „Verschiebung" des zugehörigen r-ten Vorganges im Bereich der diesem zur Verfügung stehenden wahrscheinlichkeitstheoretischen Pufferzeit bedeutet, die wir mit $P_p(r)$ $(r = 1, 2, \ldots, n$, wobei n groß ist) bezeichnen wollen. Wir weisen darauf hin, daß dem Mehrparametersystem hierdurch die Restriktionen $0 \leqq x_r \leqq P_p(r)$ $(r = 1, 2, \ldots, n)$ auferlegt werden.

Im Einklang mit der Terminologie des zufälligen Suchens bezeichnen wir die Zielfunktion I als Qualitätsfunktion $I = I\,(x_1, \ldots, x_n)$.

Bekanntlich läßt sich das schrittweise lokale Suchen ohne Lernvorgang dann anwenden, wenn die Qualitätsfunktion sich verhältnismäßig rasch ändert, sobald die Koordinaten des Systems verändert werden. Diese Eigenschaft weisen aber gerade die Zielfunktionen I bei den Optimierungsproblemen der Netzplantechnik auf. Für einen derartigen zufälligen Suchprozeß ist bei einer Erhöhung des Wertes der Qualitätsfunktion die Rückkehrbewegung kennzeichnend. Es sei $I\left(x_1^{(i)}, \ldots, x_n^{(i)}\right)$ der Minimalwert der Qualitätsfunktion bei i Suchschritten. Ferner sei ξ ein zufälliger n-dimensionaler Einheitsvektor, der über alle Richtungen des n-dimensionalen Parameterraumes gleichverteilt ist, und α die Schrittweite des Suchschrittes[1]). Der Algorithmus des lokalen Suchens ohne Lernvorgang läßt sich in Gestalt der folgenden Rekursionsformel für den $(i + 1)$-ten Suchschritt darstellen:

$$X\left(x_1^{(i+1)}, \ldots, x_n^{(i+1)}\right) = X\left(x_1^{(i)}, \ldots, x_n^{(i)}\right) + \Delta X;$$

dabei ist

$$\Delta X = \begin{cases} \alpha\xi & \text{für} \quad I\left(x_1^{(i+1)}, \ldots, x_n^{(i+1)}\right) < I\left(x_1^{(i)}, \ldots, x_n^{(i)}\right), \\ 0 & \text{für} \quad I\left(x_1^{(i+1)}, \ldots, x_n^{(i+1)}\right) \geqq I\left(x_1^{(i)}, \ldots, x_n^{(i)}\right). \end{cases}$$

Wir wollen nun eine kurze stufenweise Beschreibung des Algorithmus zur optimalen Neuverteilung der Zeitpunkte für den Beginn der Vorgänge im Bereich der wahrscheinlichkeitstheoretischen Pufferzeiten unter Anwendung des zufälligen schrittweisen lokalen Suchens geben.

1. Stufe. Diese Stufe umfaßt die erste bis vierte Stufe des Algorithmus zur Lösung des vorhin in diesem Abschnitt beschriebenen Algorithmus zur Realisierung der Neuverteilung. Dabei sei erwähnt, daß die auf dieser Stufe gewonnenen Werte $\eta_k P_p(k)$ (vgl. Formel (7.1.2)) die Werte der $x_k^{(1)}$ beim ersten Suchschritt darstellen.

2. Stufe. Diese Stufe besteht in einer Modellierung des n-dimensionalen Verschiebungseinheitsvektors ξ nach dem folgenden Verfahren: Es werden n gleichverteilte Zufallsgrößen η_k $(k = 1, \ldots, n)$ mit dem Erwartungswert 0 und der Varianz 1 erzeugt.

[1]) Der Wert von α wird a priori vorgegeben und bestimmt die Konvergenzgenauigkeit bzw. die Fehlerschranke des Ergebnisses.

Die Koordinaten des Vektors ξ bestimmt man nach der Formel

$$\xi_k = \frac{\eta_k}{\sqrt{\sum_{k=1}^{n} \eta_k^2}} \qquad (k = 1, 2, \ldots, n). \tag{7.1.7}$$

Gilt für die k-te Koordinate des Einheitsvektors die Ungleichung $\xi_k > 0$, so bedeutet das, daß der Wert $x_k^{(1)}$ beim nächsten Suchschritt um den Wert $\xi_k \alpha$ erhöht wird. Bei $\xi_k < 0$ muß umgekehrt der Parameter $x_k^{(1)}$ $(k = 1, \ldots, n)$ vermindert werden.

3. Stufe. Auf dieser Stufe des Algorithmus berechnen wir die Parameterwerte für den nächsten Schritt nach der Formel

$$x_k^{(2)} = x_k^{(1)} + \xi_k \alpha \qquad (k = 1, 2, \ldots, n).$$

Ist $x_k^{(1)} + \xi_k \alpha > P_p(k)$ (oder kleiner als null), so setzen wir $x_k^{(2)} = P_p(k)$ (bzw. gleich null). Nach den Formeln (7.1.2) und (7.1.3) ermitteln wir die Werte von T_b und T_a.

4. Stufe. Im Ergebnis der nacheinander ausgeführten Stufen 2 bis 4 des vorhergehenden Algorithmus ermitteln wir den Wert der Zielfunktion $I_2(x_1^{(2)}, \ldots, x_n^{(2)})$.

5. Stufe. Wir vergleichen die Werte von $I_2(x_1^{(2)}, \ldots, x_n^{(2)})$ und $I_1(x_1^{(1)}, \ldots, x_n^{(1)})$. Ist $I_2 < I_1$, so gehen wir zur 2. Stufe über, wobei wir die Bewegung (Suche) vom Punkt $(x_1^{(2)}, \ldots, x_n^{(2)})$ beginnen. Im Falle $I_2 \geqq I_1$ kehren wir zur 2. Stufe zurück und beginnen die Suche vom Punkt $(x_1^{(1)}, \ldots, x_n^{(1)})$ aus, d.h., wir kehren wieder in den Punkt $(x_1^{(1)}, \ldots, x_n^{(1)})$ zurück.

Wie man leicht sieht, verläuft der beschriebene Algorithmus auf den Stufen 2 bis 5 zyklisch. Wenn wir nach Durchführung von N aufeinanderfolgenden Zyklen (die Anzahl dieser Zyklen N wird von vornherein vor Beginn der Berechnung festgelegt) immer in dem gleichen Punkt verbleiben, so gehen wir zur 6. Stufe über.

6. Stufe. Wir fixieren den Punkt $(x_1^{(i)}, \ldots, x_n^{(i)})$ des letzten Suchschrittes, nach dem wir zur 6. Stufe übergegangen sind (mit anderen Worten, wir fixieren das lokale Minimum). Danach gehen wir wieder zur 1. Stufe über, d.h., wir modellieren nach der Monte-Carlo-Methode einen neuen Punkt $(x_1^{(1)}, \ldots, x_n^{(1)})$, von dem aus wir wieder mit dem Suchen beginnen. Diese Prozedur nehmen wir mehrfach vor (die Anzahl der „Ziehungen" nach der Monte-Carlo-Methode wird ebenfalls von vornherein festgelegt), wonach wir das kleinste der gewonnenen lokalen Minima herausgreifen. Dieses „globale" Minimum wählen wir nun als das gesuchte optimale System von Verschiebungen. Es sei erwähnt, daß der Algorithmus der schrittweisen lokalen Suche „mit Aufzählung" [96] sowie einige andere Modifikationen des Verfahrens eine noch bessere Konvergenz aufweisen, jedoch bringen diese Modifikationen keine prinzipiellen Änderungen mit sich. Die Methode der Anwendung einer Kombination aus der Monte-Carlo-Methode und der Methode des zufälligen Suchens zur Optimierung einiger anderer Netzplanmodelle werden wir noch in den späteren Abschnitten betrachten.

Ein weiteres wichtiges Problem, das im Zusammenhang mit der Optimierung eines Netzplanmodells zu lösen ist, ist die Verwendung der wahrscheinlichkeitstheoretisch bestimmten Pufferzeiten zur Umverteilung der Ressourcen (z.B. der Anzahl der

Ausführenden), die an der Realisierung des betreffenden Vorgangs beteiligt sind. Diese Aufgabe läßt sich nicht losgelöst von der vorhergehenden Aufgabe betrachten. Nachstehend werden wir eine Methode zu einer partikulären Optimierung eines Netzplanmodells bezüglich der Zeit und des Arbeitsaufwandes mit einer Neuverteilung der Ressourcen behandeln, die auf einer sukzessiven mehrfachen Lösung beider Probleme beruht.

Wir wollen annehmen, daß der oben beschriebene Algorithmus realisiert ist, so daß wir das erste Problem bereits gelöst und ein gewisses optimales System von Verschiebungen ermittelt haben, das den Wert des Funktionals I minimiert. Wir wollen dieses System von Verschiebungen als bedingt optimal bezeichnen, weil das Optimierungsergebnis weitgehend von der Unterteilung der gesamten Zeitskala in Teilabschnitte (Streifen) bestimmter Dauer abhängig ist. Jede andere Unterteilung des Netzplangraphen in Kalenderzeitabschnitte führt auf ein anderes, dieser Zerlegung entsprechendes System von Verschiebungen.

Wir beschreiben nun den Algorithmus zur Lösung des zweiten Problems, der aus folgenden Stufen besteht:

1. Stufe. Wir betrachten das gewonnene Verschiebungssystem und die diesem entsprechenden Werte n_{ki}. Aus der gewonnenen Folge der n_{ki} wählen wir solche Werte $n_{k_\xi i_\eta}$, für die die Ungleichung

$$n_{k_\xi i_\eta} - c_{i_\eta} \geqq \delta_{k_\xi i_\eta} \qquad (\xi = 1, 2, \ldots, r; \quad \eta = 1, 2, \ldots, s)$$

erfüllt ist. Dabei ist $\delta_{k_\xi i_\eta}$ ein fest vorgegebener Wert der äußersten Abweichung des zu erwartenden Arbeitsaufwandes von dem vorliegenden. Es sei darauf hingewiesen, daß die $\delta_{k_\xi i_\eta}$ vom Wert der Zielfunktion I abhängig sind und nach der Lösung des ersten Problems bestimmt (vorgegeben) werden, wobei sie je nach dem Zeitraum k_ξ und dem Spezialisierungscode i_η verschieden sein können.

2. Stufe. Unter allen Vorgängen des Netzplanes greifen wir die Vorgänge $(i_{\xi\eta}, j_{\xi\eta})$ heraus, die in den Kalenderstreifen k_ξ gelangt sind und an denen die Ausführenden mit dem Spezialisierungscode i_η beteiligt sind (für das durch die Lösung des ersten Problems gewonnene Verschiebungssystem). Somit erhalten wir für jede der rs Kombinationen eine Gruppe von Vorgängen, die wir als Havariegruppe bezeichnen wollen. Nun ordnen wir sämtliche Vorgänge in jeder Havariegruppe nach fallenden p-Quantil-Schätzwerten der zeitbezogenen Dringlichkeitskoeffizienten $W_p\,\{k_{\text{b}}\,(i_{\xi\eta}, j_{\xi\eta})\}$ an.

3. Stufe. Für jede der in der zweiten Stufe ausgewählten Havariegruppen von Vorgängen greifen wir diejenigen in ihnen enthaltenen Reserveteilgruppen heraus, die positive wahrscheinlichkeitstheoretisch bestimmte Pufferzeiten P_p aufweisen. Wir bezeichnen die Vorgänge für eine derartige Teilgruppe mit (i_ϱ, j_ϱ) $(\varrho = 1, \ldots, Q_{\xi\eta})$. Dabei kann die Anzahl der Vorgänge bei einigen solchen Teilgruppen durchaus null sein.

Im weitern wollen wir (zur Vereinfachung der Indizierung) nur eine der Havariegruppen von Vorgängen $(i_{\xi\eta}, j_{\xi\eta})$ und die ihr entsprechende Reserveteilgruppe (i_ϱ, j_ϱ) betrachten, die aus $Q_{\xi\eta}$ Vorgängen besteht. Der gesamte nachstehend betrachtete Optimierungsalgorithmus wirkt für jede solche Gruppe eindeutig und unabhängig von der Nummer der Gruppe[1]).

---

[1]) Der Algorithmus durchläuft sukzessive die Havariegruppen und nimmt deren partielle Optimierung unabhängig voneinander vor.

Nun bezeichnen wir die planmäßigen Dauern der zur Reserveteilgruppe gehörenden Vorgänge mit $t^{\text{pl}}_{i_\varrho j_\varrho}$ und ihre wahrscheinlichkeitstheoretischen Pufferzeiten mit $P_p(i_\varrho, j_\varrho)$.

4. Stufe. Diese Stufe bedarf einer besonderen Erläuterung. In 1.4. und im 2. Kapitel hatten wir bereits darauf hingewiesen, daß in manchen NPT-Systemen zwei verschiedene Kennziffern zur Kennzeichnung der Vorgänge verwendet werden (NPT-Systeme mit Kontrolle der Termine und mit einer Ressourcen-Umverteilung):

a) die Dauer des Vorganges in Tagen mit dem minimalen (optimistischen) Schätzwert a und dem maximalen (pessimistischen) Schätzwert b;

b) der Arbeitsaufwand des Vorganges (in Mann-Tagen oder Mann-Stunden) unter Angabe der Anzahl der Ausführenden. Dieser Arbeitsaufwand wird durch den verantwortlichen Bearbeiter festgelegt, der nach Angabe der beteiligten Ausführenden die Schätzwerte a und b festlegt.

Bekanntlich läßt sich der Zusammenhang zwischen der Dauer t eines Vorganges und der Anzahl der an der Realisierung des Vorganges gleichzeitig beteiligten Arbeitskräften bei vollständiger Auslastung der Arbeitskräfte durch die Näherungsformel

$$t \approx \frac{T}{n\Phi} \tag{7.1.8}$$

ausdrücken; hierbei ist Φ der Tagesfonds der nutzbaren Zeit für einen beteiligten Arbeiter in Mann-Stunden und T der Arbeitsaufwand des Vorganges in Mann-Stunden. In Bild 25 ist dieser Zusammenhang für einen fiktiven Vorgang dargestellt.

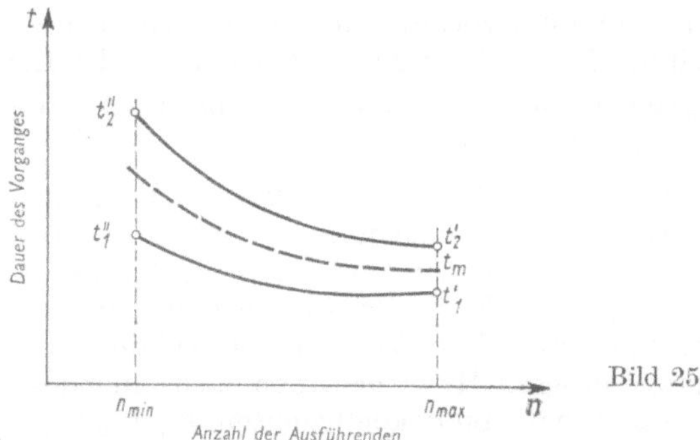

Bild 25

Hier sind t_1' und t_2' der minimale bzw. maximale Schätzwert des Vorganges bei einer Anzahl der beteiligten Arbeitskräfte, die einer minimalen produktiven Front des Vorganges entspricht: $n = n_{\min}$; t_1'' und t_2'' sind die entsprechenden Schätzwerte für $n = n_{\max}$. Die Anzahl der Arbeitskräfte n wird in den Grenzen $n_{\min} \leqq n \leqq n_{\max}$ variiert, und wir erhalten daraus die verschiedenen Dauern t in den Grenzen $t' \leqq t \leqq t''$.

Für jede der in der dritten Stufe ausgewählten Reservegruppen von Vorgängen (i_ϱ, j_ϱ) müssen die jeweils verantwortlichen Bearbeiter die Anzahl n_ϱ der an diesen Vorgängen beteiligten Arbeitskräfte festlegen.

Offenbar können wir die Gültigkeit der Näherungsungleichung

$$t^{\text{pl}}_{i_\varrho j_\varrho} \approx \frac{T(i_\varrho, j_\varrho)}{n_\varrho \Phi(i_\varrho, j_\varrho)} \tag{7.1.9}$$

annehmen.

In der 4. Stufe schätzen wir mit Hilfe der Formeln (7.1.9) die Anzahl n'_ϱ der Arbeitskräfte ab, die benötigt würde, um jeden der Vorgänge (i_ϱ, j_ϱ) bei vollständiger produktiver Ausnutzung der Pufferzeit $P_p(i_\varrho, j_\varrho)$, d.h. in der Zeit

$$W_p(j_\varrho) - W_p(i_\varrho) \qquad (\varrho = 1, 2, \ldots, Q_{\xi\eta})$$

auszuführen. Wir erhalten

$$t'^{\text{pl}}_{i_\varrho j_\varrho} = t^{\text{pl}}_{i_\varrho j_\varrho} + P_p(i_\varrho, j_\varrho) = \frac{T(i_\varrho, j_\varrho)}{n'_\varrho \Phi(i_\varrho, j_\varrho)} = t^{\text{pl}}_{i_\varrho j_\varrho} \frac{n_\varrho}{n'_\varrho}. \tag{7.1.10}$$

Wir fixieren die $t'^{\text{pl}}_{i_\varrho j_\varrho}$ und schätzen den neuen Wert $n'_\varrho = n_\varrho - \Delta n_\varrho$ für alle ϱ von 1 bis Q_{ξ_η} ab.

Eine analoge Prozedur nehmen wir für alle Reserveteilgruppen des Netzplanprojekts vor, d.h., für alle diese Vorgänge ermitteln wir neue Werte für t'^{pl} und für die Anzahl der Arbeitskräfte n'_ϱ.

5. Stufe. Sämtliche Vorgänge in jeder der Reserveteilgruppen ordnen wir nach aufsteigenden p-Quantil-Schätzwerten $W_p\{k_b(i_\varrho, j_\varrho)\}$ der zeitbezogenen Dringlichkeitskoeffizienten an. Danach nehmen wir für jede dieser Teilgruppen die folgende Prozedur vor:

Wir summieren die nach der Formel (7.1.10) gewonnenen Arbeitskräftereserven Δn_ϱ (dabei beginnen wir mit den Vorgängen, die den kleinsten Wert $W_p\{k_b\}$ aufweisen) und setzen diese Summierung solange fort, bis entweder

a) bei einer gewissen Vorgangsnummer χ der Wert $\sum_{\varrho=1}^{\chi} \Delta n_\varrho$ den dieser Gruppe entsprechenden Wert $\delta_{k_\xi i_\eta}$ übersteigt oder

b) die Summe $\sum_{\varrho=1}^{Q_{\xi\eta}} \Delta n_\varrho$ kleiner wird als $\delta_{k_\xi i_\eta}$.

Tritt die Bedingung b) ein, so ist der Prozeß der partikulären Optimierung für die betreffende Havariegruppe und Reserveteilgruppe[1]) abgeschlossen. Wir haben dabei die den Vorgängen zur Verfügung stehende wahrscheinlichkeitstheoretische Pufferzeit ausgenutzt, um die zu erwartende Anzahl der Arbeitskräfte gegenüber der vorhandenen zu verringern bzw. auszugleichen.

Ist jedoch die Bedingung a) erfüllt, so gehen wir folgendermaßen vor:

Wir bestimmen die Anzahl der Reservearbeitskräfte $\sum_{\varrho=\chi+1}^{Q_{\xi\eta}} \Delta n_\varrho$, wonach wir zu den nächsten beiden Stufen des Algorithmus übergehen.

6. Stufe. Bei dieser Stufe treten die heuristischen Eigenschaften des Algorithmus am deutlichsten zutage.

Mit Hilfe der 5. Stufe hatten wir die gesamte Reserveanzahl der Arbeitskräfte $N_{\xi\eta} = \sum_{\varrho=\chi+1}^{Q_{\xi\eta}} \Delta n_\varrho$ für die betreffende Havariegruppe ermittelt. Nun nehmen wir eine Verteilung dieser Anzahl $N_{\xi\eta}$ unter den Vorgängen der Havariegruppe in der Reihenfolge vor, wie sie durch die Sortierung auf der 2. Stufe festgelegt wurde.

Der Algorithmus der Umverteilung läßt sich nach unserem Dafürhalten gegenwärtig noch nicht durch eine Aufführung formaler Regeln steuern. Eine derartige Umverteilung muß durch die Prüfungs- und Koordinierungsabteilung des Netzplanprojekts

---

[1]) Mit anderen Worten, für den betreffenden Kalenderstreifen und für den betreffenden Arbeitskräftecode.

unter Berücksichtigung zahlreicher Motive vorgenommen werden, die die Art und Weise der Umlagerung der freigewordenen Arbeitskräftereserven bestimmen. Eben in dieser Tatsache liegen die heuristischen Eigenschaften der betrachteten Stufe begründet.

7. Stufe. Diese Stufe wird für alle Vorgänge (i_ω, j_ω) des Projekts realisiert, denen durch die 6. Stufe zusätzliche Arbeitskräfte zugewiesen wurden.

Falls der Vorgang (i_ω, j_ω) über keine wahrscheinlichkeitstheoretisch bestimmten Pufferzeiten verfügte und ihre planmäßige Realisierungsdauer $t^{\text{pl}}_{i_\omega j_\omega}$ durch die Differenz $W_p(j_\omega) - W_p(i_\omega)$ bei n_ω Arbeitskräften bestimmt wurde, so ergibt sich die korrigierte planmäßige Dauer t'^{pl} bei Hinzunahme von Δn_ω Arbeitskräften zu

$$t'^{\text{pl}}_{i_\omega j_\omega} = t^{\text{pl}}_{i_\omega j_\omega} \frac{n_\omega}{n_\omega + \Delta n_\omega}; \tag{7.1.11}$$

für die wahrscheinlichkeitstheoretisch bestimmten Pufferzeiten erhalten wir dann

$$P_p\,(i_\omega, j_\omega) = W_p(j_\omega) - W_p(i_\omega) - t'^{\text{pl}}_{i_\omega j_\omega}. \tag{7.1.12}$$

Eine analoge Prozedur wird für alle Vorgänge durchgeführt, denen auf Grund der 6. Stufe zusätzliche Arbeitskräfte zur Verfügung gestellt wurden.

8. Stufe. Für alle Kalenderzeiträume k und alle Arbeitskräftecodes i wählen wir die Kombinationen (k_γ, i_Ω) aus, für die die erforderliche Anzahl der Arbeitskräfte kleiner ist als die verfügbare,

$$n_{k_\gamma i_\Omega} < c_{i_\Omega} \qquad (\gamma = 1, 2, \ldots, t;\ \Omega = 1, 2, \ldots, l),$$

und die bei der 4. Stufe des Algorithmus zur Lösung des Problems 1 an der Bildung des Wertes der Zielfunktion I nicht beteiligt waren. Wir erhalten auf diese Weise tl Gruppen von Vorgängen. Innerhalb jeder dieser Gruppen ordnen wir die Vorgänge nach fallenden Werten der p-Quantil-Schätzwerte für die Dringlichkeitskoeffizienten $W_p\,\{k_{\text{b}}\,(i, j)\}$ an. Im weiteren durchläuft jede Gruppe eine lokale Optimierung auf den beiden folgenden Stufen des Algorithmus, und zwar unabhängig voneinander und in beliebiger Reihenfolge.

9. Stufe. Für jede Gruppe (vgl. 8. Stufe) wird die freie Reserveanzahl der Arbeitskräfte

$$\Delta n_{k_\gamma i_\Omega} = c_{i_\Omega} - n_{k_\gamma i_\Omega}$$

ermittelt.

Diese freie Reserve verteilen wir auf die Vorgänge der Havariegruppe, wobei wir mit den zeitlich dringlichsten Vorgängen beginnen (d.h., wir gehen in der Reihenfolge vor, die durch die Sortierung in der zweiten Stufe festgelegt wurde). Den Algorithmus der Umverteilung wollen wir hier nicht beschreiben, weil hier die gleichen Überlegungen gelten, auf Grund derer wir die 6. Stufe unseres Algorithmus nicht formalisieren konnten.

10. Stufe. Auf Grund der Beziehungen (7.1.11) und (7.1.12) werden die wahrscheinlichkeitstheoretisch bestimmten Pufferzeiten und die Plantermine für diejenigen Vorgänge innerhalb der Gruppen neu berechnet, denen auf der Stufe 9 zusätzliche Arbeitskräfte bereitgestellt wurden. Die Berechnung der neuen Werte der wahrscheinlichkeitstheoretisch bestimmten Pufferzeiten und der neuen planmäßigen

Dauern nehmen wir nach den gleichen Formeln vor wie bei der Stufe 7. Mit der Stufe 10 gelangt der Algorithmus zum Abschluß.

Die sukzessive Lösung des ersten und zweiten Problems schöpft jedoch den allgemeinen Algorithmus zur Optimierung eines Netzplanmodells bezüglich des Arbeitsaufwandes noch keineswegs aus, sondern stellt nur eine von den sukzessiv wiederholt auszuführenden Stufen des Algorithmus dar. Der Gesamtalgorithmus zur Optimierung läßt sich in verdichteter Form etwa folgendermaßen darstellen:

1. Stufe. Wir lösen das Problem 1.

2. Stufe. Wir stellen fest, ob Vorgänge $n_{k_\xi i_\eta}$ vorhanden sind (auf Grund der Lösung des Problems 1).

Sind derartige Vorgänge nicht vorhanden, so ist der Optimierungsprozeß abgeschlossen, im entgegengesetzten Falle gehen wir zur Stufe 3 über.

3. Stufe. Wir führen die Stufen 2 und 3 des Algorithmus zur Lösung des Problems 2 durch. Ist $Q = 0$, so bricht der Optimierungsprozeß ab. Im entgegengesetzten Falle gehen wir zur Stufe 4 über.

4. Stufe. Durchführung der Stufen 4 bis 10 des Algorithmus zur Lösung des Problems 2. Danach Übergang zur Stufe 1, jedoch nunmehr für ein neues korrigiertes Netzplanmodell.

Falls auf der 3. Stufe $Q = 0$ ist und der Optimierungsprozeß abbricht, so bedeutet das, daß mit Hilfe unseres Optimierungsalgorithmus eine weitere Verbesserung des Netzplanmodells nicht mehr möglich ist und daß nunmehr andere Algorithmen zum Einsatz gelangen müssen.

Es sei besonders darauf hingewiesen, daß der vorgeschlagene Algorithmus die Optimierung eines Netzplangraphen nur partikulär löst und seinem Wesen nach heuristisch ist. Für den Fall stochastischer Netzplanprojekte ist seine Anwendung bei der Entwicklung des Ausgangsplanes und bei der operativen Leitung nach unserem Dafürhalten durchaus gerechtfertigt. Dieser Algorithmus läßt sich auch bei der Durchführung von Multiprojektplanungen mit mehreren Netzplangraphen anwenden, da seine Anwendbarkeit von der Anzahl der vorliegenden Netzplangraphen unabhängig ist.

7.2. Optimierung von Netzplanmodellen mit determinierten Schätzwerten für die Vorgänge

Im vorhergehenden Abschnitt wurde bereits erwähnt, daß die Aufstellung eines optimalen Kalenderterminplanes für Netzplanmodelle unter Berücksichtigung beschränkter Ressourcen (z.B. Arbeitskräfte) eine der wichtigen Aufgaben ist, die die Qualität eines NPT-Systems insgesamt erhöht.

Eine Optimierung des Kalenderterminplanes unter Berücksichtigung des Arbeitsaufwandes muß sowohl bei der Aufstellung des Ausgangsplanes für das NPT-System als auch bei der operativen Leitung durchgeführt werden.

In diesem Abschnitt beschreiben wir einen Algorithmus zur Aufstellung eines Terminplankalenders für eine Multiprojektplanung [72, 73], bei dem die Anwendung der Monte-Carlo-Methode wiederum mit dem Verfahren des zufälligen Suchens kombiniert wird. Die Optimalität des Kalenderterminplanes besteht darin, daß die Verteilung des zu erwartenden Gesamtarbeitsaufwandes nach den Codes der Vorgänge und Spezialisierungen die vorliegende Verteilung des Arbeitsaufwandes nach den gleichen Merkmalen bestmöglich approximiert. Was die Kriterien für den Approximierungsgrad zweier vergleichbarer Verteilungen betrifft, so ist seine Wahl heuristisch und wird weiter unten erörtert.

Der Algorithmus zur Optimierung des Kalenderterminplanes für ein oder mehrere Netzplanprojekte geht von einer einschränkenden Voraussetzung aus. Es wird angenommen, daß jeder Vorgang nur von Arbeitskräften der gleichen Spezialität ausgeführt wird.

Darüber hinaus wollen wir nur den Fall determinierter Netzplanprojekte betrachten, so daß die Realisierungsdauern aller Vorgänge des Netzplanes durch jeweils einen festen Schätzwert ausgedrückt werden.

Zunächst wollen wir der Einfachheit der Darlegung und Indizierung halber den Optimierungsfall für einen einzigen Netzplangraphen betrachten, wobei nur Arbeitskräfte der gleichen Spezialität beteiligt sind. Danach wollen wir zum Fall mehrerer gleichzeitig zu realisierender Netzplanprojekte (Multiprojektplanung) und mehreren verschiedenen Ressourcenarten übergehen.

Es liege also ein Netzplanmodell eines NPT-Systems vor, das N Vorgänge (i, j) umfaßt. Für jeden Vorgang ist die Anzahl der an ihm beteiligten Arbeitskräfte der gleichen Spezialität n_{ij}, die Realisierungsdauer t_{ij} und der Arbeitsaufwand Φ_{ij} (angegeben z.B. in Mann-Stunden oder Mann-Tagen) vorgegeben. In der Regel gilt dabei $\Phi_{ij} = n_{ij}t_{ij}$. Darüber hinaus ist der Planvorgabetermin $T_{\text{V}}^{(\text{a})}$ für die Realisierung des Projekts festgelegt. Demzufolge darf das Projekt nicht später als zum Zeitpunkt $T_{\text{V}}^{(\text{a})}$ abgeschlossen sein. Analog ist ein Planvorgabetermin $T_{\text{V}}^{(\text{b})}$ für den Beginn des Projekts festgelegt, vor dem die Arbeiten am Projekt nicht beginnen können. Selbstverständlich muß die Länge des kritischen Weges K, der das Start- und Zielereignis des Netzplangraphen verbindet (unter Berücksichtigung der Topologie des Netzplanes und der Werte t_{ij}), kleiner sein als die Differenz $T_{\text{V}}^{(\text{a})} - T_{\text{V}}^{(\text{b})}$, da andernfalls das Problem keine Lösung besitzt. Wir wollen annehmen, daß der Zeitraum von $T_{\text{V}}^{(\text{b})}$ bis $T_{\text{V}}^{(\text{a})}$ in f Abschnitte zerlegt werden kann, wobei für jeden dieser Abschnitte die verfügbare Anzahl der Arbeitskräfte n_q $(q = 1, 2, \ldots, f)$ vorgegeben ist. Bezeichnen wir die Länge eines Kalenderabschnittes mit t_q, so läßt sich der entstehende Arbeitsaufwand näherungsweise durch die Formel $\Phi_q \approx n_q t_q$ $(q = 1, 2. \ldots, n)$ abschätzen.

Wir müssen nun für alle Vorgänge des Netzplanmodells die Termine für den Beginn und den Abschluß der Vorgänge so abschätzen, daß der erforderliche Arbeitsaufwand (bei Aufgliederung nach Spezialitäten und unter Berücksichtigung der Unterteilung nach Kalenderabschnitten) möglichst wenig von der Verteilung der verfügbaren Arbeitskapazität abweicht. Wir wollen den gesuchten Beginn des Vorganges (i, j) mit $T_i(i, j)$ und den Abschluß mit $T_j(i, j)$ bezeichnen. Es sei hier darauf hingewiesen, daß bei unserem Algorithmus eine ununterbrochene Arbeit an ein und demselben Vorgang vorausgesetzt wird und daß daher

$$T_j\,(i, j) = T_i\,(i, j) + t_{ij}$$

gilt.

Den Näherungsgrad zweier empirischer Verteilungen für den Arbeitsaufwand kann man mit Hilfe einer mehrparametrigen nichtlinearen Zielfunktion abschätzen. Dabei ist das optimale System der $T_i\,(i, j)$ so zu wählen, daß diese Zielfunktion minimiert wird. Wie bereits erwähnt, besteht eines der wirkungsvollsten Verfahren zur Optimierung mehrparametriger nichtlinearer Zielfunktionen mit Restriktionen (auf die wir noch näher eingehen werden) in einer Kombination der Monte-Carlo-Methode und der Methode des zufälligen lokalen Suchens [30, 92, 99]. Die Grundidee des nachstehend beschriebenen Algorithmus besteht in folgendem: Wir müssen im N-dimensionalen Raum der $T_i(i, j)$-Werte einen Punkt bestimmen, von dem aus das zufällige Suchen beginnen kann. Selbstverständlich könnten wir für die Koordinaten eines solchen Punktes etwa die Termine für den Beginn sämtlicher Vorgänge $T_i\,(i, j)$ nach der Formel

$$T_i\,(i, j) = T_{\mathrm{V}}^{(b)} + T_i^{(0)}$$

berechnen, wobei $T_i^{(0)}$ der früheste Termin für den Eintritt des Ereignisses i vom Zeitpunkt des Projektbeginns an gerechnet ist. In der Tat genügt in diesem Falle das System der Werte $T_i\,(i, j)$ den Bedingungen unserer Aufgabe, doch ist eine derartige Wahl des Ausgangspunktes für den Suchalgorithmus nicht rationell, da die Suche nach einem optimalen Kalenderterminplan, bei der man von einem Randpunkt ausgeht, die Anzahl der Suchschritte erhöht. Deshalb geht unser Verfahren von der Bestimmung eines Startpunktes nach der Monte-Carlo-Methode auf folgende Weise aus. Für ein Netzplanmodell (mit festgelegter Topologie) wird sukzessiv die folgende stufenweise Prozedur vorgenommen.

1. Stufe. Wir nehmen die Berechnungen für den Netzplan in einer Zeitskala vor, deren Nullpunkt mit dem ersten Ereignis des Netzplanes zur Deckung gebracht wird. Die Berechnung liefert uns die folgenden Parameter: $T_i^{(0)}$ – die frühesten Ereignistermine, $T_i^{(1)}$ – die spätesten Ereignistermine, K – die Länge des kritischen Weges, $P(i)$ – die Puffer- bzw. Schlupfzeiten der Ereignisse:

$$P(i) = T_i^{(1)} - T_i^{(0)}$$

2. Stufe. Wir nehmen eine Neuberechnung der Werte $T_i^{(0)}$ und $T_i^{(1)}$ in einer neuen Zeitskala vor, deren Nullpunkt mit dem Termin $T_{\mathrm{V}}^{(b)}$ übereinstimmt. Hierzu verschieben wir das erste Ereignis des Netzplanes in den Punkt der Zeitskala, der durch die Strecke $\left|T_{\mathrm{V}}^{(a)} - K\right| \omega$ bestimmt wird; diese Strecke wird vom Nullpunkt in der neuen Zeitskala nach rechts abgetragen, wobei ω der Wert einer im Intervall [0, 1] gleichverteilten Zufallsvariablen ist. Dann gilt

$$T_i^{\prime(0)} = T_i^{(0)} + \left(T_{\mathrm{V}}^{(a)} - K\right)\omega, \tag{7.2.1}$$

$$\begin{aligned} T_i^{\prime(1)} &= T_i^{(1)} + \left[\left(T_{\mathrm{V}}^{(a)} - K\right) - \left(T_{\mathrm{V}}^{(a)} - K\right)\omega\right] \\ &= T_i^{(1)} + T_{\mathrm{V}}^{(a)}(1 - \omega) - K\,(1 - \omega), \end{aligned} \tag{7.2.2}$$

$$P'(i) = T_i^{\prime(1)} - T_i^{\prime(0)} = P(i) + \left(T_{\mathrm{V}}^{(a)} - K\right)(1 - 2\omega). \tag{7.2.3}$$

3. Stufe. Wir bestimmen die Lage des Beginns der Vorgänge (i, j) im Intervall $[0, T_{\mathrm{V}}^{(a)}]$ unter Berücksichtigung der Einschränkungen, die durch die Werte $T_i^{\prime(0)}$, $T_i^{\prime(1)}$ und die Topologie des Netzplanes bedingt sind. Dazu nehmen wir eine „Ziehung" des Beginns der Vorgänge (i, j) nach der Formel

$$T_i\,(i, j) = T_i^{\prime(0)} + P'(i)\,\eta(i) \tag{7.2.4}$$

vor, wobei $\eta(i)$ der Wert einer im Intervall [0, 1] gleichverteilten Zufallsvariablen ist. Danach überprüfen wir für alle Vorgänge der Form (j, l) die Einschränkungen

$$[T_i(i, j) + t_{ij}]_{\max} \leqq T_j(j, l) \tag{7.2.5}$$

mit

$$T_j(j, l) = T_j'^{(0)} + P'(j)\,\eta(j).$$

Gilt dabei

$$[T_i(i, j) + t_{ij}]_{\max} > T_j(j, l),$$

so setzen wir

$$T_j(j, l) = [T_i(i, j) + t_{ij}]_{\max}{}^{1)}.$$

Die Termine für den Abschluß der Vorgänge berechnen wir nach den Formeln

$$\left.\begin{aligned} T_j(i, j) &= T_i(i, j) + t_{ij}, \\ T_l(j, l) &= T_j(j, l) + t_{jl}. \end{aligned}\right\} \tag{7.2.6}$$

4. Stufe. Im Einklang mit den bei der 3. Stufe berechneten Werten $T_i(i, j)$ und $T_j(i, j)$ ermitteln wir den zu erwartenden Arbeitsaufwand im Bereich eines jeden Kalenderabschnittes. Wir bezeichnen ferner mit F_q $(q = 1, 2, \ldots, f)$ den zu erwartenden Arbeitsaufwand im q-ten Kalenderabschnitt.

Sodann bestimmen wir den gesamten Arbeitsaufwand für jeden der f Kalenderabschnitte und konstruieren die Zielfunktion I.

Auf Grund rechentechnischer und technisch-ökonomischer Überlegungen läßt sich zeigen [72, 73], daß es zweckmäßig ist, für die Zielfunktion I eine der beiden folgenden Formen zu wählen:

$$\left.\begin{aligned} I &= \sum_{q=1}^{f} (Q_q)^2 \\ &\text{oder} \\ I &= \max_q\, (Q_q)^2; \end{aligned}\right\} \tag{7.2.7}$$

dabei ist

$$Q_q = \begin{cases} 0 & \text{für} \quad \Phi_q \geqq F_q, \\ \dfrac{F_q - \Phi_q}{\Phi_q} & \text{für} \quad F_q > \Phi_q > 0, \\ A & \text{für} \quad F_q > \Phi_q = 0, \end{cases}$$

wobei die Konstante A eine von vornherein festgelegte hinreichend große Zahl ist.

Die Stufen 1 bis 4 ermitteln (mit Hilfe der Monte-Carlo-Methode) den Ausgangspunkt für das zufällige Suchen und den diesem Punkt entsprechenden Wert der Zielfunktion I. Nun wenden wir uns den Stufen zu, die das eigentliche zufällige Suchen realisieren.

5. Stufe. Diese und alle nachfolgenden Stufen werden für alle Vorgänge des Netzplanmodells gleichzeitig vorgenommen, da das zufällige Suchen im N-dimensionalen Raum erfolgt. Auf der 5. Stufe werden N Werte $\xi(i, j)$ des Verschiebungsvektors ξ

---

1) Das angegebene Verfahren zur Ermittlung des Startpunktes für das Suchverfahren ist nicht ganz exakt, da durch dieses Verfahren die statistischen Versuche voneinander abhängig werden. Dafür läßt sich mit Hilfe dieses Verfahrens die Anzahl der erforderlichen „Ziehungen" für die Bestimmung des Startpunktes erheblich verringern.

modelliert, d.h. die N Koordinaten eines im N-dimensionalen Raum gleichverteilten Einheitsvektors, und zwar nach dem Verfahren, das wir im vorhergehenden Abschnitt beschrieben hatten. Ist $\xi(i, j) \geqq 0$, so besagt das, daß der Zeitpunkt für den Beginn des Vorganges (i, j) um die Suchschrittweite α nach rechts verschoben werden muß. Im Falle $\xi(i, j) < 0$ erfolgt eine Verschiebung ebenfalls um die Schrittweite α. Die Suchschrittweite α wird von vornherein festgelegt und bestimmt den Konvergenzfehler des Suchverfahrens.

6. Stufe. Wir bezeichnen mit X_k den k-ten Irrfahrtspunkt beim zufälligen Suchen. Sodann ermitteln wir den neuen Übergangspunkt X_m aus X_{m-1} nach den Formeln

$$T_i^{(m)}(i, j) = T_i^{(m-1)}(i, j) + \alpha \operatorname{sign} \xi(i, j), \tag{7.2.8}$$

$$T_j^{(m)}(i, j) = T_i^{(m)}(i, j) + t_{ij}; \tag{7.2.9}$$

danach gehen wir zur Stufe 7 über.

7. Stufe. Wir prüfen, ob die folgenden einschränkenden Bedingungen erfüllt sind:

$$\left.\begin{array}{ll} \text{1) für } i = 1 & T_i^{(0)} \geqq 0, \\ \text{2) für } i = n & T_i^{(1)} \leqq T_{\text{v}}^{(\text{a})}, \\ \text{3) für } 1 < i, j, l < n & T_i(i, j) + t_{ij} \leqq T_j(j, l). \end{array}\right\} \tag{7.2.10}$$

Wenn wenigstens eine dieser Ungleichungen nicht erfüllt ist, kehren wir in den Punkt X_{m-1} zurück und beginnen wieder mit der Stufe 5. Im entgegengesetzten Falle gehen wir zur Stufe 8 über.

8. Stufe. Auf dieser Stufe bestimmen wir für den neuen Punkt X_m den zugehörigen Wert der Zielfunktion I_m. Ergibt sich hierbei $I_m < I_{m-1}$, so gehen wir zur Stufe 5 über, jedoch vom neuen Punkt X_m aus. Im Falle $I_m \geqq I_{m-1}$ kehren wir zum Punkt X_{m-1} zurück und beginnen wiederum mit der Stufe 5. Wir weisen darauf hin, daß für $I_m = 0$ die Suche abgebrochen wird. Wie man leicht sieht, ist der beschriebene Algorithmus auf den Stufen 5 bis 8 zyklisch. Wenn im Ergebnis der Durchführung mehrerer aufeinanderfolgender Zyklen (die Anzahl dieser Zyklen wird vor Beginn der Rechnung festgelegt) wir immer wieder in dem gleichen Punkt verbleiben, so geht daraus hervor, daß das zufällige Suchverfahren nicht konvergiert.

Es sei $I_1 \geqq I_2 \geqq \cdots \geqq I_k \geqq I_{k+1}$ eine Folge von Werten, der Zielfunktion I beim zufälligen Suchverfahren.

Ist hierbei $\left|\dfrac{I_{k+1} - I_k}{I_k}\right| < \Delta$, wobei Δ eine vorher festgelegte Fehlerschranke ist, so ist die Arbeit des Algorithmus beendet. In diesem Falle ist es erforderlich, das System der optimalen Zeitpunkte für den Beginn $T_i(i, j)$ und für den Abschluß $T_j(i, j)$ zu notieren, wiederum zur Stufe 2 zurückzukehren und nach dem Monte-Carlo-Verfahren mit Hilfe der Stufen 2 bis 4 einen neuen Ausgangspunkt X_1 festzulegen, von dem aus man erneut mit dem zufälligen lokalen Suchverfahren beginnt.

Die entsprechende Prozedur ist mehrfach zu wiederholen (die Anzahl der „Ziehungen" nach der Monte-Carlo-Methode wird ebenfalls von vornherein festgelegt). Danach wird aus den gewonnenen lokalen Minima das kleinste ausgesucht. Dieses globale Minimum wird dann zu dem gesuchten optimalen Minimum erklärt.

Wie man leicht erkennt, ist das oben beschriebene Suchverfahren für die lokalen Optima im Falle der Einschränkungen (7.2.10) unökonomisch, da eine beträchtliche Anzahl der „Ziehungen" ins Leere verpufft.

Im Zusammenhang damit ist es zweckmäßig, einige Modifikationen des beschriebenen Algorithmus zu betrachten, die auf der Anwendung abhängiger Zufallsversuche beruhen.

Bei der neuen Suchprozedur erfolgt bei der 7. Stufe für den Fall, daß die Ungleichungen (7.2.10) nicht erfüllt sind, keine Rückkehr in den Punkt X_{m-1}. Gilt dabei die Ungleichung

$$[T_i(i, j) + t_{ij}]_{\max} > T_j(j, l)$$

so setzen wir

$$T_j(j, l) = [T_i(i, j) + t_{ij}]_{\max},$$

wonach wir zur Stufe 8 übergehen.

Alle übrigen Stufen des Algorithmus bleiben unverändert.

Zum Abschluß wollen wir den Fall mehrerer Projekte (es mögen z.B. L Projekte vorliegen) bei einer Ressourcenart betrachten. In diesem Falle bleibt das gesamte oben beschriebene Verfahren unverändert bestehen mit Ausnahme der Stufen 2 bis 7, die nacheinander für jedes der L Projekte einzeln angesetzt und so lange durchgeführt werden, bis der Ausgangspunkt der Termine für den Beginn und den Abschluß aller Vorgänge für sämtliche Netzplanprojekte den Bedingungen (7.2.5) genügt.

Es müssen somit L Werte der Zufallsvariablen ω „gezogen" werden (für jedes der L Projekte). Nach Ermittlung von L Ausgangspunkten wird das zufällige Suchverfahren von allen Punkten aus gleichzeitig vorgenommen, wobei in den Formeln (7.2.7) der zu erwartende Arbeitsaufwand über alle Netzplanprojekte summiert wird. Alle übrigen Stufen des Algorithmus erleiden keine prinzipiellen Veränderungen. Was den Fall mehrerer Projekte mit mehreren Ressourcenarten betrifft, so stellt dieses Problem eine Modifikation des eben Beschriebenen dar und wird nachstehend behandelt.

Wir gehen also zur Formulierung des Optimierungsproblems für mehrere Ressourcenarten über [72].

Es mögen N Netzplanprojekte vorliegen, die praktisch gleichzeitig realisiert werden, wobei das r-te Projekt $(1 \leq r \leq N)$ aus M_r Vorgängen besteht. Zunächst führen wir die Indizierung $(i, j)_r$ ein, die besagt, daß der Vorgang (i, j) zum r-ten Projekt gehört. Für jeden Vorgang $(i, j)_r$ wird eine Realisierungsdauer $t_{ij,r}$ und die Anzahl der an diesem Vorgang beteiligten Arbeitskräfte $n(i, j)_r$ sowie der Arbeitsaufwand $\Phi(i, j)_r$ in Mann-Stunden oder Mann-Tagen festgelegt.

Der bequemeren Darlegung halber wollen wir annehmen, daß jeder Vorgang nur von Arbeitskräften der gleichen Spezialisierung durchgeführt wird, deren Anzahl wir mit s bezeichnen. Dabei sei darauf hingewiesen, daß gewöhnlich die Näherungsgleichung $\Phi(i, j)_r \approx n(i, j)_r t_{ij,r}$ gilt.

Ferner müssen wir einen Vorgabetermin $T_{\mathrm{v},r}^{(\mathrm{a})}$ für den Abschluß des r-ten Projekts festlegen. Das besagt, daß das r-te Projekt $(1 \leq r \leq N)$ spätestens zum Kalendertermin $T_{\mathrm{v},r}^{(\mathrm{a})}$ abgeschlossen sein muß. Desgleichen wird ein Vorgabetermin für den Beginn des r-ten Projekts $T_{\mathrm{v},r}^{(\mathrm{b})}$ festgelegt, vor dem das betreffende Projekt nicht in Angriff genommen werden kann. Selbstverständlich können die Vorgabetermine für den Beginn oder den Abschluß für einige Netzplanprojekte übereinstimmen. Es sei darauf hingewiesen, daß für jedes Netzplanprojekt die Länge des kritischen Weges, der das Start- und das Zielereignis des Projekts verbindet (die Länge des kritischen Weges im r-ten Projekt bezeichnen wir mit K_r $(1 \leqq r \leqq N)$), die Differenz $T^{(a)}_{v,r} - T^{(b)}_{v,r}$ nicht überschreiten darf, da im entgegengesetzten Falle das Problem keine Lösung besitzt. Wir setzen $T^{(b)} = [T^{(b)}_{v,r}]_{\min}$ und $T^{(a)} = [T^{(a)}_{v,r}]_{\max}$.

Nun wollen wir annehmen, der Kalenderzeitraum von $T^{(b)}$ bis $T^{(a)}$ möge in f Teilabschnitte zerlegt sein. Für jeden Kalenderteilabschnitt q $(q = 1, 2, \ldots, f)$ und für jeden Spezialisierungscode m $(m = 1, 2, \ldots)$ wird ein Gesamtarbeitsaufwand vorgegeben, den wir mit Φ_{mq} bezeichnen.

Nachdem wir die Bezeichnungen festgelegt haben, wollen wir das Optimierungsverfahren [72] für den Multiprojektfall beschreiben, wobei wir den Algorithmus wieder in mehrere Stufen unterteilen.

1. Stufe. Auf der Grundlage der Topologie des Netzplanes und der Werte $t_{ij,r}$ ermitteln wir die frühesten und spätesten Termine $T^{(0)}_{i,r}$ und $T^{(1)}_{j,r}$ aller Ereignisse i des Netzplanes, die Länge des kritischen Weges K_r sowie die Pufferzeiten $P(i)_r = T^{(1)}_{i,r} - T^{(0)}_{i,r}$ in einer Zeitskala, deren Nullpunkt in das Startereignis des betreffenden Netzplanes verlegt ist.

2. Stufe. Wir „ziehen" die Lage der Startereignisse aller Projekte und nehmen unter Berücksichtigung dieses Ergebnisses eine Neuberechnung der Termine $T^{(0)}_{i,r}$ und $T^{(1)}_{i,r}$ nach den folgenden Formeln vor:

$$T'^{(0)}_{i,r} = T^{(b)}_{v,r} + T^{(0)}_{i,r} + \omega_x \left[T^{(a)}_{v,r} - T^{(b)}_{v,r} - K_r\right], \tag{7.2.11}$$

$$\begin{aligned} T'^{(1)}_{i,r} &= T^{(1)}_{i,r} + \left(T^{(a)}_{v,r} - T^{(b)}_{v,r} - K_r\right) - \left(T^{(a)}_{v,r} - T^{(b)}_{v,r} - K_r\right)\omega_r \\ &= T^{(1)}_{i,r} + \left(T^{(a)}_{v,r} - T^{(b)}_{v,r}\right)(1 - \omega_r) - K_r\,(1 - \omega_r), \end{aligned} \tag{7.2.12}$$

$$P'(i)_r = T'^{(1)}_{i,r} - T'^{(0)}_{i,r}, \tag{7.2.13}$$

hierbei ist ω_r der Wert einer im Intervall $[0, 1]$ gleichverteilten Zufallsvariablen, der für das r-te Projekt einmal berechnet wird.

3. Stufe. Für jeden Vorgang $(i, j)_r$ des r-ten Netzplanprojekts wird nach dem Monte-Carlo-Verfahren der Zeitpunkt für den Beginn und den Abschluß dieses Vorganges $T_i(i, j)_r$ und $T_j\,(i, j)_r$ nach den Formeln

$$T_i\,(i, j)_r = T'^{(0)}_{i,r} + P'(i)_r\,\eta_r\,(i, j), \tag{7.2.14}$$

$$T_j\,(i, j)_r = T_i\,(i, j)_r + t_{ij,r} \tag{7.2.15}$$

„gezogen", wobei $\eta_r\,(i, j)$ der Wert einer im Intervall $[0, 1]$ gleichverteilten Zufallsvariablen ist.

4. Stufe. Auf dieser Stufe überprüfen wir die Einhaltung der Einschränkungen

$$[T_i\,(i, j)_r + t_{ij,r}]_{\max} \leqq T_j\,(j, l)_r \tag{7.2.16}$$

für alle j und l. Falls die Ungleichung (7.2.16) nicht erfüllt ist, setzen wir

$$T_j\,(j, l)_r = [T_i\,(i, j)_r + t_{ij,r}]_{\max}. \tag{7.2.17}$$

Wenn der nach der Formel (7.2.14) bestimmte Wert $T_j\,(j, l)_r$ größer ist als $[T_i\,(i, j)_r + t_{ij,r}]_{\max}$, setzen wir

$$T_j\,(j, l)_r = T'^{(0)}_{j,r} + P'(j)_r \eta_r(j, l)$$

5. Stufe. Wir wiederholen die Stufen 1 bis 4 für alle betrachteten Netzplanprojekte nacheinander (unabhängig voneinander). Als Ergebnis des Algorithmus erhalten wir aus der 4. Stufe den Startpunkt für das Suchverfahren, den wir mit X_1 bezeichnen.

Wir wollen die Koordinaten dieses Punktes $T_i(i, j)_r$ $(1 \leqq r \leqq N)$ mit $T_i^{(1)}(i, j)_r$ $(1 \leqq r \leqq N)$ bezeichnen.

6. Stufe. Auf dieser Stufe berechnen wir den Wert der Zielfunktion I im Punkt X_1 entweder nach der Formel

$$I = \sum_m \sum_q Q_{mq}^2 \tag{7.2.18}$$

oder nach der Formel

$$I = \max_m \sum_q Q_{mq}^2 . \tag{7.2.19}$$

In beiden Formeln wird Q_{mq} auf folgende Weise abgeschätzt:

$$Q_{mq} = \begin{cases} 0 \quad \text{für} \quad F_{mq} \leqq \Phi_{mq}, \\ (F_{mq} - \Phi_{mq}) \dfrac{1}{\Phi_{mq}} \quad \text{für} \quad F_{mq} > \Phi_{mq} > 0, \\ A \quad \text{für} \quad F_{mq} > \Phi_{mq} = 0; \end{cases} \tag{7.2.20}$$

hierbei ist F_{mq} der zu erwartende Arbeitsaufwand für den m-ten Spezialisierungscode im q-ten Kalenderteilabschnitt $(1 \leqq m \leqq s,\ 1 \leqq q \leqq f)$ für die betrachtete Gesamtheit der Werte $T_i(i, j)_r$ und $T_j(i, j)_r$ $(1 \leqq r \leqq N)$, die sich auf Grund unseres Algorithmus ergeben hat. Die Konstante A wird von vornherein festgelegt und muß eine hinreichend große Zahl sein.

Selbstverständlich kann man nicht behaupten, daß die Formen der Zielfunktion (7.2.18) oder (7.2.19) die einzig möglichen wären. Es sei daher betont, daß der beschriebene Algorithmus zur Optimierung eines Kalenderplanes auch für Zielfunktionen anderer Form gültig bleibt.

7. Stufe. Auf dieser Stufe modellieren wir den N-dimensionalen Zufallseinheitsvektor $\xi(M = \sum_{r=1}^{N} M_r)$, der im M-dimensionalen Raum gleichverteilt ist. Wir bezeichnen mit $\xi\,(i, j)_r$ die Koordinate dieses Vektors, die dem Vorgang $(i, j)_r$ im r-ten Projekt entspricht.

8. Stufe. Wir organisieren das zufällige schrittweise lokale Suchverfahren auf folgende Weise: Vom Punkt X_k aus gehen wir in den nächsten Punkt X_{k+1} nach folgenden Formeln über:

$$T_i^{(k+1)}\,(i, j)_r = T_i^{(k)}\,(i, j)_r + \alpha \operatorname{sign} \xi\,(i, j)_r, \tag{7.2.21}$$

$$T_j^{(k+1)}\,(i, j)_r = T_i^{(k)}\,(i, j)_r + t_{ij,r} \quad (1 \leqq r \leqq N). \tag{7.2.22}$$

9. Stufe. Wir prüfen, ob die Ungleichung

$$[T_i^{(k+1)}(i, j)_r + t_{ij,r}] \leqq T_j^{(k+1)'}(j, l)_r \quad (1 \leqq r \leqq N) \tag{7.2.23}$$

erfüllt ist. Gilt für wenigstens eines der j, r oder l die Ungleichung (7.2.23) nicht, so kehren wir in den Punkt X_k zurück. Im entgegengesetzten Falle gehen wir zur Stufe 10 über.

10. Stufe. Für die Punkte X_k und X_{k+1} vergleichen wir die zugehörigen Funktionswerte I_k und I_{k+1} (die je nach unserer Wahl nach (7.2.18) oder (7.2.19) definiert sind).

Gilt hierbei $I_k < I_{k+1}$, so kehren wir wieder zum Punkt X_k zurück und wenden uns der Stufe 7 zu. Im Falle $I_k \geqq I_{k+1}$ prüfen wir, ob die Ungleichung $\left|\frac{I_k - I_{k+1}}{I_k}\right| < \Delta$ erfüllt ist, wobei Δ eine a priori festgelegte Konvergenzfehlerschranke ist. Gilt $\left|\frac{I_k - I_{k+1}}{I_k}\right| \geqq \Delta$, so gehen wir in den Punkt X_{k+1} und setzen von diesem aus das Suchverfahren fort, wobei wir wiederum mit der Stufe 7 beginnen. Im Falle $\left|\frac{I_k - I_{k+1}}{I_k}\right| < \Delta$ gehen wir zur Stufe 11 über.

11. Stufe. Wir fixieren das dem Punkt X_{k+1} entsprechende System der Werte $T_j^{(k+1)}(i, j)_r$ $(1 \leqq r \leqq N)$ als den gesuchten Kalenderterminplan für den Beginn der Vorgänge der Netzplanprojekte. Desgleichen berechnen wir das zugehörige System der Werte $T_j^{(k+1)}(i, j)_r = T_i^{(k+1)}(i, j)_r + t_{ij,r}$. Danach wenden wir uns wieder der 1. Stufe des Algorithmus zu, nehmen nach der Monte-Carlo-Methode eine „Ziehung" eines Anfangspunktes X vor und optimieren wieder mit Hilfe des zufälligen schrittweisen Suchverfahrens den Kalenderterminplan mit Hilfe der Stufen 7 bis 11 des Algorithmus. Diese Prozedur nehmen wir insgesamt mehrfach (l-mal) vor, wobei wir verschiedene Werte für die optimalen Wertsysteme der $T_i(i, j)_r$ und $T_j(i, j)_r$ erhalten (die Anzahl l der „Ziehungen" nach der Monte-Carlo-Methode für den Ausgangspunkt X wird ebenfalls a priori festgelegt).

Danach wählen wir unter den gewonnenen Werten der Zielfunktion I den kleinsten aus und legen das zugehörige System der Termine für den Beginn und den Abschluß der Vorgänge in den Netzplanprojekten als „globalen" optimalen Kalenderterminplan fest.

Der beschriebene Algorithmus ist zur Optimierung des Kalenderterminplanes mit gutem Erfolg anwendbar, wenn die verfügbaren Ressourcen an Arbeitskräften die tatsächlich benötigten nicht wesentlich übersteigen. Recht häufig tritt aber der Fall ein, daß die verfügbaren Ressourcen erheblich höher sind als die benötigten, und es geht dann darum, festzustellen, welche Anzahl von Arbeitskräften freigestellt und anderen Vorhaben zur Verfügung gestellt werden kann. In diesem Falle ist es zweckmäßig, die Aufgabenstellung und dementsprechend auch die Form der Zielfunktion abzuändern.

Wir optimieren den Kalenderterminplan, der wiederum aus den Werten $T_i(i, j)_r$ und $T_j(i, j)_r$ $(i \leqq r \leqq N)$ besteht, so, daß die verfügbare Arbeitskapazität in ihrer Verteilung maximal von der zu erwartenden erforderlichen Arbeitskapazität abweicht (da nach Voraussetzung die verfügbare Arbeitskapazität stets größer ist als die zu erwartende benötigte). In diesem Falle erfährt die Form der Zielfunktion (7.2.18) oder (7.2.19) eine wesentliche Veränderung, während das zufällige Suchverfahren so anzulegen ist, daß diese Funktionen maximiert werden. Nach unserem

Dafürhalten erhält man gute Ergebnisse bei der Maximierung von Funktionen der Form

$$I = \sum_m \sum_q Q_{mq}^2 \tag{7.2.24}$$

oder

$$I = \min_m \sum_q Q_{mq}^2 \tag{7.2.25}$$

mit

$$Q_{mq} = (\Phi_{mq} - F_{mq}) \frac{1}{\Phi_{mq}}. \tag{7.2.26}$$

Durch die Optimierung der Zielfunktionen (7.2.24) oder (7.2.25) werden wir völlig nach dem gleichen Schema nach Durchlaufen der Stufen 1 bis 11 des Algorithmus ein optimales System von Kalenderterminen erhalten.

Die einzige Veränderung im Algorithmus besteht darin, daß in der 10. Stufe die Bedingung $I(X_{k+1}) < I(X_k)$ für die Rückkehr vom Punkt X_{k+1} in den Punkt X_k und einen Rücksprung zur 7. Stufe in die Ungleichung $I(X_{k+1}) \geqq I(X_k)$ übergeht. Alle übrigen Stufen des Algorithmus bleiben erhalten. Nach Durchführung der Optimierung und Gewinnung der Wertsysteme $T_i(i, j)_r$ und $T_j(i, j)_r$ $(1 \leqq r \leqq N)$ sind wir in der Lage, den zugehörigen Wert F_{mq} an erforderlicher Arbeitskapazität abzuschätzen $(1 \leqq m \leqq s;\ 1 \leqq q \leqq f)$ und die freigewordene Arbeitskapazität nach Spezialisierung und einzelnen Zeitabschnitten nach der Formel

$$\Phi_{mq} - F_{mq} \quad (1 \leqq m \leqq s; \quad 1 \leqq q \leqq f) \tag{7.2.27}$$

zu bestimmen. Man beachte, daß die 9. Stufe des Algorithmus sich so modifizieren läßt, daß die Anzahl der überflüssigen „Ziehungen" auf dieser Stufe verringert wird. Bei Gültigkeit der Ungleichung

$$[T_i^{(k+1)}(i, j)_r + t_{ij,r}]_{\max} > T_j^{(k+1)}(j, l)_r$$

für irgendein r, j oder l setzen wir

$$T_j^{(k+1)}(j, l)_r = [T_i^{(k+1)}(i, j)_r + t_{ij,r}]_{\max}$$

und gehen dann zur 10. Stufe über, wobei wir den Suchprozeß von dem gewonnenen Punkt aus fortsetzen.

Eine derartige Modifikation führt auf ein Zufallssuchverfahren bei Vorhandensein abhängiger „Ziehungen", deren Anzahl allerdings sich nunmehr wesentlich verringert.

Der oben beschriebene Algorithmus der optimalen Neuverteilung der Termine für den Beginn und den Abschluß der Vorgänge löst jedoch nicht das Ressourcenverteilungsproblem mit dem Ziel, ein zeitoptimales Netzplanmodell zu erhalten.

Ebenso wie im Falle von Netzplanprojekten mit Zufallsschätzwerten läßt sich dieses zweite Problem nicht losgelöst vom ersten Problem behandeln, der Neuverteilung der Termine für den Beginn der zum Projekt gehörenden Vorgänge. Wir wollen annehmen, daß wir das erste Problem bereits gelöst und ein optimales System von Terminverschiebungen gefunden haben, das den Wert der Zielfunktion I minimiert. Wir wollen nun eine Übersicht über einen heuristischen Algorithmus zur Lösung des zweiten Problems geben [68].

Die erste und zweite Stufe dieses Algorithmus entsprechen genau den analogen Schritten des heuristischen Algorithmus für den Fall der Netzplanmodelle mit Zufallsschätzwerten, den wir im vorhergehenden Abschnitt beschrieben haben. Unter den Vorgängen des Netzplanes greifen wir alle Vorgänge heraus, für die die erwartungsgemäß benötigte Anzahl $n_{k_\xi i_\eta}$ von der verfügbaren Anzahl c_{i_η} mehr abweicht als um eine vorgegebene Fehlerschranke $\delta_{k_\xi i_\eta}$ (vgl. 7.1.). Diese Prozedur nehmen wir für alle Kalenderstreifen k und alle Spezialisierungscodes i vor und erhalten auf diese Weise rs Gruppen ausgewählter Vorgänge ($\xi = 1, 2, \ldots, r$; $\eta = 1, 2, \ldots, s$). In den ermittelten rs Havariegruppen ordnen wir innerhalb jeder Gruppe alle Vorgänge nach fallenden Dringlichkeitskoeffizienten $k_\mathrm{d}\,(i_{\xi\eta}, j_{\xi\eta})$ an.

3. Stufe. Diese Stufe des Algorithmus für die Umverteilung der Ressourcen entspricht genau dem analogen Schritt des Algorithmus von 7.1. mit Ausnahme der Tatsache, daß die wahrscheinlichkeitstheoretisch bestimmten p-Quantil-Schätzwerte der Pufferzeiten des Netzplanmodells mit Zufallsschätzwerten durch die freien Pufferzeiten P_f der determinierten Netzplanprojekte ersetzt werden.

Nach Durchführung der 3. Stufe erhalten wir eine gewisse Anzahl von „Reserveteilgruppen" von Vorgängen, wobei zu jeder Gruppe eine entsprechende „Havariegruppe" aus der Menge der auf den Stufen 1 und 2 bestimmten gehört (selbstverständlich wird nicht jede Havariegruppe eine ihr entsprechende Reservegruppe besitzen, obwohl die umgekehrte Behauptung stets gilt). Für die beiden einander entsprechenden Gruppen sind selbstverständlich die Nummern der Zeitabschnitte und die Codes der Spezialisierungen die gleichen. In jeder Reserveteilgruppe ordnen wir die Vorgänge nach steigenden Dringlichkeitskoeffizienten $k_\mathrm{d}\,(i_\varrho, j_\varrho)$ an (vgl. 7.1.).

4. Stufe. Die 4. Stufe und alle nachfolgenden Stufen des Algorithmus werden für jede Havariegruppe (und auch die zugehörige Reserveteilgruppe) einzeln und unabhängig voneinander durchgeführt. Deshalb werden wir diese Schritte für eine beliebig ausgewählte Gruppe (und die ihr entsprechende Reserveteilgruppe (i_ϱ, j_ϱ) ($\varrho = 1, 2, \ldots, Q_{\xi\eta}$)) durchführen.

In der 4. Stufe bestimmen wir für jeden Vorgang (i_ϱ, j_ϱ) der Reserveteilgruppe den Wert der freien Pufferzeit $P_\mathrm{f}\,(i_\varrho, j_\varrho)$. Auf Grund der Formel (7.1.8) nehmen wir für jeden Vorgang (i_ϱ, j_ϱ) eine Neuberechnung der erforderlichen Anzahl der Arbeitskräfte nach der Formel

$$n'\,(i_\varrho, j_\varrho) = n\,(i_\varrho, j_\varrho)\,\frac{t_{i_\varrho j_\varrho}}{t_{i_\varrho j_\varrho} + P_\mathrm{f}\,(i_\varrho, j_\varrho)} < n\,(i_\varrho, j_\varrho) \tag{7.2.28}$$

vor, wobei $n'(i_\varrho, j_\varrho)$ der neue Wert für die Anzahl der Arbeitskräfte ist, während $n\,(i_\varrho, j_\varrho)$ der ursprüngliche Wert ist.

5. Stufe. Für jede Reserveteilgruppe summieren wir die nach (7.2.28) ermittelten freigewordenen Reserven an Arbeitskräften $\Delta n_\varrho = n(i_\varrho, j_\varrho) - n'(i_\varrho, j_\varrho)$ über alle Vorgänge der Teilgruppe, wobei wir mit den Vorgängen beginnen, die den kleinsten Wert $k_\mathrm{d}\,(i_\varrho, j_\varrho)$ aufweisen.

Nunmehr unterscheiden wir zwei Fälle:

a) Erhalten wir bei Erreichen eines bestimmten Vorganges die Ungleichung

$$\sum_{\varrho=1}^{\chi} \Delta n_\varrho \geqq \delta_{k_\xi i_\eta}, \tag{7.2.29}$$

so gehen wir zur Stufe 6 über.

b) Gilt umgekehrt

$$\sum_{\varrho=1}^{Q_{\xi\eta}} \Delta n_\varrho < \delta_{k_\varrho i_\eta},$$

so ist der partikuläre Optimierungsprozeß für die betrachtete Havariegruppe abgeschlossen. In diesem Falle fixieren wir für die Vorgänge (i_ϱ, j_ϱ) $(1 \leqq \varrho \leqq Q_{\xi\eta})$ die Termine $T'_{\text{pl}}(i_\varrho, j_\varrho) = T_{\text{pl}}(i_\varrho, j_\varrho) + P_{\text{f}}(i_\varrho, j_\varrho)$ und die nach Formel (7.2.28) neu ermittelte Arbeitskräftezahl $n'(i_\varrho, j_\varrho)$.

Stufe 6. Diese Stufe tritt nur in Aktion, wenn die Bedingung a) der vorhergehenden Stufe erfüllt ist (vgl. 7.1.). Auf dieser Stufe wird die Anzahl der Reservearbeitskräfte $N_{\xi\eta} = \sum_{\varrho=\chi+1}^{Q_{\xi\eta}} \Delta n_\varrho$ ermittelt, die wir unter den Vorgängen der zugehörigen Havariegruppe in der Reihenfolge aufteilen, in der diese Vorgänge in der zweiten Stufe angeordnet wurden (d.h., wir beginnen bei den zeitlich gesehen dringlichsten Vorgängen).

Den Verteilungsalgorithmus werden wir ebenso wie in 7.1. nicht durch formale Regeln binden. In jedem einzelnen Falle werden wir das Prinzip des Verteilungsalgorithmus auf der 6. Stufe verändern, wobei wir von den jeweiligen konkreten Bedingungen ausgehen. Die genannte Prozedur nehmen wir für jede der $2s$ Havariegruppen vor.

7. und 8. Stufe. Diese Stufen entsprechen den Stufen 8 und 9 des Algorithmus aus dem vorhergehenden Abschnitt (für die Aufgabe 2) lediglich mit dem Unterschied, daß die wahrscheinlichkeitstheoretisch bestimmten p-Quantil-Schätzwerte für die Pufferzeiten P_p durch die freien Pufferzeiten P_{f} ersetzt werden, während die der Gruppe angehörenden Vorgänge nach fallenden Dringlichkeitskoeffizienten $k_{\text{d}}(i, j)$ statt nach den $W_p\{k_{\text{d}}\}$ angeordnet werden. Alle übrigen Operationen werden ohne Veränderung übernommen.

9. Stufe. Anhand der Formeln (7.1.8) nehmen wir eine Neuberechnung für die Realisierungsdauern aller Vorgänge vor, die durch die Neuverteilung zusätzliche Arbeitskräfte zugewiesen erhalten haben, d.h., wir korrigieren für diese Vorgänge die planmäßige Dauer t_{ij}^{pl}.

10. Stufe. Für alle Vorgänge des Netzplanmodells werden die totalen und freien Pufferzeiten $P_{\text{t}}(i, j)$ und $P_{\text{f}}(i, j)$ ermittelt.

Mit der Stufe 10 kommt der Algorithmus zum Abschluß.

Der allgemeine Algorithmus der partikulären Optimierung für deterministische Netzplanprojekte läßt sich in verdichteter Form etwa wie folgt darstellen:

1. Stufe. Wir lösen das Problem 1.

2. Stufe. Wir führen die Stufen 1 und 2 für die Lösung des Problems 2 durch. Falls keine Havariegruppen vorhanden sind, ist der Optimierungsprozeß abgeschlossen. Im entgegengesetzten Falle gehen wir zur Stufe 3 über.

3. Stufe. Wir führen die Stufen 3 und 4 zur Lösung des Problems 2 aus. Treten keine Reservegruppen auf, so bedeutet das, daß der Optimierungsprozeß abbricht. Im entgegengesetzten Falle gehen wir zur Stufe 4 über.

4. Stufe. Wir realisieren die Stufen 5 bis 10 des Algorithmus zur Lösung des Problems 2, wonach wir (nunmehr für das korrigierte Netzplanmodell) zur Stufe 1 zurückkehren.

Wir haben in diesem Abschnitt einige Algorithmen zur Optimierung von Netzplanmodellen mit determinierten Zeitschätzwerten der Vorgänge betrachtet. Eine besondere Eigenschaft dieser Algorithmen besteht in der Kombination optimaler Verfahren zur Konstruktion des Netzplangraphen und heuristischer Verfahren zur Neuverteilung der Ressourcen. Das Ergebnis eines derartigen Komplexalgorithmus kann, wie man leicht sieht, wesentlich vom optimalen Ergebnis abweichen. Wir werden im nächsten Abschnitt eine Methode zur Optimierung von Netzplanmodellen mit gleichzeitiger Neuverteilung der Ressourcen kennenlernen, die in unserem Sinne optimal ist und die Gesamtdauer eines Netzplanprojekts minimiert.

7.3. Optimierung der Realisierungsdauer von Multinetzplanprojekten bei beschränkt verfügbaren Ressourcen

Die zeitliche Optimierung von Netzplanprojekten bei beschränkt verfügbaren Ressourcen (z.B. der Zahl der zur Verfügung stehenden Arbeitskräfte) hängt mit der Lösung eines äußerst wichtigen Problems zusammen, das in NPT-Systemen bei der Planung und Leitung von wissenschaftlichen Forschungsvorhaben und experimentellen Konstruktionsaufgaben immer wiederkehrt. Dieses Problem besteht in der Ermittlung der minimalen Zeit, in der man ein Netzplanprojekt mit vorgegebener Topologie des Netzplanes bei beschränkt verfügbaren Ressourcen durchführen kann.

In der Regel werden in einem NPT-System, bei dem eine Terminkontrolle und eine Ressourcenneuverteilung durchgeführt wird, im Falle deterministischer Netzplanprojekte (bei diesen werden im Gegensatz zu Netzplänen mit Zufallsschätzwerten die Dauern durch einen einzigen festen Schätzwert angegeben) zweierlei Kennziffern für die Vorgänge verwendet:

1. die Dauer t_{ij} für die Realisierung des Vorganges (i, j) in Tagen;

2. der für den Vorgang (i, j) erforderliche Arbeitsaufwand $\Phi\,(i, j)$ in Mann-Stunden oder Mann-Tagen.

Bekanntlich läßt sich der Zusammenhang zwischen der Dauer t_{ij} eines Vorganges und der Anzahl $n\,(i, j)$ der Ausführenden, die gleichzeitig an seiner Realisierung beteiligt sind, unter der Voraussetzung der vollständigen Auslastung näherungsweise durch die Formel

$$t_{ij} \approx C \frac{\Phi\,(i, j)}{n\,(i, j)} \tag{7.3.1}$$

wiedergeben, wobei $\Phi\,(i, j)$ der erforderliche Arbeitsaufwand für den Vorgang (i, j) und C ein Proportionalitätsfaktor ist, der für alle Vorgänge konstant ist. Es sei darauf hingewiesen, daß für jeden Vorgang eine maximale Anzahl $n_{\max}$ von Ausführenden existiert, die produktiv gleichzeitig (d.h. ohne Zeitverlust) am Realisierungsprozeß teilnehmen können. Desgleichen gibt es eine minimal erforderliche Anzahl von Ausführenden $n_{\min}$. Wir wollen $n_{\max}$ bzw. $n_{\min}$ als die maximale bzw. minimale Front der produktiven Arbeit bezeichnen. Jedem Wert n $(n_{\min} \leqq n \leqq n_{\max})$ entspricht eine bestimmte Realisierungsdauer des Vorganges gemäß Formel (7.3.1).

Das Problem der zeitoptimalen Ressourcenverteilung in NPT-Systemen läuft somit darauf hinaus, ein optimales System von Werten $n\,(i, j)$ und von Terminen für den Beginn und den Abschluß sämtlicher Vorgänge (i, j) des Netzplanmodells zu ermitteln, das den Einschränkungen bezüglich der verfügbaren Ressourcen genügt und die Gesamtrealisierungsdauer des Projekts minimiert.

Wir wollen nun das Problem mathematisch formulieren. Gegeben sei ein Netzplanprojekt mit N Vorgängen (i, j), für die jeweils die minimale Front $n_{\min}$ und die maximale Front $n_{\max}$ gegeben sind.

Wir bezeichnen wieder den Arbeitsaufwand des Vorganges (i, j) durch $\Phi(i, j)$ und die minimale bzw. maximale Dauer des Vorganges mit $t_{ij,\min}$ bzw. $t_{ij,\max}$.

Dabei gilt, wie man leicht sieht,

$$n_{\min} \cdot t_{ij,\max} = n_{\max} \cdot t_{ij,\min} = \Phi(i, j)\, C.$$

Ferner wollen wir annehmen, daß an der Realisierung des Projekts Fachleute von insgesamt s Spezialisierungen teilnehmen. Dementsprechend führen wir die Bezeichnung $(i, j)_l$ ein, die besagt, daß der Vorgang (i, j) der l-ten Spezialisierung zugewiesen wird; dabei gilt

$$1 \leqq l \leqq s.$$

Die verfügbaren Ressourcen (Arbeitskräfte) mögen gleichmäßig über alle m Kalenderabschnitte für sämtliche s Spezialisierungen verteilt sein. Es seien n_l die für eine Spezialisierung verfügbaren Ressourcen für alle Kalenderabschnitte. Dann gilt für ein beliebiges l $(1 \leqq l \leqq s)$

$$n_l \geqq \max_{ij} [n_{\min}(i, j)_l]. \tag{7.3.2}$$

Denn im entgegengesetzten Falle hätte die Aufgabe keine Lösung, da dann keine endliche Zeit angegeben werden kann, in der das Netzplanprojekt mit den verfügbaren Ressourcen realisiert werden kann.

Bevor wir an die Beschreibung des Optimierungsalgorithmus herangehen [73], wollen wir noch eine Bemerkung vorausschicken. Wir bezeichnen als Lösungsraum die Menge aller Systeme $n(i, j)$ und aller Termine für den Beginn bzw. Abschluß der Vorgänge $T_i(i, j)$ bzw. $T_j(i, j)$, für die die zu erwartenden Ressourcen die verfügbaren nicht übersteigen. Die letzte Bedingung ist äquivalent der Tatsache, daß die Zielfunktion I verschwindet. Hierbei gelten die Beziehungen

$$I_1 = \sum_{l=1}^{s} \sum_{p=1}^{m} q_{lp}^2, \tag{7.3.3}$$

$$I_2 = \max_{l} \sum_{p=1}^{m} q_{lp}^2 \tag{7.3.4}$$

mit $q_{lp} - (1 - \operatorname{sign} A_{lp})$, $A_{lp} = n_l - n_{lp}$.

Durch das Symbol n_{lp} bezeichnen wir die maximale Anzahl der Arbeitskräfte der l-ten Spezialisierung, die an der Realisierung des Vorganges gleichzeitig während des p-ten Kalenderabschnittes beteiligt sind, während m die Anzahl der Kalenderabschnitte bedeutet.

Diese Zielfunktionen werden wir verwenden, um zu klären, ob die verfügbaren Ressourcen nicht im Widerspruch zu den erforderlichen stehen.

Wie man ferner leicht sieht, gehört das System der Arbeitskräfte $n(i, j)_l$ nicht zum Lösungsraum, wenn für wenigstens ein l $(1 \leqq l \leqq s)$ die Ungleichung

$$n(i, j)_l \geqq n_l \tag{7.3.5}$$

erfüllt ist.

Wir müssen nun im Lösungsraum die gesuchte optimale Lösung ermitteln, für die die Gesamtrealisierungsdauer des Projekts minimal wird.

Wir werden nur solche Systeme $n\,(i,j)_l$ betrachten, für die (im Einklang mit der eben gemachten Bemerkung)

$$n_{\min}\,(i,j)_l \leqq n\,(i,j)_l \leqq \min\,\{n_l, n_{\max}\,(i,j)_l\} \tag{7.3.6}$$

gilt.

Eine näherungsweise optimale Lösung läßt sich durch Kombination der Monte-Carlo-Methode und der Methode des zufälligen Suchens gewinnen, wobei die Suche innerhalb des Lösungsraumes erfolgen muß, in dem man den Ausgangspunkt nach der Monte-Carlo-Methode ermittelt hat. Der in diesem Abschnitt beschriebene Algorithmus ist für die Optimierung realer Netzplanprojekte für Neuvorhaben anwendbar und läßt sich auf verschiedenen elektronischen Rechenanlagen bewerkstelligen. Unseren Algorithmus wollen wir wiederum stufenweise beschreiben.

Die Stufen 1 bis 4 dienen dazu, die minimale Realisierungsdauer des Projekts unter der Voraussetzung unbeschränkt verfügbarer Ressourcen zu ermitteln und festzustellen, ob sich das Projekt während dieser Zeit (die sich nicht mehr abkürzen läßt) auch mit den beschränkt verfügbaren Ressourcen realisieren läßt. Offenbar erhält man eine derartige minimale Zeit für $n\,(i,j) = n_{\max}\,(i,j)$; sie ist gleich der Länge des kritischen Weges im Netzplanmodell, und es gilt hierbei

$$t_{ij} = C\,\frac{\Phi\,(i,j)}{n_{\max}\,(i,j)}\,.$$

1. Stufe. Wir ermitteln die Dauer der Vorgänge im Netzplanprojekt nach der Formel (7.3.1):

$$t_{ij} = C\,\frac{\Phi\,(i,j)}{n_{\max}\,(i,j)}\,.$$

2. Stufe. Auf Grund der topologischen Struktur des Netzplanes ermitteln wir aus den t_{ij} die Länge des kritischen Weges $K_{\min}$.

3. Stufe. Diese Stufe ist im Grunde genommen selbst ein Extremalproblem. Sie besteht in der Auswahl solcher Anfangstermine $T_i\,(i,j)$ und Endtermine $T_j\,(i,j)$ der Vorgänge (i,j), für die die Gesamtrealisierungsdauer des Projekts den Wert $K_{\min}$ nicht übersteigt, während der Wert der Zielfunktion

$$I_1 = \sum_{l=1}^{s}\,\sum_{p=1}^{m} q_{lp}^2$$

oder

$$I_2 = \max_{l}\,\sum_{p=1}^{m} q_{lp}^2$$

minimal wird. Mit anderen Worten, wir minimieren in den Grenzen des Zeitintervalls $[0, K_{\min}]$ die Kalendertermine für den Beginn und den Abschluß der Vorgänge (i,j) so, daß bei den verfügbaren Ressourcen der Wert der Zielfunktionen I minimiert wird. Es sei darauf hingewiesen, daß diese Aufgabe ein Spezialfall der allgemeineren Aufgabe darstellt, bei der es darum geht, einen optimalen Kalenderterminplan der Vorgänge im Intervall $[0, T_{\mathrm{V}}]$ derart zu bestimmen, daß der Vorgabetermin T_{V} nicht überschritten wird.

Den Algorithmus für ein Optimierungsproblem dieser Art [72] hatten wir bereits im vorhergehenden Abschnitt beschrieben.

4. Stufe. Wenn der optimale Kalenderterminplan den Wert $I = 0$ liefert, so ist das Problem gelöst, und das gesuchte optimale System der Termine und Arbeitskräfte läßt sich unter der Bedingung $n\,(i, j) = n_{\max}\,(i, j)$ für das ermittelte System der Anfangstermine $T_i\,(i, j)$ und Endtermine $T_j\,(i, j)$ der Vorgänge erreichen.

In diesem Falle stellen wir fest, ob die Menge der optimalen Kalenderterminpläne aus einem oder mehreren (oder gar unendlich vielen) Systemen besteht.

Im Falle einer mehrdeutigen Lösung wählen wir unter allen optimalen Kalenderterminplänen denjenigen aus, der die Funktionen

$$I_1 = \sum_{l=1}^{s} \sum_{p=1}^{m} A_{lp}^2 \tag{7.3.7}$$

und

$$I_2 = \min_{l} \sum_{p=1}^{m} A_{lp}^2 \tag{7.3.8}$$

minimiert; dabei ist

$$A_{lp} = n_l - n_{lp}.$$

Nach Ermittlung der gesuchten Lösung haben wir die Möglichkeit, eine maximale Anzahl überzähliger Ressourcen freizustellen, die an der Realisierung des Projekts unproduktiv beteiligt sind.

5. Stufe. Im Falle $I > 0$ läßt sich das Netzplanprojekt bei den zur Verfügung stehenden Ressourcen in der Zeit $K_{\min}$ nicht relaisieren. In diesem Falle gehen wir zur „Ziehung" eines Anfangspunktes (Ausgangspunktes) im Lösungsraum über, von dem aus wir den Suchvorgang beginnen.

Im Einklang mit den oben betrachteten Einschränkungen (7.3.6) erzeugen wir für jeden Vorgang (i, j) des Netzplanprojekts unabhängig voneinander nach der Monte-Carlo-Methode die Anzahl der Arbeitskräfte $n\,(i, j)_l$ nach der Formel

$$n\,(i, j)_l = [\{M\,(i, j)_l - n_{\min}\,(i, j)_l\}\,\eta\,(i, j)] + n_{\min}\,(i, j)_l; \tag{7.3.9}$$

hierbei ist $M\,(i, j) = \min\,\{n_l, n_{\max}\,(i, j)_l\}$, $[x]$ der ganzzahlige Anteil der Zahl x und $\eta\,(i, j)$ eine im Intervall $[0, 1]$ gleichverteilte Zufallszahl.

6. Stufe. Im Einklang mit den „gezogenen" Werten $n\,(i, j)_l$ ermitteln wir nach der Formel (7.3.1) die Werte $t_{ij,\,l}$.

7. Stufe. Anhand der topologischen Struktur des Netzplanes bestimmen wir aus den $t_{ij,\,l}$ den kritischen Weg K.

8. Stufe. Wir lösen ein Optimierungsproblem, das dem Problem der Stufe 3 analog ist, für den Vorgabewert $T_V = K$. Ist $I = 0$, so ist der „Ziehungsprozeß" für den Anfangspunkt des Suchverfahrens abgeschlossen, und wir gehen zur Stufe 10 über. Im entgegengesetzten Falle gehen wir zur Stufe 9 über.

9. Stufe. Wir verlängern den Vorgabetermin T_V um die Schrittweite α (der Wert α wird a priori vorgegeben und entspricht der „Ziehungsgenauigkeit" für die optimale Variante). Danach wenden wir uns für den Wert $T_V = K + \alpha$ wiederum der Stufe 8 zu.

Dieser Zyklus wird so lange wiederholt, bis bei einem bestimmten Schritt für $T_V = K + r\alpha$ der Wert I null wird.

10. Stufe. Nach Durchführung der Stufen 8 und 9 erhalten wir den Anfangspunkt für den Suchvorgang, den wir mit X_1 bezeichnen. Dieser Punkt wird durch das in der 5. Stufe ermittelte System der $n(i, j)_l$, den auf den Stufen 8 und 9 ermittelten Kalenderterminplan und den Vorgabetermin T_V bestimmt, den wir für den Punkt X_1 mit $T^{(1)}$ bezeichnen.

Die Realisierung des zufälligen schrittweisen Suchens geschieht in der folgenden Weise:

11. Stufe. Beim z-ten Schritt des Suchvorganges mögen wir uns im Punkt X_z des Lösungsraumes befinden.

Wir bezeichnen das diesem Punkt entsprechende System $n(i, j)_l$ mit $n^{(z)}(i, j)_l$ und den zugehörigen Vorgabetermin mit $T^{(z)}$.

Nun gehen wir von X_z in den Punkt X_{z+1} nach der folgenden Formel über

$$n^{(z+1)}(i, j)_l = [n^{(z)}(i, j)_l + \beta \operatorname{sign} \{\gamma(i, j)_l\}]; \tag{7.3.10}$$

hierbei ist β die Suchschrittweite (sie wird a priori vorgegeben oder durch die Konvergenz des Suchverfahrens bestimmt) und $\gamma(i, j)_l$ der Wert einer im Intervall $[-1, +1]$ gleichverteilten Pseudozufallszahl.

Das Zeichen $[x]$ bedeutet in Formel (7.3.10) wiederum den größten ganzzahligen Anteil von x.

12. Stufe. Wir überprüfen, ob die einschränkenden Bedingungen eingehalten wurden. Gilt wenigstens für ein i, j oder l

$$n^{(z+1)}(i, j)_l > n_l$$

oder

$$n^{(z+1)}(i, j)_l < n_{\min}(i, j)_l,$$

so kehren wir in den Punkt X_z zurück, d.h., wir wenden uns wieder der Stufe 11 zu. Im entgegengesetzten Falle gehen wir zur Stufe 13 über.

13. Stufe. Auf dieser Stufe ermitteln wir den optimalen Kalenderterminplan, der den Wert der Zielfunktion I (vgl. 3. Stufe) für $n^{(z+1)}(i, j)_l$ minimiert:

$$t_{ij,l} = C \frac{\Phi(i, j)}{n^{(z+1)}(i, j)_l}, \qquad T_V = T^{(z)}.$$

Falls im Ergebnis der durchgeführten Optimierung der Minimalwert $I > 0$ ist, so gehen wir wieder in den Punkt X_z zurück und beginnen erneut mit der Stufe 11. Im entgegengesetzten Falle (d.h. für $I = 0$) gehen wir zur Stufe 14 über.

14. Stufe. Wir vermindern den Termin $T^{(z)}$ um die Schrittweite α (die wir früher auf der 9. Stufe ermittelt hatten) und wenden uns der Optimierungsaufgabe (Stufe 8) mit den gleichen Werten $n^{(z+1)}(i, j)_l$ und $t_{ij,l}$, jedoch mit $T_V = T^{(z)} - \alpha$ zu. Ist $I = 0$, so vermindern wir T_V wieder um die Schrittweite α usw. so lange, bis bei einem gewissen Schritt des Zyklus für $T_V = T_V^{(z)} - r\alpha$ der Wert $I > 0$ wird. Auf diese Weise „komprimieren" wir bei jedem Suchschritt die Realisierungsdauer des Projekts $T_V^{(z)}$ maximal so, daß $T_V^{(z+1)} < T_V^{(z)}$ ist.

Sodann beginnen wir mit einem neuen Suchschritt vom Punkt X_{z+1} aus (mit den Werten $n^{(z+1)}(i, j)_l$ und dem Termin $T^{(z+1)}$, d.h., wir beginnen wieder mit der Stufe 11.

Falls wir im Ergebnis einer zyklischen Wiederholung der Stufen 11 bis 13 jedesmal wieder in den Punkt X_z zurückkehren, so bedeutet das, daß der lokale Suchvorgang beendet ist und daß der Termin $T^{(z)}$, der dem Ressourcensystem $n^{(z)}(i, j)_l$, den Realisierungsdauern $t_{ij,l} = C \frac{\Phi(i,j)}{n^{(z)}(i,j)}$, und dem optimalen Kalenderterminplan entspricht (der auf der Stufe 14 ermittelt wurde), lokal minimal ist.

Die Anzahl der Wiederholungszyklen kann ebenfalls vor Beginn des Algorithmus festgelegt werden.

15. Stufe. Diese Stufe besteht darin, daß die Steuerung mehrfach an die 5. Stufe übergeben wird, d.h., daß der Ausgangspunkt für den Suchvorgang mehrfach durch die Monte-Carlo-Methode ermittelt wird, wobei die Anzahl derartiger Versuche wiederum a priori festgelegt wird. Nach „Ziehung" des Anfangspunktes wird mit Hilfe der Stufen 9 bis 14 der zufällige schrittweise lokale Suchvorgang durchgeführt und der lokale minimale Termin $T^{(z)}$ ermittelt, der je nach dem gewählten Anfangspunkt verschiedene Werte annehmen kann.

Der Minimalwert dieser lokalen Minima wird als gesuchte „globale" optimale Lösung ausgewählt, wobei diesem Wert ein optimales System von Ressourcen und ein optimaler Kalenderterminplan für den Beginn und Abschluß aller Vorgänge des Netzplanprojekts entsprechen.

Für den Fall mehrerer praktisch gleichzeitig realisierbarer Netzplanprojekte wird der beschriebene Algorithmus in der nachstehenden, von LEWIN [82] stammenden modifizierten Form angewendet. Es mögen L ($L > 1$) Projekte vorliegen, und es möge der zugehörige r-te Netzplan N_r Vorgänge enthalten ($1 \leqq r \leqq L$). Dabei sei für alle L Projekte die Vorgabezeit $T_{\mathrm{v}}^{(\mathrm{b})}$ [1]) angegeben, vor der die Projekte nicht in Angriff genommen werden können. Darüber hinaus wollen wir annehmen, daß alle übrigen Bedingungen die gleichen sind wie bei dem eben betrachteten Optimierungsproblem eines Monoprojektmodells.

Das nachstehend betrachtete Problem besteht in der Bestimmung eines Wertsystems $n^{(r)}(i,j)_l$ und eines Terminplanes $T_i^{(r)}(i,j)$ und $T_j^{(r)}(i,j)$ für den Beginn und den Abschluß der Vorgänge des r-ten Projekts derart, daß sich ein minimaler Zeitraum ergibt, innerhalb dessen sämtliche Projekte unter der Voraussetzung realisiert werden können, daß keines der Projekte gegenüber einem anderen eine Vorrangstellung einnimmt.

Den Algorithmus für das formulierte Problem [82] wollen wir ebenfalls stufenweise beschreiben.

1. Stufe. Für jeden Vorgang aller L Projekte bestimmen wir die minimale Dauer

$$t_{ij,l,\min}^{(r)} = C \frac{\Phi^{(r)}(i,j)_l}{n_{\max}^{(r)}(i,j)_l} \qquad (1 \leqq r \leqq L; \quad 1 \leqq l \leqq s). \tag{7.3.11}$$

2. Stufe. Im Einklang mit der topologischen Struktur eines jeden Netzplanprojekts und den nach (7.3.11) ermittelten Werten für die Dauer der Vorgänge berechnen wir die Länge des kritischen Weges $K_{\min}^{(r)}$ eines jeden Projekts sowie die Werte für die frühesten und spätesten Ereignistermine $T_{i,r}^{(0)}$ und $T_{i,r}^{(1)}$ und die Pufferzeiten der Ereignisse $P_{\mathrm{t}}^{(r)}(i,j)$ ($1 \leqq r \leqq L$) unter der Voraussetzung, daß die Startereignisse sämtlicher Projekte in den Nullpunkt der Zeitskala verlegt worden sind.

3. Stufe. Wir „ziehen" nach der Monte-Carlo-Methode nacheinander für alle L Projekte die Lage des Startereignisses des r-ten Projekts in der Zeitskala im Bereich

[1]) Ohne Einschränkung der Allgemeinheit kann $T_{\mathrm{v}}^{(\mathrm{b})}$ in den Nullpunkt der Zeitskala verlegt werden.

des Zeitintervalls, das durch die maximale Länge des kritischen Weges $\max_r K_{\min}^{(r)}$ des am längsten dauernden Projekts bestimmt wird.

Die Berechnung des Startpunkts für das r-te Projekt auf der Zeitskala nehmen wir nach der Formel

$$T^{(r)} = \left(\max_r K_{\min}^{(r)} - K_{\min}^{(r)}\right) \omega^{(r)} \tag{7.3.12}$$

vor, wobei $\omega^{(r)}$ eine im Intervall [0, 1] gleichverteilte und für jedes Projekt einzeln erzeugte Pseudozufallszahl ist.

4. Stufe. Für jedes der L Projekte berechnen wir erneut innerhalb der Zeitskala, deren Beginn mit dem Beginn des Projekts mit der längsten Gesamtdauer übereinstimmt, die Werte $T_{i,r}^{(0)}$, $T_{i,r}^{(1)}$ und $P^{(r)}(i)$ nach den Formeln

$$\mathrm{T}_{i,r}^{\prime(0)} = T_{i,r}^{(0)} + \left(\max_r K_{\min}^{(r)} - K_{\min}^{(r)}\right) \omega^{(r)}, \tag{7.3.13}$$

$$\begin{aligned} T_{i,r}^{\prime(1)} &= T_{i,r}^{(1)} + \left[\left(\max_r K_{\min}^{(r)} - K_{\min}^{(r)}\right) - \left(\max_r K_{\min}^{(r)} - K_{\min}^{(r)}\right) \omega^{(r)}\right] \\ &= T_{i,r}^{(1)} + \max_r K_{\min}^{(r)} \left(1 - \omega^{(r)}\right) - K_{\min}^{(r)} \left(1 - \omega\right)^{(r)}\right), \end{aligned} \tag{7:3.14}$$

$$P^{\prime(r)}(i) = T_{i,r}^{\prime(1)} - T_{i,r}^{\prime(0)} = P^{(r)}(i) + \left(\max_r K_{\min}^{(r)} - K_{\min}^{(r)'}\right) \left(1 - 2\omega^{(r)}\right). \tag{7.3.15}$$

5. Stufe. Für jeden Vorgang des r-ten Netzplanprojekts ermitteln wir nach dem Monte-Carlo-Verfahren die Zeitpunkte für seinen Beginn und seinen Abschluß nach den Formeln

$$T_i^{(r)}(i, j) = T_{i,r}^{(0)} + P^{(r)}(i)\, \eta^{(r)}(i, j), \tag{7.3.16}$$

$$T_j^{(r)}(i, j) = T_i^{(r)}(i, j) + t_{ij,r}, \tag{7.3.17}$$

wobei $\eta^{(r)}(i, j)$ der Wert einer im Intervall [0, 1] gleichverteilten Zufallszahl ist $(1 \leqq r \leqq L)$, die für jeden Vorgang erzeugt wird.

6. Stufe. Für jedes der L Netzplanprojekte überprüfen wir die einschränkenden Bedingungen

$$[T_i^{(r)}(i, j) + t_{ij,r}]_{\max} \leqq [T_j^{(r)}(j, l)]_{\min}, \tag{7.3.18}$$

die durch die topologische Struktur des Netzplanes bedingt sind, für sämtliche i, j, l.

Ist die Ungleichung (7.3.18) nicht erfüllt, so setzen wir

$$T_j^{(r)}(j, l)_{\min} = [T_i^{(r)}(i, j) + t_{ij,r}]_{\max}. \tag{7.3.19}$$

Ist die genannte Ungleichung hingegen erfüllt, so setzen wir

$$T_j^{(r)}(j, l) = T_{j,r}^{(0)} + P^{(r)}(j)\, \eta^{(r)}(j, l). \tag{7.3.20}$$

Im Ergebnis der Stufen 1 bis 6 des Algorithmus erhalten wir den Ausgangspunkt für die Suche einer partikulären optimalen Lösung für die gewonnenen minimalen Dauern der Vorgänge $t_{ij,\min}^{(r)}$. Wir bezeichnen die Koordinaten im Lösungsraum bei einem gewissen Suchschritt mit

$$T_i^{(r)}(i, j) \qquad (1 \leqq r \leqq L).$$

7. Stufe. Für den bestimmten Anfangspunkt ermitteln wir den Wert der Zielfunktion I_1 (oder I_2) nach den Formeln (7.3.3) und (7.3.4).

8. Stufe. Wir organisieren die schrittweise lokale zufällige Suche im N-dimensionalen Raum, wobei $N = \sum_{r=1}^{L} N_r$ ist.

Auf dieser Stufe wird ein N-dimensionaler Verschiebungsvektor ξ modelliert, d.h., es werden N Koordinaten $\xi_r\,(i, j)$ des Zufallseinheitsvektors ξ erzeugt, der im N-dimensionalen Raum gleichverteilt ist. Die Verschiebung der Koordinaten des Punktes $X^{(z)}$ im Suchraum erfolgt um einen a priori festgelegten Suchschritt α, der die Konvergenzfehlerschranke bestimmt. Der Übergang aus dem Punkt $X^{(z)}$ in den Punkt $X^{(z+1)}$ erfolgt nach den Formeln

$$T_i^{(r)}\,(i, j)^{(z+1)} = T_i^{(r)}\,(i, j)^{(z)} + \alpha \operatorname{sign} \xi(r)\,(i, j), \tag{7.3.21}$$

$$T_j^{(r)}\,(i, j)^{(z+1)} = T_i^{(r)}\,(i, j)^{(z+1)} + t_{ij,r}. \tag{7.3.22}$$

9. Stufe. Wir überprüfen, ob die Einschränkungen, die durch die topologische Struktur der Netzpläne bedingt sind, eingehalten werden:

$$T_i^{(r)}\,(i, j) \leqq T_{\mathrm{v}}^{(b)} \quad \text{für} \quad i = 1 \tag{7.3.23}$$

$$T_j^{(r)}\,(i, j) \leqq \max_r K_{\min}^{(r)} \quad \text{für} \quad j = N_r \tag{7.3.24}$$

$$[T_i^{(r)}\,(i, j) + t_{ij,r}]_{\max} \leqq [T_j^{(r)}\,(j, l)]_{\min} \quad \text{für} \quad 1 \leqq i, j; \quad r \leqq N_r. \tag{7.3.25}$$

Ist wenigstens eine dieser Ungleichungen nicht erfüllt, so kehren wir in den Punkt $X^{(z)}$ zurück und wiederholen die Stufe 8.

10. Stufe. Auf dieser Stufe konstruieren wir die Zielfunktion I nach den Formeln (7.3.3) und (7.3.4) und vergleichen sie mit der beim vorhergehenden Schritt gewonnenen Zielfunktion. Gilt hierbei $I_{(z+1)} \leqq I_{(z)}$, so nehmen wir den nächsten Schritt vom neuen Suchpunkt aus vor (diesen bezeichnen wir mit $X^{(z+1)}$). Gilt hingegen $I_{(z+1)} > I_{(z)}$, so kehren wir in den Punkt $X^{(z)}$ zurück und nehmen von diesem aus Zufallsschritte solange vor, bis wir zu einem Punkt $X^{(z+1)}$ gelangen, für den $I_{(z+1)} < I_{(z)}$ gilt. Wir brechen das Suchverfahren ab, sobald die Ungleichung

$$\left| \frac{I_{(z)} - I_{(z+1)}}{I_{(z)}} \right| \leqq \Delta$$

erfüllt ist, wobei Δ eine a priori vorgegebene Konvergenzgenauigkeit ist. Tritt dabei bei irgendeinem Schritt der Fall $I_{(z+1)} = 0$ ein, so wird das Suchverfahren abgebrochen. Diese Tatsache besagt, daß sämtliche Projekte mit den vorgegebenen verfügbaren Ressourcen innerhalb der minimalen Zeit $\max_r \{K_{\min}^{(r)}\}$ realisiert werden können. Offenbar genügen dieser Bedingung unter Umständen sogar mehrere in diesem Sinne optimale Netzplangraphen. Im Falle einer mehrdeutigen Lösung ist es sinnvoll, die Zielfunktion

$$I' = \sum_{l=1}^{s} \sum_{p=1}^{m} (q'_{lp})^2 \tag{7.3.26}$$

mit

$$q'_{lp} = n_l - n_{lp} \tag{7.3.27}$$

zu minimieren, um eine Lösung zu erhalten, die einem globalen Optimum für $I = 0$ entspricht. Die Stufen 3 bis 10 sind mehrfach zu wiederholen (wobei die Anzahl der Wiederholungen a priori festgelegt ist) und danach auf der 10. Stufe der Netzplangraph auszuwählen, der dem maximalen Wert des Funktionals I' entspricht. Nach Erhalt der gesuchten Lösung haben wir die Möglichkeit, eine maximale Menge überzähliger Ressourcen freizustellen, die an der Realisierung der L Projekte beteiligt sind. Ist hingegen $I > 0$, so können mit Hilfe der verfügbaren Ressourcen die Netzplanprojekte in der Zeit $\max \{K_{\min}^{(r)}\}$ nicht realisiert werden. In diesem Falle gehen wir zur Stufe 11 über.

11. Stufe. In Übereinstimmung mit der Einschränkung (7.3.6) modellieren wir für jeden Vorgang eines Teilprojekts nach der Monte-Carlo-Methode die Anzahl der Arbeitskräfte $n^{(r)}(i, j)_l$ nach der Formel

$$n^{(r)}(i, j)_l = [\{M^{(r)}(i, j)_l - n_{\min}^{(r)}(i, j)_l\} \eta^{(r)}(i, j)] + n_{\min}^{(r)}(i, j)_l \qquad (7.3.28)$$

mit

$$M^{(r)}(i, j)_l = \min \{n_l, n_{\max}^{(r)}(i, j)_l\}, \qquad (7.3.29)$$

wobei $[x]$ wiederum das größte Ganze von x bedeutet, während $\eta^{(r)}(i, j)$ eine im Intervall $[0, 1]$ gleichverteilte Pseudozufallszahl ist.

12. Stufe. Für die „gezogenen" Werte $n^{(r)}(i, j)_l$ bestimmen wir nach (7.3.11) die Dauern $t_{ij,l}^{(r)}$ für jeden Vorgang der L Projekte.

13. Stufe. Wir wiederholen die Stufen 2 bis 4 für die auf der 12. Stufe gewonnenen Werte für die Realisierungsdauern der Vorgänge und bestimmen die Parameter

$$K^{(r)}, T_{i,r}^{\prime(0)}, T_{i,r}^{\prime(1)}, P^{\prime(r)}(i), \qquad 1 \leqq r \leqq L. \qquad (7.3.30)$$

14. Stufe. Wir wiederholen die Stufen 5 bis 10 und lösen das in 7.2. beschriebene Problem zur Ermittlung des optimalen Planes für jedes Projekt und für die in der Stufe 13 bestimmte maximale Länge des kritischen Weges $\max\limits_r \{K_{\min}^{(r)}\}$ des Projekts mit der größten Gesamtdauer sowie für die Parameter $T_{i,r}^{(0)}$; $T_{i,r}^{(1)}$ und $P^{(r)}(i)$. Wenn der Algorithmus in dieser Stufe den Wert $I = 0$ liefert, so ist der Prozeß der „Ziehung" der Anfangspunkte für das Suchen im Raum der Parameter $n^{(r)}(i, j)_l$ abgeschlossen, und es erfolgt ein Übergang zur Stufe 16. Im entgegengesetzten Falle gehen wir zur Stufe 15 über.

15. Stufe. Wir erhöhen den Termin für den Abschluß des spätesten Projekts, den wir früher auf der Stufe 10 ermittelt hatten, um den Wert α. Der Wert α wird a priori vorgegeben, wobei man von der Länge des kritischen Weges $\max\limits_r \{K^{(r)}\}$ ausgeht; er legt die Genauigkeit der optimalen Planvariante für den Punkt $X^{(z)}$ im Raum der Parameter $n^{(r)}(i, j)_l$ fest. Für den neuen Vorgabetermin für den Abschluß der Projekte $T_{\mathrm{V}}^{(\mathrm{a})} = \max\limits_r \{K^{(r)}\} + \alpha$ wiederholen wir die Stufe 14. Diesen Zyklus wiederholen wir so lange, bis bei einem gewissen Schritt $I = 0$ wird. Gelangt der Algorithmus auf der 15. Stufe zum Abschluß, so geht daraus hervor, daß man im Lösungsraum einen Anfangspunkt für den Suchvorgang ermittelt hat, dem das auf der Stufe 11 ermittelte Wertsystem $n^{(r)}(i, j)_l$ entspricht und daß gleichzeitig ein minimaler Termin für den Abschluß der Projekte $T_{\mathrm{V},z}^{(\mathrm{a})}$ bestimmt wurde, zu dem sämtliche Projekte bei den verfügbaren Ressourcen und den Werten $n^{(r)}(i, j)_l$ realisiert werden können.

16. Stufe. Auf dieser Stufe realisieren wir die schrittweise lokale zufällige Suche im Raum der Parameter $n^{(r)}(i, j)_l$. Aus dem Punkt $X^{(z)}$ in den Punkt $X^{(z+1)}$ gehen wir über nach den Formeln

$$n^{(r)}(i, j)_l^{(z+1)} = [n^{(r)}(i, j)_l^{(z)} + \beta \operatorname{sign}\{\gamma^{(r)}(i, j)_l\}]; \tag{7.3.31}$$

dabei ist β die Suchschrittweite, die a priori gewählt wird, und die Genauigkeit der Lösung bestimmt; $\gamma^{(r)}(i, j)_l$ ist der Wert einer im Intervall $[-1, +1]$ gleichverteilten Pseudozufallszahl und $[x]$ das größte Ganze von x. Der Suchschritt erfolgt über alle Koordinaten des Raumes der $n^{(r)}(i, j)_l$.

17. Stufe. Hier wird überprüft, ob die Einschränkungen (7.3.6) erfüllt sind. Ist hierbei

$$n^{(r)}(i, j)_l^{(z+1)} > n_l \tag{7.3.32}$$

oder

$$n^{(r)}(i, j)_l^{(z+1)} < n_{\min}^{(r)}(i, j)_l, \tag{7.3.33}$$

so folgt eine Rückkehr in den Punkt $X^{(z)}$ und eine Wiederholung der Stufe 16. Im entgegengesetzten Falle gehen wir zur Stufe 18 über.

18. Stufe. Es werden die Stufen 1 und 2 wiederholt. Ist hierbei $\max_r\{K_{(z+1)}^{(r)}\} < T_{\text{v}}^{(\text{a})}$, so werden die Stufen 3 bis 10 wiederholt, und es wird die Optimierungsaufgabe zur Bestimmung des Kalenderterminplans eines jeden Projekts für die auf dem $(z+1)$-ten Schritt ermittelten $n^{(r)}(i, j)_l^{(z+1)}$ gelöst. Hierbei werden die topologisch bedingten Einschränkungen für jedes Projekt einzeln im Bereich der Gesamtdauer $\max_r K^{(r)}$ überprüft, die beim z-ten Schritt ermittelt wurde. Im Ergebnis der Optimierung wird die Zielfunktion minimiert, deren Berechnung nach den Formeln (7.3.3) und (7.3.4) erfolgt. Falls nach der durchgeführten Optimierung $I > 0$ ist, so kehren wir in den Punkt $X^{(z)}$ zurück und wiederholen die Stufe 16. Die Rückkehr in den Punkt $X^{(z)}$ erfolgt höchstens so oft wie es eine a priori festgelegte Zahl zuläßt. Danach wird das globale Optimum fixiert, und es erfolgt ein Übergang zur Stufe 11. Ist hingegen $I = 0$, so gehen wir zur Stufe 19 über.

19. Stufe. Auf dieser Stufe wird der beim z-ten Suchschritt ermittelte Termin $T_{\text{v}}^{(\text{a})}(z)$ um die früher gewählte Schrittweite α vermindert. Danach wird die Optimierungsaufgabe zur Ermittlung des Kalenderterminplanes für die Werte $T_i^{(r)}(i, j)_l$ und $T_j^{(r)}(i, j)_l$ anhand der beim $(z+1)$-ten Schritt ermittelten $n^{(r)}(i, j)_l^{(z+1)}$ und $t_{ij,l}^{(r),(z+1)}$ gelöst, jedoch für den Projektabschlußtermin

$$T_{\text{v}}^{(\text{a})} = T_{\text{v}}^{(\text{a}),(z)} - \alpha. \tag{7.3.34}$$

Im Falle $I = 0$ wird der Termin wiederum um die Schrittweite so lange vermindert, bis bei einem gewissen Schritt des Zyklus für

$$T_{\text{v}}^{(\text{a})} = T_{\text{v}}^{(\text{a}),(z)} - \omega\alpha \tag{7.3.35}$$

der Wert der Zielfunktion I größer als null wird. In diesem Falle bezeichnen wir die linke Seite der Gleichung (7.3.35) mit $T_{\text{v}}^{(\text{a}),(z+1)}$. Durch „Komprimieren" erhalten wir dann

$$T_{\text{v}}^{(\text{a}),(z+1)} = T_{\text{v}}^{(\text{a}),(z)} - (\omega - 1)\,\alpha. \tag{7.3.36}$$

20. Stufe. Wir wiederholen die Stufe 16 vom Punkt $X^{(z+1)}$ aus, dem die Werte $n^{(r)}(i,j)_l^{(z+1)}$ und $t_{ij,l}^{(r),(z+1)}$ sowie der minimale Termin zum Abschluß aller betrachteten Projekte $T_V^{(a),(z+1)}$ entsprechen. Falls eine zyklische Wiederholung der Stufen 16 bis 19 uns wieder in den Punkt $X^{(z)}$ zurückkehren läßt, so ist die lokale Suche abgeschlossen, und der Termin $T_V^{(a),(z)}$, der dem System der Ressourcenwerte $n^{(r)}(i,j)_l^{(z)}$ und $t_{ij,l}^{(r),(z)}$ zu den Kalenderterminplänen mit $T_i^{(r)}(i,j)_l^{(z)}$ und $T_j^{(r)}(i,j)_l^{(z)}$ für alle Projekte entspricht, ist lokal minimal. Die Anzahl der Wiederholungen des Zyklus wird von vornherein festgelegt. Zur Gewinnung der globalen Lösung gehen wir zur Stufe 21 über.

21. Stufe. Auf dieser Stufe erfolgt nach Gewinnung des lokalen Optimums mit Hilfe der Stufe 20 mehrfach eine Rückkehr zur Stufe 11. Eine solche Prozedur der Ermittlung des Ausgangspunktes für den Suchvorgang nach der Monte-Carlo-Methode wird n-mal wiederholt, wobei die Zahl n ebenfalls von vornherein festzulegen ist. Nach Ermittlung des Anfangspunktes werden die Stufen realisiert, die für die schrittweise lokale Suche benötigt werden. Diese liefert uns dann den Wert $T_V^{(a),(z)}$.

Der minimale Wert min $T_V^{(a),(z)}$ aller gefundenen Werte wird dann als globale Optimallösung gewählt, dem das optimale System der Ressourcenverteilung und die optimalen Kalenderterminpläne für jedes Projekt entsprechen.

7.4. Einige halbheuristische Methoden zur Optimierung deterministischer Netzplanmodelle

In der letzten Zeit wurden viele Methoden zur Optimierung von Netzplanmodellen entwickelt, die sämtlich von ein und derselben prinzipiellen Besonderheit ausgehen. Der Optimierungsalgorithmus ist heuristischer Natur, jedoch beruht die Auswahl des optimalen Ergebnisses auf dem Zufallseffekt. Zu dieser Klasse gehört das Verfahren zur Optimierung der Höhe der verwendeten Ressourcen bei vorgegebener Realisierungsdauer für das Netzplanprojekt, wobei das Verfahren der zufälligen Suche [60] zum Einsatz gelangt.

Die Aufgaben dieser Klasse können mehr oder weniger kompliziert sein, je nachdem, welche Voraussetzungen zugrunde gelegt werden (Möglichkeit der Unterbrechung von Vorgängen, variable Intensität der Anwendung der Ressourcen bei einem Vorgang usw.), die allgemeine Form des Algorithmus erleidet hierbei jedoch keinerlei prinzipielle Veränderung. Ein verdichtetes Blockdiagramm des Algorithmus zur Minimierung der Höhe der verwendeten Ressourcen unter Anwendung des Verfahrens der zufälligen Suche ist in Bild 26 wiedergegeben. Mit Hilfe eines Zufallszahlengebers werden in den Blöcken I und II γ Werte speziell eingeführter Größen β_i gebildet, wobei $0 \leqq \beta_i \leqq 1$, $1 \leqq i \leqq \gamma$ ist. Dabei bedeutet γ die Anzahl der zu optimierenden Parameter. Der Block III realisiert die Berechnung der zu optimierenden Parameter x_i, d.h. der Termine für den Beginn der Vorgänge des Netzplanmodells, auf Grund der ermittelten β_i-Werte. Dabei müssen die Formeln zur Berechnung der x_i so aufgebaut sein, daß die x_i den vorgegebenen Einschränkungen für $0 \leqq \beta_i \leqq 1$ genügen. Die Berechnung der Zielfunktion I erfolgt nach den gleichen Prinzipien wie in den vorhergehenden Abschnitten dieses Kapitels. Der Weg I_0 für die Abschätzung der Suchschrittweite im Block VI wird zunächst vorgegeben, während im weiteren für I_0

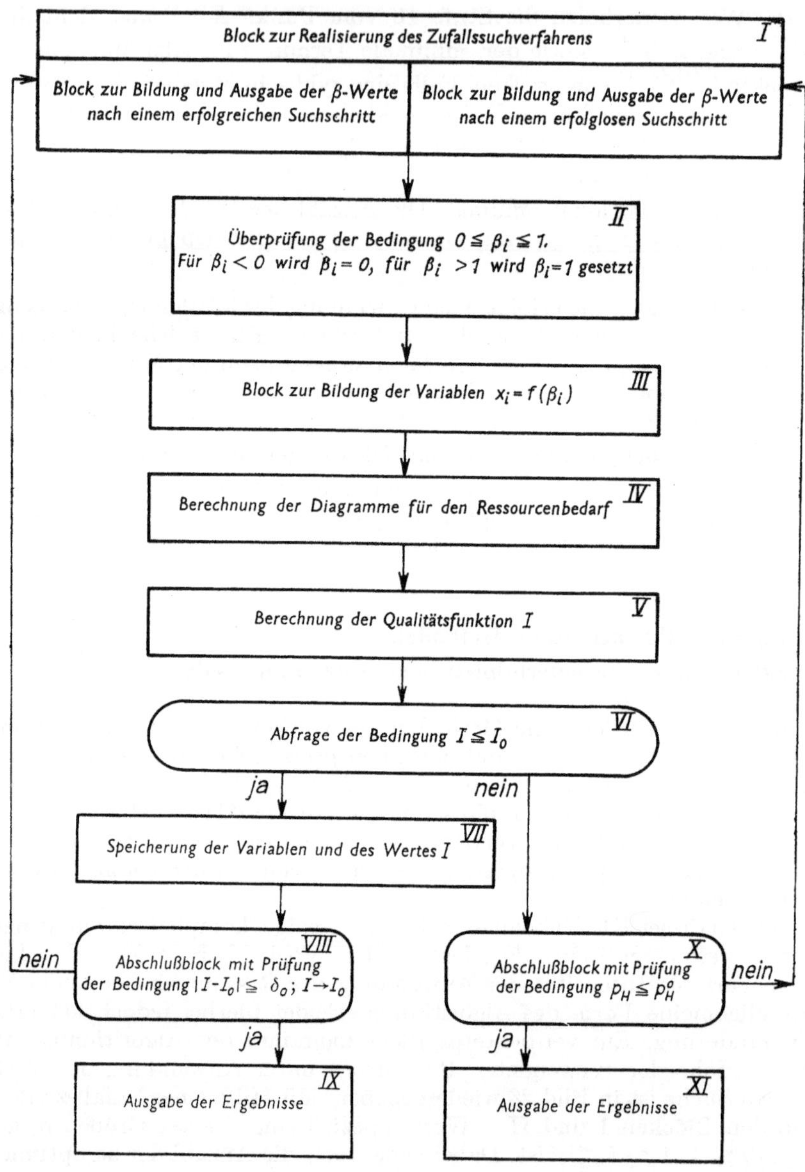

Bild 26

der Wert der Zielfunktion eingesetzt wird, der beim letzten erfolgreichen Suchschritt ermittelt wurde. Das Einsetzen des Wertes der Zielfunktion I anstelle von I_0 nach einem erfolgreichen Suchschritt erfolgt im Block VIII. An der gleichen Stelle wird auch die Veränderung der Zielfunktion untersucht. Ist diese Änderung hinreichend gering, so erfolgt der Druck der Ausgabedaten, und der Algorithmus kommt zum Abschluß. Im entgegengesetzten Falle wird der nächste Suchschritt realisiert.

Der Block X veranlaßt entweder den nächsten Suchschritt oder ein Abbrechen des Algorithmus, falls eine vorgegebene Anzahl von Suchschritten nach einem erfolgreichen Schritt ohne Erfolg geblieben ist. Gleichzeitig wird der Druck der Ausgabedaten veranlaßt, der übrigens auch nach jedem erfolgreichen Suchschritt vorgenommen werden kann. Dadurch erhält man die Möglichkeit, den Suchvorgang zu überblicken und unter mehreren in der Nähe des Optimums liegenden Varianten eine bestimmte Lösung herauszugreifen. Nachstehend geben wir einige Beispiele zur Konstruktion des Blockes III des allgemeinen Algorithmus zur Lösung von Aufgaben dieser Klasse für einige konkrete Problemvarianten.

Wir betrachten das Problem zur Minimierung der verwendeten Ressourcen unter der Voraussetzung, daß einmal in Angriff genommene Vorgänge keine Unterbrechung gestatten und daß die Intensität der Anwendung der Ressourcen bei jedem Vorgang konstant bleibt.

Das Netzplanmodell möge aus n Vorgängen (i, j) bestehen. Für jeden Vorgang seien gegeben seine Dauer t_{ij} und die Intensität der Ressourcenverwendung $n(i, j)$. Für jedes Ereignis i wird der Termin $T_i^{(1)}$, also der späteste Termin für den Eintritt dieses Ereignisses, und für das Startereignis auch der früheste Termin angegeben. In diesem Falle ist es möglich, die Anfangstermine der Vorgänge $T_i \leqq T_i(i, j) \leqq T_j^{(1)} - t_{ij}$ zu minimieren. Die Anzahl der zu optimierenden Variablen β ist in diesem Falle $\gamma = n - n_{\text{kr}}$ wobei n die Anzahl der Vorgänge im Netzplan insgesamt und n_{kr} die Anzahl der Vorgänge auf dem kritischen Wege ist.

Die Formeln zum Übergang von den bei der Anwendung des beschriebenen Algorithmus der zufälligen Suche ermittelten Größen β_i, $0 \leqq \beta_i \leqq 1$ zu den Werten $T_i(i, j) = x_i$ erhalten die Form

$$T_i(i, j) = T_i + \beta_i [T_j^{(1)} - t_{ij} - T_i]$$

oder

$$T_i(i, j) = T_i(1 - \beta_i) + \beta_i [T_j^{(1)} - t_{ij}],$$

wobei $T_i = \max_k [T_i(k, i)]$ der späteste Termin für den Abschluß der in dieses Ereignis mündenden Vorgänge ist. Falls bei konstanter Intensität der Ressourcenanwendung bei jedem Vorgang $m - 1$ Unterbrechungen möglich sind, so ergibt sich die Anzahl der Variablen zu $\gamma = (2m - 1)(n - n_{\text{kr}})$, und die Formeln für den Übergang von den β_i zu den x_i werden wesentlich komplizierter.

Die Arbeit des Optimierungsalgorithmus gelangt zum Abschluß, wenn der Wert I nicht mehr verringert werden kann. Der diesem Wert I entsprechende Kalenderterminplan (System der Werte $T_i(i, j)$) ist dann die gesuchte Lösung des Problems.

Man erkennt leicht, daß der betrachtete Algorithmus heuristisch ist, obwohl er Elemente einer „globalen" Optimierung enthält. Das liegt daran, daß aus der Konstruktion der unabhängigen Optimierungsvariablen β_i keineswegs die Existenz analoger Funktionen $f(\beta_i) = x_i$ folgt, da man diese Werte mit Hilfe abhängiger Funktionaltransformationen gewinnt. Das bedeutet, daß der optimale γ-dimensionale Punkt β_i keineswegs einem analogen Punkt für x_i entspricht. Deshalb wird die Aufgabe, einen optimalen γ-dimensionalen Vektor $\mathbf{X}$ zu ermitteln, durch die Bestimmung des γ-dimensionalen Vektors $\boldsymbol{\beta}$ ersetzt. Dessen ungeachtet erscheint die Anwendung eines derartigen Algorithmus durchaus gerechtfertigt, da dieser z.B. verglichen mit den Algorithmen von 7.2. und 7.3. wesentlich rascher abläuft. Die hohe Geschwindigkeit des Algorithmus ist also gleichsam ein gewisser „Gegenwert" für den Verzicht auf den exakten Wert der Optimallösung.

Ein äußerst origineller halbheuristischer Algorithmus zur Optimierung der verwendeten Ressourcenhöhe bei vorgegebener Realisierungsdauer des Netzplanprojekts wurde von SCHIRWINSKI [99] entwickelt. Im Gegensatz zu dem eben betrachteten Algorithmus beruht er auf der Monte-Carlo-Methode, wodurch er noch rascher abläuft. Wir wollen eine kurze Beschreibung dieses Algorithmus geben, wobei wir die Bezeichnungen und die Indizes beibehalten, die wir bei dem vorhergehenden Optimierungsverfahren verwendet hatten. Die Grundidee dieses Algorithmus besteht in der Entnahme einer zufälligen wiederholungsfreien Stichprobe aus der Gesamtheit der γ zu optimierenden Parameter der Termine $T_i\ (i, j)$ für den Beginn der Vorgänge und einer darauf folgenden Modellierung der Pufferzeiten für diese Vorgänge.

Wir haben somit $\gamma = n - n_{\mathrm{kr}}$ zu optimierende Parameter x_i (die β_i sind an diesem Algorithmus nicht beteiligt). Zu Beginn des Algorithmus wird nach der Monte-Carlo-Methode zufällig und mit gleicher Wahrscheinlichkeit irgendeiner der γ Vorgänge (i, j) herausgegriffen. Anschließend wird die Gesamtpufferzeit dieses Vorganges $P_{\mathrm{t}}\ (i, j)$ bestimmt, wonach die Größe $\Delta\ (i, j) = P_{\mathrm{t}}\ (i, j) \cdot \eta\ (i, j)$ modelliert wird; hierbei ist $\eta\ (i, j)$ eine im Intervall $[0, 1]$ gleichverteilte Pseudozufallsvariable. Der Wert $\Delta\ (i, j)$ wird zu t_{ij} addiert und damit der Wert $t'_{ij} = t_{ij} + \Delta\ (i, j)$ fixiert. Danach werden die Gesamtpufferzeiten aller Vorgänge des Netzplanmodells (für $t_{ij} = t'_{ij}$) neu berechnet. Anschließend wird aus den verbliebenen $\gamma - 1$ Vorgängen wiederum mit gleicher Wahrscheinlichkeit ein Vorgang zufällig herausgegriffen (alle vorher gewählten Vorgänge sind an der neuen Auswahl nicht beteiligt). Nach der Auswahl wird für den gewählten Vorgang der Wert Δ berechnet, es werden wiederum alle Gesamtpufferzeiten neu berechnet usw., bis schließlich alle γ Vorgänge dieser Prozedur unterworfen wurden. Sodann wird der Wert der Zielfunktion I_1 abgeschätzt, wonach der gesamte „Ziehungsvorgang" mit anschließender Ermittlung des Wertes I_2 wiederholt wird. Diese Prozedur wird insgesamt N mal durchgespielt. Zum Abschluß erfolgt die Auswahl des Wertes $I_{\min} = \min\limits_{1 \leq k \leq N} I_k$, wobei N eine hinreichend große Zahl ist. Der Algorithmus kann auch vorher abgebrochen werden, wenn nach dem Durchspielen einer gewissen vorgegebenen Anzahl von Versuchen der Wert $I_{\min}$ sich nicht mehr verändert. Das dem Wert $I_{\min}$ entsprechende System der $T_i\ (i, j)$ ist die gesuchte Lösung unseres Problems.

Die Effektivität dieses Algorithmus besteht darin, daß der Lösungsraum nahezu vollständig durchgekämmt wird, so daß man bei einem hinreichend großen N $(N \gg n)$ eine Lösung erhalten kann, die hinreichend nahe bei dem tatsächlichen Optimum liegt.

Die praktische Anwendung dieses Algorithmus bestätigt seinen äußerst raschen Ablauf und in der Regel auch die Tatsache, daß der erreichte Optimierungsgrad für praktische Zwecke völlig ausreichend ist.

Ein anderes heuristisches Verfahren unter Anwendung wahrscheinlichkeitstheoretischer Überlegungen [33] besteht in einer optimalen Aufteilung der Spezialisten auf die einzelnen Vorgänge unter Berücksichtigung der Tatsache, daß jeder Spezialist mehrere verschiedene Arbeiten (jedoch nicht gleichzeitig) mit verschiedenem Erfolg durchführen kann. Hierbei wird der Begriff der Vorzugswahrscheinlichkeit $q_r(i, j)$ als Wahrscheinlichkeit dafür eingeführt, daß der r-te Spezialist den Vorgang (i, j) besser erledigt als einen beliebigen anderen Vorgang. Die optimale Lösung des Problems besteht in der Zuweisung desjenigen Vorganges an jeden Spezialisten, den dieser am besten realisiert. Diese Lösung wird durch Anwendung der BAYESschen Gleichung für ein mehrdimensionales Gebiet unter Berücksichtigung der „Risikofunktion" gewonnen, einer Funktion, die die Verluste ersetzt, die durch eine fehlerhafte Zuweisung entstanden sind. Im Ergebnis wird ein Lösungsmodell allgemeiner Form unter Berücksichtigung von Einschränkungen konstruiert. Die Realisierung dieses Modells stößt aber auf erhebliche rechentechnische Schwierigkeiten.

Man kann auch versuchen, einen Kalenderterminplan für ein Projekt so zu bestimmen, daß der Erwartungswert für zusätzlich benötigte Ressourcen, die die Einhaltung des betreffenden Kalenderterminplanes gewährleisten, minimiert wird. Das bei der Lösung dieses Problems [31, 89] angewandte Verfahren, das auf der Minimierung der Kosten bei vorgegebener Dauer beruht, geht von der Voraussetzung aus, daß für sämtliche Vorgänge die Kurven $f\left(\frac{t}{z}\right)$ konstruiert werden können, die eine Abhängigkeit des zusätzlichen Aufwandes an den Gesamtressourcen von der zu erwartenden Dauer t bei vorgegebener planmäßiger Dauer z wiedergeben. Ferner wird vorausgesetzt, daß diese Kurven für beliebige t bezüglich z konvex sind. Unter diesen Voraussetzungen sind die Funktionen $\bar{f}(z) = \int\limits_0^\infty f\left(\frac{t}{z}\right) \mathrm{d}F(t)$, die die Abhängigkeit der mittleren zusätzlichen Ressourcenaufwendung für einen Vorgang von der vorgegebenen Dauer z (bei vorgegebener Verteilung $F(t)$ der zu erwartenden Dauer) ausdrückten ebenfalls konvex. Man kann auf sie dann gewisse Algorithmen zur Minimierung der Gesamtaufwendung anwenden, die zur Behandlung von Kostenproblemen entwickelt wurden (vgl. z.B. [50, 51, 54, 89]).

Literatur

[1] Beckwith, R. E., A cost control expansion of the PERT system, IRE Trans. Engnr. Manag., 9, 4, 1962

[2] Beged, Dov., IEEE Trans. Engnr. Manag., **EM-12**, 4, 1965

[3] Bellman, R. E., S. E. Dreyfus, Applied Dynamic Programming, Princeton 1962 (russische Übersetzung 1965)

[4] Berge, C., Théorie des graphes et ses applications, Paris 1958 (russische Übersetzung 1962)

[5] Berge, C., und A. Ghouila-Houri, Programme, Spiele, Transportnetze (Übers. a. d. Französischen), 2. Aufl., BSB B. G. Teubner Verlagsgesellschaft, Leipzig 1968

[6] Berman, E. B., Resource allocation in a PERT network under continuous activity time-cost functions, Manag. Science **10**, 4, 1964

[7] Bush, R. R., F. Mosteller, Stochastic Models for Learning, New York 1955 (russische Übersetzung 1962)

[8] Buslenko, N. P., Simulation von Produktionsprozessen (Übers. a. d. Russischen), BSB B. G. Teubner Verlagsgesellschaft, Leipzig 1971

[8a] Buslenko, N. P., Modellierung komplizierter Systeme (Übers. a. d. Russischen), Verlag Die Wirtschaft, Berlin 1972

[9] Charnes, A., W. Cooper, G. Thompson, Critical path analysis via chance constrained and stochastic programming, Operation Research, **12**, 3, 1964

[10] Clark, G. F., The PERT model for the distribution of an activity time, Operation Research, **10**, 3, 1962

[11] Clark, G. F., The greatest of a finite set of random variables, Operation Research, **13**, 1, 1965

[12] Clingen, G. T., A modification of Fulkerson's PERT algorithm, Operation Research, **12**, 4, 1964

[13] Coon, H., Note on W. Donaldson's "The estimation of the mean and variance of a PERT activity time", Operation Research, **13**, 3, 1965

[14] Cramér, H., Mathematical Methods of statistics, Princeton 1946 (russische Übersetzung 1948)

[15] Donaldson, W. A., The estimation of the mean and variance of a PERT activity time, Operation Research, **13**, 3, 1965

[16] Eisner, H., A generalized network approach to the planning and scheduling of a research program, Operation Research, **10**, 1, 1962

[17] Elmaghraby, S., An algebra for the analysis of generalized activity networks, Manag. Science, **10**, 3, 1964

[18] Feller, W., Introduction to Probability and Its Applications, Vol. I., 2. edit., Wiley, New York 1957 (russische Übersetzung 1964)

[19] Fisz, M., Wahrscheinlichkeitsrechnung und mathematische Statistik, 5. Aufl., VEB Deutscher Verlag der Wissenschaften, Berlin 1970

[20] Ford, L. R., and D. R. Fulkerson, Maximal flow through a network, Canadian Journal of Mathematics, **8**, 3, 1956

[21] Ford, L. R., and D. R. Fulkerson, A simple algorithm for finding maximal network flows and application to the Hitchcock problem, Canadian Journal of Mathematics, **9**, 2, 1957

[22] Fulkerson, D. R., Expected critical path lengths in PERT networks, Operation Research, **10**, 6, 1962

[23] Gantmacher, F. R., Matrizenrechnung, Teil 1 und 2 (Übers. a. d. Russischen), 2. Aufl., VEB Deutscher Verlag der Wissenschaften, Berlin 1965/1966

[24] Gluschkow, W. M., Einfuhrung in die technische Kybernetik, Bd. 1 u. Bd. 2 (Übers. a. d. Russischen), VEB Verlag Technik, Berlin 1969

[25] Gnedenko, B. W., J. K. Beljajew und A. P. Solowjew, Mathematische Methoden der Zuverlässigkeitstheorie (Übers. a. d. Russischen), Akademie-Verlag, Berlin 1968

[26] Götzke, H., Netzplantechnik, Theorie und Praxis, 2. Aufl., VEB Fachbuchverlag, Leipzig 1971

[27] Grubbs, F. E., Attempt to validate certain PERT statistics or "picking on PERT", Operation Research, **10**, 6, 1962

[28] Healy, T. L., Activity subdivision and PERT probability statements, Operation Research, **9**, 3, 1961

[29] Hoiser, M., L. Barshey, K. Ehrenfeld, Journal of Industr. Engnr., **17**, 2, 1966, S. 79–86

[30] Howard, R. A., Dynamic Programming and Markov Prozesses, New York and London 1960 (russische Übersetzung 1964)

[31] Jewell, W. S., Manag. Science, **11**, 3, 1965

[32] Kelley, J. E., Critical-Path planning and scheduling (mathematical basis), Operation Research, **9**, 4, 1961

[33] King, R., Operation Research, **13**, 1, 1965

[34] Lukaszewicz, J., On the estimation of errors introduced by standard assumption concerning the distribution of activity duration in PERT calculations, Operation Research, **13**, 2, 1965

[35] Malcolm, D. G., J. H. Roseboom, G. F. Clark, W. Faser, Application technique for research and development program evaluation, Operation Research, **7**, 5, 1959

[36] Martin, J. J., Distribution of the time through a directed acyclic network, Operation Research, **13**, 1, 1965

[37] "Mashinery system of configuration management in Boeing", "Defence-space management", Washington, 1963

[38] Mayhugh, J., Manag. Science, **11**, 2, 1964

[39] McCrimmon, K. R., and Ch. A. Ryavec, An analytic study of the PERT assumptions, Operation Research, **12**, 1, 1964

[40] Mors, W. K., Mashinery system of configuration management in STL, Computer Application Service, **4**, 1, 1963

[41] Murray, J. E., Consideration of PERT assumptions, IRE Trans. Engnr. Manag., **10**, 3, 1963

[42] Natt, R., IEEE Trans. on Engnr. Manag., **EM-12**, 3, 1965

[43] Piehler, J., Einführung in die dynamische Optimierung, 2. Aufl., BSB B. G. Teubner Verlagsgesellschaft, Leipzig 1968

[44] Popovitch, S., Mashinery system of configuration management in "General electric", Aerospace Management, **4**, 1, 1963

[45] Pritsker, A. A., S. E. Whitehouse, Graphical evaluation and review technique, Part I, The Journal of Industr. Engnr., **17**, 5, 1966

[46] Pritsker, A. A., S. E. Whitehouse, Graphical evaluation and review technique, Part II, Journal of Industr. Engnr., **17**, 6, 1966

[47] Sachs, H., Einführung in die Theorie der endlichen Graphen, Teil I u. II, BSB B. G. Teubner Verlagsgesellschaft, Leipzig 1970/72

[48] Shorak, G. R., Operation Research, **12**, 4, 1964, S. 632–633

[49] Slyke, R. M. van, Monte Carlo methods and the PERT problem, Operation Research, **11**, 5, 1963

[50] Suchowitzki, S. I., L. I. Awdejewa, Lineare und konvexe Programmierung (Übers. a. d. Russischen), Oldenbourg-Verlag, München-Wien 1969

[51] Suchowizki, S. I., I. A. Radtschik, Mathematische Methoden der Netzplantechnik (Übers. a. d. Russischen), 2. Aufl., BSB B. G. Teubner Verlagsgesellschaft, Leipzig 1970

[52] Weber, K., Planung mit der "Program Evaluation and Review Technique (PERT)", Industrielle Organisation, **2**, 1963

[53] Welsh, D. J., Errors introduced by a PERT assumption, Operation Research, **13**, 1, 1965

[54] Алтаев, В., В. Бурков, А. Тейман, Сетевое планирование и управление (обзор), Автоматика и телемеханика, т. XXVII, № 5, 1966

[55] Архангельский, Н. Е., Стохастическая сетевая модель разработки большой системы, принципы построения и методы определения ее основных параметров, Материалы Всесоюзного межвузовского симпозиума по прикладной математике и кибернетике, Горький 1967

[56] Архангелский, Н. Е., Метод расчета стохастических сетей, Труды МГПИ им В. И. Ленина, 1968

[57] Бабунашвили, М. К., Об одном алгоритме определения шага квантования в системах сетевого планирования и управления, Труды МГПИ им. В. И. Ленина, 1968

[58] Бабунашвили, М. К., Одно достаточное условие оптимальности иерархической структуры управления, Изв. Академии наук Груз. ССР, 1967

[59] Бабунашвили, М. К., Л. Э. Миндели, О некоторых аспектах процесса выполнения работы, Труды МГПИ им. В. И. Ленина, 1968

[60] Бек, Н. Н., В. В. Шеховцев, Распраделение ресурсов в системах СПУ, Труды НИИ технологии и организации производства, 1967

[61] Брехов, А. М., Г. Б. Кезлинг, И. М. Марьяновский, Применение систем сетевого планирования и управления в судостроении, ,,Судостроение'', 1955

[62] Бусленко, Н. П., Моделирование сложных систем, ,,Наука'', Москва 1968 (Deutsche Übers. s. [8a])

[63] Бусленко, Н. П., Д. И. Голенко, И. М. Соболь, В. П. Срагович, Ю. А. Шрейдер, Метод статистических испытаний, Физматгиз, Москва 1962

[64] Виленкин, С. Я., Определение закона распределения максимального времени, Автоматика и телемеханика, т. XXII, № 7, 1965

[65] Гнеденко, Б. В., Предельные теоремы для максимального члена вариационного ряда, ДАН СССР 32, № 1 (1941)

[66] Голенко, Д. И., Теоретико-вероятностные вопросы в сетевом планировании по времени, сб. ,,Вычислительные системы'', № 11, Изд. СО АН СССР, Новосибирск 1964

[67] Голенко, Д. И., Моделирование и статистический анализ псевдослучайных величин на электронных вычислительных машинах, ,,Наука'', Москва 1965

[68] Голенко, Д. И., Статистические методы в системах сетевого планирования и управления, сб. ,,Сетевое планирование и управление'', ,,Экономика'', 1967

[69] Голенко, Д. И., Статистическое моделирование некоторых параметров серийного производства, Изд. ЦНИИТУ, Минск 1967

[70] Голенко, Д. И., Применение статистического моделирования на стадиях функционирования системы сетевого планирования и управления, Труды МГПИ им. В. И. Ленина, 1968

[71] Голенко, Д. И., Моделирование стохастических сетевых моделей, Труды МГПИ им. В. И. Ленина, 1968

[72] Голенко, Д. И., Н. А. Левин, Некоторые вопросы оптимизации многотемных разработок в системах сетевого планирования с учетом нескольких ресурсов, ж. ,,Кибернетика'', 1, 1966

[73] Голенко, Д. И., Н. А. Левин, Некоторые вопросы оптимизации сетевых проектов по времени при органиченности ресурсов, Научные труды НГУ, вып. 9, Новосибирск 1966

[74] Голенко, Д. И., Н. А. Левин, Некоторые вопросы применения систем СПУ на заводе ВЭФ, сб. ,,Сетевое планирование и управление'', ,,Экономика'', 1967

[75] Голенко, Д. И., Н. А. Левин, В. С. Михельсон, Ч. Г. Найдов-Железов, Автоматизация, планирования и управления новыми разработками, ,,Zvaigzne'', Рига 1966

[76] Голенко, Д. И., С. К. Лившиц, Статистическое моделирование сетей большого объема, ж. ,,Кибернетика'', № 6, 1967

[77] Голенко, Д. И., В. С. Михельсон, Применение математических методов и электронных вычислительных машин в сетевом планировании, сб. ,,Экономико-математические модели'', 2, Изд. АН СССР, 1965

[78] Голенко, Д. И., Э. В. Шпрвинский, М. Н. Пономарев, Применение статистических методов для оценки продолжительности работ в системах СПУ (на примере конструирования типовых блоков цифровых управляющих устройств), Труды I Всесоюзной конференции по математическим методам в СПУ, Киев 1967

[79] Дружинин, Г. В., О распределении времени выполнения работы, Изв. АН СССР, Техническая кибернетика, 6, 1963

[80] Кривенков, Ю. П., Некоторые вопросы теории сетевых методов планирования, ж. ,,Кибернетика'', 1967

[81] Левин, Н. А., К вопросу об управлении в системах СПУ, Изд. ЦНИИТУ, Минск 1967

[82] Левин, Н. А., О задаче оптимизации времени выполнения нескольких проектов при заданных рессурсах, Труды ЛИЭИ им. Тольятти, 1967

[83] Майзлин, И. Е., Об одном способе поиска информации и его применение при реализации на ЭВМ алгоритма нахождения критического пути, ДАН СССР, 159, № 4, 1964

[84] Майзлин, И. Е., Некоторые вопросы организации и обработки информации при определении на ЭВМ ряда характеристик систем сетевого планирования и управления, Диссертация на соискание ученой степени канд. физ.-матем. наук, 1965

[85] Майзлин, И. Е., Л. П. Николаева, Определение на ЭВМ методом статистических испытаний функции распределения времени выполнения разработок при сетевом планировании, ж. ,,Техническая кибернетика", 3, 1965

[86] Мешков, А. А., Об одном методе определения вероятностных характеристик сетевых моделей, Труды I Всесоюзной конференции по математическим методам в СПУ, Киев 1967

[87] Мироносецкий, Н. Е., И. Б. Рабинович, Статистические модели сетевого планирования, сб. ,,Математические методы решения экономических задач", Новосибирск 1966

[88] Найдов-Железов, Ч. Г., Основы построения и параметры сетевой модели комплекса операций, сб. ,,Сетевое планирование и управление", ,,Зкономика", 1967

[89] Обзор исследований по вопросам оптимального использования ресурсов в системах сетевого планирования и управления, Киев 1966

[90] Петров, Б. Н., Г. С. Поспелов, О путях развития больших систем управления, Изд., АН СССР, ж. ,,Техническая кибернетика", 2, 1966

[91] Попов, В. С., О выборе закона распределения продолжительности операций в сетевой модели, Труды I Всесоюзной конференции по математическим методам в СПУ, Киев 1967

[92] Поспелов, Г. С., В. А. Баришполец, О стохастическом сетевом планировании, ж. ,,Техника кибернетика", 6, 1966

[93] Поспелов, Г. С., А. И. Тейман, Автоматизация процессов управления разработками больших систем или сложных комплексов, ОТН, серия ,,Техническая кибернетика", 4, 1963

[94] Поспелов, Г. С., А. И. Тейман, Метод логических диаграмм для планирования разработок сложных систем, сб. ,,Вычислительные системы", № 11, Новосибирск 1964

[95] Проект системы сетевого планирования и управления работами по созданию объекта новой техники, авторский коллектив, Изд. НИИ технологии и организации производства, Москва 1965

[96] Растригин, Л. А., Случайный поиск, ,,Zinatne", Рига 1965

[97] Романовский, В. И., Математическая статистика, Гостехиздат, Ташкент 1938

[98] Рыбальский, В. И., Некоторые вопросы массового управления стройками с помощью сетевых графиков и ЭВМ, сб. ,,Сетевое планирование и управление", ,,Экономика", 1967

[99] Ширвинский, Э. В., Один алгоритм оптимизации сетевой модели методом Монте-Карло, Труды МГПИ им. В. И. Ленина, 1968

Register